Auto-Reparaturanleitung Band 1296

Citroën
C8
Peugeot
807
Fiat
Ulysse
Lancia
Phedra

2.0- und 2.2- Liter Dieselmodelle

ab 2002

bucheli verlag

Impressum

IMPRESSUM

ISBN 978-3-7168-2105-3

Auto-Reparaturanleitung
Band 1296

Redaktion,Texte und Abbildungen: Peter Russek Publications Ltd., High Wycombe, Bucks, England

Lektorat:
Myrta Baumberger
Herstellung:
IPa, D-71665 Vaihingen/Enz
Druck:
Maisch & Queck
D-70839 Gerlingen

Bindung:
K. Dieringer
D-70839 Gerlingen

Gewerbestrasse 10
CH-6330 Cham
Postadresse:
Postfach 4161
CH-6304 Zug
Telefon: ++41 (0)41 741 77 55
Telefax: ++41 (0)41 741 71 15
www.bucheli-verlag.ch

1. Auflage 2008

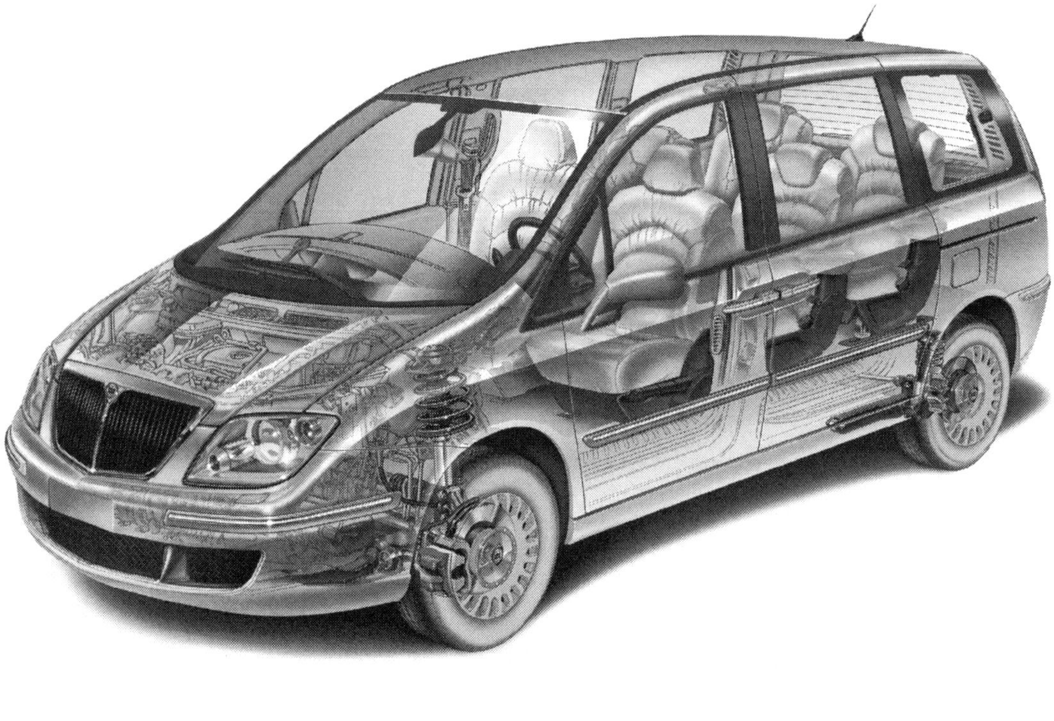

Lancia Phedra

Komfortable Einstiegsmöglichkeit: die elektrische Seitentür.

Inhalt

Schweißroboter bei der Arbeit: Ein Blick in die Produktion des Citroën C8.

Inhalt

Folgende Symbole verdienen im Laufe der Arbeit besondere Beachtung:

Sichtprüfung
Teil genau ansehen; besonders beachten.

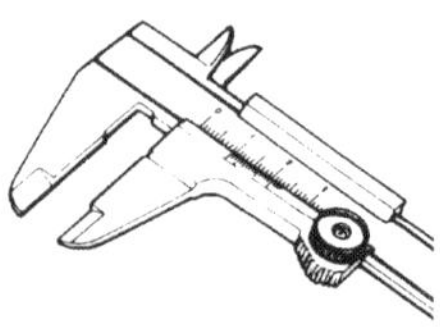

Messen
Schieblehre oder anderes Messwerkzeug nötig.

Achtung
Besondere Vorsicht geboten; Sicherheitshinweise beachten!

Tipp
Wertvoller Hinweis für einfacheres Schrauben; Erläuterung von Bauteilen und Begriffen.

Fiat Ulysse: Schnitt des 2.0 JTD-Motors mit 80kW (109 PS).

1 Einführung

Allgemeine Informationen

In Zusammenarbeit zwischen Peugeot/Citroën und Fiat/Lancia wurde im Jahre 2002 ein neues Fahrzeugmodell lanciert, im Fall von Citroën der C8, im Fall von Peugeot das Modell 807, bei Fiat der Ulysse und bei Lancia der Phedra. Wie üblich gibt es bei den verschiedenen Herstellern auch eine große Auswahl an Motoren, jedoch werden in dieser Reparaturanleitung nur die beiden Dieselmotoren behandelt, auf welche wir kurz eingehen werden. Die Motoren sind in alle Varianten eingebaut.

Fahrzeuge mit 2.0-Liter-HDi-Motor: Mit Einführung der neuen Modellreihe wurde der 2.0-Liter-Motor mit »Common Rail« (HDi)-Einspritzung eingebaut. Der Motor hat einen Hubraum von 1997 ccm und eine Leistung von 110 PS (80 kW). Die Motorausführung ist vom Typ DW10ATED, Motorkennzeichnung »RHZ«. Der Motor hat 16 Ventile und zwei oben liegende Nockenwellen. Der Antrieb von der Auslassnockenwelle zur Einlassnockenwelle geschieht über eine Kette. Die Hochdruck-Einspritzpumpe wird durch den Zahnriemen angetrieben.

Fahrzeuge mit 2.2-Liter-HDi-Motor: Zur Wahl steht ebenfalls ein 2.2-Liter-Motor mit einem Hubraum von 2179 ccm. Die Motorausführung ist vom Typ DW12ATED, Motorkennzeichnung »4HX«. Die Motorleistung ist mit 128 PS (94 kW) angegeben. Der Motor hat 16 Ventile und zwei oben liegende Nockenwellen, jedoch wird nur die für die Auslassventile dienende Nockenwelle durch den Zahnriemen angetrieben. Wie im Fall des DW10-Motors wird die Nockenwelle für die Einlassventile mit einer Kette angetrieben.

Verglichen mit dem 2.0-Liter-Motor werden die folgenden Unterschiede vorgefunden:

- Die obere Zylinderkopfhaube ist mit einem Ölabscheider und einer Öleinfüllbohrung versehen.
- Die Ölwanne ist mit einem Anschluss zum Absaugen des Motoröls bei Ölwechsel versehen.
- Die Einlasskanäle im Zylinderkopf haben eine komplexe Form, um die Bildung eines »Wirbels« herzustellen.
- Ein Abgasturbolader, durch das elektronische Steuergerät reguliert, ist eingebaut.
- Das Kurbelgehäuse ist mit zwei Ausgleichswellen versehen, um die durch die beweglichen Teile eines Vierzylindermotors auftretenden Vibrationen zu begrenzen.
- Die Kupplung arbeitet im Zusammenhang mit einem abdämpfenden Schwungrad.

Die »Common Rail«-Einspritzanlage hat die folgenden Vorzüge:

- Die Fähigkeit den Einspritzdruck zwischen 150 und 2130 bar zu modulieren.
- Die Fähigkeit bis zu einer Drehzahl von 6000 U/min zu arbeiten.
- Genauere Steuerung der Dieseleinspritzung.
- Verringerung des Kraftstoffverbrauchs.
- Verringerung des Ausstoßes von schädlichen Gasen aus dem Motor.

Kurze Beschreibung

Eine im Kraftstoffbehälter untergebrachte, unter niedrigem Druck arbeitende Kraftstoffpumpe fördert den Kraftstoff zum Kraftstofffilter, von welchem es der Hochdruck-Einspritzpumpe zugeführt wird. Unter Druck stehender Kraftstoff wird dann dem Kraftstoffverteilerrohr zugeführt (»Common Rail«). Das Kraftstoffverteilerrohr enthält einen zum Betrieb des Motors erforderlichen Kraftstoffvorrat, ganz gleich unter welchen Betriebsbedingungen der Motor steht. Das Kraftstoffverteilerrohr ist zwischen der Hochdruck-Einspritzpumpe und den Einspritzdüsen eingesetzt und am Zylinderkopf verschraubt. Ein Hochdruck-Kraftstoffdruckregler an der Hochdruck-Einspritzpumpe reguliert den Kraftstoffdruck am Ausgang der Einspritzpumpe.

Die Einspritzdüsen werden durch das elektronische Steuergerät (auch als ECU bezeichnet) betätigt. Die Menge des eingespritzten Kraftstoffs hängt von den folgenden Bedingungen ab.

- Dauer der elektrischen Regulierung durch das Steuergerät
- Öffnungsgeschwindigkeit der Kraftstoffeinspritzdüsen
- Hydraulikfluss der Einspritzdüsen (Anzahl und Durchmesser der Bohrungen)
- Kraftstoffdruck im Kraftstoffverteilerrohr (d.h. in der »Common Rail«)

Die Kraftstoffeinspritzdüsen werden miteinander durch einen Kraftstoffrücklaufkreis verbunden.

Bei allen Fahrzeugen ist ein Fünfganggetriebe eingebaut, jedoch hat dieses je nach eingebautem Motor eine unterschiedliche Bezeichnung. Der Antrieb geschieht auf die Vorderräder.

Fahrzeugerkennung

Das Typenschild (Bild 1) ist im inneren Kotflügelblech am rechten vorderen Radkasten angebracht. Zu beachten ist, dass es sich hier um das neu gestaltete Typenschild handelt, welches bereits ab ca. Baujahr 1998

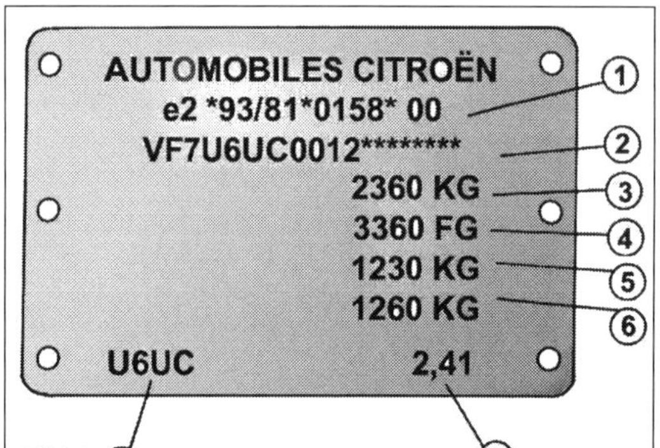

Bild 1

Bild 1
Ansicht des Typenschildes.

1 *Name des Herstellers und europäische Zulassungsnummer*
2 *Seriennummer*
3 *Gesamtgewicht des Fahrzeuges*
4 *Gesamtgewicht mit Anhänger*
5 *Höchstzulässige Last auf Vorderachse*
6 *Höchstzulässige Last auf Hinterachse*
7 *Abgasausstoß (Nummer)*
8 *Typenbezeichnung des Fahrzeuges*

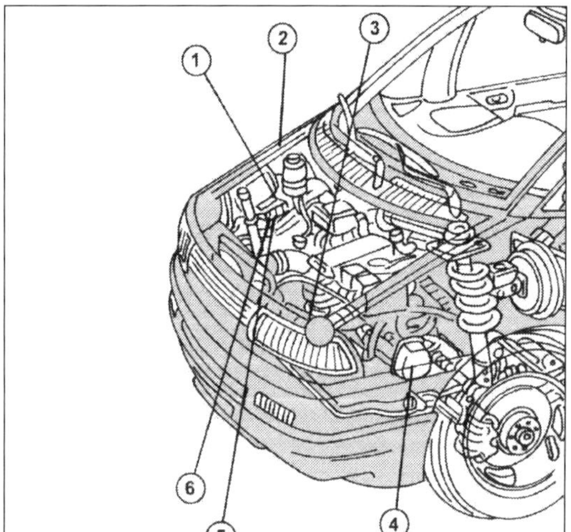

Bild 2

Bild 2
Die Lage wichtiger Fahrzeugkennzeichnungen.

1 *Typenschild*
2 *Kennnummer des Herstellers (eingeschlagen)*
3 *Motornummer*
4 *Getriebenummer*
5 *Angabe des Ersatzteil-Code (am rechten Radkasten)*
6 *Lackfarben-Kennzeichnung (am rechten Radkasten)*

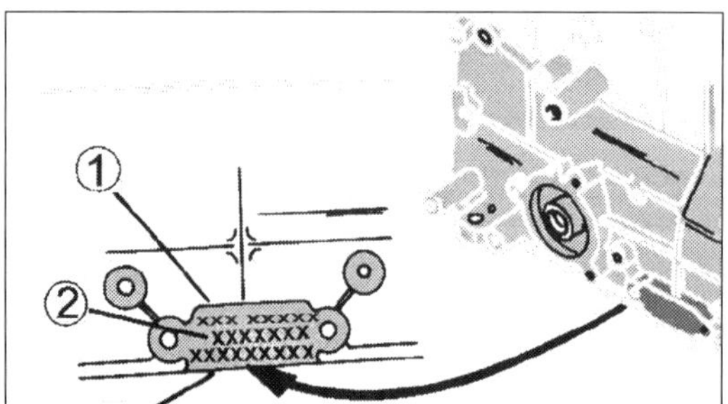

Bild 3

Bild 3
Die Lage der Motornummer bei beiden Motorenausführungen.

1 *Motorausführung*
2 *Bauteilnummer*
3 *Seriennummer*

bei den Vorgängern verwendet wurde und der europäischen Norm entspricht. Die Lage des Typenschilds zeigt Ihnen Bild 2. Das Typenschild enthält die folgenden Angaben: Den Namen des Herstellers, die europäische Zulassungsnummer (1), die Seriennummer (2), das Gesamtgewicht des Fahrzeuges (3), das zulässige Gesamtgewicht mit Anhänger (4), die höchstzulässige Last auf die Vorderachse (5) und die höchstzulässige Last auf die Hinterachse (6). Bei einem Dieselmodell steht an Stelle (7) eine Zahl, die den Abgasausstoß angibt, an Stelle (8) die Typenbezeichnung des Fahrzeuges, welche Ihre Werkstatt im Fall von Ersatzteilfragen, usw. »übersetzen« kann. Weitere wichtige Angaben über das Fahrzeug können Bild 2 entnommen werden.
Bild 3 zeigt die Lage der Motornummer bei beiden Motoren.
Fahrgestellnummer und Motornummer überprüft man am besten anhand des Kraftfahrzeugscheins oder Zulassungsscheins. Dies sind die offiziellen Angaben, welche Sie auch beim Kauf eines Fahrzeugs aus zweiter Hand unbedingt kontrollieren sollten. Geben Sie beim Bestellen von Ersatzteilen die verschiedenen Nummern und das Baujahr des Fahrzeuges an. Das spart Zeit und ein Beziehen von falschen Teilen wird verhindert.

Allgemeine Reparaturanweisungen

Die Beschreibungen in dieser Reparaturanleitung sind in einfacher Weise und allgemein verständlich gehalten. Wenn dem Text und den Abbildungen bei der Arbeit Schritt für Schritt gefolgt wird, dürften keine Schwierigkeiten auftreten. Die Maß- und Einstelltabelle ist hierbei ein wichtiger Teil und muss bei allen Reparaturarbeiten am Fahrzeug hinzugezogen werden. Innerhalb der einzelnen Anleitungen werden die notwendigen Maßangaben oder Einstellwerte nicht immer angeführt, weshalb in der Tabelle am Ende des Buches nachzuschlagen ist. Lesen Sie unbedingt unter dem in Frage kommenden Modell bzw. Motor nach, um jegliche Fehler zu vermeiden.
Einfach Handgriffe, wie z. B. »Motorhaube öffnen« vor Arbeiten im Motorraum oder »Radmuttern lösen« vor Arbeiten an den

Radbremsen, werden nicht immer erwähnt, da diese als selbstverständlich vorausgesetzt werden.
Dagegen befasst sich der Text ausführlich mit schwierigen Arbeiten, die in allen Einzelheiten so gut wie möglich beschrieben sind.

Eine Reihe wichtiger Hinweise, die bei jeder Reparaturarbeit beachtet werden sollten:

- Schrauben und Muttern sind in sauberem Zustand und leicht eingeölt zu verwenden. Mutternflächen und Gewindegänge immer auf Beschädigung untersuchen und vorhandene Grate entfernen. Im Zweifelsfall neue Schrauben oder Muttern verwenden. Einmal gelöste, selbstsichernde Muttern sollten immer erneuert werden. Auf keinen Fall dürfen Muttern und Schrauben entfettet werden.
- Stets die in der Anziehdrehmoment-Tabelle oder direkt im Text angeführten Anziehdrehmomente beachten. Diese Werte sind jeweils in den gleichen Gruppen am Ende dieser Reparaturanleitung zusammengefasst und lassen sich somit leicht auffinden. In den meisten Fällen versuchen wir die Anziehdrehmomente im Laufe der Beschreibung anzugeben, um es Ihnen leichter zu machen dem Arbeitsablauf zu verfolgen.
- Alle Dichtscheiben, Dichtungen, Sicherungsbleche, Sicherungsscheiben, Splinte und O-Dichtringe (Rundschnurringe) sind beim Zusammenbau zu erneuern. Öldichtringe (Radialdichtringe, Simmerringe) sollten ebenfalls erneuert werden, sofern die Welle aus dem Dichtring genommen wurde. Die Lippe eines Dichtringes ist vor dem Zusammenbau mit Fett einzuschmieren. Man muss darauf achten, dass sie beim Einbau in die Richtung weist, aus welcher Öl oder Fett austreten kann.
- Bei Hinweisen auf die linke oder rechte Seite des Fahrzeuges wird angenommen, dass man aus der Fahrtrichtung bei Vorwärtsfahrt die Seitenbezeichnung ableiten kann, analog der Begriffe »vorn« und »hinten«. Um Irrtümer zu vermeiden, wird im Text manchmal eine Erläuterung gegeben.
- Ganz besonders ist darauf zu achten, dass zu Arbeiten an den Bremsen, an der Radaufhängung oder allgemein an der Unterseite des Fahrzeuges für eine sichere Abstützung des hochgebockten Wagens gesorgt ist.
- Der dem Fahrzeug beiliegende Wagenheber ist nur für den Radwechsel unterwegs vorgesehen. Falls er dennoch bei Reparaturen zur Hilfe genommen wird, ist lediglich der Wagen damit anzuheben und dann auf geeignete Montageböcke abzulassen. Im Abschnitt »Aufbocken des Fahrzeuges« wird nochmals auf das Anheben des Fahrzeuges eingegangen.
- Die dreibeinigen Unterstellböcke, wie sie in Bild 4 gezeigt sind, sollen zur Sicherheit auch unter dem Fahrzeug platziert werden, wenn ein Garagenwagenheber zur Verfügung steht. Ziegelsteine sollten zum Unterbauen nicht verwendet werden, allenfalls Hohlblocksteine wegen ihren größeren Auflageflächen, doch sind dann zwischen Fahrzeug und Steine noch genügend starke Holzbretter zu legen.
- Fette, Öle, Unterbodenschutz und alle mineralischen Substanzen wirken auf die Gummiteile des Fahrwerks und der Bremsanlage aggressiv. Besonders von Teilen der hydraulischen Anlage sind solche Mittel, zu denen auch Kraftstoff gehört, fern zu halten. Für Reinigungsarbeiten an der Bremsanlage soll nur Bremsflüssigkeit oder Spiritus verwendet werden. Vorsicht: Bremsflüssigkeit ist giftig und wirkt z. B. auf lackierte Flächen ätzend, d. h. Lackschäden könnten die Folge sein.
- Zur Erzielung der besten Reparaturergebnisse ist die Verwendung von Original-Ersatzteilen Voraussetzung. Um späteren Schwierigkeiten aus dem Wege zu gehen, muss der Einbau irgendwelcher Fremdprodukte unterbleiben. Ausnahmen sind nur bei Teilen der elektrischen Anlage gegeben oder falls das Herstellerwerk entsprechende Freigaben macht.
- Alle Arbeiten am Fahrzeug, besonders solche an der Bremsanlage und an der Lenkung sowie Radaufhängung, sind mit Sorgfalt und Umsicht durchzuführen. Die Verkehrssicherheit des Fahrzeuges muss nach jeder Reparatur gewährleistet sein. Keine Arbeiten durchführen, wenn man mit der Baugruppe nicht vollkommen vertraut ist.

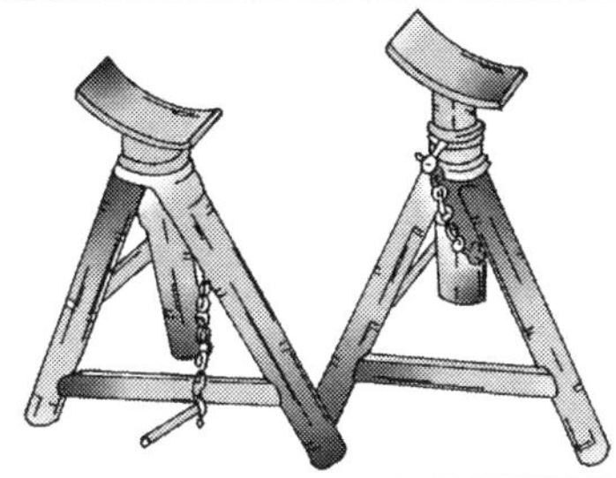
Bild 4

Bild 4
Dreibeinige Unterstellböcke sind eine Notwendigkeit zur Absicherung des Fahrzeuges. Der Feststellbolzen, normalerweise an einer Kette befestigt, darf nicht durch eine beliebige Schraube gleichen Durchmessers ersetzt werden (Ketten reißen gern ab), da es sein könnte, dass diese das Gewicht des Fahrzeuges nicht tragen.

Sichtprüfung Messen

Vorsichtsmaßnahmen bei Arbeiten am Fahrzeug

⚠ Lesen Sie die folgenden Hinweise gut durch, ehe Sie irgendwelche Arbeiten am Fahrzeug durchführen, damit Sie vor allen Verletzungen, gleich welcher Art, bewahrt werden:

- Auf einen einzelnen Wagenheber kann man sich nie hundertprozentig verlassen. Immer zusätzliche Böcke unterstellen. Zwei übereinandergelegte, abgeschraubte Räder kann man z. B. auf der Seite der Reparatur entweder vorn oder hinten unterlegen, falls keine Böcke zur Verfügung stehen. Ein abrutschender Wagen wird dann wenigstens auf den Rädern landen.
- Niemals die Räder oder Achsmuttern anziehen, wenn das Fahrzeug aufgebockt ist.
- Niemals den Verschluss der Kühlanlage bei heißem Motor öffnen. Falls es unumgänglich ist, einen dicken Lappen um den Deckel legen und diesen bis zur ersten Raste lösen, damit der Dampf entweichen kann.
- Niemals das Motoröl ablassen, wenn das Fahrzeug bis zum letzten Moment gefahren wurde. Motoröl entsprechend den geltenden Vorschriften entsorgen, auf keinen Fall wegschütten.
- Keine Bremsflüssigkeit oder Frostschutzmittel auf Lackstellen tropfen lassen. Die hinterlassenen Flecke lassen sich nur schwer oder nicht entfernen.
- Keinen Bremsstaub einatmen. Auch wenn Beläge und Bremsklotzmaterial jetzt asbestfrei hergestellt sind, schadet dies trotzdem Ihrer Gesundheit. Falls Sie Pressluft zum Ausblasen von Bremsen benutzen, den Kopf von der Staubstelle wegdrehen. Erkundigen Sie sich über die Erhältlichkeit von Sprays, mit denen man die Bremsteile absprüht, um die Staubentwicklung zu vermeiden (Autozubehörgeschäft oder Werkstatt).
- Öl- oder Fettreste sofort vom Boden abwischen, ehe Sie selbst oder andere Leute darauf ausrutschen.
- Keine Schlüssel falscher Schlüsselweite oder ausgeweitete Schlüssel zum Lösen von festsitzenden Muttern oder Schrauben benutzen. Ein Abrutschen bedeutet in den meisten Fällen eine Verletzung. Offene Wunden auf jeden Fall »verpflastern« lassen, ehe Schmutz oder Öl usw. eindringen kann.
- Krawatten haben bei Arbeiten am Auto keinen Platz. Ebenfalls lange Hemdsärmel oder andere lose Kleidungsstücke fern von sich bewegenden Teilen halten. Lange Haare während der Arbeit festbinden. Fingerringe und Armbanduhren am besten abziehen. Abgesehen davon, dass man daran hängen bleiben kann, bieten sie auch einen Leiter für die elektrische Anlage.
- Den Arbeitsplatz von unnötigen Teilen befreien. Ein Stolpern wird dadurch offensichtlich weitgehend verringert.
- Arbeiten Sie möglichst nie allein an einem Fahrzeug. Familie oder Freunde können öfters mal kurz nachschauen, ob alles in Ordnung ist.
- Niemals eine Arbeit überhastet zu Ende führen. Viele Radmuttern wurden lose gelassen, um das Fahrzeug wieder schnell zum Fahren zu bringen.
- Niemals in der Nähe des Fahrzeuges rauchen oder andere rauchende Personen in die Nähe lassen. Stets die Batterie abklemmen, wenn Kraftstoffleitungen abgeschlossen werden. Mit Metallgegenständen hergestellte Kurzschlüsse könnten zu Funkenbildung führen. Sicherheitshalber sollten Sie einen Handfeuerlöscher bereit haben.
- Eine Handlampe niemals auf den Motor auflegen. Bestimmte Handlampen entwickeln große Wärme und könnten Teile am Motor verbrennen, obwohl man annimmt, dass sie durch den Drahtkäfig geschützt werden. Am besten ist es, wenn man eine Handlampe bei Arbeiten im Motorraum an der geöffneten Motorhaube »anhängt«.

Falls Sie die angeführten Hinweise sorgfältig beachten, sollten bei den im Buch beschriebenen Arbeiten keine Verletzung Ihrer Person oder Beschädigung des Fahrzeuges auftreten.

☞ Schlechtes Werkzeug führt in den meisten Fällen zu Verletzungen oder Beschädigung von Muttern, Schrauben usw. Die Anschaffung einer hochwertigen Werkzeugausrüstung ist ein guter Anfang zur Selbstpflege des Autos.

Aufbocken des Fahrzeuges

Der zum Anheben benutzte Wagenheber muss dem Gewicht des Fahrzeuges genügen. Überzeugen Sie sich deshalb vorher von der Tauglichkeit eines solchen Wagenhebers. Vor dem Aufbocken des Fahrzeuges

sollte man sich immer davon überzeugen, dass keine zusätzlichen Lasten in der Innenseite des Fahrzeuges liegen.
Beim vollständigen Aufbocken des Fahrzeuges den Vorderwagen zuerst aufbocken. Damit dabei das Fahrzeug nicht abrollen kann, entweder die Hinterräder verkeilen (Ziegelsteine unterlegen) oder die Handbremse anziehen.
Vor dem Aufbocken des Fahrzeuges immer die Beschaffenheit des Bodens kontrollieren, da ein weicher Boden nachgibt und der Wagenheber einsinken kann.
Falls man annimmt, dass die verwendeten Unterstellböcke nicht hundertprozentig sicher sind, kann man z. B. eine Seite des Fahrzeuges aufbocken und das abgenommene Rad unter der freien Aufhängung unterlegen. Sollte das Fahrzeug abrutschen, verbleibt immer noch ein Raum der Stärke des Reifens zwischen Wagen und Boden und gibt Ihnen zusätzliche Sicherheit.

Die folgende Beschreibung setzt die Benutzung von Scherenwagenheber, Rollwagenheber und Unterstellböcke voraus.
■ Um eine Seite mit einem Scherenwagenheber anzuheben, setzt man diesen an der in Bild 5 gezeigten Stelle unter das Fahrzeug.
■ Um eine Seite vorn mit einem Rollwagenheber anzuheben, wird die gleiche Ansatzstelle wie beim Scherenwagenheber benutzt. In diesem Fall unter Bezug auf Bild 6 den Wagenheberkopf (1) mit einem Holzklotz an der verstärkten Stelle auf jeder Seite des vorderen Querträgers zwischen dem Stoßfänger (2) und dem Schutzblech (3) unter dem Motor ansetzen.
■ Um die gesamte Vorderseite des Fahrzeuges anzuheben, setzt man einen Rollwagenheber an der in Bild 7 gezeigten Stelle unter der Seite der Karosserie an. Den Kopf des Wagenhebers dabei wie gezeigt mit dem Holzbalken schützen. Den Unterstellbock an der gezeigten Stelle untersetzen (an der Ansatzstelle für den Wagenheber). Danach die andere Seite in gleicher Weise anheben.
■ Das Anheben der Rückseite des Fahrzeuges findet unter Bezug auf Bild 8 statt. Wiederum einen Balken (1) unter der Karosserie benutzen. Der Unterstellbock wird an der Ansatzstelle für den Bordwagenheber benutzt. Die andere Seite des Fahrzeuges in gleicher Weise anheben.

Bild 5
Anheben der Vorder- oder Rückseite des Fahrzeuges mit einem Scherenwagenheber.

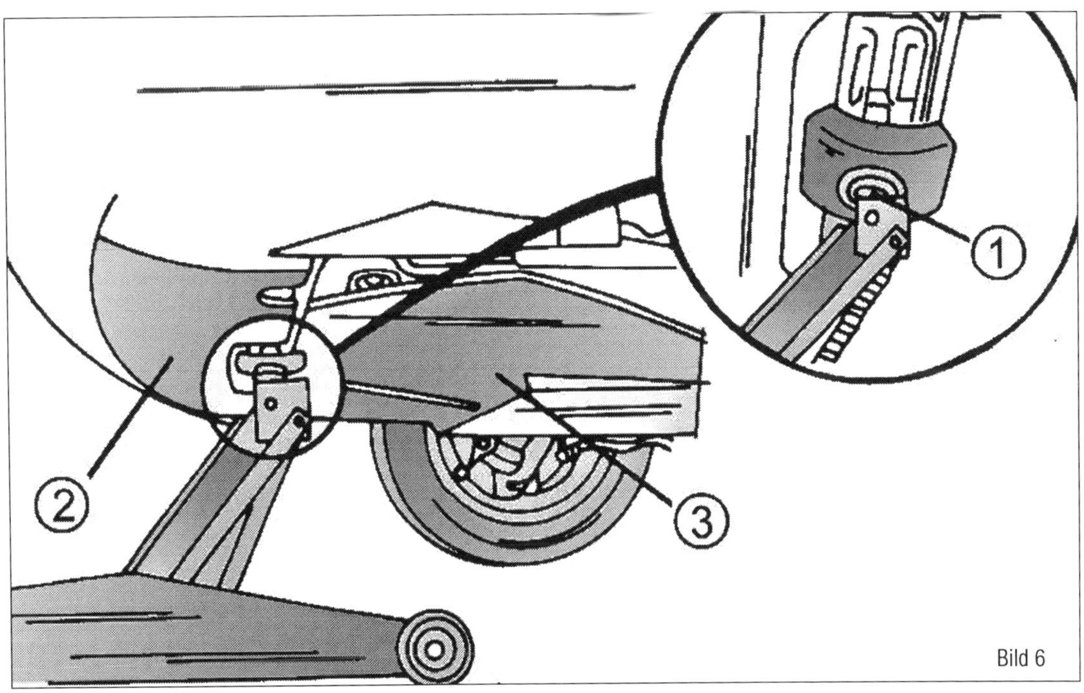

Bild 6
Anheben des Fahrzeuges an der Vorderseite. Den Kopf des Wagenhebers (1) unter die Mitte des vorderen Aufhängungsquerträgers zwischen dem Stoßfänger (2) und dem Schutzblech (3) unter dem Motor untersetzen.

Bild 7
Anheben des Fahrzeuges an der Vorderseite. Einen Querbalken der gezeigten Form unter die Seite der Karosserie untersetzen. Der Unterstellbock wird an der Ansatzstelle für den Bordwagenheber untergestellt.

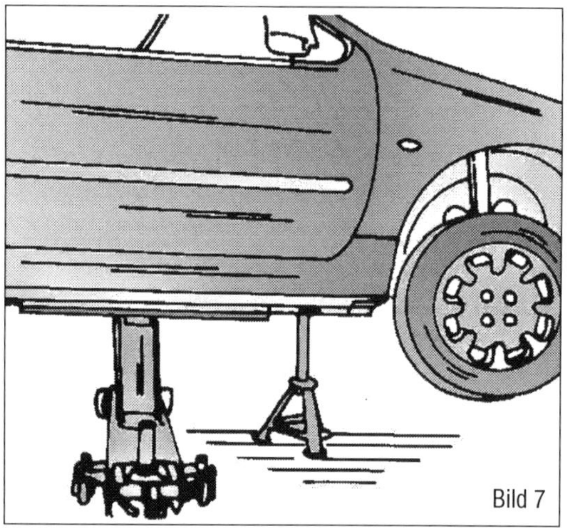
Bild 7

Bild 8
Anheben des Fahrzeuges an der Rückseite. Einen Querbalken (1) der gezeigten Form unter die Seite der Karosserie untersetzen. Der Unterstellbock wird an der Ansatzstelle für den Bordwagenheber untergestellt.

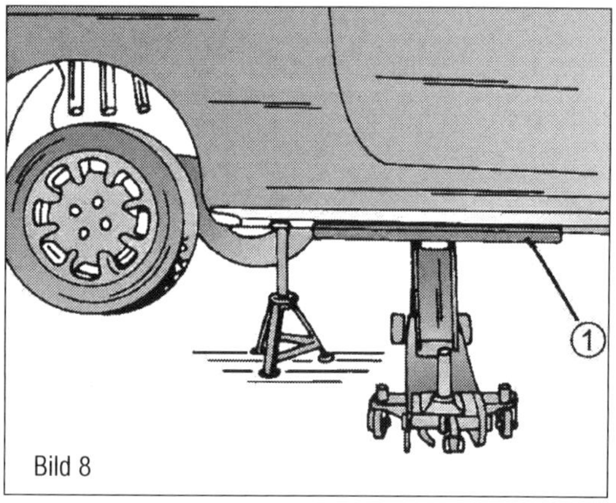

Bild 8

■ Soll das gesamte Fahrzeug, d. h. vorn und hinten, angehoben werden, muss man sich an Bild 9 halten. Wiederum den genannten Balken (1) an der gezeigten Stelle untersetzen. Die Unterstellböcke unter die Ansatzstellen für den Bordwagenheber setzen.

■ Die Höhe der Böcke wird durch Versetzen der Bolzen in den verschiedenen Löchern eingestellt. Bei der Herstellung wird die Festigkeit der Bolzen der Tragkraft der Böcke angepasst. Erfahrungen haben jedoch gezeigt, dass die mit den Bolzen verbundenen Ketten manchmal reißen und die Bolzen verloren gehen. Auf keinen Fall irgendwelche Schrauben geeigneten Durchmessers anstelle der Bolzen verwenden, es sei denn, dass diese aus Stahl hergestellt sind und die notwendige Tragkraft haben.

⚠ Aufgrund des Schwerpunktes des Fahrzeuges sollte man niemals zuerst eine Seite anheben und danach die andere, ohne dass ein Helfer dabei das Fahrzeug beobachtet. Es wird vorgeschlagen, dass man zuerst ein Ende anhebt (vorn oder hinten) und danach das andere Ende. Dabei aufpassen, dass die gegenüberliegende Seite nicht abrutschen kann.

Bild 9
Anheben des Fahrzeuges auf einer Seite. Einen Querbalken (1) der gezeigten Form unter die Seite der Karosserie untersetzen. Die Unterstellböcke werden an den Ansatzstellen für den Bordwagenheber untergestellt. Die andere Seite in gleicher Weise anheben.

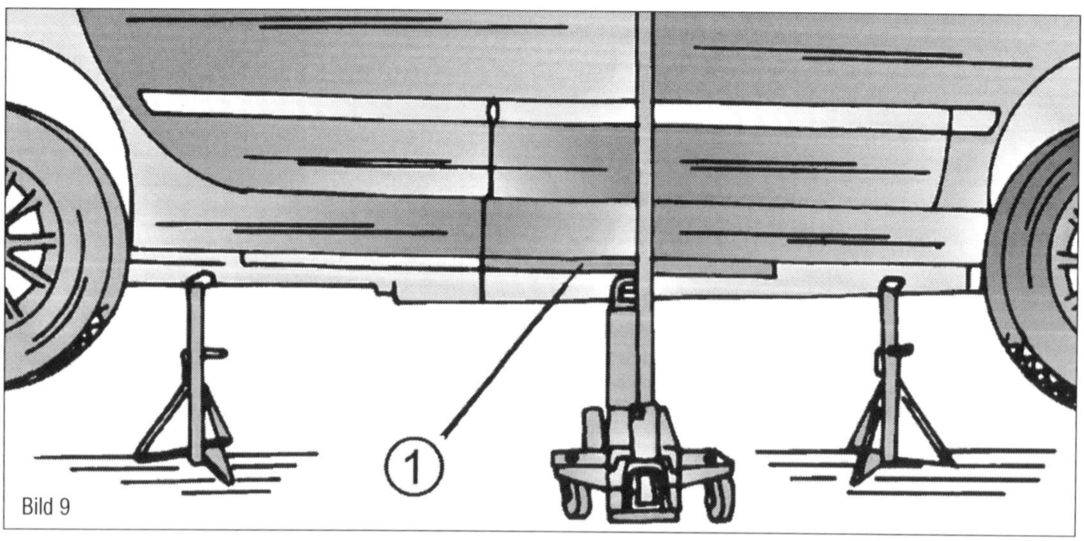

Bild 9

2 Dieselmotoren

Kurze Beschreibung
DW10ATED- und DW12TED4-Motoren

Beide Motoren arbeiten mit einer Direkteinspritzanlage, ebenfalls als »Common Rail«-Einspritzung bekannt. Der DW10-Motor mit 16 Ventilen ersetzt ab Baujahr 2002 den vorher eingebauten Motor mit 8 Ventilen, um die Abgaswerte der Norm EURO3/L4 zu erfüllen. Der Hauptunterschied zwischen einem Motor mit 8 Ventilen und dem 16V-Motor kann kurz folgendermaßen zusammengefasst werden:

- Der Zylinderblock des 16V-Motors entspricht dem beim Motor mit 8 Ventilen verwendeten Zylinderblock. Der Zylinderkopf ist eine Weiterentwicklung des DW12-Motors (2.2 Liter). Die Ventile wurden unterschiedlich angeordnet, um die Verbrennung zu verbessern. Der 16V-Motor hat kein Ausgleichswellensystem, wie es beim größeren 2.2-Liter-Motor der Fall ist.
- Zwei Nockenwellen sind beim 16V-Motor eingebaut.
- Nur die Auslassnockenwelle wird durch den Zahnriemen der Steuerung angetrieben. Ebenfalls durch den Zahnriemen werden die Hochdruckeinspritzpumpe und die Wasserpumpe angetrieben, wie dies im Fall des Motors mit 8 Ventilen der Fall ist.
- Die Kurbelwellen des Motors mit 8 Ventilen und des Motors mit 16 Ventilen sind, abgesehen von den eingebauten Ausgleichswellen beim 2.2-Liter-Motor gleich. Das Axialspiel der Kurbelwelle wird durch Anlaufhalbscheiben am zweiten Kurbelwellenlager reguliert.
- Der eingebaute Zylinderkopf entspricht praktisch dem des 2.2-Liter-Motors. Das Gleiche gilt für die Nockenwellen, die Zylinderkopfdichtung, die Ventilfedern und die Ventilstößel.

Aus- und Einbau des Motors

Motor und Getriebe werden als Gesamteinheit aus dem Fahrzeug herausgehoben. Der Motor wird dabei nach oben und danach nach vorn aus dem Motorraum herausgehoben. Ein geeignetes Hebezeug und ein passender Hebebügel, wie er z. B. in Bild 1 gezeigt ist, werden zum Aus- und Einbau gebraucht.

Die Vorderseite des Fahrzeuges muss auf Unterstellböcke gesetzt werden. Bei diesen Fahrzeugen ist es ebenfalls erforderlich, das Vorderteil des Fahrzeuges auszubauen. Schlauchschellen müssen meistens mit einer Spezialzange geöffnet und auch wieder montiert werden. Zum Anschließen von Schlauchschellen empfehlen wir die Benutzung einer Federspannzange.

Die Motorhaube muss entweder ausgebaut oder in aufrechter Stellung festgebunden werden.

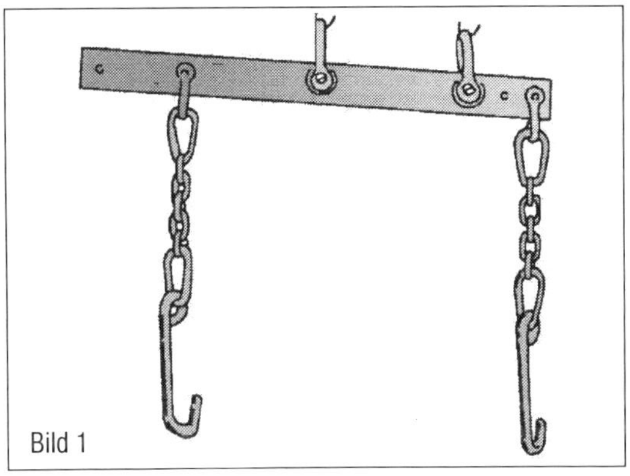

Bild 1
Ein Hebebügel der gezeigten Form ist ideal zum Herausheben des Triebwerks.

Bild 2
Lösen der Mutter einer Antriebswelle. Die Räder sollten dabei auf dem Boden aufstehen.

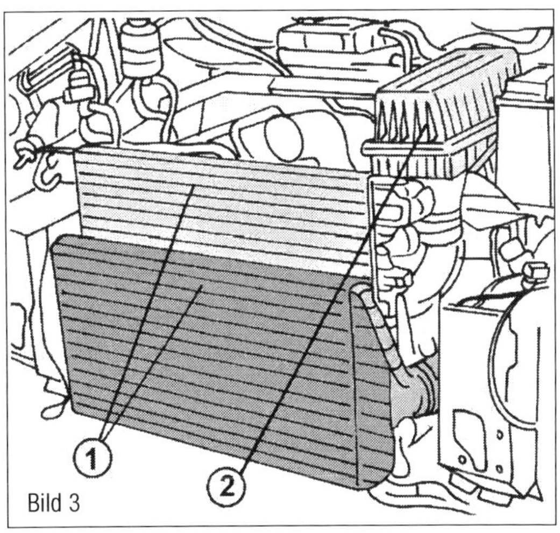

Bild 3
Nach Ausbau des Vorderteils die Kühlerverkleidung zusammen mit der Lüftereinheit und dem Kühler (1) ausbauen. Der Luftfilter (2) kann auch ausgebaut werden.

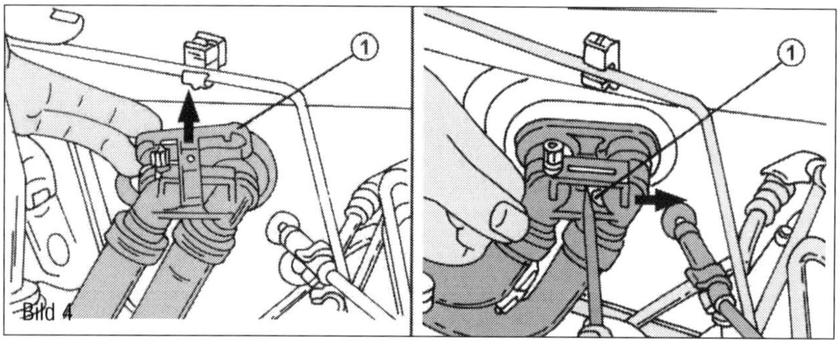

Bild 4
Abschließen der Heizungsschläuche. Den Anweisungen im Text folgen.

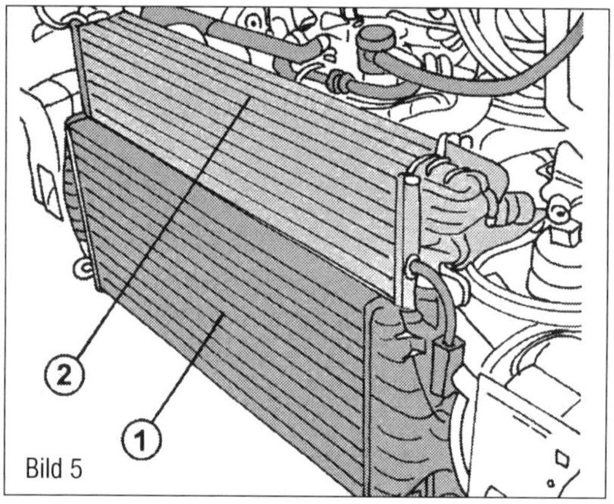

Bild 5
Der Ladeluftkühler (1) bei eingebautem Abgasturbolader und der Kondensapparat (2) der Klimaanlage.

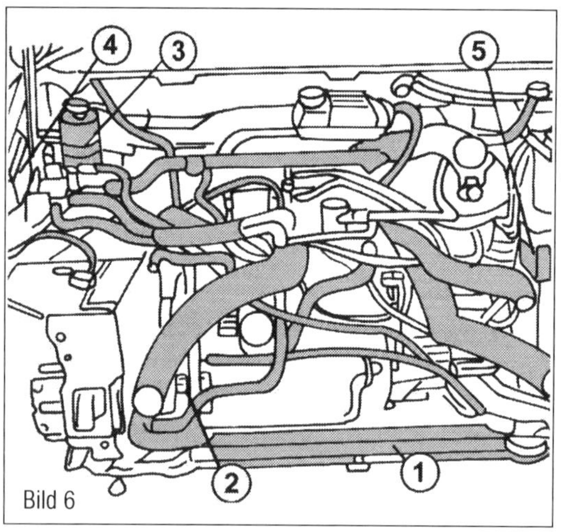

Bild 6
Die gezeigten Teile in Zahlenreihenfolge ausbauen.

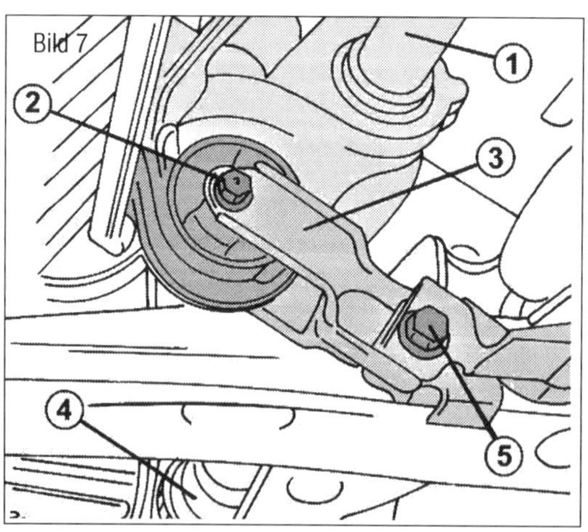

Bild 7
Befestigung der Reaktionszugstrebe (Stützstrebe) der Motoraufhängung.

1. *Ende der Antriebswelle*
2. *Schraube, 65 Nm*
3. *Reaktionszugstrebe*
4. *Antriebswelle*
5. *Schraube, 90 Nm*

■ Die Radzierblenden ausbauen.

■ Die Handbremse anziehen und die Muttern der beiden Antriebswellen mit einer geeigneten Stecknuss lösen, wie es in Bild 2 gezeigt ist, ohne sie vollkommen abzuschrauben.

■ Die beiden Kabel der Batterie abklemmen. Falls ein Radio mit Diebstahl-Code eingebaut ist, müssen Sie den Code zur Hand haben. Die Batterie kann auch ausgebaut werden.

■ Fahrzeug vorn auf Unterstellböcke setzen und die beiden Räder abschrauben. Der Schutzschild unterhalb des Motors kann sofort ausgebaut werden. Ebenfalls auszubauen sind der vordere Stoßfänger, die Scheinwerfer und der Scheibenwischermechanismus.

■ Kühlanlage ablassen. Ein Ablassstopfen ist an der Unterseite des Kühlers eingesetzt. Den Deckel des Ausgleichsbehälters abschrauben, um das Entleeren der Anlage zu beschleunigen. Das Frostschutzmittel kann man auffangen, wenn es noch in gutem Zustand ist. Ein Stopfen ist in die Seite des Zylinderblocks eingesetzt, welchen man ebenfalls ausschrauben kann.

■ Getriebe und Motor, falls erwünscht, entleeren.

■ Das gesamte Vorderteil des Fahrzeuges ausbauen. Der Motorraum liegt jetzt in der in Bild 3 gezeigten Weise frei. Den Luftfilter (2) ausbauen und die Kühlerverkleidung zusammen mit der Lüftereinheit und dem Kühler (1) als Gesamteinheit ausbauen. Alle elektrischen Kabel von den Schaltern im Kühler abklemmen/abziehen.

■ Die Hersteller verwenden mehr und mehr Spezialanschlüsse, und es könnte sein, dass der untere Schlauch mit einem Spezialanschluss versehen ist. In diesem Fall den Abschnitt »Kühlanlage« durchlesen, um die Arbeit erfolgreich durchzuführen. Auch die beiden Schläuche am Anschluss der Heizung sind in besonderer Weise befestigt. Aus diesem Grund soll kurz darauf eingegangen werden. In der linken Ansicht von Bild 4 ist eine Sicherungsspange gezeigt, die man als Erstes in Richtung des Pfeils herausziehen muss. Danach mit einem Schraubenzieher die Zunge (1) in der rechten Ansicht nach rechts drücken und gleichzeitig die beiden Schläuche der Reihe nach von den Anschlüssen ziehen.

■ Bei eingebautem Abgasturbolader wird der Ladeluftkühler (1) ausgebaut, dessen

Einbaulage in Bild 5 zu sehen ist. Ist das Fahrzeug mit einer Klimaanlage ausgestattet, kann man ebenfalls anhand dieses Bildes vorgehen, um den Kondensapparat (2) auszubauen.

Auf keinen Fall die Anschlüsse der Klimaanlage öffnen. Zuerst den Kondensapparat und die angebrachten Schutzschilder und den Kompressor lösen. Auf der linken Seite des Fahrzeuges danach den Kondensapparat und den Kompressor ausbauen. Alle sichtbaren Kabelverbindungen in dieser Gegend trennen.

- Unter Bezug auf Bild 6 den Querträger (1) des vorderen Nebenrahmens ausbauen. Die Befestigung der Lenkhilfspumpe (2) sowie den Vorratsbehälter für die Flüssigkeit (3) lösen und die Teile herausheben.

Nicht die Leitungen der Servolenkung öffnen. Die Teile herausheben, ohne dass Flüssigkeit auf die Lackierung des Fahrzeuges tropfen kann. Bei einem Turbodiesel die untere Leitung für den Abgasturbolader ausbauen.

- Das elektronische Steuergerät unter Bezug auf Bild 6 ausbauen (4). Auf der anderen Seite des Fahrzeuges das Steuergerät für die ABS-Anlage (5) ausbauen.
- Alle am Triebwerk angeschlossenen Schläuche, Kabel und Leitungen nach geeigneter Kennzeichnung abschließen.
- Von der Unterseite des Fahrzeuges die Schaltseile am Getriebe abschließen, die Tachometerspirale (am Getriebe) und die Klemmschelle der Auspuffrohrverbindung lösen, um den vorderen Abschnitt der Anlage zu trennen.
- Die Antriebswellen ausbauen, wie es im betreffenden Kapitel beschrieben ist.
- Die beiden Schrauben (2) und (5) in Bild 7 entfernen und die Drehmomentstütze (3) herausnehmen.
- Elektrische Leitungen vom Getriebe abklemmen (z. B. Anlasserkabel und Kabel des Schalters der Rückfahrleuchten).
- Das Antriebsaggregat mit Ketten oder Seilen an einen Handkran oder anderes geeignetes Hebezeug hängen und das Triebwerk langsam anheben, bis man fühlen kann, dass die Ketten/Seile gut unter Spannung stehen. Die Werkstatt benutzt dazu den in Bild 1 gezeigten Hebebügel. Einen Rollwagenheber unter das Getriebe untersetzen, und die Triebwerkaufhängungen links und rechts ausbauen.

Nochmals kontrollieren, dass alle Anschlüsse getrennt wurden und den Triebwerkblock anheben und nach vorn aus dem Motorraum heben. Immer darauf achten, dass sich keine Anschlüsse, Leitungen, Kabel, usw. am Triebwerk verfangen können und dass kein Anschluss vergessen wurde. Das Triebwerk muss in einem bestimmten Winkel herausgehoben werden und ist entsprechend zu verdrehen.

Nach dem Ausbau ist das Triebwerk auf einen geeigneten Motorträger, z. B. aus Holz, aufzubauen und gegen Umstürzen oder sonstige Beschädigungen sichern. Weiter ist das gesamte Triebwerk auf äußerliche Beschädigung und undichte Stellen, z. B. Ölspuren zu begutachten, was Hinweise auf beschädigte Teile geben kann. Danach den Motor äußerlich reinigen. Alle empfindlichen Teile abdecken.

Der Einbau des Antriebsaggregats erfolgt in umgekehrter Reihenfolge wie der Ausbau. Die folgenden Allgemeinanweisungen gelten wiederum für alle Modelle:

- Alle selbstsichernden Muttern, Sicherungsscheiben, die Öldichtringe des Achsantriebs, die Muttern der Antriebswellen und andere Verschleißteile immer erneuern.
- Der Motorraum ist, wie beim Ausbau beschrieben, so vorzubereiten, dass das Triebwerk leicht eingeführt werden kann.
- Alle losen Teile, Leitungen, Schläuche, usw. sind an die äußeren Wände zu binden oder mit Tesaband festzukleben.
- Anschlussbereiche gründlich reinigen und auf Roststellen, usw. überprüfen.
- Vor dem Einbau des Motors darauf achten, dass die im Getriebe befindlichen Radialwellendichtringe, wie bereits erwähnt, erneuert sind. Die betreffenden Arbeiten sind beim Aus- und Einbau der Antriebswellen beschrieben. Vor dem Einbau die beiden Dichtringe leicht einölen und zwischen den Dichtlippen mit Fett einschmieren.
- Nach dem Einbau des Triebwerks sind Kühlmittel und Motoröl einzufüllen. Die Füllmengen sind der Maß- und Einstelltabelle zu entnehmen.
- Triebwerk in die richtige Lage bringen, bis die Motoraufhängungen aufgerichtet sind, und die Motor/Getriebeaufhängung montieren. Die Drehmomentstütze in Bild 7 wieder einbauen. Schraube (5) mit 90 Nm anziehen, Schraube (2) mit 65 Nm.

■ Die beiden Antriebswellen einbauen, wie es im betreffenden Kapitel beschrieben ist.
■ Alle anderen Arbeiten in umgekehrter Reihenfolge wie beim Ausbau durchführen. Zur Überprüfung der Kühlerdichtheit ist mit einer handelsüblichen Kühlerpumpe die Kühlanlage zu überprüfen. Hierbei vor allem die Anschlussschellen und die Anschlussenden der Schläuche beobachten, ob dort Wasser austritt.
■ Kontrollieren, dass alle Unterdruckschläuche richtig angeschlossen wurden.
■ Ölstand mittels Ölmessstab überprüfen.
■ Batterieanschlüsse auf Korrosionsfreiheit und festen Sitz überprüfen. Kennnummer der Diebstahleinrichtung für das Radio eingeben und die durch das Abklemmen der Batterie verlorenen Sender einstellen.
■ Einwandfreie Arbeitsweise der Schaltung und Kupplung während einer kurzen Probefahrt kontrollieren.

Zerlegung des Motors

Vor Beginn der Arbeiten sind alle Außenflächen des Motors gründlich zu reinigen. Alle Öffnungen des Motors vorher mit einem sauberen Putzlappen abdecken, damit keine Fremdkörper in die Innenseite des Motors gelangen können.
Das Zerlegen des Motors wird in Einzelheiten weiter hinten beschrieben. Auf diese Weise können wir Arbeiten beschreiben, die entweder bei eingebautem oder ausgebautem Motor durchgeführt werden können, ohne dass bestimmte Zerlegungsarbeiten zweimal beschrieben werden. Falls eine komplette Zerlegung durchgeführt werden soll, braucht man nur die einzelnen Arbeitsgänge miteinander zu kombinieren, und zwar in der angeführten Reihenfolge.

☞ Vor einer vollkommenen Zerlegung eines 2.2-Liter-Motors (DW12) raten wir Ihnen, die entsprechenden Anweisungen gut durchzulesen.

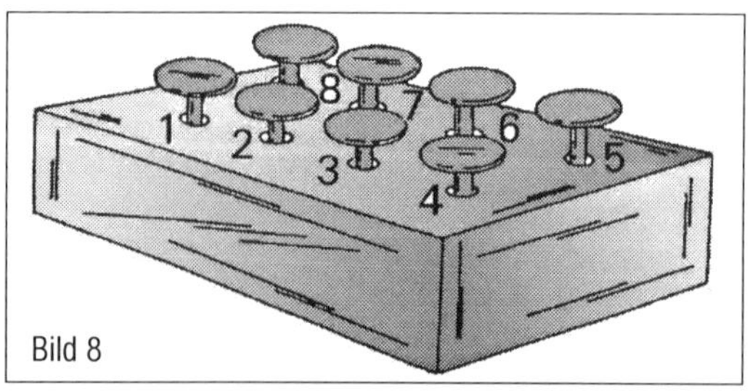

Bild 8

*Bild 8
Ventile können in der gezeigten Weise durch den Boden einer Pappschachtel gestoßen werden. In diesem Fall bei einem Motor mit 8 Ventilen gezeigt.*

Im Allgemeinen sollte man beim Zerlegen daran denken, dass alle sich bewegenden oder gleitenden Teile vor dem Ausbau zu zeichnen sind, um sie wieder in der ursprünglichen Lage einzubauen, falls sie wieder verwendet werden. Dies ist besonders bei Kolben, Ventilen, Lagerdeckeln und Lagerschalen wichtig und gilt bei allen Motoren. Die Teile so ablegen, dass man sie nicht durcheinander bringen kann.
Lager- und Dichtflächen auf keinen Fall mit einer Reißnadel oder gar Schlagzahlen zeichnen. Farbe eignet sich am besten zur Kennzeichnung. Ventile lassen sich am besten durch den Boden einer umgekehrten Pappschachtel stoßen, sodass man die Ventilnummer daneben schreiben kann. Bild 8 zeigt die Anordnung bei ausgebauten Ventilen (bei einem 8V-Motor gezeigt).
Viele Teile sind aus Aluminium hergestellt und sind dementsprechend zu behandeln. Falls Hammerschläge zum Trennen bestimmter Teile erforderlich sind, nur einen Gummi-, Plastik- oder Hauthammer verwenden.
Falls ein vorschriftsmäßiger Montagestand nicht zur Verfügung steht, ist es am besten, wenn man sich geeignete Holzblöcke zurechtschneidet, auf welchen der Motor so aufgesetzt werden kann, dass man Zugang zur Ober- und Unterseite des Motors erhält. Der Zylinderkopf kann nach dem Ausbau mit einem Metallbügel, an den Stiftschrauben des Ansaugkrümmers angeschraubt, in einen Schraubstock eingespannt werden.
Obwohl das Zerlegen der beiden Motoren in ähnlicher Weise geschieht, versuchen wir irgendwelche Unterschiede bei jeder Gelegenheit anzugeben.
Eine vollständige Zerlegung kann anhand der nachstehenden Anweisungen durchgeführt werden. Wir empfehlen, die entsprechenden Kapitel durchlesen, da verschiedene Spezialwerkzeuge zur Zerlegung des 2.2-Liter-Motors gebraucht werden, wenn es zur Zerlegung des Kurbelgehäuses kommt. Folgende Kapitel sind getrennt beschrieben:
■ Aus- und Einbau des Antriebsriemens der Aggregate
■ Aus- und Einbau des Zylinderkopfes
■ Aus- und Einbau der Nockenwellen und der Nockenwellenöldichtringe
■ Aus- und Einbau des Zahnriemens
■ Aus- und Einbau der Ölpumpe

Zerlegen des 2.0-Liter-Motors

Das Getriebe abflanschen, falls es noch montiert ist und den Motor folgendermaßen zerlegen:

■ Die in Bild 9 gezeigten Teile von der Auslassseite des Motors abmontieren. Dazu die Klemmschellen (1) und (3) lösen. Hier wird man die bereits genannte Federspannzange brauchen (Spezialwerkzeug 4145-T). Der Wärmeaustauscher (2) kann jetzt ausgebaut werden. Die acht Muttern (4) der Auspuffkrümmerbefestigung lösen und den Krümmer (5) vom Zylinderkopf abziehen. Unter dem Krümmer sitzt eine Dichtung. Diese abnehmen.

■ Auf der anderen Seite des Motors, d. h. auf der Seite der Hochdruckeinspritzpumpe, den Ölfilter (3) in der linken Ansicht von Bild 10 und den mit (2) bezeichneten Ölkühler ausbauen. Den kompletten Kraftstofffilter (1) ausbauen und den Filtersockel abschrauben.

■ Unter Bezug auf die rechte Ansicht von Bild 10 die Hochdruckleitung (1) und die vier Hochdruckeinspritzleitungen (2) abschließen. Die offenen Enden der verschiedenen Leitungen müssen gut gegen Eindringen von Fremdkörpern geschützt werden. Den Ölabscheider (3) zusammen mit dem Schlauch abmontieren. Das »Common Rail«-Verteilerrohr (4) abschrauben und die Belüftungsleitung (5) abschließen. Ebenfalls den Öldruckschalter (6) ausschrauben.

■ Schraube der Kurbelwellenriemenscheibe entfernen, darunterliegende Scheibe abnehmen und die Riemenscheibe vom Ende der Kurbelwelle abdrücken. Ebenfalls von der Vorderseite des Motors den oberen Zahnriemenschutzdeckel, den mittleren Schutzdeckel, den unteren Schutzdeckel abmontieren. Diese Teile sind in Bild 11 gezeigt.

■ Den oberen Zylinderkopfdeckel und den unteren Zylinderkopfdeckel abmontieren.

■ Die Kupplungsdruckplatte im Verhältnis zum Schwungrad an gegenüberliegenden Stellen mit einem Körner kennzeichnen, die Kupplung abschrauben und abnehmen und die Mitnehmerscheibe aus der Innenseite des Schwungrads nehmen. Das Schwungrad dabei gegen Mitdrehen halten, indem man einen Schraubenzieher in die Zähne an der Außenseite einsetzt oder

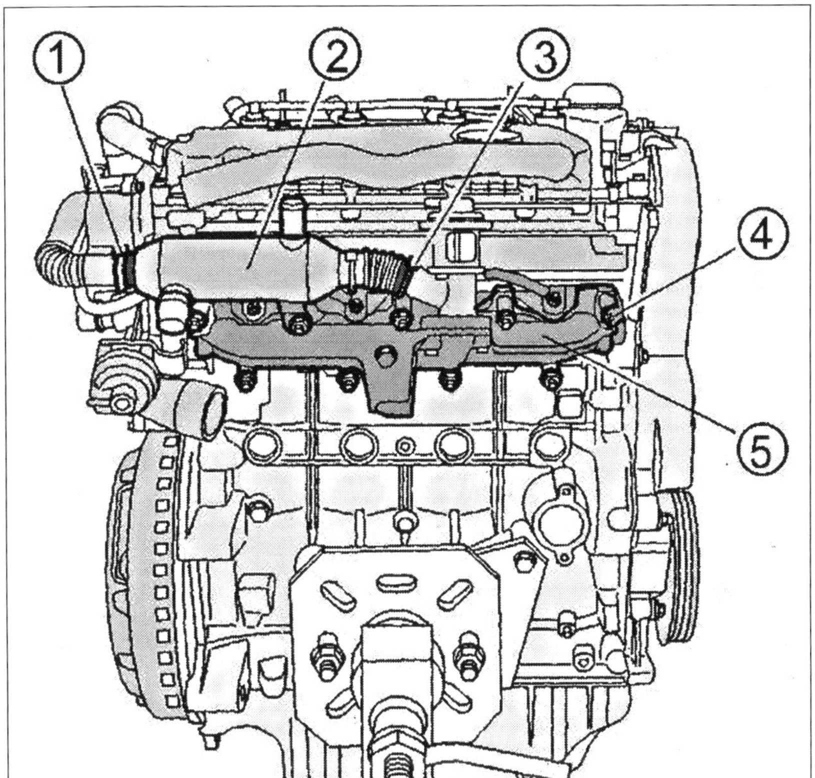

Bild 9

Bild 9
Ausbau der Teile auf der Auslasskrümmerseite des Motors. In diesem Fall bei einem DW12-Motor gezeigt.

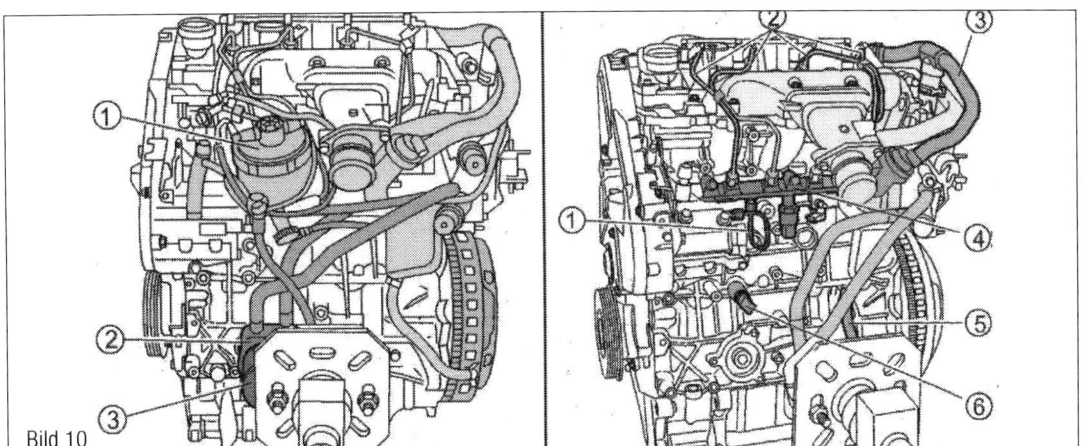

Bild 10

Bild 10
Auf der Seite der Hochdruckpumpe abzubauende Teile. Zuerst die links gezeigten Teile, danach die rechts gezeigten Teile abmontieren. Die Zahlen werden im Text erwähnt.

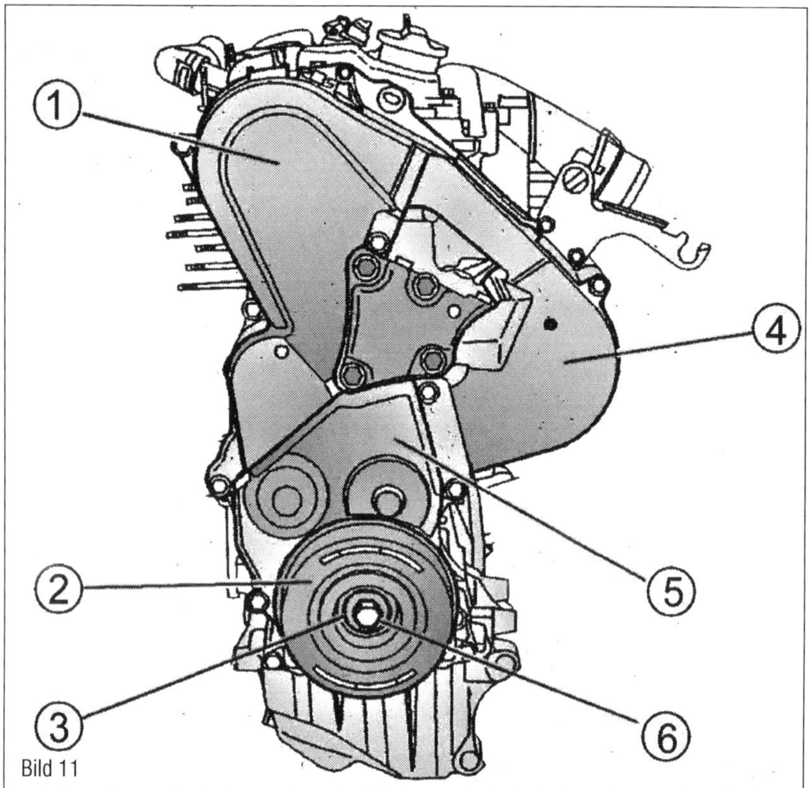

Bild 11

Bild 11
Ansicht der Vorderseite des Motors.

1 *Oberer Zahnriemendeckel*
2 *Kurbelwellenriemenscheibe*
3 *Unterlegscheibe*
4 *Mittlerer Zahnriemenschutzdeckel*
5 *Unterer Zahnriemenschutzdeckel*
6 *Mittlere Schraube*

eine »Schwungradbremse« in der in Bild 12 gezeigten Weise anbringt. Falls die Mitnehmerscheibe noch gut aussieht, darf man sie nicht mit schmutzigen Fingern anfassen. Das Schwungrad kann ebenfalls abgeschraubt werden.

■ Den Zahnriemen ausbauen, wie es im betreffenden Kapitel beschrieben wird.

■ Die Schraube in der Mitte des Ölkühlers entfernen und den Ölfilter abnehmen. In Bild 13 ist die Anordnung der Teile gezeigt.

■ Den Zylinderkopf ausbauen, wie es unter getrennter Überschrift beschrieben wird.

■ Die nächste Arbeit ist der Ausbau der Hochdruckpumpe. Wiederum wird darauf in einem getrennten Kapitel eingegangen.

■ Ölwanne ausbauen. Dabei auf die Länge der verwendeten Schrauben achten. 20

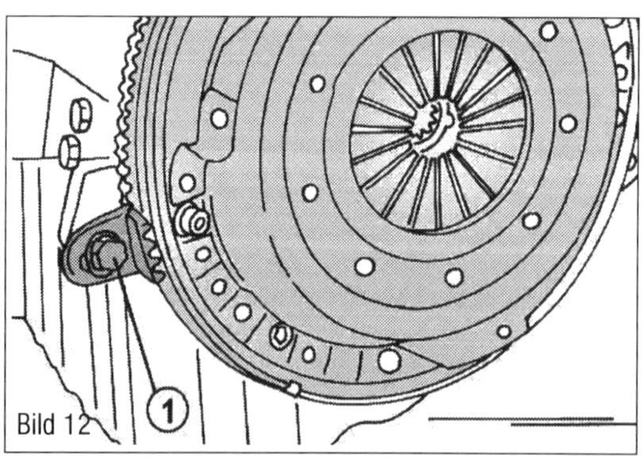

Bild 12

Bild 12
Gegenhalten des Schwungrades beim Lösen der Kupplungsschrauben, Schwungradschrauben und der Schraube in der Mitte der Kurbelwellenriemenscheibe.

Schrauben haben eine Länge von 21 mm, die beiden Schrauben in einer Ecke sind 40 mm lang. Man wird die Länge der Schrauben nach Ausschrauben der einzelnen Schraube feststellen. Die Ölwanne wird ohne Dichtung montiert.

■ Den vorderen Deckel vom Zylinderblock abnehmen, wie es bei der Erneuerung des vorderen Dichtringes der Kurbelwelle beschrieben wird. Die Arbeiten bei einem DW12-Motor werden nachträglich beschrieben.

■ Ölpumpe ausbauen (siehe Kapitel »Motorschmierung«).

■ Den Zylinderkopf umkehren, sodass das offene Kurbelgehäuse oben liegt, und die Kurbelwelle durchdrehen, bis zwei der Pleuellager im unteren Totpunkt (also oben) stehen.

■ Die beiden sichtbaren Lagerdeckel und die Pleuelstangen mit einem Körnerschlag kennzeichnen (falls keine Markierungen sichtbar sind) und die Schrauben der Pleuellagerdeckel ausdrehen. Lagerdeckel mit den Lagerschalen abnehmen und die Teile auf eine Seite legen. Die Kolben mit dem Griff eines Hammers nach unten aus dem Zylinderblock ausstoßen. Darauf achten, dass sie nicht herunterfallen können. Die obere Lagerschale wird entweder an der Pleuelstange oder dem Kurbelzapfen kleben bleiben. Lagerschale abnehmen und sofort mit der zweiten Lagerschale und dem entsprechenden Pleuellagerdeckel zusammenbinden.

■ Kurbelwelle durchdrehen, bis die beiden anderen Pleuellager nach oben kommen, und diese in der oben beschriebenen Weise ausbauen.

■ Hauptlagerdeckel und die Lager im Zylinderblock auf einer Seite des Motors mit einem Körner kennzeichnen und die Deckel der Reihe nach abschrauben. Lagerschalen aus den Deckeln herausnehmen, gründlich reinigen und die Rückseite jeder Schale mit der Lagernummer kennzeichnen (mit Farbe).

■ Kurbelwelle vorsichtig aus den Lagerbohrungen herausheben und die fünf Lagerschalen aus dem Kurbelgehäuse entfernen. Ebenfalls die beiden Anlaufscheiben vom zweiten Lager der Kurbelwelle abnehmen (Bild 14). Die Lagerschalen jedes Lagers mit dem jeweiligen Lagerdeckel zusammenhalten, falls man beabsichtigt, die gleichen Teile wieder einzubauen. Ebenfalls vermerken,

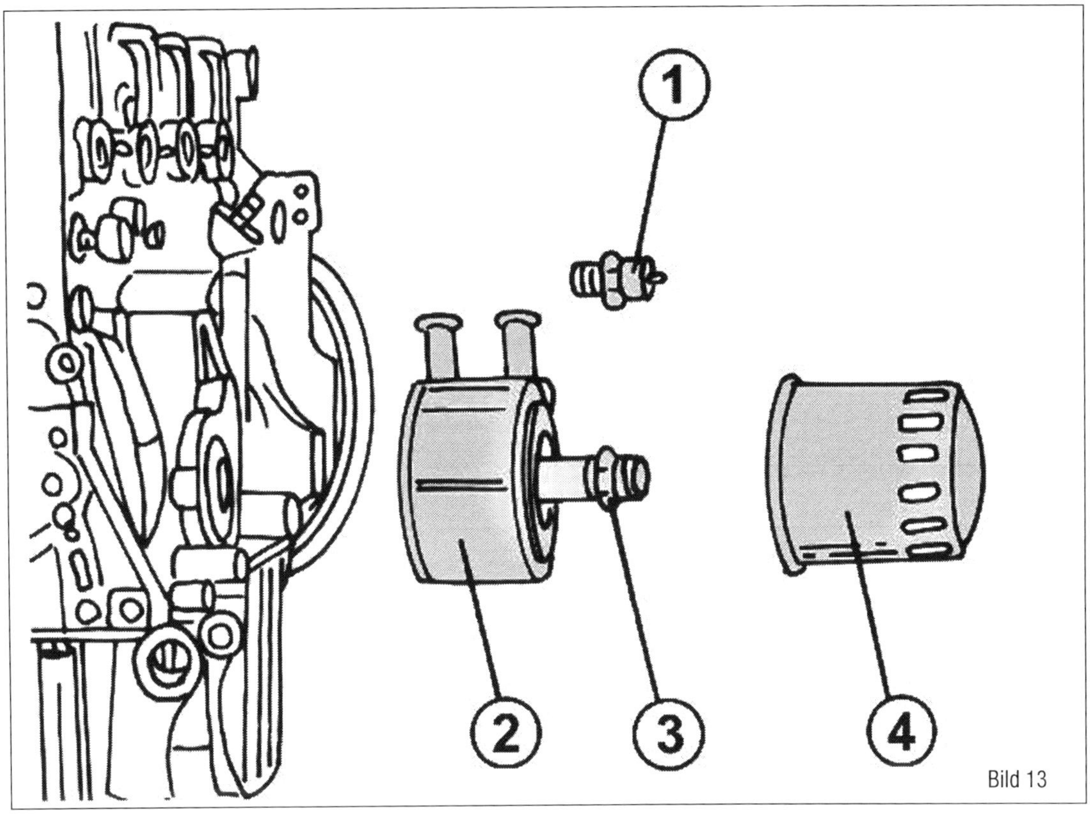

Bild 13

Bild 13
Der Ölfilter (4) mit dem Ölkühler (2). Die Schraube (3) wird zum Ausbau des Ölfilters gelöst. Ebenfalls ist der Öldruckschalter (1) gezeigt.

von welcher Seite die beiden Anlaufhalbscheiben abgenommen wurden.

■ Die Kolben und den Zylinderkopf zerlegen, wie es später beschrieben wird. Zu beachten sind die im Zylinderblock eingebauten Ölspritzdüsen für die Kolbenkühlung. Bild 14 zeigt, wo die Düsen sitzen. Beim Einbau werden sie mit 10 Nm angezogen.

Zerlegen des 2.2-Liter-Motors

Beim Zerlegen des Motors in der oben beschriebenen Weise vorgehen, bis die Ölwanne ausgebaut wurde. Danach den folgenden Anweisungen nachgehen:

■ Den vorderen Deckel unter Bezug auf Bild 15 vom Zylinderblock abmontieren. Dazu die Schrauben (1) lösen und den Deckel vorsichtig vom Ende der Kurbelwelle und dem Zylinderblock abdrücken. Die Ölpumpe kann jetzt anhand Bild 16 ausgebaut werden. Da nicht alle Schrauben von gleicher Länge sind, sollte man sie entsprechend der Einbaustelle kennzeichnen.

■ Das Kettenrad (4) gegen den Zylinderblock drücken und die Scheibenfeder (5) mit einem Seitenschneider herausziehen. Die Ölpumpe (2), das Antriebsrad der Pumpe (4) und die Antriebskette (3) können als Ganzteil heruntergezogen werden. Ein O-Dichtring sitzt unter der Pumpe und kann ebenfalls abgezogen werden.

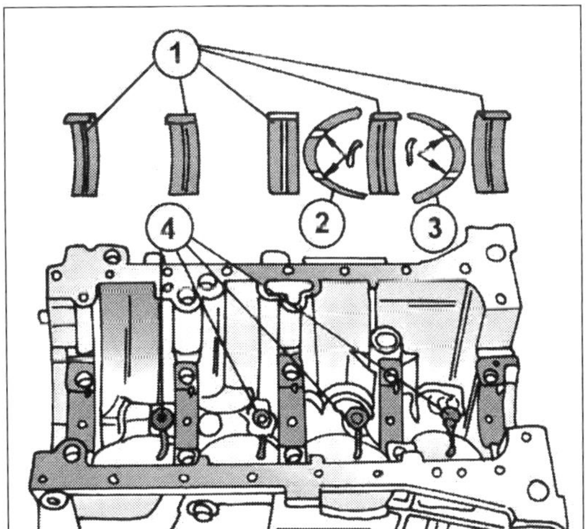

Bild 14

Bild 14
Die Kurbelwellenlagerung.

1 *Hauptlagerschalen*
2 *Anlaufhalbscheibe*
3 *Anlaufhalbscheibe*
4 *Ölspritzdüsen*

■ Nach Ausbau der obigen Teile wird man das Gehäuse für die Ausgleichswellen sehen, welches in der in Bild 17 gezeigten Weise befestigt ist. Das Gehäuse (2) wird durch die acht Schrauben (1) gehalten. Die Schrauben in mehreren Durchgängen lockern und das Gehäuse herunterheben. Unter dem Gehäuse befinden sich Ausgleichs/Einstellscheiben, welche ebenfalls abgenommen werden müssen.

Bild 15
Ausbau des Deckels an der Stirnseite des Motors. Den Deckel (2) nach Lösen der Schrauben (1) nach vorn abziehen.

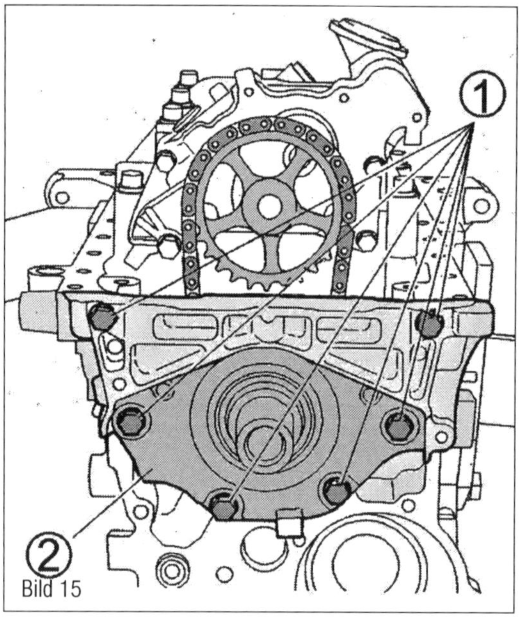

Bild 16
Einzelheiten zum Ausbau der Ölpumpe beim 2.2-Liter(DW12)-Motor. Auf die Zahlen wird im Text eingegangen.

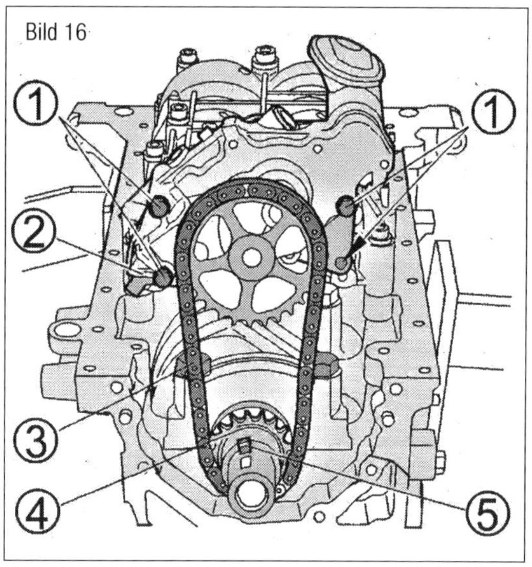

Bild 17
Ausbau des Ausgleichswellengehäuses. Acht Schrauben (1) werden zur Befestigung des Gehäuses (2) an der Unterseite des Kurbelgehäuses verwendet. Nach Ausbau ergibt sich die in Bild 18 gezeigte Ansicht.

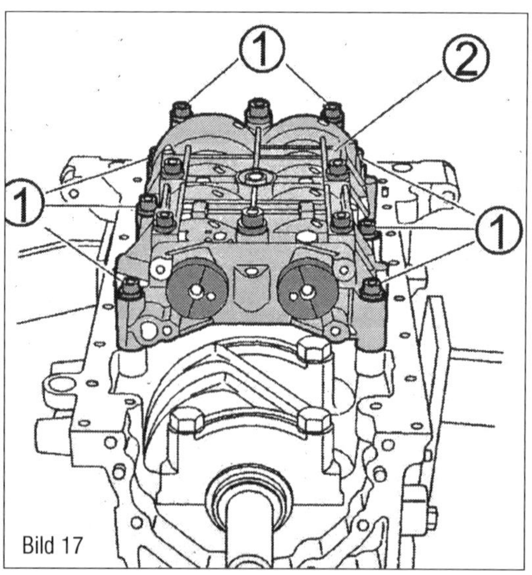

■ Motor auf die Zylinderkopffläche aufsetzen und auf der anderen Seite kontrollieren ob die Pleuellagerdeckel und die Pleuelstangen gezeichnet sind. Falls dies nicht der Fall ist, die Teile auf einer Seite mit Farbe oder einem Körnerschlag auf Zusammengehörigkeit kennzeichnen. Die Kurbelwelle durchdrehen, bis zwei der Pleuellager im unteren Totpunkt stehen.

■ Die Schrauben der Pleuellagerdeckel (1) entfernen und die Pleuellagerdeckel (2) in Bild 18 abnehmen. Lagerschalen herausnehmen und einstweilen ablegen. Pleuellagerdeckel und Lagerschale dabei jedoch zusammenhalten. Den Kolben mit einem Hammerstiel aus der Zylinderbohrung schieben. Nach Ausbau die Lagerschalen und den Lagerdeckel provisorisch an der Pleuelstange anschrauben.

■ Kurbelwelle durchdrehen, bis die verbleibenden Kolben/Pleuelstangeneinheiten in der beschriebenen Weise ausgebaut werden können.

■ Hauptlagerdeckel und die Lager im Zylinderblock auf einer Seite des Motors mit einem Körner kennzeichnen und die Deckel der Reihe nach abschrauben. Lagerschalen aus den Deckeln herausnehmen, gründlich reinigen und die Rückseite jeder Schale mit der Lagernummer kennzeichnen (mit Farbe).

■ Kurbelwelle vorsichtig aus den Lagerbohrungen herausheben und die fünf Lagerschalen aus dem Kurbelgehäuse entfernen. Ebenfalls die beiden Anlaufscheiben vom zweiten Lager der Kurbelwelle abnehmen (Bild 19). Die Lagerschalen jedes Lagers mit dem jeweiligen Lagerdeckel zusammenhalten, falls man beabsichtigt, die gleichen Teile wieder einzubauen. Ebenfalls vermerken, von welcher Seite die beiden Anlaufhalbscheiben abgenommen wurden.

■ Die Kolben und Zylinderkopf zerlegen, wie es später beschrieben wird. Zu beachten sind die im Zylinderblock eingebauten Ölspritzdüsen für die Kolbenkühlung. Bild 14 zeigt, wo die Düsen sitzen. Sie werden durch Schrauben gehalten. Beim Einbau werden sie mit 10 Nm angezogen.

Zusammenbau des Motors

☞ Die folgenden Allgemeinhinweise sollte man beim Zusammenbau aller Motoren beachten:

■ Kontrollieren, ob alle Teile sauber und frei von Fremdkörpern sind, ehe sie zusammengebaut werden.
■ Einen Ölschmierfilm an alle sich drehenden oder gleitenden Teile auftragen. Dies ist vor dem Zusammenbau durchzuführen, da sonst das Öl nicht an die eigentlichen Lagerstellen heran kann. Es ist besonders wichtig, dass Kolben, Kolbenringe und Zylinderwandungen vor dem Zusammenbau reichlich mit Motoröl geschmiert werden.
■ Alle Teile des Zylinderblocks gründlich reinigen, wenn der Motor vollkommen zerlegt wurde. Bei teilweiser Zerlegung darauf achten, dass keine Fremdkörper in die nicht zerlegten Teile des Motors oder in Hohlräume fallen können. Alle Öffnungen entweder abkleben oder mit Lappen abdecken.
■ Ölkanäle und -bohrungen am besten mit Pressluft ausblasen. Falls keine Luft zur Verfügung steht, die Kanäle oder Bohrungen mit einem Stück Holz durchstoßen, niemals mit Metallgegenständen. Dichtringe, Dichtungen, usw. sollten immer erneuert werden. Auf keinen Fall an diesen Teilen sparen und ursprünglich beschädigte Teile wieder verwenden.
■ In der Maß- und Einstelltabelle sind die Verschleißgrenzen der meisten sich bewegenden Teile angegeben. Falls Zweifel über ein Teil bestehen oder die Verschleißgrenze bald erreicht ist, erneuert man das Teil, um sich eine baldige Wiederzerlegung zu ersparen.
■ Alle Ersatzteile nur von einer offiziellen Vertretung beziehen, wobei die Motornummer anzugeben ist. Da Teile ständig verbessert und dadurch geändert werden, ist Ihr Lieferant in der Lage, Ihnen das richtige Teil zu verkaufen.

Einen Tipp möchten wir Ihnen noch verraten: Falls Sie schneller in eine Peugeot-Werkstatt als in eine Citroën-Werkstatt kommen, werden Sie in der Lage sein, viele der von Peugeot gelieferten Motorteile in Ihren Citroën-Motor einzubauen. Das Gleiche trifft ebenfalls auf die anderen Hersteller zu. In diesem Fall jedoch immer das alte Teil zum Ersatzteillager mitnehmen, damit man Altteil und Neuteil vergleichen kann.

Beim Zusammenbau folgendermaßen vorgehen. Wiederum werden die beiden Motoren getrennt beschrieben. Bei beiden Motoren gelten zuerst die folgenden Anweisungen:
■ Kolben und Pleuelstangen zusammenbauen, wie es später beschrieben wird.
■ Lagerschalen in die Pleuelstangen und die Lagerdeckel einlegen, wie man es in Bild 20 sehen kann. Darauf achten, dass die »Nasen« an den Lagerschalen in die Aussparungen der Lagerbohrung eingreifen.
■ Hauptlagerschalen gut mit Öl einschmieren und in die Bohrungen im Kurbelgehäuse einlegen. Dies sind die Schalen mit den Ölschmiernuten.

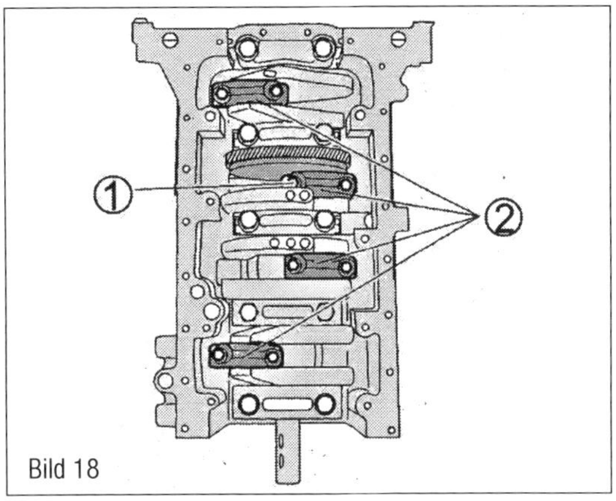

Bild 18

Bild 18
Ausbau der Pleuellagerdeckel (2). Die Pleuelstangen müssen in der gezeigten Stellung stehen, um an die Schrauben (1) zu gelangen. Zum Lösen und Anziehen der Schrauben wird eine Spezialstecknuss gebraucht.

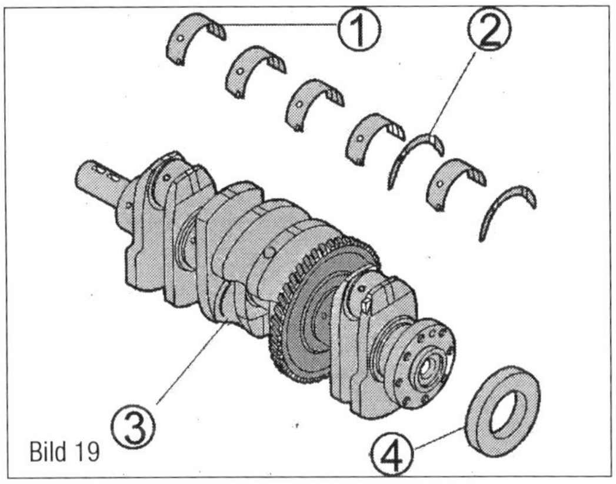

Bild 19

Bild 19
Die ausgebaute Kurbelwelle eines DW12-Motors. Gut ist das Antriebsrad für die Ausgleichswellen zu sehen. Die verbleibenden Hauptlagerschalen wurden bereits ausgebaut.

1 *Lagerschalen im Kurbelgehäuse*
2 *Halbanlaufscheiben (Lager Nr. 2)*
3 *Kurbelwelle*
4 *Hinterer Öldichtring*

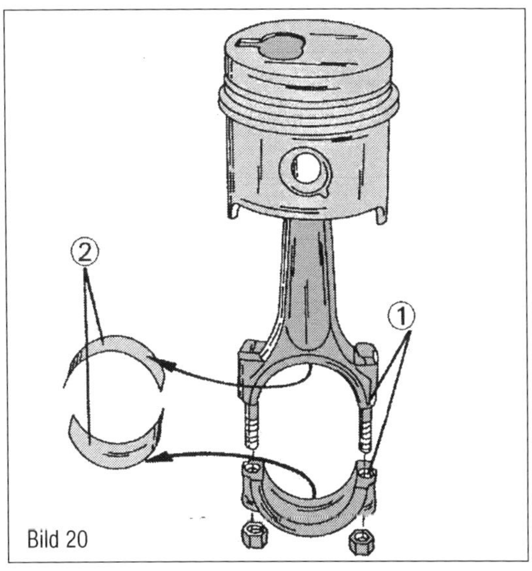

Bild 20

Bild 20
Pleuelstangen und Pleuellagerdeckel zusammensetzen, sodass die Kennzeichnungen (1) auf der gleichen Seite liegen. Lagerschalen (2) vor Einbau gut einölen.

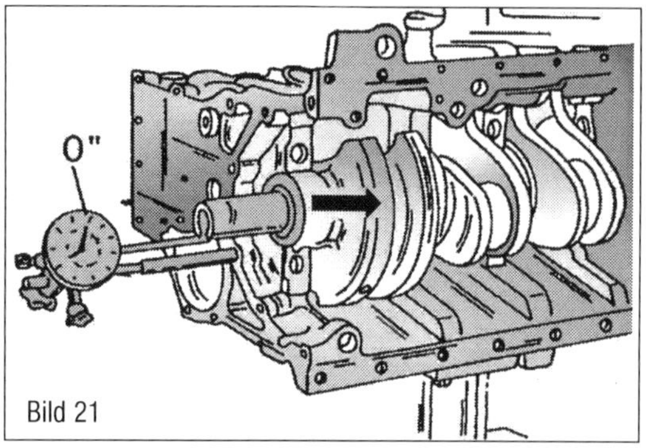

Bild 21

Bild 21
Ausmessen des Axialspiels der Kurbelwelle.

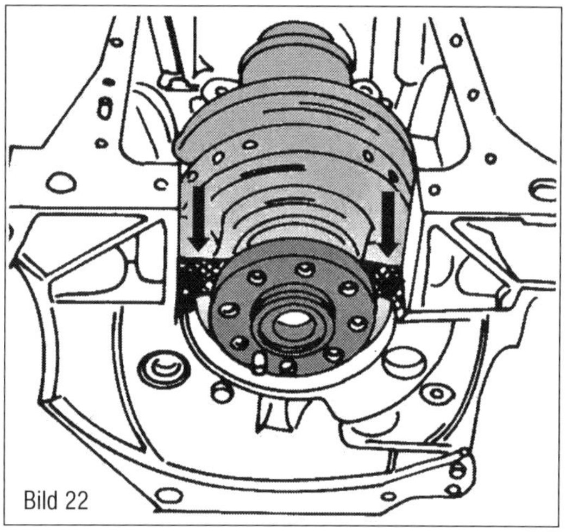
Bild 22

Bild 22
Die mit den Pfeilen gezeigten Stellen vor Montage des hinteren Hauptlagerdeckels mit Dichtungsmasse einschmieren.

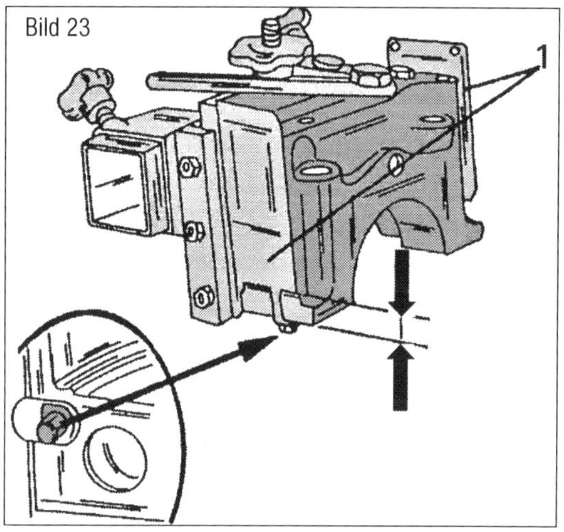

Bild 23

Bild 23
Zum Einbau der seitlichen Abdichtungen des hinteren Lagerdeckels beim DW10-Motor. Die Führungsbleche (1) drücken die Abdichtungen in die Nuten. An der Unterseite (Pfeile) müssen die Dichtungen um den angegebenen Wert herausstehen.

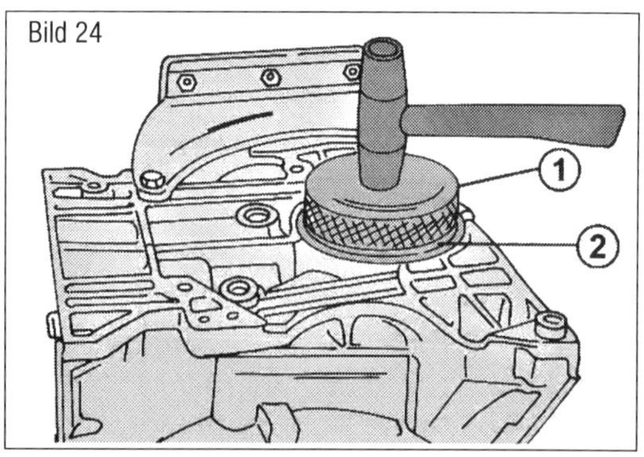

Bild 24

Bild 24
Einschlagen des hinteren Kurbelwellendichtringes.

- Die Ölspritzdüsen an der Unterseite des Zylinderblocks anschrauben (siehe Bild 14).
- Die Halbanlaufscheiben am zweiten Kurbelwellenlager einsetzen (Lager Nr. 1 ist auf der Schwungradseite), sodass die Reibflächenseite der Scheiben der Kurbelwelle zugewandt ist. Anlaufscheiben gut einölen. Siehe ebenfalls Bild 14.
- Nochmals kontrollieren, dass die Lagerschalen gut eingeölt sind und die Kurbelwelle vorsichtig in das Kurbelgehäuse einlegen. Die Welle einige Male durchdrehen, damit sich die Lager setzen können. Untere Lagerschalen in die Hauptlagerdeckel einlegen (Halbscheiben am Lagerdeckel Nr. 2) und die Lagerdeckel entsprechend der Kennzeichnung aufsetzen. Die Kennzeichnung sollte auf der Seite des Ölfilters liegen. Der hintere Deckel wird zu diesem Zeitpunkt nicht montiert.

Das Axialspiel der Kurbelwelle wird jetzt in folgender Weise kontrolliert und ggf. berichtigt:

- Eine Messuhr mit einem geeigneten Halter an der Stirnseite des Motors anbringen und den Messstift auf den Bund der Kurbelwelle ansetzen, wie es aus Bild 21 ersichtlich ist. Falls man eine Messuhr mit Magnetstand hat, kann man den Stand auf die Welle setzen und den Messstift auf der geschliffenen Fläche des Blocks ansetzen.
- Die Kurbelwelle mit einem Schraubendreher auf eine Seite drücken und die Messuhr auf »Null« stellen.
- Die Kurbelwelle auf die andere Seite drücken und die Anzeige der Messuhr ablesen. Der Wert sollte zwischen 0,07 und 0,32 mm liegen.
- Falls das Axialspiel größer ist, müssen zwei Übergröße-Halbscheiben eingebaut werden. Beide Scheiben müssen die gleiche Stärke haben. Scheiben stehen in Stärken von 2.40, 2.45 und 2.50 mm, außer der Nennstärken-Scheibe von 2.30 mm, zur Verfügung. Wichtig ist, dass immer zwei Scheiben der gleichen Stärke eingebaut werden, um die Welle nicht nach einer Seite zu drücken. Die Kurbelwelle muss teilweise ausgebaut werden, um die Scheiben zu ersetzen. Ein Spezialwerkzeug ist jetzt zur Montage des hinteren Lagerdeckels erforderlich, um die seitlichen Deckeldichtungen ohne Beschädigung zu montieren. Als Erstes die Auflageflächen für den Deckel auf dem Kur-

belgehäuse an den in Bild 22 gezeigten Stellen mit Dichtungsmasse einschmieren.
■ Die beiden Führungsbleche am Werkzeug anschrauben, wie es in Bild 23 gezeigt ist. Die Schrauben nur handfest anziehen.
■ Zwei neue Gummidichtungen an den Seiten des hinteren Lagerdeckels mit dem Halter festhalten. Die Enden der Dichtungen müssen mindestens 1 mm an der Unterseite herausstehen (Maß zwischen den Pfeilen, Ausschnitt unten links). Die neuen Seitendichtungen sind auf die richtige Länge geschnitten und dürfen nicht verkürzt werden. Den Halter mit einer Schraube am Lagerdeckel befestigen und die Führungsbleche einölen.
■ Die Führungsbleche von Hand zusammendrücken und das Ganze etwas geneigt in den Zylinderblock einführen, bis der Deckel sitzt. Dazu das Werkzeug nach unten drücken.
■ Die beiden Deckelschrauben einsetzen und fingerfest anziehen.
■ Das Werkzeug vom Deckel abschrauben und das Werkzeug zusammen mit den Halteblechen aus dem Zylinderblock herausziehen.
■ Der Reihe nach alle Lagerdeckel von der Mitte nach außen vorgehend mit einem Anziehdrehmoment von 25 Nm anziehen. Aus der Endstellung alle Schrauben mit einem Winkel von 60° anziehen. Hier eignet sich eine Gradscheibe am besten. Sonst kann man davon ausgehen, dass eine Viertelumdrehung 90° bedeuten. Zuerst die Schrauben des mittleren Deckels, dann die Schrauben des Deckels Nr. 4, danach den Deckel Nr. 2, dann den vorderen Deckel und schließlich den hinteren Deckel anziehen.
■ Zwei Schrauben in den Flansch der Kurbelwelle eindrehen (Schwungradschrauben) und einen Schraubendreher zwischen die Schrauben einsetzen. Die Kurbelwelle mithilfe des Schraubendrehers durchdrehen, um sie auf Klemmstellen zu kontrollieren. Eine klemmende Welle bereits jetzt überprüfen, ehe der Motor weiter zusammengebaut wird.
■ Einen neuen Dichtring an der Außenseite mit Öl einschmieren und in die Rückseite des Zylinderblocks und den hinteren Lagerdeckel einschlagen. Zum Einschlagen eignet sich eine Metallplatte, wie sie in Bild 24 gezeigt ist, welche auf der Außenseite des Dichtringes aufsitzen kann. Dabei den Dichtring nicht beschädigen.

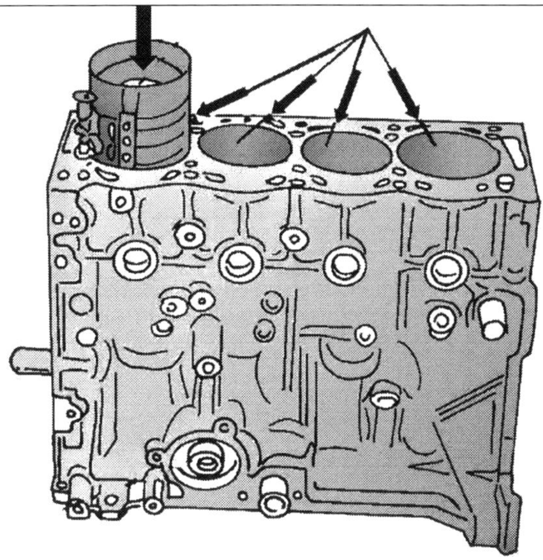

Bild 25

Bild 25
Einbau der Kolben.

■ Die zusammengebauten Kolben und Pleuelstangen vornehmen und der Reihe nach auslegen. Die Kolbenringstöße in gleichmäßigen Abständen am Kolbenumfang verteilen. Ein Kolbenringspannband um den ersten Kolben legen und die Kolben entsprechend der Kennzeichnung in die gut eingeölte Zylinderbohrung einschieben (Bild 25).
■ Das untere Ende des Kolbens sollte etwas aus dem Spannband herausstehen, um den Kolben beim Einschieben besser zu führen. Ebenfalls den Pleuel gut führen, damit er über den Pleuelzapfen kommt. Falls die ursprünglichen Schalen eingebaut werden, darf man sie nicht verwechseln. Nach dem Einschieben kontrollieren, dass die Mulde im Kolben in der richtigen Lage steht, d. h. der Pfeil im Kolbenbolzen muss zur Steuerseite weisen. Den Kolben des vierten Zylinders in der gleichen Weise montieren. Der weitere Zusammenbau geschieht jetzt entsprechend des Motors:

DW10-Motor

■ Die Lagerschalen entsprechend den Kennzeichnungen in die Lagerdeckel der beiden montierten Pleuelstangen einlegen. Die Lagerflächen gut einölen. Ursprüngliche Schalen immer mit den jeweiligen Pleuellagern zusammenhalten. Die Pleuellagermuttern immer erneuern. Die Deckel mit einem Voranzug von 20 Nm anziehen und dann im Winkelanzug um weitere 70° anziehen. Hier eignet sich eine Gradscheibe am besten oder man schätzt den Winkel (90° = Viertelumdrehung).

Bild 26
Der vordere Deckel (1) wird mit den sechs gezeigten Schrauben (2) befestigt. Schrauben mit 12 Nm anziehen. Unterschiedliche Schraubenlänge beachten.

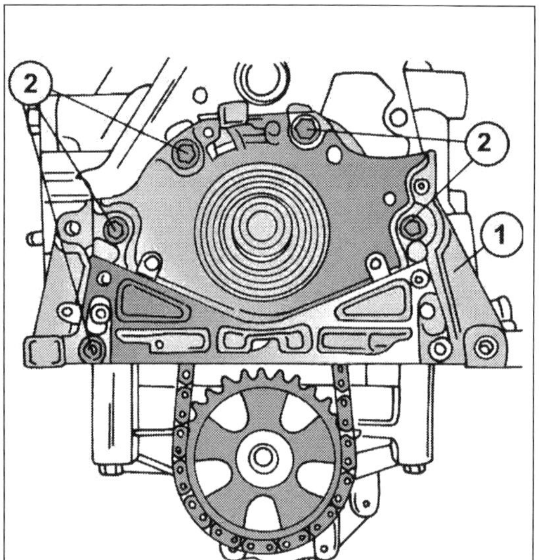

Bild 26

Bild 27
Die Lage der verschiedenen Schrauben der Ölpumpe.

1 Kurbelwellenkettenrad
2 Antriebskette
3 Ölpumpe
4 Befestigungsschrauben
a Schraube, 80 mm lang
b Schraube, 70 mm lang
c Schraube, 65 mm lang

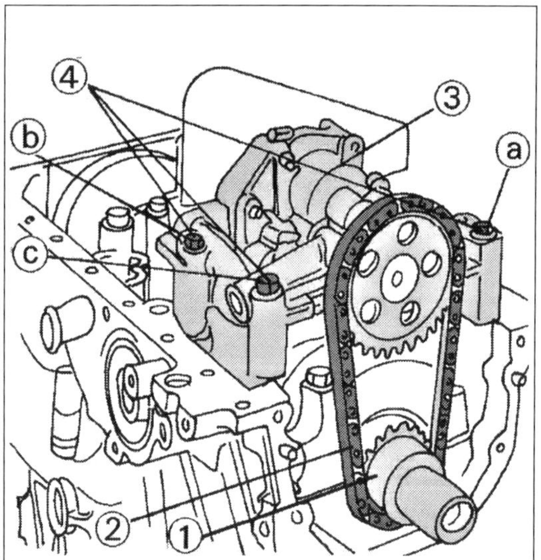

Bild 27

Bild 28
Einschlagen des vorderen Kurbelwellendichtringes nach Einbau der Ölpumpe.

Bild 28
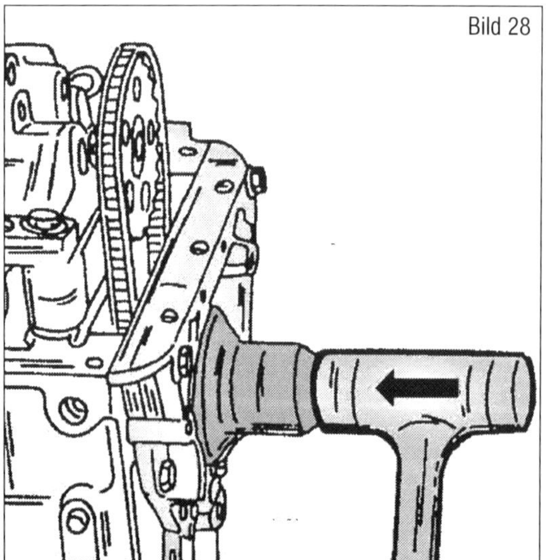

■ Die Kurbelwelle durchdrehen, bis die beiden anderen Kurbelzapfen sich an der Unterseite befinden, und die beiden anderen Kolben- und Pleuelstangeneinheiten in der beschriebenen Weise montieren. Nach fertigem Einbau die Kurbelwelle nochmals auf Klemmstellen kontrollieren.

■ Ölpumpenkettenrad zusammen mit der Scheibenfeder und der Antriebskette über das Ende der Kurbelwelle aufbringen. Der Zylinderblock muss mit der Kopffläche an der Oberseite liegend ausgerichtet sein.

■ Den vorderen Deckel mit einer neuen Dichtung aufsetzen. Die sechs Schrauben müssen entsprechend Bild 26 eingesetzt werden, jedoch ist zu beachten, dass nicht alle Schrauben die gleiche Länge haben. Alle Schrauben mit 12 Nm anziehen.

■ Beim Einbau der Ölpumpe die Kette über das Pumpenrad auflegen und die Ölpumpe ansetzen. Das Ölansaugsieb montieren. Die Schrauben der Pumpe mit 18 Nm anziehen. Bild 27 zeigt die eingebaute Pumpe. Daran denken, dass die Länge der Schrauben a, b und c unterschiedlich ist.

■ Die Außenseite und die Dichtlippe eines neuen Öldichtringes mit Motoröl einschmieren und den Dichtring über das Ende der Kurbelwelle und in den Deckel schlagen. Einen geeigneten Schlagdorn benutzen, welcher auf dem Außenumfang des Dichtringes aufsitzt, wie man es in Bild 28 sehen kann.

■ Ölwanne aufsetzen. Keine Dichtung wird verwendet, jedoch müssen die Dichtflächen von Ölwanne und Zylinderblock sauber sein. Die 23 Schrauben gleichmäßig ringsherum mit 16 Nm anziehen. Die Ölwanne wird durch einen Passstift auf dem Zylinderblock geführt. Die Schrauben entsprechend der Kennzeichnung einschrauben.

■ Schwungrad montieren. Immer neue Schrauben verwenden. Schwungrad verdrehen, bis alle Schraubenlöcher übereinstimmen, ehe die Schrauben eingeschraubt werden. Die Schrauben gleichmäßig ringsherum mit 50 Nm anziehen. Das Schwungrad muss dabei entsprechend gegengehalten werden (siehe Bild 12).

■ Die Mitnehmerscheibe der Kupplung in das Schwungrad einlegen und den Kupplungskörper aufsetzen. Die längere Seite der Mitnehmerscheibennabe muss nach außen weisen. Die Kupplungsdruckplatte verdrehen, bis die beiden Körnerzeichen gegenüberliegen (falls die gleichen Teile wieder montiert werden) und die Schrauben eindrehen. Ein Zentrierdorn ist zum Einbau der Kupplung erforderlich. Im Kapitel »Kupplung« wird auf diese Arbeit eingegangen. Das Schwungrad gegenhalten, wie es oben beschrieben wurde, und die Schrauben über Kreuz mit einem Drehmoment von 15 Nm anziehen. Kontrollieren, dass sich der Zentrierdorn leicht herausziehen und hineinschieben lässt.

DW12-Motor

Wie beim oben beschriebenen Motor vorgehen, bis die Kolben eingebaut sind. Danach den Motor folgendermaßen zusammenbauen:

- Die Lagerschalen entsprechend der eingezeichneten Nummerierung oder Kennzeichnung in die beiden eingebauten Pleuelstangen einlegen und die Lagerflächen gut einölen. Lagerdeckel über die Pleuelstangenschrauben setzen und kontrollieren, dass die Kennzeichnungen an Pleuelstangen und Deckel gegenüber liegen, d. h. auf der gleichen Seite des Zylinderblocks.
- Pleuelstangenschrauben eindrehen und die Schrauben (1) in Bild 18 mit 10 Nm anziehen. Aus der Endstellung beide Schrauben um eine halbe Umdrehung lockern und erneut anziehen, dieses Mal mit 23 Nm. Jede Schraube muss danach mit einem Winkel von 45° nachgezogen werden, d. h. die Hälfte einer Viertelumdrehung. Kurbelwelle einige Male durchdrehen, um sie auf Klemmstellen zu kontrollieren. Danach die beiden anderen Pleuellagerzapfen auf den unteren Totpunkt bringen.
- Die beiden anderen Pleuellagerdeckel in gleicher Weise montieren. Wiederum auf die Kennzeichnung der Pleuelstangen und Lagerdeckel achten.
- Die Außenseite eines neuen hinteren Öldichtringes einölen und in das Kurbelgehäuse und den hinteren Lagerdeckel einschlagen. Darauf achten, dass der Öldichtring dabei nicht beschädigt wird. Einen Schlagdorn benutzen, welcher über den gesamten Umfang des Dichtringes aufsitzt.
- Als Nächstes wird das Schwungrad eingebaut. Aufgrund der Dämpfungswirkung des Schwungrades werden zwei Zentrierstifte in der Werkstatt benutzt, die entsprechend Bild 29 eingeschraubt werden. Ohne Benutzung der Stifte muss man darauf achten, dass das Schwungrad genau zentriert

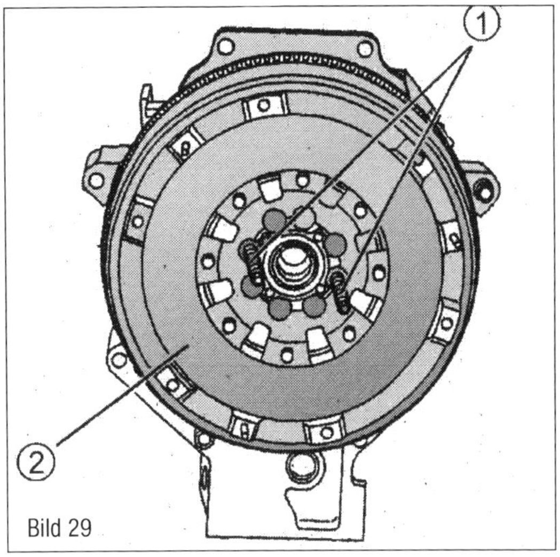

Bild 29

Bild 29
Beim Einbau des Schwungrades werden die genannten Zentrierstifte (1) an den gezeigten Stellen eingeschraubt, um das Schwungrad (2) richtig zu zentrieren.

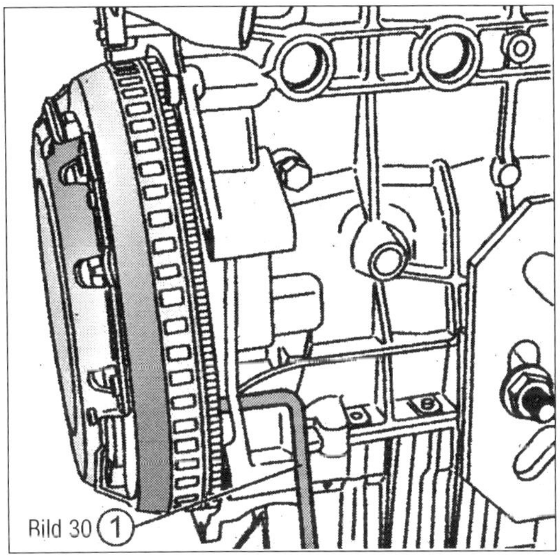

Bild 30

Bild 30
Zum Sperren des Schwungrades kann man den gezeigten Absteckbolzen (1) von hinten in das Schwungrad einschieben.

Bild 31
Die beiden Einstelleinlagen (1) an den gezeigten Stellen auf das Kurbelgehäuse auflegen.

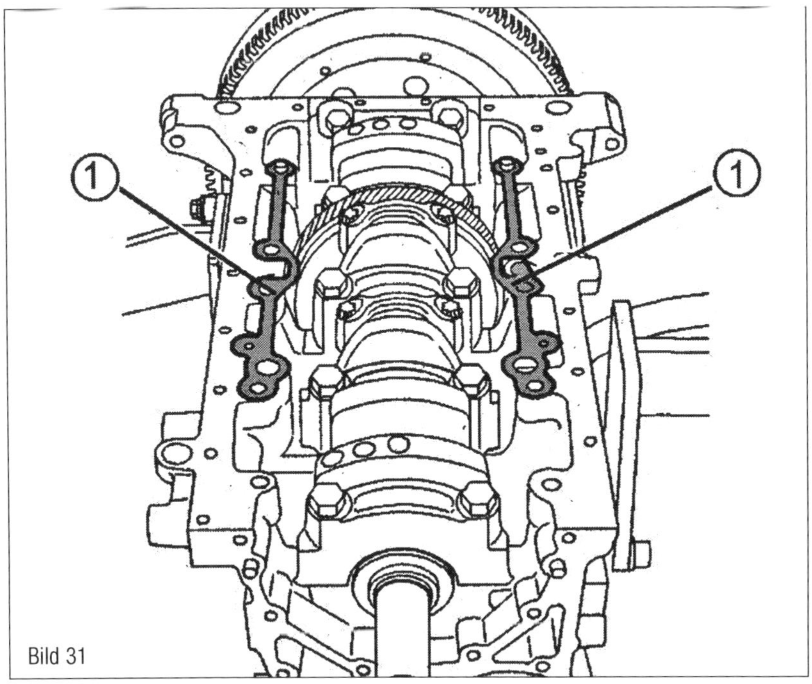

Bild 31

Bild 32
Einzelheiten zum Einbau der Ausgleichswellen. Die Zahlen werden in der Beschreibung erklärt.

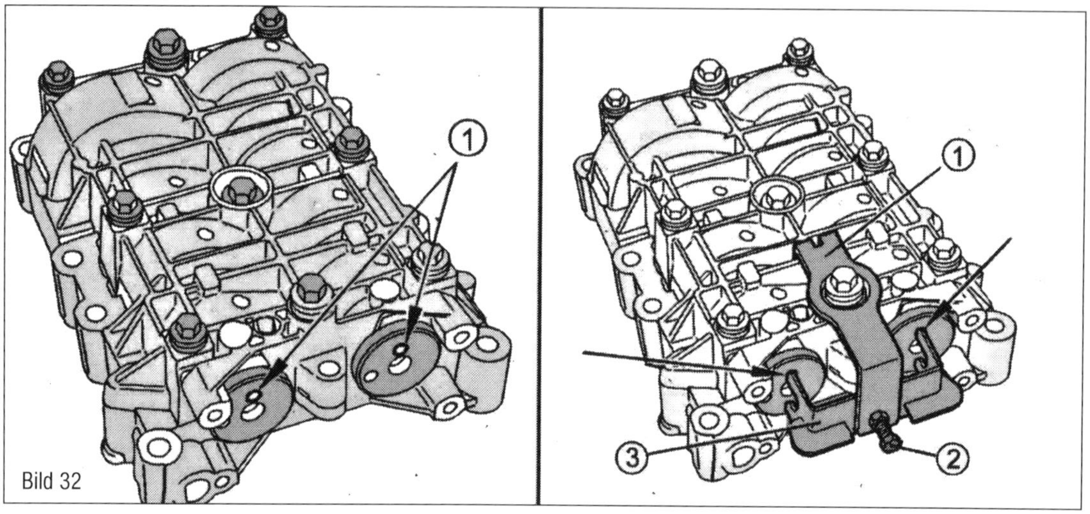

Bild 32

Bild 33
Einbau des Ausgleichswellengehäuses. Links wird das Gehäuse auf das Kurbelgehäuse aufgesetzt. Die rechte Ansicht zeigt die Anziehreihenfolge der Schrauben.

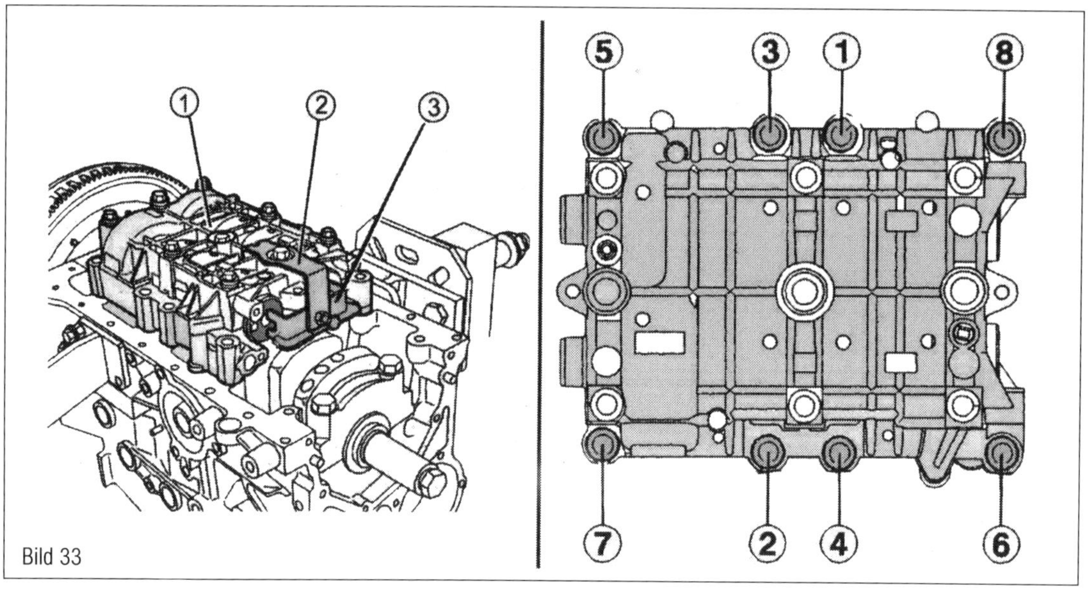

Bild 33

wird. Es eignen sich auch passende Stiftschraube, die aber einen Schlitz in den Enden haben müssen (einsägen), damit man sie später wieder ausschrauben kann. Die Schwungradschrauben eindrehen. Falls die Zentrierstifte benutzt wurden, werden sie ausgeschraubt und durch die beiden Schrauben ersetzt. Alle Schrauben gleichmäßig mit 15 Nm anziehen und aus der Endstellung nochmals anziehen, aber dieses Mal mit 47 Nm.

Die Ausgleichswellen werden als Nächstes eingebaut, jedoch braucht man eine Anzahl Spezialwerkzeuge, um diese Arbeit durchzuführen, falls irgendwelche Teile erneuert wurden oder erneuert werden sollen. Die betreffenden Spezialwerkzeuge werden nachstehend angegeben, zusammen mit den Teilenummern. Verschiedene Abbildungen zeigen auch die Benutzung der Werkzeuge.

■ Das Schwungrad muss gegen Verdrehen gesperrt werden, wenn die Ausgleichswellen eingebaut und eingestellt werden. Ein Spezialsperrbolzen wird dabei in der in Bild 30 gezeigten Weise in die Rückseite des Schwungrads und eine Bohrung im Zylinderblock eingeschoben. Bei gesperrtem Schwungrad jetzt die beiden Einstelldistanzstücke (1) in Bild 31 entsprechend der Abbildung auf die Zylinderblockfläche auflegen (Teil-Nr. PR. 0516A0).

■ Unter Bezug auf die linke Ansicht von Bild 32 beide Ausgleichswellen verdrehen, bis die Bohrung (1) in jeder Welle senkrecht an der Oberseite steht. In dieser Stellung die beiden Stifte des Spezialwerkzeugs 8610-T.D. (3) in die beiden Bohrungen der Welle einschieben, wie es in der rechten Ansicht von Bild 32 zu sehen ist (durch die Pfeilspitzen angezeigt), und das Klemmstück (2), d. h. Werkzeug Nr. 8610 T.E. an das Gehäuse der Ausgleichswellen anbringen. Die Schraube (2) leicht anziehen.

- Das Ausgleichswellengehäuse (1) in Bild 33 (links) kann jetzt auf das Kurbelgehäuse aufgesetzt werden, zusammen mit den Werkzeugen (2) und (3), die man entsprechend der rechten Ansicht von Bild 32 angebracht hat. Das Gehäuse muss mit den Zentrierstiften in Eingriff kommen. Die Werkzeuge und der zum Sperren des Schwungrads benutzte Bolzen können jetzt wieder herausgezogen werden.

Das Ausgleichswellengehäuse wird jetzt am Kurbelgehäuse verschraubt. Der Anziehreihenfolge in der rechten Ansicht von Bild 32 folgen und die acht Schrauben in Reihenfolge in mehreren Stufen mit einem Anziehdrehmoment von 22 Nm anziehen.

Das Axialspiel der beiden Wellen wird jetzt kontrolliert. Es handelt sich um zwei Wellen, d. h. eine Antriebswelle und eine getriebene Welle. Das Axialspiel der Antriebswelle wird entsprechend der oberen Ansicht von Bild 34 kontrolliert.

- Eine Messuhr wie gezeigt anbringen und die Messspitze auf das Ende der Welle aufsetzen. Die Welle so weit wie möglich in eine Richtung schieben und die Messuhr auf »Null« setzen. Jetzt die Welle auf die andere Seite ziehen/drücken und das Axialspiel ablesen und aufschreiben. Dieses sollte zwischen 0,03 und 0,20 mm liegen.
- Die Messuhr mit dem Halter abmontieren und auf die getriebene Welle übertragen, wie es in der unteren Ansicht von Bild 34

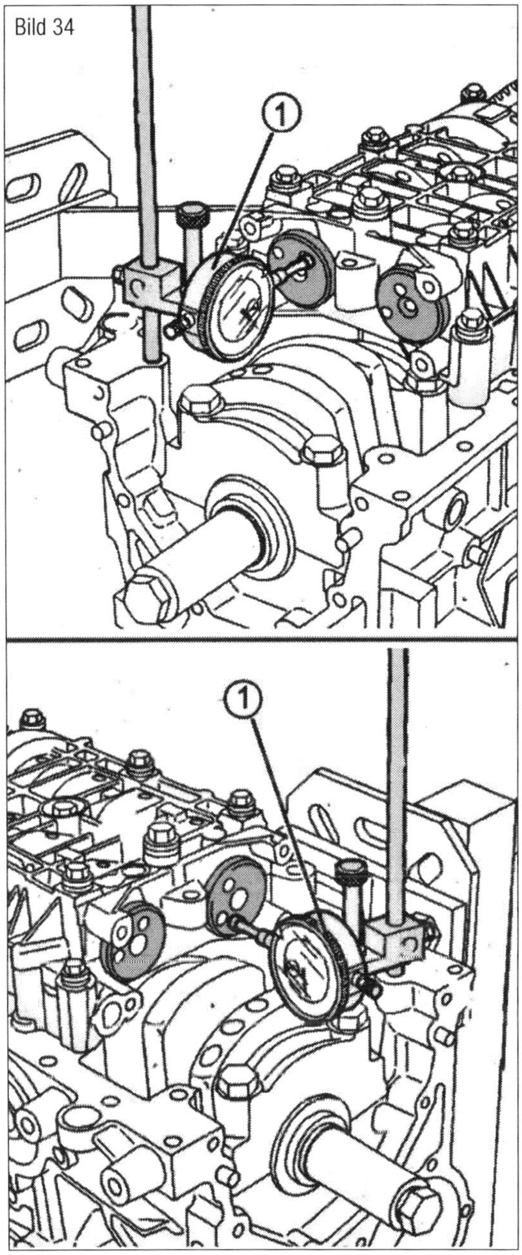

Bild 34
Kontrolle des Axialspiels der beiden Ausgleichswellen. In der oberen Ansicht wird das Spiel der Antriebswelle, in der unteren Ansicht das Spiel der getriebenen Welle kontrolliert.

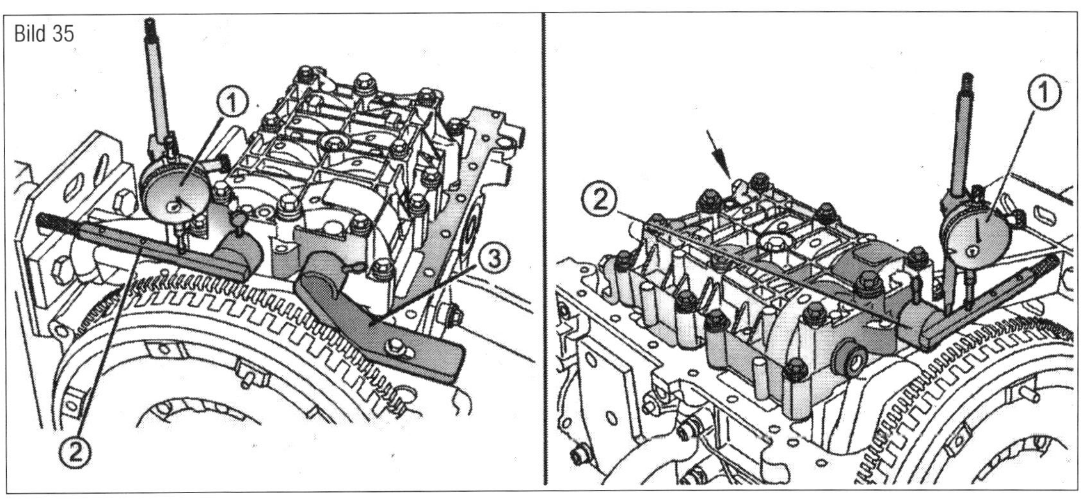

Bild 35
Kontrolle des Spiels zwischen den Ausgleichswellen. Die verschiedenen Werkzeuge werden in der Beschreibung der Messung erwähnt.

gezeigt ist. Axialspiel in der beschriebenen Weise ausmessen. Das gleiche Spiel sollte erhalten werden.

■ Bei der nächsten Prüfung wird das Spiel zwischen den beiden Wellen kontrolliert, jedoch sind, abgesehen von der Messuhr (1) in Bild 35, wiederum Spezialwerkzeuge dazu erforderlich. Die Werkzeuge (2) und (3) in der linken Ansicht der Abbildung anbringen. Das Werkzeug (2) trägt die Teile-Nr. 8610 T.F., das Werkzeug (3) trägt die Nummer 8610 T.A.

■ Die beiden Hebel (2) und (3) wie in der linken Ansicht von Bild 35 gezeigt anbringen und die Antriebswelle durch Anziehen der Schraube des Hebels (3) feststellen. In ähnlicher Weise den Hebel (2) der getriebenen Welle mit der Schraube festziehen.

■ Messuhr (3) wie gezeigt anbringen, den Hebel (2) mit leichtem Druck nach unten bewegen und die Messuhr auf »Null« stellen. Den Hebel (2) jetzt nach oben bewegen und die Anzeige der Messuhr ablesen. Das normale Spiel liegt zwischen 0,01 und 0,7 mm.

Eine weitere Kontrolle muss durchgeführt werden, um das Spiel zwischen der Ausgleichswelle und der Kurbelwelle auszumessen, *aber wiederum nur falls Teile erneuert wurden*. Diese Prüfung bestimmt die Stärke der Ausgleichseinlagen zwischen dem Ausgleichswellengehäuse und dem Kurbelgehäuse, welche zu diesem Zeitpunkt durch das Einlegen der beiden Einstelleinlagen in Bild 31 bestimmt wird. Falls das Ergebnis größer als 0,01, jedoch weniger als 0,05 mm ist, müssen Ausgleichseinlagen einer Stärke von 1,57 mm eingelegt werden. Einlagscheiben sind mit einer Zahl gezeichnet, in diesem Fall Nr. 57 (die Zahl gibt immer die beiden Dezimalstellen hinter dem Komma an, z. B. 1,49 mm = Nr. 49). Liegt das erhaltene Maß außerhalb der angegebenen Werte, sollte man sich an eine Motorenwerkstatt wenden. Falls Sie die Prüfung selbst durchführen wollen, sind folgende Arbeiten durchzuführen. Die rechte Ansicht von Bild 35 wird dabei helfen.

■ Den im Bild gezeigten Hebel (2) anbringen und die Messuhr (1) mit dem Halter montieren. Den Hebel in waagerechte Stellung bringen und die Feststellschraube des Hebels anziehen.

■ Messuhr auf »Null« stellen und die Welle von hinten in Richtung des kleinen Pfeils bis zum Anschlag drücken, während man gleichzeitig den Hebel (2) auf und ab bewegt und die Anzeige der Messuhr abliest. Den Wert aufschreiben.

■ Die Feststellschraube des Hebels (2) lockern und die Kurbelwelle langsam verdrehen, bis sich die Ausgleichswelle um eine Viertelumdrehung verdreht hat. Die oben beschriebene Messung erneut ausführen und das Ergebnis wieder aufschreiben.

■ Die gleiche Messung erneut durchführen, bis die Kurbelwelle um genau eine Umdrehung verdreht wurde, wobei jedes Mal die Anzeige der Messuhr abzulesen und aufzuschreiben ist. Der erhaltene Wert muss in allen Fällen innerhalb der oben angegebenen Werte liegen, um eine Einstelleinlage einer Stärke von 1,57 mm zu verwenden.

■ Falls die Messwerte innerhalb der gültigen Werte liegen, alle Werkzeuge abmontieren und die acht Schrauben (rechte Ansicht, Bild 33) in umgekehrter Reihenfolge zum Zahlenschema lösen und das Ausgleichswellengehäuse herunterheben. Die zur Einstellung benutzten Einstelleinlagen in Bild 31 herausnehmen und die Einlagen der ausgemessenen Stärke an deren Stelle einlegen.

■ Das Ausgleichswellengehäuse wieder aufsetzen und die acht Schrauben entsprechend der Reihenfolge der rechten Ansicht von Bild 33 mit einem Anziehdrehmoment von 22 Nm anziehen.

Bild 36

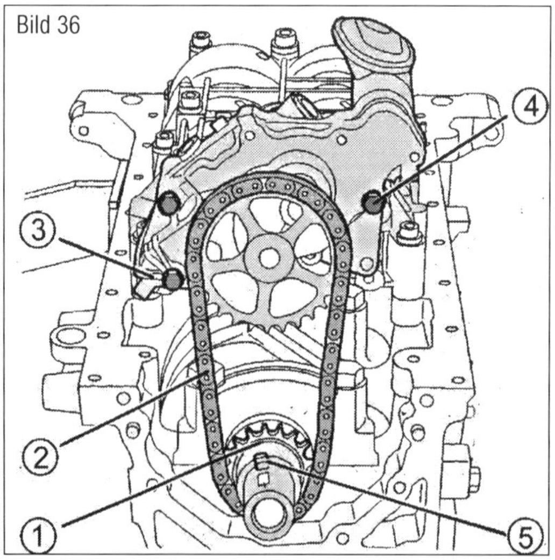

Bild 36
Einbau der Ölpumpe. Die Zahlen werden im Text erwähnt.

Die perfekte Lösung

Nach Einbau des Ausgleichswellengehäuses führt die Motorenwerkstatt die oben beschriebenen Messungen erneut durch. An allen Stellen müssen die Ausgleichswellen ein Mindestspiel von 0,01 – 0,07 mm haben.

Falls dieses Spiel nicht erhalten wird, sollte man sich die folgenden Anweisungen durchlesen. Auch wenn man die Arbeiten nicht selbst durchführen kann, weiß man, um was es geht:

- Falls das Spiel weniger als 0,01 mm beträgt, muss man die Stärke der Einlagescheiben um eine Größe erhöhen. Falls z. B. eine Stärke von 1,43 mm eingebaut war, beträgt die neue Stärke 1,45 mm.
- Falls das Spiel mehr als 0,07 mm beträgt, muss man die Stärke der Einlagescheiben um eine Größe verringern. Falls z. B. eine Stärke von 1,31 mm eingebaut war, beträgt die neue Stärke 1,29 mm.

Der weitere Zusammenbau des Motors erfolgt in folgender Weise:

- Unter Bezug auf Bild 36 das Antriebsrad der Ölpumpe (1), die Antriebskette (2) und die Ölpumpe (3) als Einheit montieren. Die Befestigungsschrauben (4) eindrehen und mit einem Anziehdrehmoment von 7 Nm anziehen. In einem zweiten Durchgang die Schrauben mit 9 Nm anziehen.
- Das Antriebsrad (1) vollkommen gegen den Zylinderblock drücken und die Scheibenfeder (5) in die Kurbelwelle einschlagen. Das Kettenrad (1) sollte jetzt in Eingriff mit der Scheibenfeder gekommen sein.
- Den vorderen Deckel unter Bezug auf Bild 37 montieren. Die Dichtfläche des Deckels muss mit Dichtungsmasse eingestrichen werden. Den Deckel (2) gegen den Zylinderblock drücken und die Schrauben (1) mit 15 Nm anziehen. Einen neuen Kurbelwellendichtring mit einem passenden Rohrstück über das Ende der Kurbelwelle und in den Deckel einschlagen, bis die Außenseite des Dichtringes bündig mit der Deckelfläche abschließt.
- Ölwanne mit Dichtungsmasse einschmieren und ansetzen. Die 22 Schrauben eindrehen und mit 16 Nm anziehen. Die Schrauben entsprechend der unterschiedlichen Länge einschrauben. Zwei an einer Ecke sitzenden Schrauben sind länger.
- Kupplung montieren (siehe Kapitel »Kupplung«). Die Kupplungsschrauben werden mit 20 Nm angezogen.
- Die verbleibenden Arbeiten werden entsprechend den Anweisungen in den verschiedenen Kapiteln durchgeführt. Darin inbegriffen sind Zylinderkopf, Nockenwellengehäuse, Steuerzahnriemen, Antriebsriemen, Hochdruckpumpe, Einspritzdüsen, usw.

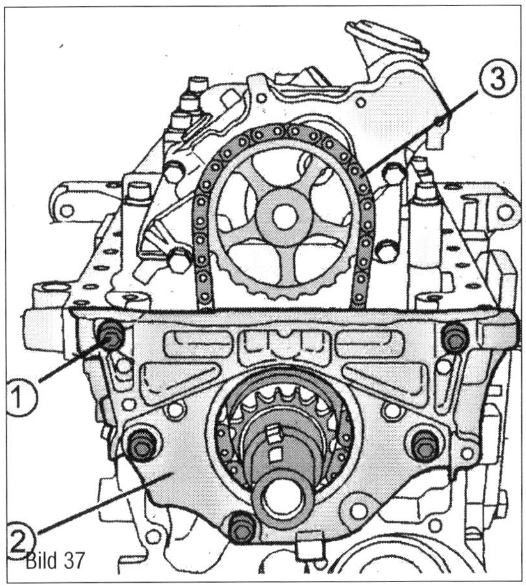

Bild 37
Einbau des vorderen Deckels (2) über die Ölpumpe und die Antriebskette (3). Schrauben (1) gleichmäßig anziehen.

Zylinderkopf

Ausbau des Zylinderkopfes

Der Zylinderkopf kann bei eingebautem Motor ausgebaut werden, allerdings muss man den Zahnriemen teilweise ausbauen. Außerdem ist eine Messuhr mit einem geeigneten Halter erforderlich, um die Stärke der Zylinderkopfdichtung zu bestimmen. Dies trifft nicht bei einfacher Erneuerung der Dichtung zu, jedoch ist es bei einem Zusammenbau des Motors nach einer kompletten Zerlegung zum Beispiel unbedingt erforderlich. Beide Fälle werden auf den nächsten Seiten berücksichtigt. Vorausgesetzt dass man entsprechend ausgerüstet ist, kann man den Kopf ohne große Schwierigkeiten ausbauen. Da keine gravierenden Unterschiede zwischen den Motoren vorliegen, gelten die Anweisungen für beide Motoren.

- Massekabel der Batterie abschließen und die Kühlanlage ablassen.

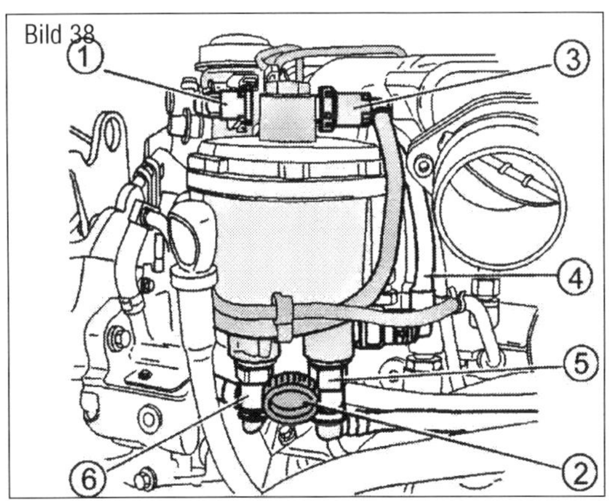

Bild 38
Einzelheiten zum Ausbau des Zylinderkopfes. Die verschiedenen Anschlüsse müssen vom Filter abgeschlossen werden.

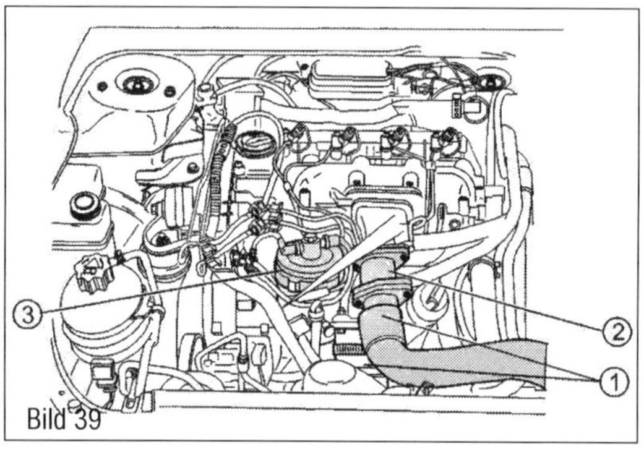
Bild 39

Bild 39
Lage der Luftansaugrohre (1), des Drosselklappengehäuses (2) und des Kraftstofffilters (3).

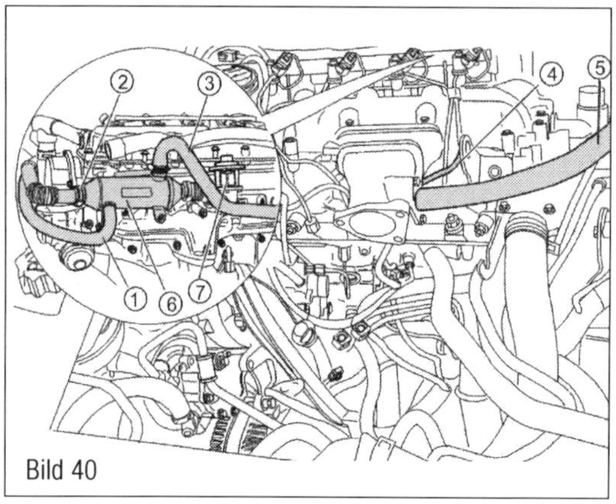
Bild 40

Bild 40
Lage der verschiedenen Leitungen und Anschlüsse, welche beim Ausbau des Zylinderkopfes abzuschließen oder auszubauen sind.

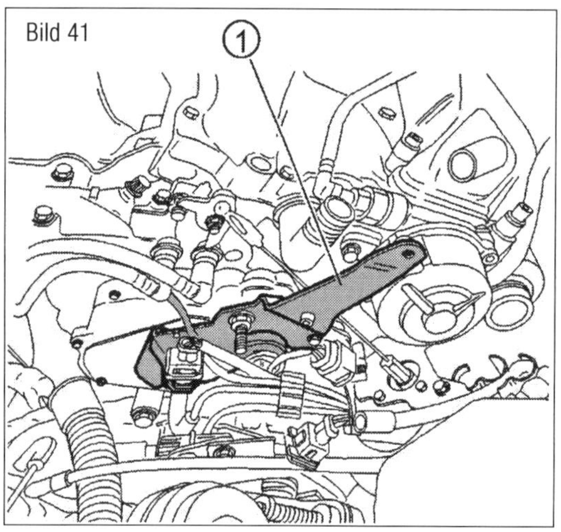
Bild 41

Bild 41
Die Halterung (1) muss an der gezeigten Stelle abgeschraubt werden.

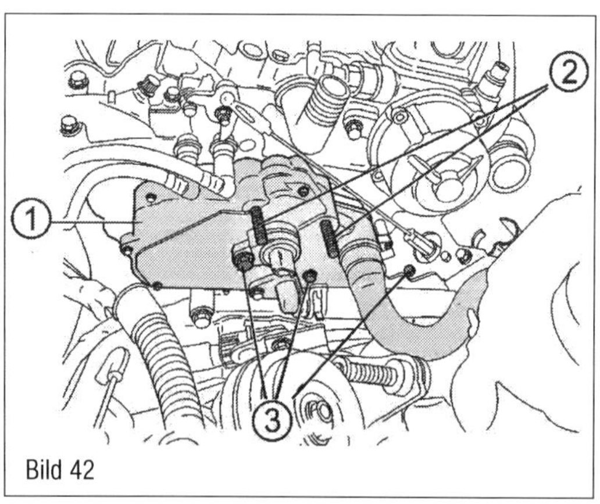
Bild 42

Bild 42
Ausbau des Kühlmittelauslassgehäuses (1). Die Stiftschrauben (2) und Schrauben (3) müssen entfernt werden.

■ Die Vorderseite des Fahrzeuges auf Böcke setzen und die Schutzverkleidung unter dem Motor ausbauen.
■ Scheibenwischermotor ausbauen.
■ Zahnriemen ausbauen, wie es später beschrieben wird. Die rechte Motoraufhängung muss wieder eingebaut werden, nachdem man den Riemen abgehoben hat (muss während dem Ausbau des Riemens abgeschraubt werden), jedoch werden die beiden Befestigungsschrauben lediglich handfest angezogen, um den Motor in seiner Lage zu halten.
■ Einen Auffangbehälter unter den Motor unterhalten und Bild 38 betrachten. Die Entlüftungsschraube (2) an der Unterseite des Filters öffnen und den Kraftstoff ablaufen lassen. Die Überwurfmuttern aller Kraftstoffleitungen gut mit einem Lappen reinigen und der Reihe nach die Überwurfmuttern der Anschlüsse (1), (3), (4), (5) und (6) lösen. Offene Anschlussstellen in geeigneter Weise gegen Eindringen von Fremdkörpern verschließen.
■ Die Luftansaugrohre (1) und das Drosselklappengehäuse (2) in Bild 39 ausbauen. Das Filtergehäuse (3) muss ausgeclipst und herausgenommen werden. Ebenfalls die Halterung des Filters ausbauen.

☞ Die nächsten Arbeiten sind ziemlich kompliziert, da man die einzelnen, unten genannten Teile finden muss.

■ Unter Bezug auf Bild 40 den mit (1) bezeichneten Schlauch vom Abgasrückführungsventil abziehen oder ausbauen.
■ Die Schelle (2) lösen und die Leitung (3) abschließen, die Leitungen des Unterdruckkreises und den Kühlmittelschlauch, einschließlich des Schlauchs (4) abschließen. Die Leitung (5) zum Abgasrückführungsventil abschließen und Teile (6) und (7) vom Zylinderkopf abmontieren. Den elektrischen Kabelstrang vom Kühlmitteleinlassgehäuse abklemmen und den Kabelstrang auf eine Seite schieben.
■ Die Halterung (1) in Bild 41 ausbauen. Die Lage der Halterung und deren Befestigung wird man nach Studieren der umliegenden Teile finden.
■ Die nächsten Arbeiten werden unter Bezug auf Bild 42 durchgeführt. Die beiden Stiftschrauben (1) müssen ausgeschraubt werden. Dazu zwei Muttern auf die Stiftschrauben drehen und gegeneinander kontern. Es wird jetzt ein Gabelschlüssel an der

unteren Mutter angesetzt, womit man die Stiftschraube(n) ausschraubt (beim späteren Einschrauben der Stiftschrauben wird der Gabelschlüssel an der oberen Mutter angesetzt). Beide Stiftschrauben in dieser Weise ausschrauben. Die Schraube (3) herausdrehen und das Kühlmittelauslassgehäuse vom Zylinderkopf abdrücken.

- Die Nockenwellen ausbauen, wie es später beschrieben wird.
- Alle elektrischen Leitungen und andere Leitungen, welche nicht erwähnt wurden, müssen ebenfalls vom Zylinderkopf gelöst und zur Seite geschoben werden.
- Unter Bezug auf Bild 43 die Überwurfmuttern der Kraftstoffleitungen (1) und (2) lösen. Die Hochdruckleitung (3) ist auf der anderen Seite wie in Bild 44 gezeigt angeschlossen. Einen Gabelschlüssel zum Gegenhalten benutzen, wenn die Überwurfmuttern gelöst werden (auch beim Anschließen muss der Gabelschlüssel benutzt werden).
- Die Zylinderkopfschrauben in umgekehrter Reihenfolge von Bild 45 in mehreren Durchgängen lösen, ausschrauben und herausziehen. ***Zu beachten ist, dass die Länge der Schrauben vor Wiederverwendung ausgemessen werden muss.*** Da der Zylinderkopf durch Passstifte geführt wird, könnte es schwer sein den Kopf herunterzuheben. In der Werkstatt werden dazu zwei abgewinkelte Hebel benutzt, wie man sie in Bild 46 sehen kann, die in die Seite des Kopfes eingesetzt werden. Die beiden Hebel gleichzeitig anheben, bis der Kopf die Zylinderkopfdichtung freigibt. Ebenfalls den Passstift herausziehen, falls er zusammen mit dem Kopf herausgekommen ist. Er muss vor Einbau des Kopfes in den Zylinderblock eingeschlagen werden.
- Zylinderblock- und Zylinderkopfflächen einwandfrei mit einem geeigneten Lösungsmittel reinigen. Keinen Schaber oder Schmirgelleinwand benutzen. Ein Nachschleifen der Zylinderkopffläche wird nicht empfohlen.

Zylinderkopf – Zerlegung

Falls der Kopf erneuert werden soll, muss man ihn vollständig zerlegen.

- Das Nockenwellengehäuse ausbauen, wie es später beschrieben wird, und zusammen mit den eingebauten Nockenwellen herunterheben. Die Öldichtringe der Nocken-

Bild 43

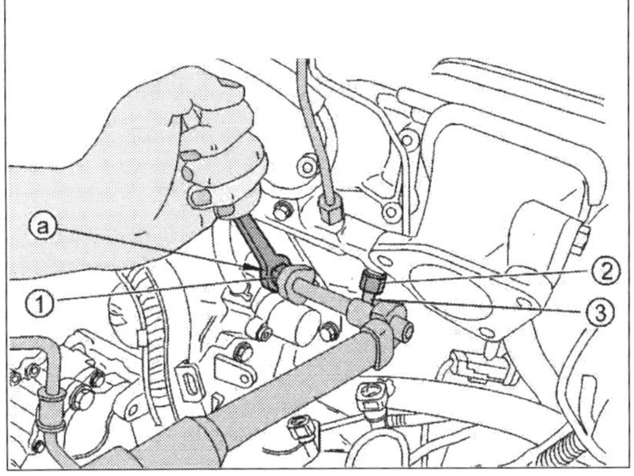

Bild 43
Lösen der Anschlüsse der Kraftstoffleitungen (1), (2) und (3). Ein Gabelschlüssel muss an Stelle »a« beim Lösen der Überwurfmuttern angesetzt werden.

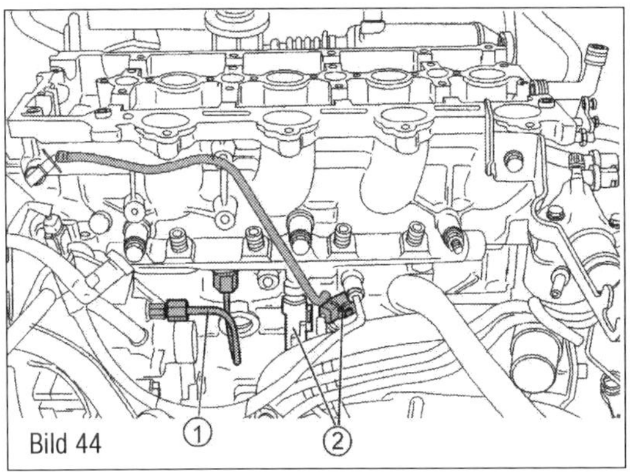

Bild 44

Bild 44
Die Lage der Hochdruckleitung (1) und der beiden Anschlüsse (2), welche ebenfalls abzuschließen sind.

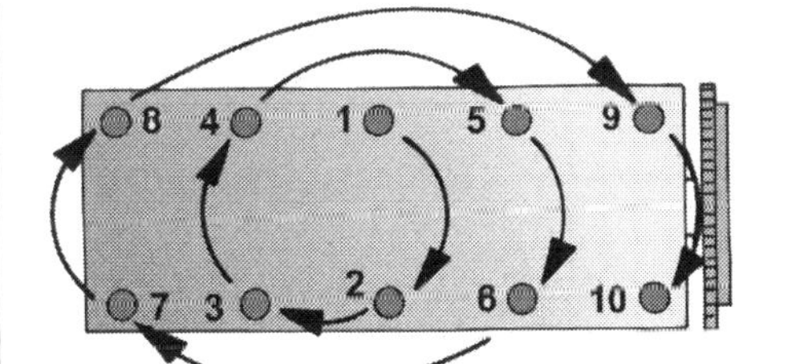

Bild 45

Bild 45
Reihenfolge zum Anziehen der Zylinderkopfschrauben. Beim Lösen in umgekehrter Reihenfolge vorgehen.

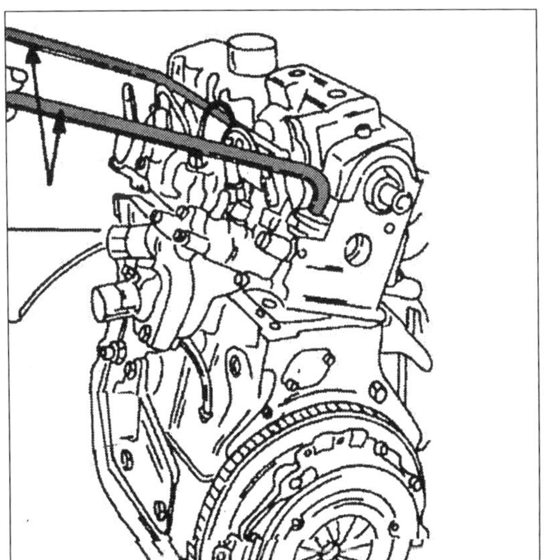

Bild 46

Bild 46
Abheben des Zylinderkopfes. Zwei abgewinkelte Hebel können dazu verwendet werden.

Bild 47
Ausbau von Ventilen. Den Ventilheber (1) wie gezeigt ansetzen. Der Stempel (2) drückt die Ventilfedern zusammen.

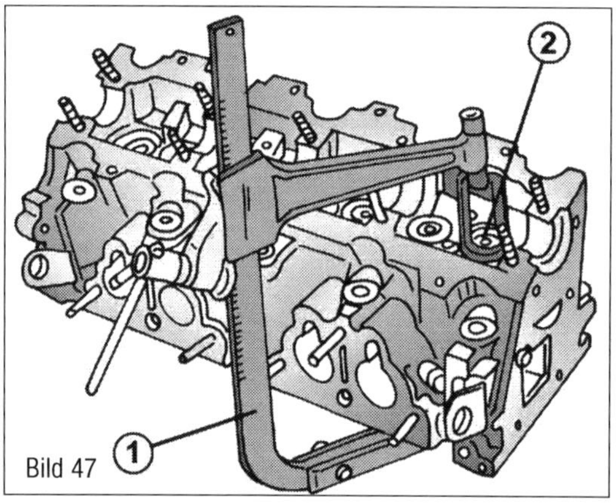

Bild 48
Ausbau von Ventilschaftabdichtungen.

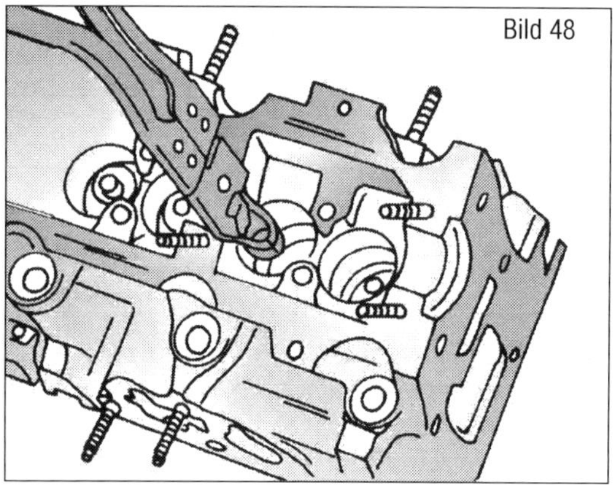

wellen ausbauen. Diese müssen immer erneuert werden, auch wenn sie noch gut aussehen.

■ Die Einbaulage jedes Ventiltassenstößels kennzeichnen, damit man sie wieder in die ursprüngliche Lage zurückbringen kann.

Ein Ventilheber ist erforderlich, um die Ventile aus dem Zylinderkopf auszubauen. Bild 47 zeigt einen solchen Heber, der aber nicht unbedingt die gleiche Form haben muss. Falls man keinen Heber zur Verfügung hat, kann man die Ventile auch folgendermaßen ausbauen:

■ Ein Stück Holz in die Verbrennungskammer einlegen, sodass es gegen das auszubauende Ventil anliegt.

■ Ein Stück Rohr des gleichen Durchmessers wie der Ventilfederteller über die Oberseite der Ventilfeder setzen und mit einem Hammer einen kurzen Schlag auf das Rohrstück geben. Die Ventilfeder wird dabei zusammengedrückt und die beiden Ventilkegelhälften springen heraus. Die Arbeit wird durch die Schrägstellung der Ventile allerdings etwas erschwert.

■ Die Teile vom Ventil abnehmen und das Ventil von der anderen Seite des Zylinderkopfes herausziehen. Die Einbaulage des Ventils sofort in geeigneter Weise kennzeichnen und das Ventil zusammen mit den dazugehörigen Einzelteilen entsprechend aufbewahren. Ventil Nr. 1 liegt auf der Steuerseite des Motors. Jede Ventilführung ist mit einem Öldichtring versehen, welcher in der Aufnahmebohrung im Zylinderkopf sitzt. Die Dichtringe mit einer Zange herausziehen, wie man es in Bild 48 sehen kann. Die Öldichtringe müssen beim Zusammenbau immer erneuert werden.

Zylinderkopf – Überholung

In der Maß- und Einstelltabelle finden Sie die Prüfwerte für die beiden in Frage kommenden Motoren.

Eine Überholung des Zylinderkopfes empfehlen wir nur bis zu einem gewissen Maß. Falls bei der unten beschriebenen Kontrolle Verschleiß oder Beschädigung festgestellt werden können, sollten Sie den Zylinderkopf in eine Motorenwerkstatt bringen, damit er überholt werden kann.

Ventile

■ Kleinere Beschädigungen der Ventiltellerflächen können durch Einschleifen der Ventile in die Sitze des Zylinderkopfes berichtigt werden, wie es auf der nächsten Seite unter »Ventilsitze« beschrieben wird. Ventile entsprechend den Angaben in der Maß- und Einstelltabelle ausmessen und alle nicht diesen Maßen entsprechenden Ventile erneuern.

Besonders darauf achten, dass die Ventiltellerkanten nicht abgebrannt sind, d. h. die Stärke der Teller muss noch mindestens 0,50 mm sein. Auch wenn sich das Maß dem Mindestwert genähert hat, sollte man das Ventil erneuern. Gemessen wird die Stärke der Ventiltellerkante, wie man es in Bild 49 sehen kann.

■ Falls die Enden der Ventilschäfte Verschleiß aufweisen, können sie an einer Schleifmaschine glatt geschliffen werden, vorausgesetzt, dass man nicht mehr als 0,50 mm des Materials zur Korrektur entfernen muss.

■ Die Teller der Ventile können in einer Ventilschleifmaschine nachgeschliffen werden, vorausgesetzt, dass die Ventiltellerstärke nach dem Schleifen noch 0,5 mm beträgt.

Die Ventilschäfte, und in diesem Zusammenhang die Innendurchmesser der Ventilführungen kontrollieren, wozu jedoch ein Innen- und ein Außenmikrometer erforderlich sind. Wiederum ist dies eine Werkstattarbeit. Falls man diese Mikrometer zur Verfügung hat, kann man die Messung entsprechend Bild 50 durchführen.

Ventilsitze

Alle Ventilsitze auf Zeichen von Verschleiß oder Narbenbildung kontrollieren. Leichte Verschleißerscheinungen können mit einem 45°-Fräser entfernt werden. Falls der Sitz jedoch bereits zu weit eingelaufen ist, müssen die Ventilsitze neu gefräst werden oder man muss die Ventilsitzringe erneuern. Die Erneuerung erfordert das Aufbohren der Ventilsitzaufnahmen und sollte einer Motorenwerkstatt überlassen werden.

Nachdem Ventilsitze nachgearbeitet wurden, muss man das Maß von Ventiltellern und Zylinderkopffläche mit einer Messuhr ausmessen. Dazu den Messstift auf die Oberfläche des Ventiltellers aufsetzen (Bild 51) und die Messuhr auf »Null« setzen. Danach den Messuhrhalter nach einer Seite schwingen, um den Messstift auf die Zylinderkopffläche aufzusetzen. Der angezeigte Wert ist die Höhe vom Ventilteller zur Kopffläche. Falls dieser nicht zwischen 0,5 und 1,00 mm bei den Einlassventilen oder 0,90 bis 1,40 mm bei den Auslassventilen liegt, muss der Kopf erneuert werden.

Ventile müssen in nachgeschliffene Ventilsitze eingeschliffen werden. Dazu den Ventilsitz mit Schleifpaste einschmieren und einen Sauger entsprechend Bild 52 benutzen. Das Ventil unter leichtem Druck nach links und rechts verdrehen. Nach einigen Hin- und Herbewegungen den Sauger anheben, das Ventil um eine Viertelumdrehung verdrehen und die Einschleifarbeiten fortsetzen. Das Einschleifen ist durchzuführen, bis ein ununterbrochener Ring um die Außenseite des Ventilsitzes sichtbar ist. Nach fertiger Arbeit den Zylinderkopf und vor allem die Innenseite der Ventilführungen gut reinigen. In den Führungen verbleibende Schleifpaste fördert den Verschleiß.

Zur Kontrolle mit einem Bleistift eng nebeneinander liegende Striche quer über den Ventilsitz ziehen. Das Ventil in den Sitz fallen lassen und mit dem Sauger unter leichtem Druck um eine Viertelumdrehung verdrehen. Ventil herausziehen und kontrollieren, ob die Bleistiftstriche ringsherum entfernt wurden. Ist dies nicht der Fall, müssen die Schleifarbeiten fortgesetzt werden.

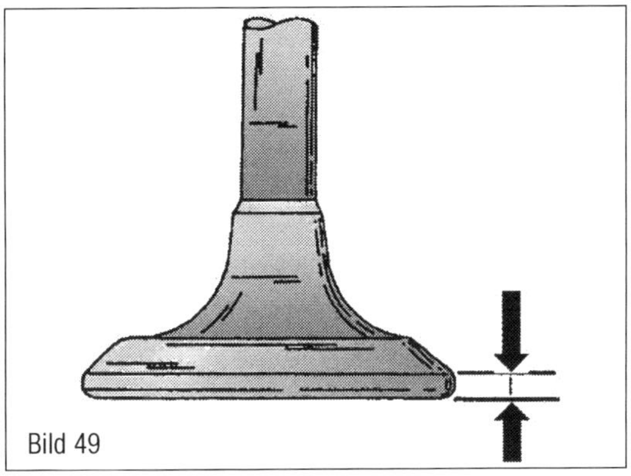
Bild 49

Bild 49
Die Stärke der Ventilttellerkante wird an den Pfeilstellen gemessen.

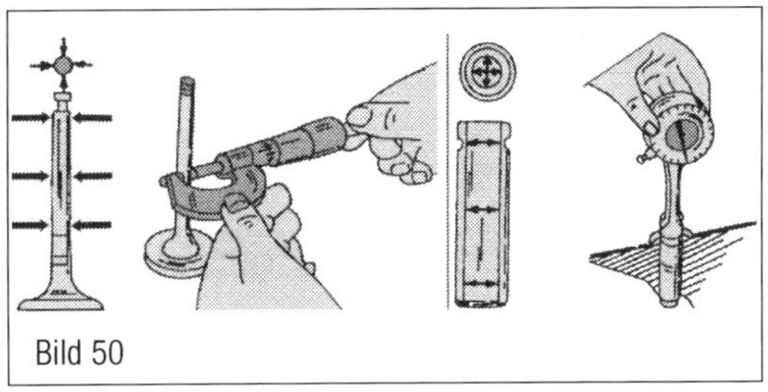
Bild 50

Bild 50
Durch Messen des Außendurchmessers der Ventilschäfte und des Innendurchmessers der Ventilführungen wird das Laufspiel der Führungen festgestellt. Geeignete Mikrometer werden gebraucht.

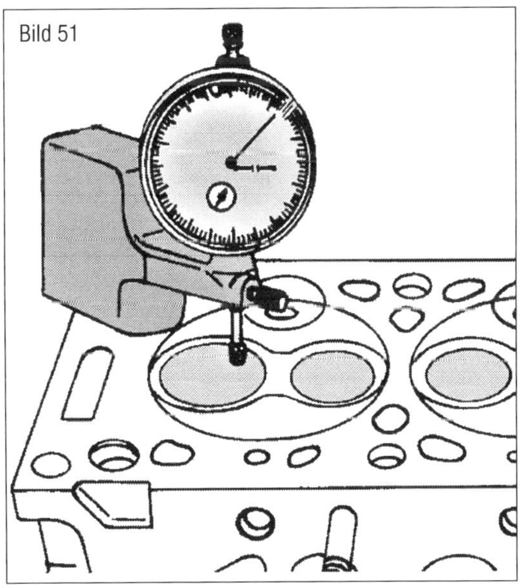
Bild 51

Bild 51
Ausmessen der Höhe der Ventiltellerfläche unterhalb der Zylinderkopffläche.

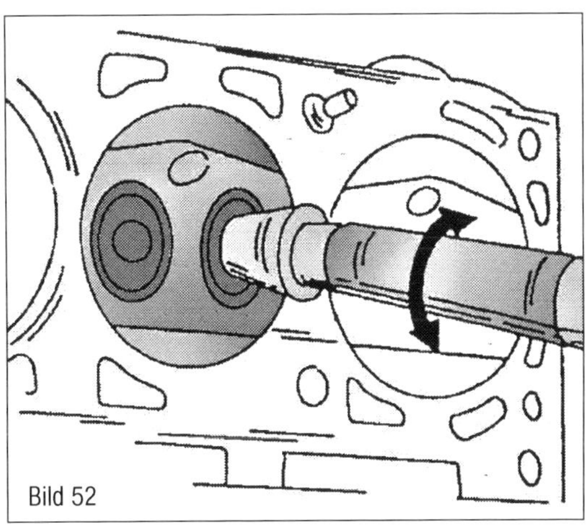
Bild 52

Bild 52
Einschleifen von Ventilen.

Ventilfedern
Zur einwandfreien Kontrolle der Ventilfedern sollte ein vorschriftsmäßiges Federprüfgerät verwendet werden, um die Länge der Ventilfedern unter Belastung auszumessen – Werkstattarbeit.

Ventilführungen
Falls es Anzeichen gibt, dass die Ventilführungen in der Innenseite verschlissen sind, überlässt man die Ausmessung und eventuelle Erneuerung der Führungen einer Motorenwerkstatt.

Die Ventilsitze müssen nachgefräst werden, wenn eine Ventilführung erneuert wurde, d. h. der Zylinderkopf muss praktisch überholt werden.

Zylinderkopf
Die Dichtflächen von Zylinderkopf und Zylinderblock einwandfrei reinigen und die Zylinderkopffläche auf Verzug kontrollieren. Dazu ein Messlineal auf den Kopf auflegen und mit einer Fühlerlehre den Lichtspalt längs, quer und diagonal zur Zylinderkopffläche ermitteln. Falls sich eine Blattlehre von mehr als 0,05 mm Stärke einschieben lässt, wie es in Bild 53 gezeigt ist, kann man den Zylinderkopf plan schleifen lassen. Ist der Spalt an irgendeiner Stelle größer, muss der Kopf erneuert werden.

Nockenwellen
Wie bereits erwähnt, ist die Nockenwelle nicht bei allen Motoren gleich und nur eine zu dem Motor passende Nockenwelle darf bei Erneuerung eingebaut werden. Deshalb raten wir Ihnen bei Erneuerung die genaue Motorbezeichnung, das Baujahr und die PS- oder kW-Stärke Ihres Motors anzugeben.

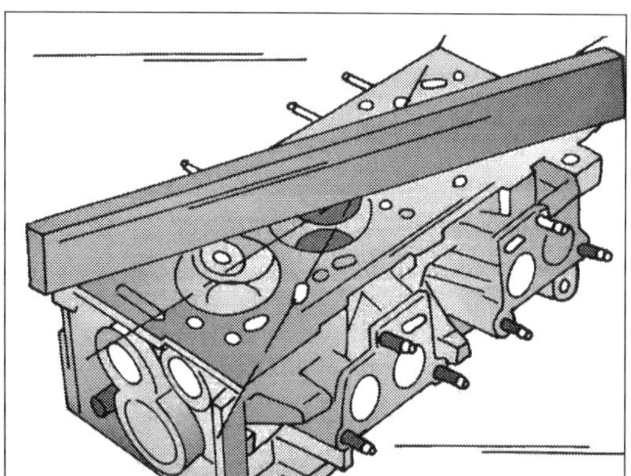
Bild 53

Bild 53
Kontrolle der Zylinderkopffläche auf Verzug.

Die Lagerzapfen auf sichtbare Schäden hin kontrollieren. Falls diese vorgefunden werden, kann man sich alle weiteren Arbeiten ersparen. In diesem Fall die Nockenwelle(n) und den Zylinderkopf erneuern.

Zur Kontrolle des Axialspiels der Nockenwellen die Welle in das Gehäuse einlegen ohne die Stößel einzubauen. Eine Messuhr entsprechend anordnen, mit dem Messstift auf das Ende der Nockenwelle. Nockenwelle hin- und herschieben und die Messuhr ablesen. Ist das angezeigte Spiel größer als angegeben, sollte man eine Werkstatt befragen. In den meisten Fällen wird man die Wellen erneuern müssen.

Zylinderkopf – Zusammenbau
Falls der Zylinderkopf erneuert wurde, müssen alle Teile vom alten auf den neuen Zylinderkopf umgerüstet werden. Die folgende Beschreibung geht davon aus, dass der Zylinderkopf ohne weitere Überholung wieder zusammengebaut wird.

- Alle Teile gründlich reinigen und alle gleitenden und sich drehenden Teile gut mit Motoröl einschmieren.
- Die Ventilschaftdichtringe in der in Bild 54 gezeigten Weise über die Ventilführungen schlagen. Das Rohrstück muss einen Innendurchmesser des Durchmessers der Ventile haben. Die Dichtringe dabei nicht beschädigen (führt zu hohem Ölverbrauch).
- Die Ventile in ihre Führungen einsetzen. Falls die Ventile nachgeschnitten wurden, müssen sie mit den entsprechenden Sitzen zusammengehalten werden. Das Gleiche gilt für wieder verwendbare Ventile, die man in die ursprünglichen Sitze einsetzen muss.
- Die Ventile von unten in den Zylinderkopf einschieben (gut eingeölt) und die Teile auf die Oberseite des Ventils aufsetzen. Die Feder über jedes Ventil setzen und sie mit einem Ventilheber zusammendrücken. Wenn das Ventilschaftende aus der Oberseite des Ventilfedertellers heraussteht, mit einer Spitzzange die beiden Ventilkegelhälften einsetzen. Den Ventilheber langsam zurücklassen und kontrollieren, ob die Kegelhälften gut in den Ventilen gehalten werden. Die Ventilkegelhälften der Einlass- und Auslassventile sind gleich.
- Mit einem Plastikhammer auf die Oberseite der Ventilschäfte schlagen. Nicht richtig sitzende Ventilkegelhälften fliegen dabei

heraus. Vorsichtshalber einen Lappen über die Federenden legen, damit die Teile nicht davonfliegen können.

- Die Ventilstößel der Reihe nach entsprechend der Kennzeichnung in die Bohrungen einsetzen.
- Die Nockenwellen und das Nockenwellengehäuse einbauen, wie es später beschrieben wird.
- Alle anderen Arbeiten in umgekehrter Reihenfolge am Zylinderkopf anbringen.

Zylinderkopf – Einbau

Die folgenden Anweisungen gelten nur, falls nur die Zylinderkopfdichtung erneuert wurde, d. h. eine Kopfdichtung der Originalstärke wird eingebaut.

- Die Gewindebohrungen für die Zylinderkopfschrauben im Kopf einwandfrei reinigen. Die Bohrungen müssen fettfrei und trocken sein. Die Bohrungen können nachgeschnitten werden, falls man einen Gewindeschneider der passenden Größe besitzt. Auch in diesem Fall müssen die Bohrungen anschließend einwandfrei gereinigt werden.
- Kontrollieren, dass die Passstifte in gegenüberliegenden Ecken des Zylinderblocks sitzen.
- Kurbelwelle durchdrehen, bis alle Kolben in der Mitte des Hubs stehen. Dies kann man am Steuerrad der Kurbelwelle kontrollieren. Die Scheibenfeder muss in waagerechter Lage stehen.

Die Länge jeder Zylinderkopfschraube zwischen der Unterseite des Schraubenkopfes und dem Ende des Gewindes ausmessen, wie es in Bild 55 gezeigt ist. Sind die Schrauben länger als 133,3 mm (DW10) bzw. 134,5 mm (DW12), müssen neue Schrauben verwendet werden.

- Eine neue Zylinderkopfdichtung auflegen. Die Kennzeichnung der Dichtung kommt auf die Seite der Hochdruckeinspritzpumpe.
- Steuerrad der Nockenwelle gegen Mitdrehen gegenhalten. Ein einfacher Hebel, wie man ihn in Bild 56 sehen kann, eignet sich zum Gegenhalten. Schraube lösen und herausdrehen und das Steuerrad herunterziehen. Das Steuerrad muss ausgebaut werden, um den Positionssensor der Nockenwelle einzustellen.
- Zylinderkopfschrauben eindrehen und in der in Bild 57 gezeigten Reihenfolge folgendermaßen anziehen.
- Die Schrauben in Reihenfolge 1 bis 10

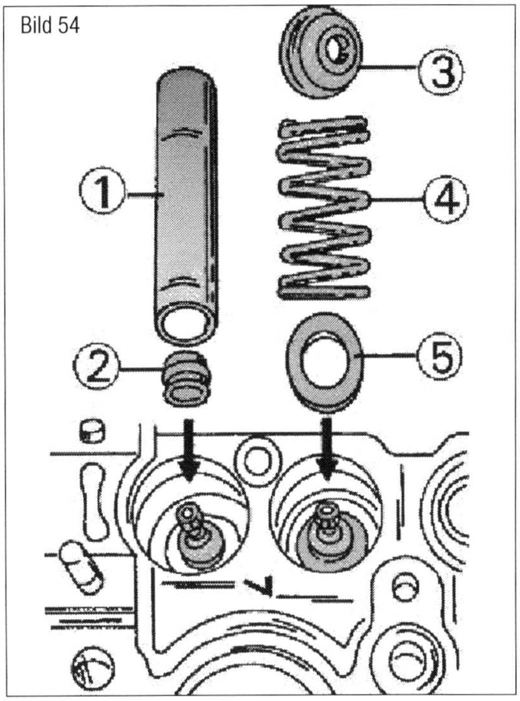

Bild 54
Einbau eines Ventils.

1 *Rohr zum Einbau der Ventilschaftdichtringe*
2 *Ventilschaftdichtring*
3 *Ventilfederteller*
4 *Ventilfeder*
5 *Scheibe*

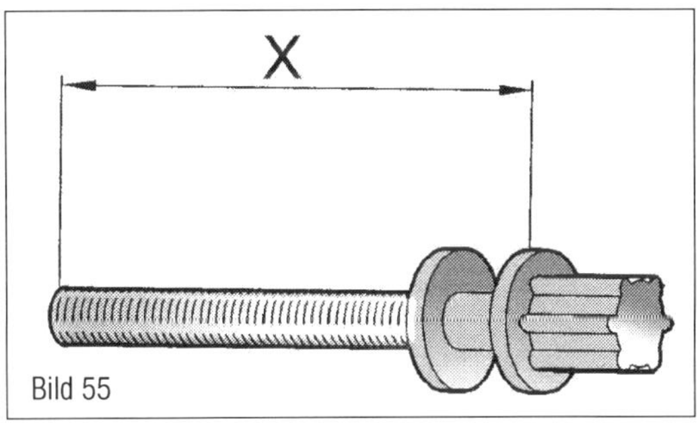

Bild 55
Die Länge der Schrauben wird zwischen den Stellen »X« ausgemessen.

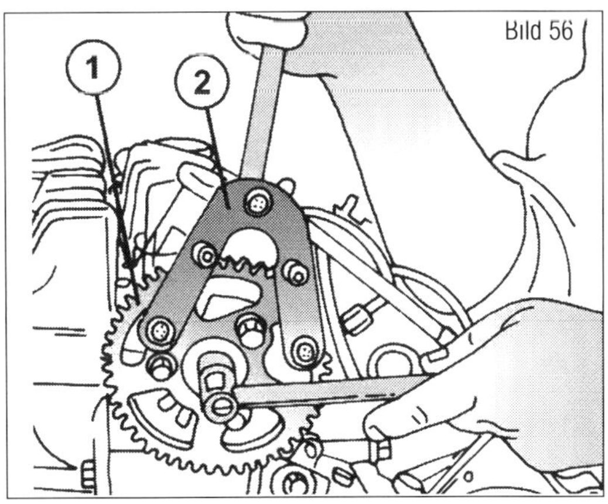

Bild 56
Das Nockenwellensteuerrad (1) kann in der gezeigten Weise mit einem Hebel (2) gegengehalten werden, wenn die Zentralschraube gelöst oder angezogen wird.

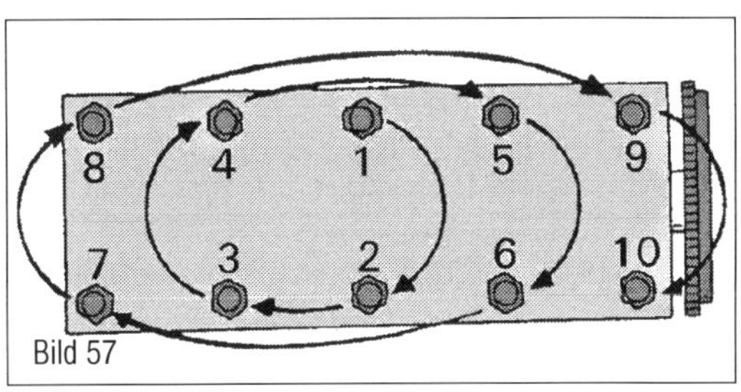

Bild 57
Anziehreihenfolge der Zylinderkopfschrauben.

Sichtprüfung Messen

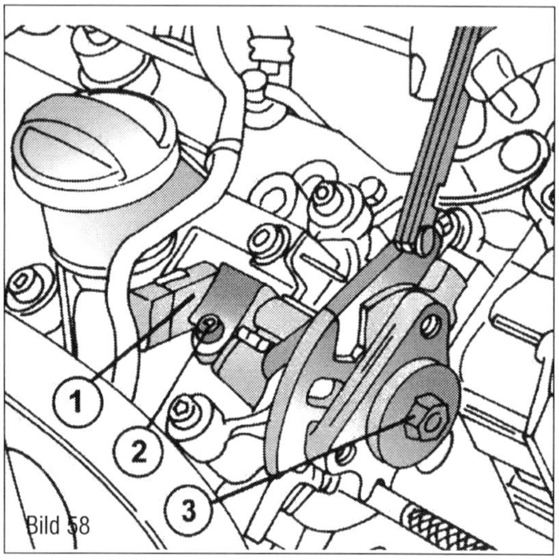

Bild 58
Einstellen des Luftspalts des Positionssensors für die Nockenwelle (Zahlen sind im Text erwähnt).

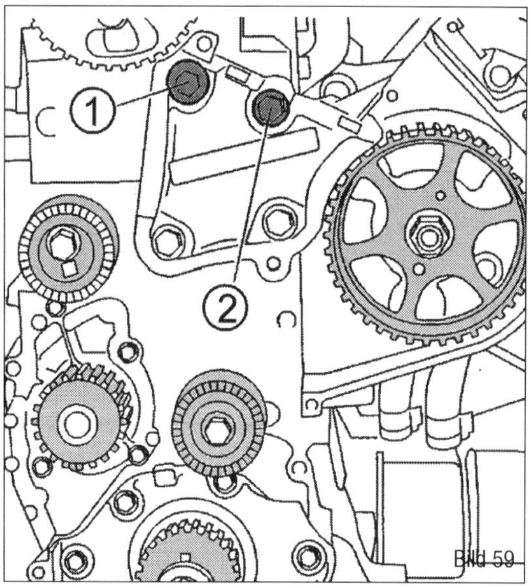

Bild 59
Die Schrauben (1) und (2) an den gezeigten Stellen anziehen.

mit einem Anfangsdrehmoment von 20 Nm anziehen.

▪ Die Schrauben in Reihenfolge 1 bis 10 mit einem Anziehdrehmoment von 60 Nm anziehen.

▪ Alle Schrauben in Reihenfolge 1 bis 10 um eine komplette Umdrehung lockern.

▪ Die Schrauben in Reihenfolge 1 bis 10 mit einem Anziehdrehmoment von 60 Nm anziehen.

▪ Alle Schrauben müssen jetzt in der Reihenfolge 1 bis 10 mit einem Winkel von 220° nachgezogen werden (Toleranz plus oder minus 5°). Dazu entweder eine Gradscheibe benutzen oder den Winkel schätzen/errechnen. Eine halbe Umdrehung ergibt 180°, eine Achtelumdrehung beträgt 45°. Bei Anwendung dieser Werte sollte es keine Probleme geben, den richtigen Winkel herzustellen.

Der Luftspalt des Positionssensors für die Nockenwelle muss jetzt unter Bezug auf Bild 58 eingestellt werden. Der Spalt wird an der gezeigten Stelle mit einer Fühlerlehre gemessen und wird auf 1,2 mm eingestellt. Den Spalt berichtigen, indem man den Sensor (1) verschiebt und die Schraube (2) festzieht.

▪ Den Sensor (1) jetzt mit der Schraube (2) befestigen. Der Sensor wird gegen das Ende des Langlochs gedrückt, ehe man die Schraube anzieht.

▪ Steuerrad der Nockenwelle montieren und die Schraube (3) in Bild 58 eindrehen und mit 43 Nm anziehen. Das Steuerrad dabei wieder gegenhalten, wie es in Bild 56 gezeigt wurde.

▪ Die Schrauben (1) und (2) in Bild 59 anziehen. Das Gewinde der Schrauben vorher mit »Loctite« einschmieren.

▪ Die Hochdruckeinspritzleitungen unter Bezug auf Bild 44 anschließen. Die Leitung (1) mit den beiden Überwurfmuttern anschrauben und mit der Hand festziehen. Jetzt zwei Gabelschlüssel benutzen, wie man es in Bild 43 sehen kann, und die Muttern mit 25 Nm anziehen. Die Werkstatt benutzt einen Spezialschlüssel zum Anziehen der Überwurfmuttern, um einen Drehmomentschlüssel anzusetzen. Ohne diesen Schlüssel muss man das Drehmoment gut schätzen. In gleicher Weise die Überwurfmuttern am »Common Rail«-Kraftstoffverteilerrohr anziehen, mit (2) in Bild 43 bezeichnet. Zuerst mit 24 Nm anziehen und danach nochmals mit 26 Nm anziehen. Verbleibt noch die Überwurfmutter (1) in Bild 43, d. h. der Anschluss zur Hochdruckpumpe. Diese Überwurfmutter zuerst mit 8 Nm und danach mit 26 Nm anziehen.

▪ Zahnriemen und Antriebsriemen der Aggregate montieren. Beide Arbeiten werden später getrennt beschrieben.

▪ Unterschutzabdeckung unter dem Motorraum anbringen und das rechte Rad wieder montieren.

▪ Kühlmittelauslassgehäuse mit neuen Dichtungen anbringen (Bild 42). Die beiden Stiftschrauben wieder eindrehen und das Gehäuse mit den Muttern und Schrauben mit 25 Nm anziehen. Schläuche am Auslassgehäuse einschließen.

▪ Alle Kabelstecker aufstecken, das Abgasregelventil mit dem Wärmeaustauscher montieren.

■ Die verbleibenden Arbeiten in umgekehrter Reihenfolge durchführen. Kühlanlage auffüllen und entlüften wie es Kapitel 4 beschrieben wird. Ebenfalls die Unterdruckpumpe mit neuen Dichtringen montieren und die Schrauben mit 20 Nm anziehen.
■ Scheibenwischermotor einbauen.
■ Abschließend die Batterie anschließen, Fahrzeug auf den Boden ablassen und die Schrauben des gelösten Vorderrads anziehen (100 Nm).
■ Rechte Motoraufhängung und Zylinderkopfdeckel montieren.

Kolben und Pleuelstangen

Zum Aus- und Einbau von Kolben und Pleuelstangen müssen der Motor ausgebaut und das Getriebe abgeflanscht sein.
Jeder Kolben ist mit zwei Verdichtungsringen und einem Ölabstreifring versehen. Bild 60 zeigt einen Schnitt durch den Kolben und die Anordnung der Kolbenringstöße. Zu beachten ist, dass die Kennzeichnung des zweiten Kolbenrings nach dem Einbau von oben lesbar sein muss.
Die Kolben müssen um einen bestimmten Wert über der Zylinderblockfläche herausstehen. Bei den in dieser Ausgabe behandelten Motoren werden Zylinderkopfdichtungen verschiedener Stärke verwendet, um das richtige Überstehmaß der Kolben herzustellen.

Kolben und Pleuelstangen zerlegen
Zum Zerlegen der Kolben/Pleuelstangeneinheiten sind keine Spezialwerkzeuge erforderlich. Sprengringe halten die Kolbenbolzen an den Kolben. Beim Zerlegen folgendermaßen vorgehen. Bild 62 zeigt ein Montagebild eines Kolbens mit der Pleuelstange.
■ Mit einer Kolbenringzange die Kolbenringe nacheinander von den Kolben abnehmen, wie es in Bild 61 zu sehen ist. Falls keine Kolbenringzange zur Verfügung steht, kann man z. B. Fühlerlehren unter die Ringe schieben und die Ringe dann über die Fühlerlehren nach oben abstreifen. Eine der Fühlerlehren muss unter den Kolbenringstoß untergelegt werden, um Kratzer zu vermeiden.
■ Die Sprengringe aus den beiden Kolbenbolzenbohrungen ausfedern. Entweder einen kleinen Schraubenzieher oder eine Sprengringzange benutzen. Die Sprengringe könnten sehr fest sitzen.

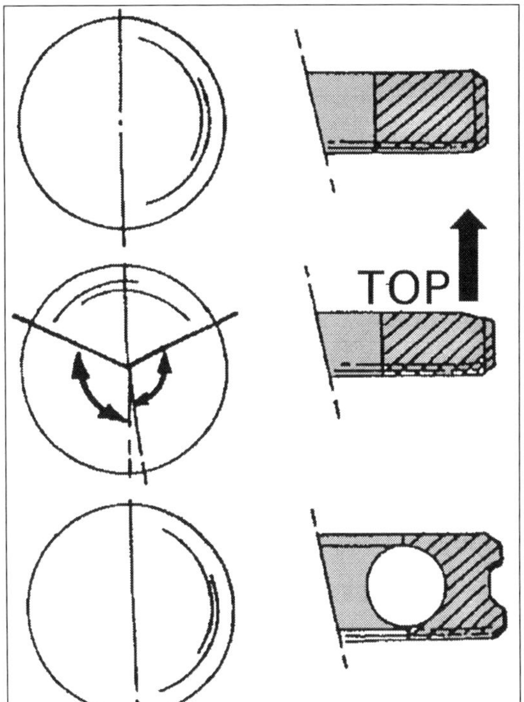

Bild 60

Bild 60
Die Anordnung der Kolbenringe. Die Einbaurichtung des zweiten Ringes und die Anordnung der Kolbenringstöße sind zu beachten.

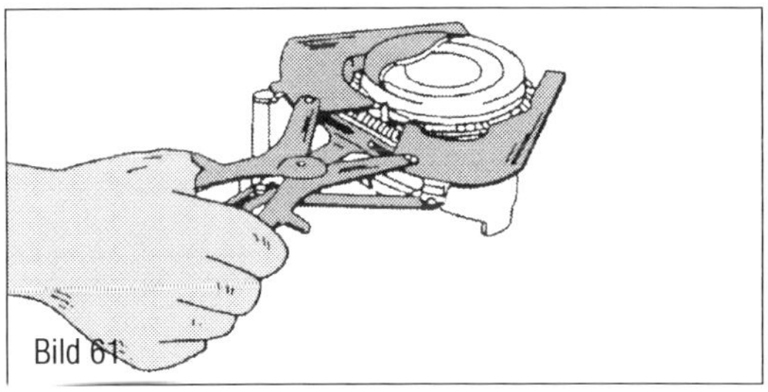
Bild 61

Bild 61
Aus- oder Einbau von Kolbenringen.

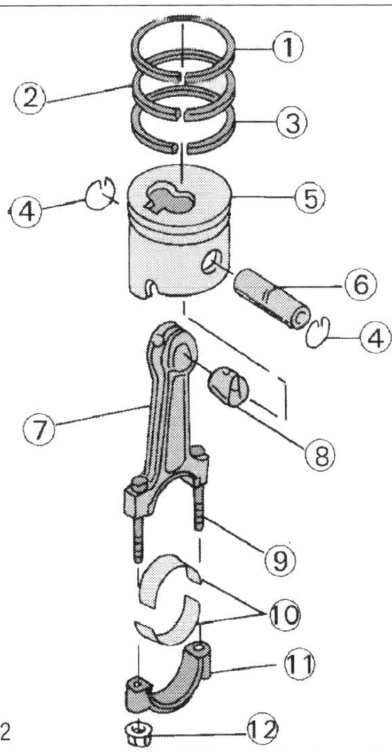

Bild 62

Bild 62
Montagebild eines Kolbens zusammen mit der Pleuelstange.

1 Oberer Kolbenring
2 Mittlerer Kolbenring
3 Ölabstreifring
4 Kolbenbolzensicherungsring
5 Kolben
6 Kolbenbolzen
7 Pleuelstange
8 Pleuelaugenbüchse
9 Pleuellagerschraube
10 Pleuellagerschale
11 Pleuellagerdeckel
12 Pleuellagermutter

Einen abgesetzten Bolzen benutzen und den Kolbenbolzen ausschlagen. Der Kolben kann dabei in der Handfläche gehalten werden, während man den Kolbenbolzen ausschlägt. Sitzt der Bolzen fest, kann man den Kolben in heißes Wasser einlegen.

Kolben und Pleuelstangen nur trennen, wenn sie erneuert werden sollen. Erfahrungen haben gezeigt, dass man Kolben nur im Satz in einer Motorenwerkstatt erneuern lassen sollte.

Kontrolle von Kolben und Pleuelstangen

Alle Teile gründlich reinigen und kontrollieren. Zeichen von Kratzern oder Verschleiß bedeuten, dass man das betreffende Teil erneuern muss.

Nacheinander jeden Kolbenring in die Oberseite der Zylinderbohrung einschieben (aus welcher sie herausgekommen sind) und mit einem umgekehrten Kolben nach unten drücken, bis der Ring ca. 15 – 20 mm unterhalb der Oberkante der Bohrung sitzt. Eine Fühlerlehre in den Spalt zwischen den beiden Ringenden einschieben und kontrollieren, dass das Kolbenringstoßspiel den in der Maß- und Einstelltabelle angegebenen Wert nicht überschreitet. Kolbenringstoßspiele können nicht verändert werden, d. h. neue Ringe müssen eingebaut werden, falls das angegebene Maß größer ist. Bild 63 zeigt, wie gemessen wird.

Kolbendurchmesser können mit einem Mikrometer ausgemessen werden. Die Wangen des Mikrometers dabei im rechten Winkel zur Kolbenbolzenbohrung an der Unterkante des Kolbenmantels ansetzen. Eine Kolbenübergröße steht zur Verfügung, jedoch überlässt man diese Arbeit besser einer Motorenwerkstatt, welche sich mit diesen Motoren befasst.

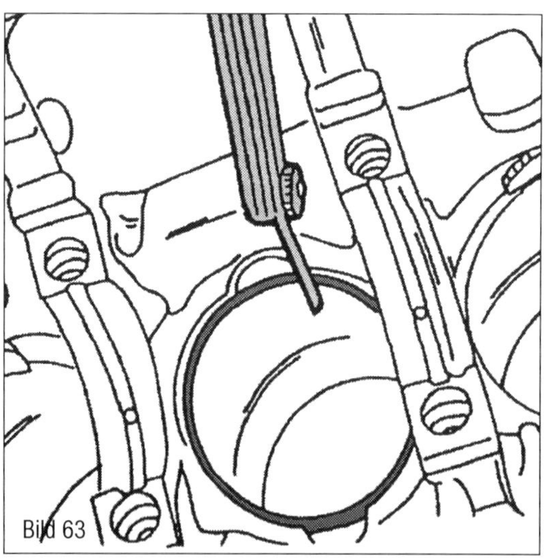

Bild 63 Kontrolle des Kolbenringstoßspiels.

Kolbenbolzen und Bohrungen in den Kolben auf Verschleiß kontrollieren. Kolbenbolzen müssen sich gleitend in die Kolben und die Pleuelaugen einschieben lassen (Teile gut eingeölt).

Kolben und Pleuelstangen zusammenbauen

Es wird angenommen, dass die Teile kontrolliert und wie erforderlich erneuert wurden.

Kolbenbolzenbohrungen und Pleuelaugenbohrungen gut einölen und die Teile vorschriftsmäßig zusammenbringen, d. h. der Pfeil im Kolbenboden (oder Bezeichnung »Dist«) muss zur Steuerseite des Motors weisen und die Führungsnasen der Pleuellagerschalen müssen auf der gleichen Seite wie der Ölfilter liegen.

Einen der Sicherungsringe in eine Kolbenbohrung einfedern. Kontrollieren, dass der Ring ringsherum in die Nut eingreift.

Pleuelstange in den Kolben einsetzen und die Pleuelaugenbohrung mit der Bohrung im Kolben in eine Linie bringen. Den Kolbenbolzen mit Daumendruck in die Bohrungen einschieben. Nochmals die vorschriftsmäßige Zusammengehörigkeit zwischen Kolben und Pleuelstange überprüfen und den zweiten Sicherungsring einfedern. Wiederum auf einwandfreien Sitz des Ringes achten.

Kolbenringe mit einer Kolbenringzange anbringen, wie es in Bild 61 gezeigt wurde. Der mittlere Ring muss mit der Kennzeichnung »Top« an der Oberseite liegend aufgesetzt werden. Falls keine Kolbenringzange zur Verfügung steht, können wieder die beim Ausbau erwähnten Blattfühlerlehren benutzt werden. Kolbenring in Höhe der Nuten im Kolben schieben und danach die Fühlerlehren herausziehen. Die Kolbenringe werden dabei in die Nuten springen. Kolbenringe sind zerbrechlich – Vorsicht.

Kolbenringe gut einölen und die Ringstöße in gleichmäßigen Abständen am Außenumfang verteilen. Siehe auch Bild 60. Kolben mit Motoröl einschmieren und zum Einbau in den Zylinderblock vorbereiten. Der Einbau der Kolben und Pleuelstangen wurde bereits beim Zusammenbau des Motors beschrieben. Anziehdrehmomente beachten.

Ausmessen des Vorstehmaßes der Kolben

Das Vorstehmaß der Kolben bestimmt die Stärke der Zylinderkopfdichtung, falls ein neuer Kolben eingebaut wurde. Wurden die Kolben in einer Werkstatt erneuert, kommt der Zylinderblock zusammen mit den eingebauten Kolben und der richtigen Zylinderkopfdichtung zurück.

Zylinderkopfdichtungen stehen in verschiedenen Stärken zur Verfügung und die Dichtungsstärke hängt vom Vorstehmaß der Kolben über der Zylinderblockfläche ab. Zur Kontrolle des Überstehmaßes die Kurbelwelle durchdrehen, bis alle Kolben nacheinander auf dem oberen Totpunkt stehen.

Das Überstehmaß wird in folgender Weise ausgemessen (gilt für beide Motoren).

- Eine Messuhr mit einem Magnetfuß auf die gut gereinigte Zylinderblockfläche aufsetzen und den Taststift neben der Außenseite des Kolbens auf die Fläche drücken. Die Messuhr in dieser Stellung auf »Null« stellen. Dieser Messvorgang ist in Bild 64 gezeigt.
- Den Magnetfuß der Messuhr weiterhin auf der Zylinderblockfläche ruhen lassen, aber den Taststift so weit wie möglich auf der Mitte des Kolbens aufsetzen. Die Messung sieht jetzt wie in Bild 65 gezeigt aus. Den angezeigten Wert ablesen und aufschreiben.
- Die anderen Kolben in gleicher Weise ausmessen und jeweils den erhaltenen Wert aufschreiben.
- Das Vorstehmaß kann jetzt mithilfe der Bilder 64 und 65 ausgewertet werden, um die richtige Dichtungsstärke zu bestimmen. Vier verschiedene Stärken stehen zur Verfügung und die richtige Stärke wird durch die Anzahl der Löcher in der Dichtung in dieser Reihe angegeben.
- Liegt der angezeigte Wert zwischen 0,55 und 0,60 mm, eine Dichtung verwenden, welche ein Loch in der unteren Lochreihe hat. Die Stärke einer solchen Dichtung beträgt 1,25 mm (plus oder minus 0,04 mm).
- Liegt der angezeigte Wert zwischen 0,61 und 0,65 mm, eine Dichtung verwenden, welche 2 Löcher in der unteren Lochreihe hat. Die Stärke einer solchen Dichtung beträgt 1,30 mm (Toleranz wie oben).
- Liegt der angezeigte Wert zwischen 0,66 und 0,70 mm, eine Dichtung verwenden, welche 3 Löcher in der unteren Lochreihe hat. Die Stärke einer solchen Dichtung beträgt 1,35 mm (Toleranz wie oben).
- Liegt der angezeigte Wert zwischen 0,71 und 0,75 mm, eine Dichtung verwenden, welche 4 Löcher in der unteren Lochreihe hat. Die Stärke einer solchen Dichtung beträgt 1,40 mm (Toleranz wie oben).

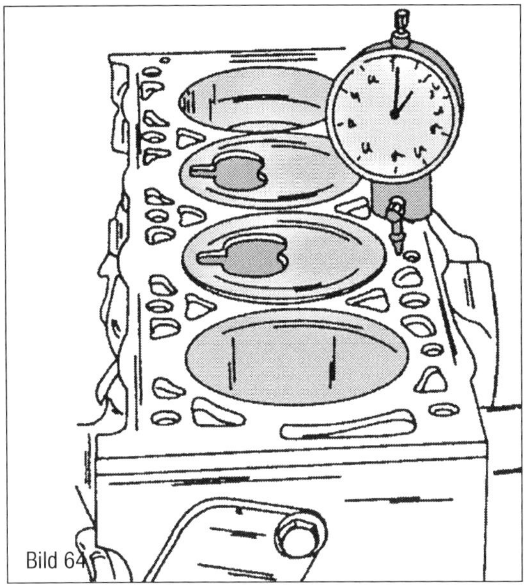
Bild 64

Bild 64
Ausmessen des Vorstehmaßes der Kolben über der Zylinderblockfläche. Der Messfinger wird auf die Zylinderblockfläche gesetzt, die Messuhr wird auf »Null« gestellt.

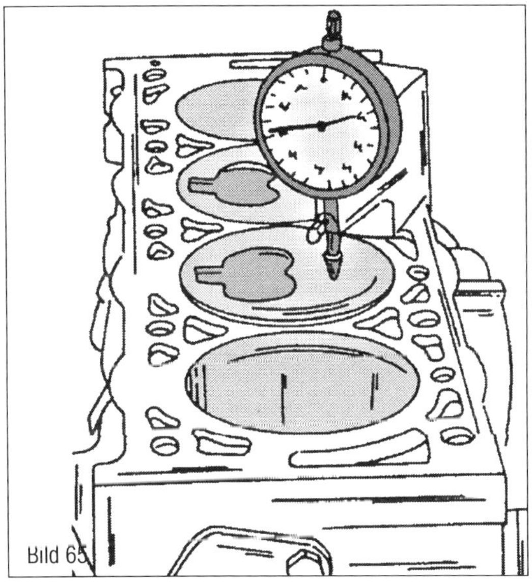
Bild 65

Bild 65
Ausmessen des Vorstehmaßes der Kolben über der Zylinderkopffläche. Der Messuhrfinger wird hier auf den Kolbenboden ausgesetzt, so nahe wie möglich der Mitte zu. Das angezeigte Maß ist das Vorstehmaß.

Wie aus der obigen Erklärung ersichtlich ist, muss man genau den Anweisungen folgen, um die richtige Dichtung zu beziehen. Aus diesem Grund empfehlen wir, das Vorstehmaß wie beschrieben auszumessen und sich mit den erhaltenen Werten an das Ersatzteillager zu wenden. Daran denken, dass man hier keine Fehler machen darf.

Zylinderblock

Der Zylinderblock besteht aus dem Kurbelgehäuse und dem eigentlichen Zylinderblock, zu welchem beim 2.2-Liter-Motor auch das Gehäuse für die Ausgleichswellen gehört.
Bei einer Ganzzerlegung den Zylinderblock einwandfrei reinigen, ganz gleich ob der Block nachgebohrt wurde oder nicht. Alle Fremdkörper aus Hohlräumen und Ölkanälen entfernen. Besonders auch darauf achten, dass Reinigungsflüssigkeiten vollkommen entfernt werden. Möglichst mit Pressluft trocken blasen. Unbedingt darauf achten, dass kein Öl in den Bohrungen für die Zylinderkopfschrauben verbleibt.
Um das Laufspiel der Kolben auszumessen, ist im entsprechenden Kapitel nachzulesen.
Die Zylinderblockfläche wird in ähnlicher Weise wie beim Zylinderkopf beschrieben auf Verzug kontrolliert. Den Block in Längsrichtung, Querrichtung und Diagonalrichtung vermessen. Eine Fühlerlehre von mehr als 0,05 mm darf sich nicht einschieben lassen. Erkundigen Sie sich in der Werkstatt, ob man die Blockfläche nachschleifen kann.

Kurbelwelle und Schwungrad

Der Ausbau der Kurbelwelle wurde bereits beschrieben. Die Kurbelwelle läuft in fünf Lagern. Hauptlagerzapfen und Pleuellagerzapfen können einmal auf eine Untergröße nachgeschliffen werden, d. h. entsprechende Lagerschalen stehen zur Verfügung. Das Axialspiel der Kurbelwelle wird durch die Anlaufhalbscheiben am zweiten Kurbelwellenlager reguliert. Bild 66 zeigt die Teile einer Kurbelwelle, in diesem Fall jedoch ohne Antriebsrad für die Ausgleichswelle.
Die Abdichtung der Kurbelwelle erfolgt an der Vorderseite und Rückseite durch einen Radialdichtring. Vorn ist der Dichtring in den Verschlussdeckel eingesetzt, hinten in die hinteren Hauptlagerdeckel.

Bild 66
Kurbelwelle und Kolben.

1. *Kurbelwelle*
2. *Obere Lagerschalen*
3. *Untere Lagerschalen*
4. *Anlaufhalbscheiben*
5. *Kolben*
6. *Kolbenbolzen*
7. *Sprengringe*
8. *Pleuelstange*
9. *Pleuellagerschalen*

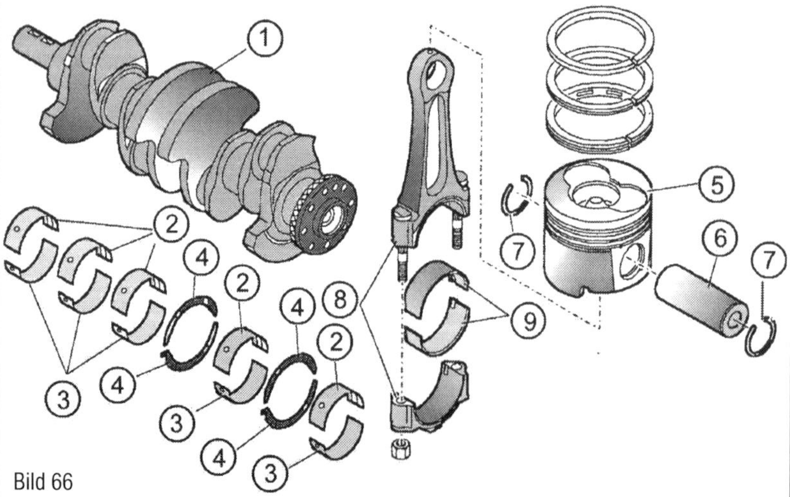

Bild 66

Axialspiel der Kurbelwelle ausmessen
Vor dem Ausbau der Kurbelwelle sollte das Axialspiel kontrolliert werden, um evtl. notwendige Übergröße-Anlaufscheiben beim Einbau bereit zu haben. Zwecks Anweisungen siehe die bereits angeführte Beschreibung.

Überprüfung der Teile
Falls Sie der Annahme sind, dass die Kurbelwelle neu gelagert werden muss, sollte man sie in eine Werkstatt bringen (zusammen mit dem Zylinderblock und dazugehörigen Teilen). Wird die Welle neu gelagert, erhalten Sie den einbaufertigen Zylinderblock zurück.

Einbau der Kurbelwelle
Der Einbau der Kurbelwelle ist im Zusammenhang mit dem Zusammenbau des Motors beschrieben. Besonders auf den Einbau der Lagerschalen achten, da man nicht vergessen darf, dass die mit den Ölschmiernuten versehenen Lagerschalen in die beiden Zwischenlager kommen. Die anderen Schalen haben nur eine Ölschmierungsbohrung. Immer nur zwei Anlaufhalbscheiben der gleichen Stärke einbauen.

Hinteren Kurbelwellendichtring erneuern
Der Öldichtring auf der Schwungradseite kann bei ausgebautem Schwungrad erneuert werden. Dies könnte erforderlich sein, wenn die Kupplung aufgrund von Öldurchlass aus dem Kurbelgehäuse zu rutschen beginnt.

Unbedingt einen Dichtring für den in Frage kommenden Motor bestellen.

Mit einem Schraubendreher den Öldichtring aus dem Kurbelgehäuse herausdrücken, ohne dabei das Kurbelgehäuse oder den Kurbelwellenflansch zu beschädigen. Um den Ausbau zu erleichtern, kann man zwei Blechschrauben in die Außenfläche des Dichtringes einschrauben, um den Schraubendreher abwechselnd unter den Köpfen

der Schrauben anzusetzen, Stück für Stück sollte der Ring herauskommen.
Die Lauffläche auf der Kurbelwelle kontrollieren. Falls die Lauffläche durch den alten Ring angegriffen ist, kann der neue Dichtring etwas tiefer in das Kurbelgehäuse eingeschlagen werden.
Den neuen Dichtring vorsichtig mit einem passenden Dorn in das Kurbelgehäuse einschlagen, wie es in Bild 67 gezeigt ist. Den Dichtring außen mit Öl und an der Dichtlippe mit Mehrzweckfett einschmieren. Falls die Kurbelwelle in Ordnung ist, Dichtring einschlagen, bis er bündig abschneidet; andernfalls Dichtring in das Kurbelgehäuse schlagen, bis die Außenfläche etwas unterhalb der Kurbelgehäusefläche steht. Kontrollieren, dass der Ring ringsherum gleichmäßig eingeschlagen ist.

Vorderen Kurbelwellendichtring erneuern
Der vordere Dichtring befindet sich im vorderen Deckel und kann bei eingebautem Motor erneuert werden, jedoch muss der Steuerriemen ausgebaut werden. Auch beim Bezug dieses Dichtringes muss man den eingebauten Motor angeben.
Der Ausbau des Dichtringes ist nicht so einfach, da er in einer Vertiefung des Deckels sitzt. Man kann jedoch versuchen, zwei Blechschrauben in den Ring zu schrauben und den Ring mit einem Schraubendreher herauszudrücken, wie es beim hinteren Dichtring erwähnt wurde.
Einen neuen Öldichtring an der Dichtlippe mit etwas Fett und an der Außenseite mit Motoröl einschmieren. Der Dichtring wird normalerweise mit einem Spezialwerkzeug eingeschlagen, ähnlich wie es Bild 67 zeigt.

Steuerung

Die Teile der Steuerung können bei eingebautem Motor aus- und eingebaut werden. Der Zahnriemen muss teilweise ausgebaut werden, d. h. von den Steuerrädern der Nockenwellen, wenn die folgenden Arbeiten durchgeführt werden sollen.

- Aus- und Einbau des Zylinderkopfes
- Aus- und Einbau der Nockenwellen
- Aus- und Einbau des vorderen Dichtrings der Kurbelwelle
- Aus- und Einbau der Ölpumpenantriebskette oder des Antriebsrades der Pumpe

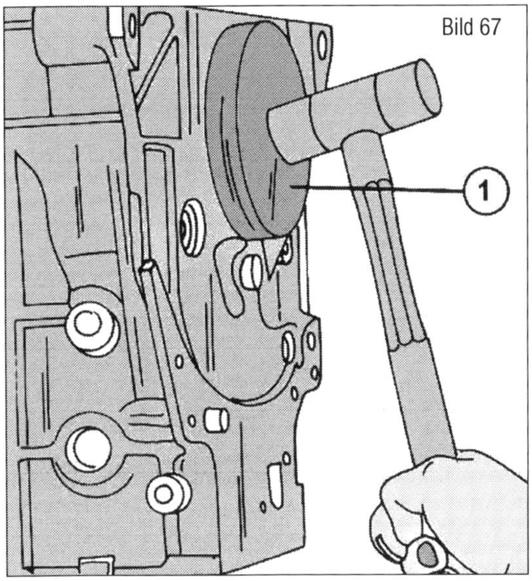

Bild 67
Einbau eines hinteren Dichtringes der Kurbelwelle. Eine geeignete Rundplatte (1) kann über die Außenseite des Dichtringes gelegt werden.

- Aus- und Einbau der Wasserpumpe
- Aus- und Einbau der Hochdruck-Einspritzpumpe

Aus- und Einbau des Zahnriemens
Ein spezielles Messinstrument wird gebraucht, um die Spannung des Zahnriemens nach Einbau einzustellen. Falls Sie jedoch einige Erfahrungen mit Motoren haben, kann die Spannung des Riemens vor dem Ausbau ausgemessen werden (es sei denn, der Riemen ist gerissen). Eine Federwaage ist erforderlich. Zur Kontrolle den Haken der Federwaage an der längsten Laufstrecke des Riemens einhängen und die Federwaage nach außen ziehen. Den zum Ziehen der Federwaage erforderlichen Kraftaufwand aufschreiben. Beim späteren Einbau des Riemens diesen spannen, bis der gleiche Wert erhalten wird. ***Wir müssen jedoch darauf hinweisen, dass dies nur eine Notlösung ist.***

Da die Motoraufhängung ausgebaut werden muss, braucht man einen Handkran oder ein ähnliches Hebezeug, um den Motor anzuheben. Außerdem ist ein Absteckstift für das Schwungrad und die Steuerräder der Nockenwellen erforderlich. Das Spannen des Zahnriemens wird in der Werkstatt ebenfalls mit einem Spezialwerkzeug durchgeführt. Dieses wird später im Verlauf der Beschreibung erwähnt und entsprechende Hilfswerkzeug werden angegeben. Falls Sie trotz allem den Zahnriemen selbst erneuern wollen, den folgenden Anweisungen nachgehen:

Bild 68
Ausbau der Kurbelwellenriemenscheibe. Der Abzieher wird wie gezeigt an der Riemenscheibe angesetzt. Durch Anziehen der mittleren Schraube kommt die Kurbelwellenriemenscheibe herunter.

Bild 69
Einzelheiten zu Aus- und Einbau der Zahnriemenschutzdeckel und des Zahnriemens. Die Zahlen werden im Text erklärt.

Bild 70
Zum Sperren des Schwungrades den rechts gezeigten Absteckbolzen an der gezeigten Stelle in den Zylinderblock einschieben – sehr wichtig – siehe ebenfalls Bild 74.

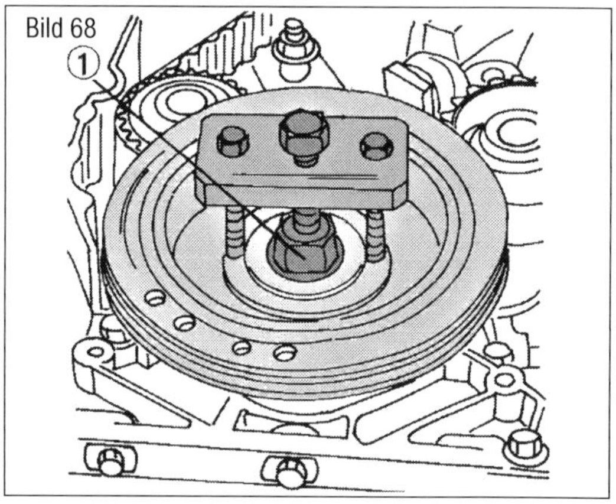

Bild 68

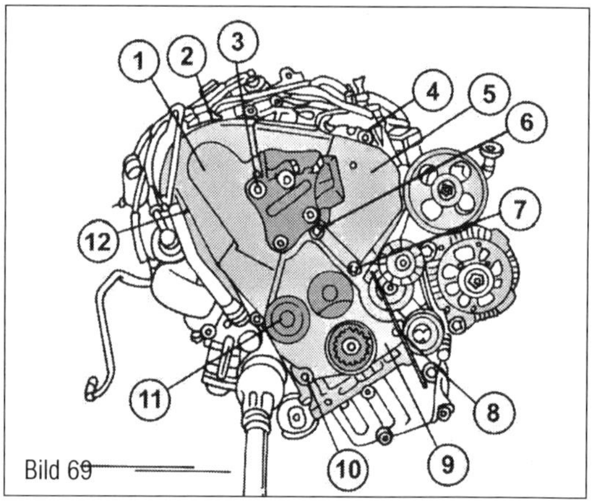

Bild 69

■ Rechte Vorderseite des Fahrzeuges anheben, das Vorderrad abschrauben und einen Unterstellbock unter die Karosserie untersetzen. Den höchsten Gang einlegen, um später den Motor mithilfe der Vorderradnabe durchzudrehen. Massekabel der Batterie abschließen.

■ Das Spritzblech in der Innenseite des Radkastens und die Schutzabdeckung unter dem Motorraum ausbauen.

■ Den Antriebsriemen an der Stirnseite des Motors ausbauen, wie es später beschrieben wird.

■ Den Deckel unter dem Schwungradgehäuse ausbauen und das Schwungrad gegenhalten, wie es in Bild 12 gezeigt ist. In unserem Fall wird die »Schwungradbremse« an der Unterseite eingesetzt.

■ Schraube der Kurbelwellenriemenscheibe lösen (Schwungrad immer noch blockiert) und die Riemenscheibe herunterziehen. Die Riemenscheibe sitzt fest und ein Abzieher, wie er in Bild 68 gezeigt ist, könnte zum Herunterziehen erforderlich sein.

■ Kraftstoffzuleitung und Kraftstoffrücklaufleitung abschließen und die Leitungen von den Clips befreien. Den elektrischen Kabelstrang abschließen und den Vorratsbehälter für die Lenkungsflüssigkeit ausbauen.

■ Ein Seil oder eine Kette an den Hebeösen des Motors anbringen und den Motor anheben, bis die Motoraufhängung unter Spannung steht. Es ist ebenfalls möglich, einen Wagenheber vorsichtig unter den Motor unterzusetzen um diesen entsprechend anzuheben (Holzstück auf den Wagenheberkopf auflegen).

■ Motoraufhängung auf der Seite des Zahnriemens ausbauen. Der Motor kann jetzt angehoben bzw. abgesenkt werden, um Zugang zu allen zu lösenden Teilen zu erhalten, vor allen den Befestigungen der Zahnriemenschutzdeckel.

■ Die in Bild 69 gezeigten Teile ausbauen. Der Motor wird zum besseren Verständnis in ausgebautem Zustand gezeigt. Die Schrauben (2), (3), (11) und (12) lösen und den oberen Zahnriemenschutzdeckel (1) abnehmen. Ebenfalls die seitliche Abdeckung (5) nach Lösen der Schrauben (6) und (7) abnehmen. Schrauben (8) und (10) herausdrehen und den unteren Zahnriemenschutzdeckel (9) abnehmen. Zu beachten ist, dass die Schraube (11) ebenfalls die Wasserpumpe hält. Nach Ausschrauben der Schraube eine Abstandscheibe mit einer Stärke von 17 mm besorgen und die Schraube mit dieser Scheibe wieder einschrauben. Die Schraube mit 15 Nm anziehen.

■ Bei eingeschaltetem Gang die Radnabe des angehobenen Rades durchdrehen, bis der Kolben des ersten Zylinders auf dem oberen Totpunkt steht, d. h. der Absteckbolzen für das Schwungrad muss sich in das Schwungrad und die Kurbelwelle an der in Bild 70 gezeigten Stelle einschieben lassen. Die Kurbelwelle etwas hin- und herdrehen, bis man fühlen kann, dass der Absteckbolzen eingegriffen hat. Die Form des Absteckbolzens kann der rechten Ansicht von Bild 70 entnommen werden.

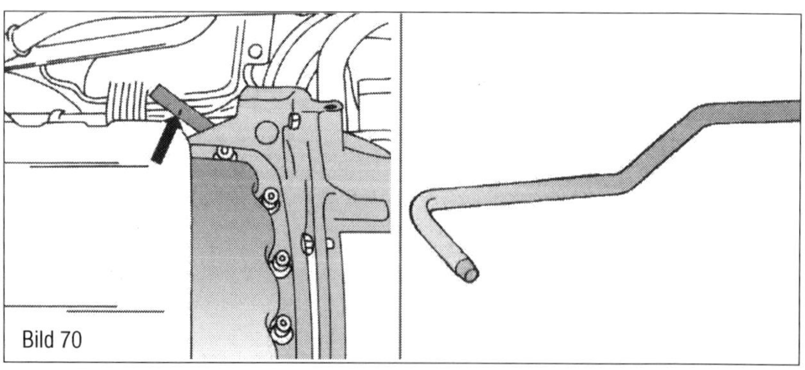
Bild 70

■ Alle Teile der Steuerung können jetzt wie erforderlich erneuert werden.

■ Die nächsten Arbeiten werden unter Bezug auf Bild 71 durchgeführt. Zuerst einen Bolzen geeigneten Durchmessers in die Bohrung des Nockenwellensteuerrades an Stelle »A« einschieben, um das Steuerrad zu sperren. Die drei Schrauben (1) des Steuerrads lösen und die Schraube (5) der Zahnriemenspannrolle (6) lockern. Die Spannrolle zur Außenseite drücken und den jetzt locker gewordenen Zahnriemen (2) abnehmen. Wird der alte Riemen wieder eingebaut, die Laufrichtung des Riemens mit einem Farbstift in die Außenseite einzeichnen. Falls ein neuer Riemen eingebaut wird, die Rolle (6) und die Führungsrolle (3) erneuern. Die Schraube in der Mitte der Führungsrolle wird ausgeschraubt um die Rolle abzunehmen.

Der Einbau des Zahnriemens geschieht in der folgenden Reihenfolge. Die Zahlen beziehen sich auf Bild 71.

■ Die Schrauben (1) in das Steuerrad der Nockenwelle einschrauben und das Steuerrad nach rechts verdrehen, bis die Schrauben in Berührung mit den Enden der Langlöcher stehen.

■ Den Zahnriemen (2) über das Steuerrad der Kurbelwelle (7) auflegen. Darauf achten, dass der Riemen nicht wieder herunterkommen kann.

■ Zahnriemen jetzt in folgender Reihenfolge auflegen: Führungsrolle (3), Antriebsrad der Hochdruckpumpe (8), Steuerrad der Nockenwelle (9), Antriebsrad der Wasserpumpe (4) und Riemenspannrolle (6).

Falls erforderlich das Steuerrad der Nockenwelle etwas nach links verdrehen, um zu gewährleisten, dass alle Zähne des Zahnriemens einwandfrei eingreifen. Nochmals kontrollieren, dass dies der Fall ist.

In der Werkstatt wird ein Spezialgerät zur Kontrolle der Zahnriemenspannung benutzt. Dieses wird an der langen Laufstrecke des Riemens angesetzt, wie es durch »C« in Bild 72 angegeben ist und zeigt die Riemenspannung in SEEM-Einheiten an. Zur besseren Erklärung wird das Messinstrument nochmals in angesetztem Zustand in Bild 73 gezeigt. Steht das Werkzeug nicht zur Verfügung, kann man die Riemenspannung anhand der weiter vorn gegebenen Anweisungen mithilfe der Federwaage messen und einstellen. Mit etwas Erfahrung sollte es dabei keine Probleme geben.

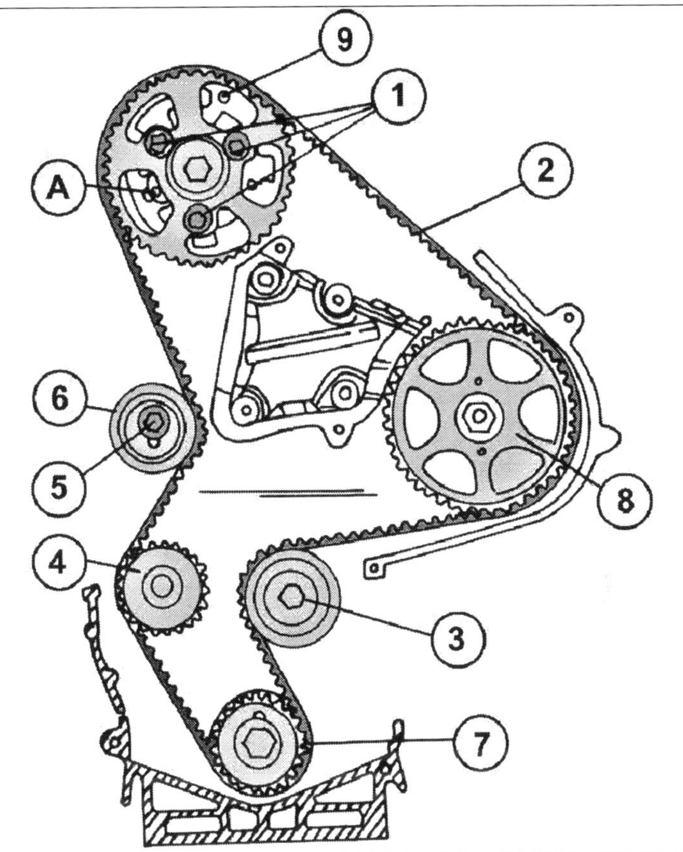

Bild 71

Bild 71 Einzelheiten zum Aus- und Einbau des Steuerriemens. Auf die Zahlen wird im Text eingegangen.

Die Einstellung der Riemenspannung erfolgt unter Bezug auf Bild 71.

■ Das in Bild 72 gezeigte Messinstrument (C) am Zahnriemen ansetzen und die Schraube (3) der Zahnriemenspannrolle (2) lockern. Mit dem Einstellwerkzeug (B) die Spannrolle (2) nach links verdrehen (entgegen dem Uhrzeigersinn), bis eine Anzeige von 98 SEEM, plus oder minus 2 SEEM zustande kommt (beide Motoren). Das Einstellwerkzeug hat zwei Zapfen, die in die Rolle eingreifen. »C« in Bild 72 zeigt, wo das Instrument angesetzt wird. In dieser Stellung die Schraube (3) mit 23 Nm anziehen, ohne dabei die Stellung der Rolle (2) zu verändern.

■ Kontrollieren, dass die Befestigungsschrauben des Nockenwellensteuerrades nicht in Kontakt mit den Enden der Langlöcher stehen. Um dies durchzuführen, einer der Schrauben (4) in Bild 72 aus dem Steuerrad (1) herausdrehen und die Lage der Gewindebohrung kontrollieren. Falls die Bohrung ca. in der Mitte steht, ist alles in

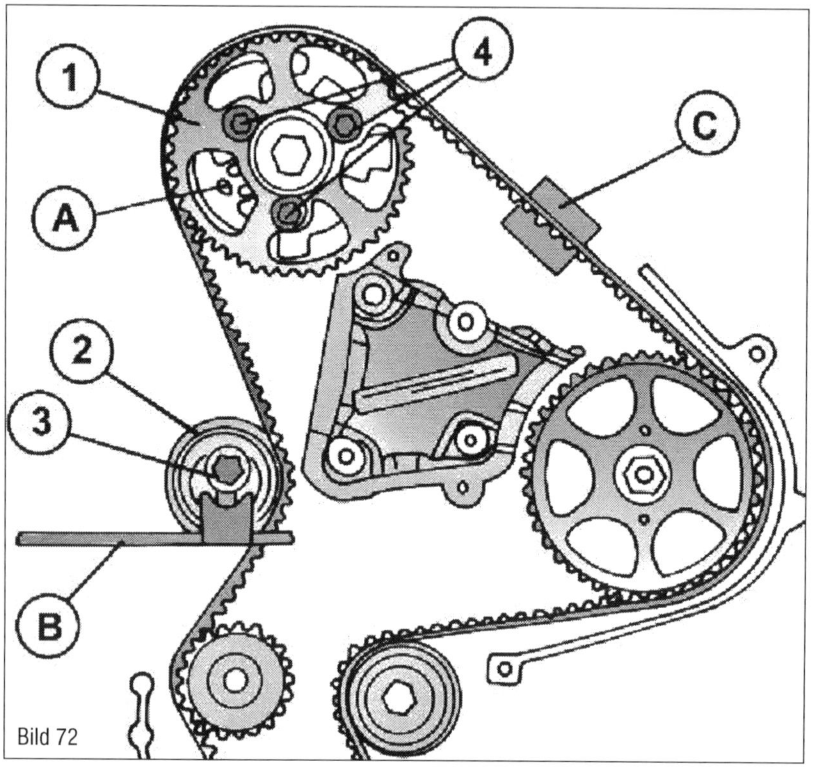

Bild 72

Bild 72
Einzelheiten zum Einbau des Zahnriemens. Die Buchstaben und Zahlen werden in der Beschreibung erwähnt. Das Steuerrad (1) wird mit dem Absteckbolzen »A« gesperrt.

Ordnung. Die Schraube wieder eindrehen und alle Schrauben mit 20 Nm anziehen. Sollte dies nicht der Fall sein, muss man den Zahnriemen wieder ausbauen und die Einstellung von vorn beginnen.

■ Alle mit den Buchstaben bezeichneten Werkzeuge in Bild 72 abmontieren und den Absteckbolzen aus dem Schwungrad herausziehen.

■ Die Kurbelwelle um genau 8 Umdrehungen in normaler Drehrichtung durchdrehen

Bild 73
Kontrolle der Zahnriemenspannung mit dem Messgerät.

1 Absteckstift des Nockenwellenrades
2 Absteckbolzen des Pumpenrades
3 Spannungsmessgerät

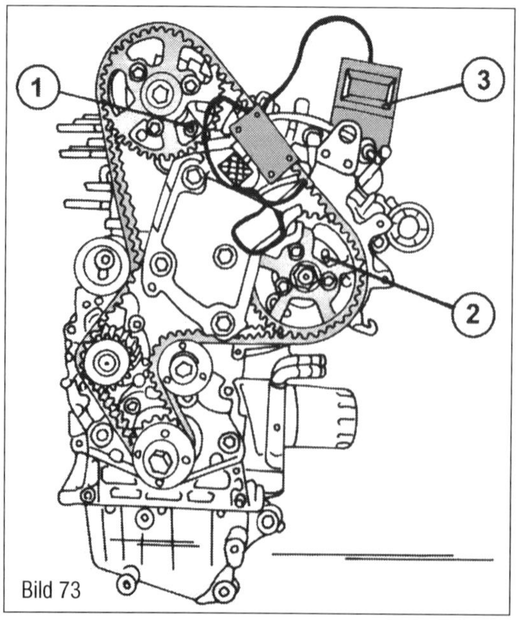

Bild 73

und den Absteckbolzen wieder entsprechend Bild 70 in das Schwungrad einsetzen.

■ Die Schrauben (4) in Bild 72 lockern und den Absteckbolzen (A) in das Steuerrad der Nockenwelle (1) einschieben.

■ Die Schraube (3) lockern, um die Spannrolle (2) freizugeben. Das Messinstrument wieder am Zahnriemen ansetzen.

■ Die Spannrolle (2) mit dem Einsteller (B) nach links verdrehen, bis eine Anzeige von 51 SEEM, plus oder minus 2 SEEM, zustande kommt. In dieser Spannrollenstellung die Schraube (3) mit 25 Nm anziehen. Die Schrauben (4) der Steuerradbefestigung werden mit 20 Nm angezogen.

■ Absteckbolzen aus dem Steuerrad der Nockenwelle und den Bolzen aus der Rückseite des Kurbelgehäuses herausziehen. Ebenfalls das Messinstrument abbauen.

■ Kurbelwelle um genau 2 Umdrehungen in Drehrichtung durchdrehen und den Absteckbolzen wieder in das Schwungrad einschieben. Falls es dabei keine Schwierigkeiten gibt, ebenfalls den Bolzen in das Steuerrad der Nockenwelle einsetzen.

■ Das Messinstrument am Riemen ansetzen und die Riemenspannung erneut kontrollieren. Die Anzeige sollte jetzt zwischen 48 bis 55 SEEM liegen. Falls dies der Fall ist, alle Werkzeuge abnehmen.

Die verbleibenden Arbeiten werden jetzt folgendermaßen durchgeführt. Einzelheiten sind Bild 69 zu entnehmen:

■ Schraube (11) und die untergelegte Abstandscheibe entfernen.

■ Unteren Zahnriemenschutzdeckel (9) montieren und mit den Schrauben (8) und (10) befestigen.

■ Mittleren Zahnriemenschutzdeckel (5) montieren und mit den Schrauben (3), (6) und (7) befestigen.

■ Oberen Zahnriemenschutzdeckel (1) anbringen, die Schraube (11) eindrehen – 15 Nm und die Schrauben (2), (3) und (12) einschrauben um den Deckel zu befestigen.

■ Die Teile im Motorraum werden jetzt folgendermaßen montiert: Rechte Motoraufhängung montieren. Die drei Schrauben mit 65 Nm, die Mutter in der Mitte der Aufhängung mit 45 Nm anziehen.

■ Die Schraube der Reaktionszugstrebe mit 50 Nm anziehen.

■ Die Schraube der Kurbelwellenriemenscheibe am Gewinde mit »Loctite« oder einem ähnlichen Gewindesicherungsmittel einschmieren und die Riemenscheibe über die Kurbelwelle schieben. Eine Scheibe kommt unter den Schraubenkopf. Schraube mit 70 Nm anziehen.

■ Alle verbleibenden Arbeiten in umgekehrter Reihenfolge durchführen. Nicht den Deckel unter dem Schwungradgehäuse vergessen.

Aus- und Einbau der Nockenwellen

Der Zylinderkopf kann eingebaut bleiben, wenn man nur die Nockenwellen ausbauen will. Folgendermaßen vorgehen. Der Zahnriemen muss ausgebaut werden. Die Arbeiten sind bei beiden Motoren in ähnlicher Weise durchzuführen.

Massekabel der Batterie abschließen.

Luftfilter, am Zylinderkopf angeschlossene Luftleitungen, Entlüftungsleitung vom Drosselklappengehäuse, die Pollenfilterhalterung und den Scheibenwischermechanismus ausbauen.

Antriebsriemen an der Vorderseite des Motors ausbauen, wie es später beschrieben wird. Den Zahnriemen ausbauen, wie es bereits beschrieben wurde. Die rechte Motoraufhängung, welche beim Ausbau des Zahnriemens ausgebaut wurde, muss jetzt wieder eingebaut werden.

Wie bereits erwähnt, muss das Schwungrad gesperrt werden, damit sich die Kurbelwelle nach Ausbau des Zahnriemens nicht verdrehen kann. Man sollte jedoch wissen, dass bei den beiden Motoren unterschiedliche Absteckbolzen benutzt werden, deren Aussehen Bild 74 entnommen werden kann.

■ Der Zylinderkopf hat jetzt das in Bild 75 gezeigte Aussehen. Den Kabelstecker (1) auf einer Seite abziehen, das Steuerrad der Nockenwelle (2) ausbauen und ebenfalls die Nabe der Nockenwelle (3). Die Schrauben in alphabetischer Reihenfolge von Bild 75 lösen und die Zylinderkopfhaube vom Zylinderkopf herunternehmen.

■ Zum Bremskraftverstärker führende Unterdruckleitung abschließen und die Unterdruckpumpe vom Zylinderkopf abschrauben.

■ Als Nächstes wird das Nockenwellengehäuse ausgebaut. Dazu die in Bild 76 gezeigten Befestigungsschrauben des Gehäuses vom Zylinderkopf lösen. Nachdem alle Schrauben entfernt wurden, das Lagergehäuse herunterheben.

Zylinderkopffläche und Fläche des Nockenwellenlagergehäuses gut reinigen, aber keine scharfen Werkzeuge dazu verwenden.

Der Einbau geschieht in umgekehrter Reihenfolge unter Beachtung der folgenden Punkte:

■ Absteckbolzen aus dem Schwungrad herausziehen und das Schwungrad in geeigneter Weise gegenhalten, wie es z. B. in Bild 12 gezeigt wurde. Schraube der Kurbelwellenriemenscheibe eindrehen und das Werkzeug zum Sperren des Schwungrades herausnehmen.

■ Kurbelwelle entgegengesetzt der normalen Drehrichtung eine Viertelumdrehung verdrehen. Dadurch werden alle Kolben ca. in die Mitte ihres Hubs gebracht.

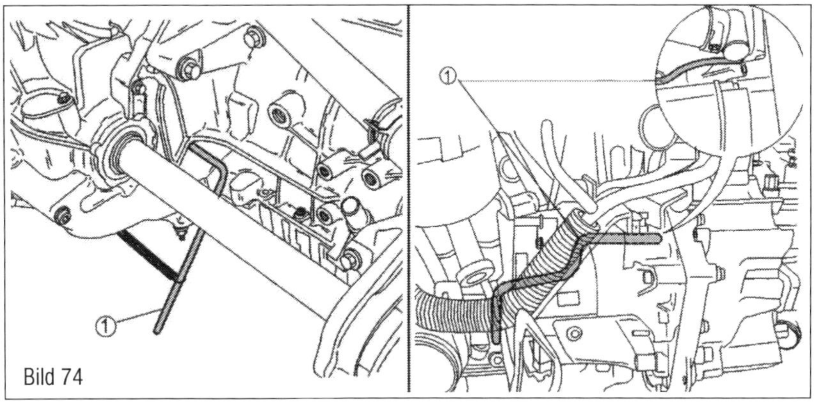

Bild 74

Bild 74
Der Absteckbolzen (1) wird eingeschoben, um das Schwungrad in der richtigen Lage zu sperren. Auf der linken Seite für den DW12-Motor, auf der rechten Seite für den DW10-Motor. Der Bolzen auf der linken Seite hat eine Feder, um ihn in seiner Lage zu halten.

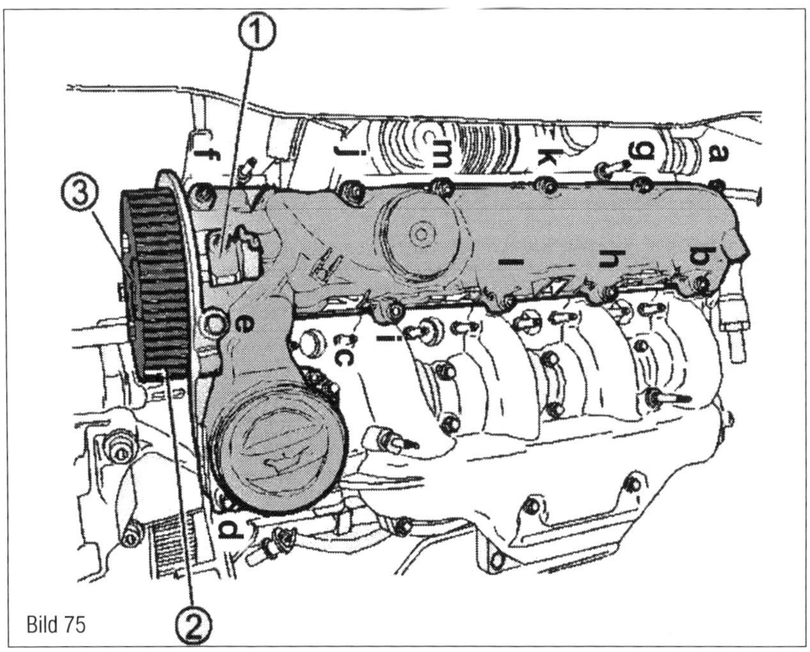

Bild 75

Bild 75
Einzelheiten zum Ausbau der Zylinderkopfhaube.

Sichtprüfung Messen

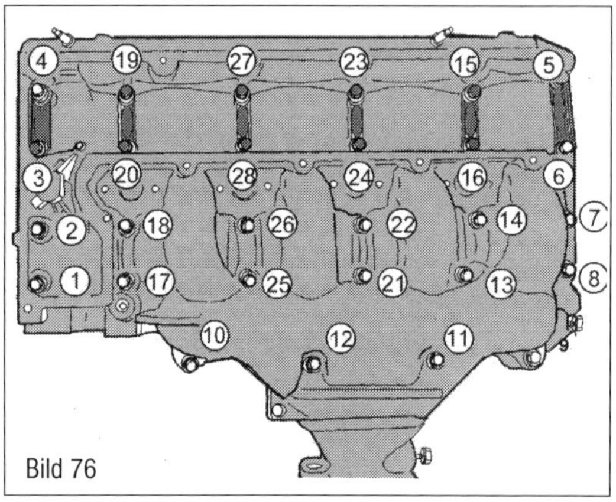

Bild 76

Bild 76
Die Schrauben des Nockenwellenlagergehäuses werden in der gezeigten Zahlenreihenfolge gelöst. Gehäuse nach Entfernen aller Schrauben herunterheben.

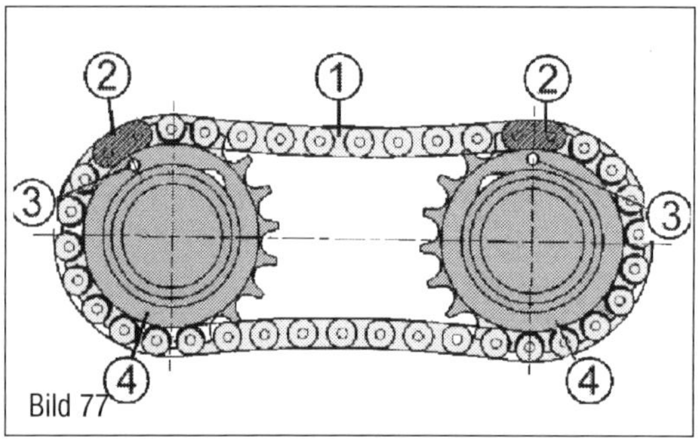

Bild 77

Bild 77
Richtiger Zusammenbau der Antriebskette für die Nockenwellen. Die Kette (1) hat zwei schwarze Kettenglieder (2), welche mit den Marken (3) in jedem Kettenrad (4) fluchten müssen. Kettenräder wie gezeigt ausrichten, ehe das Nockenwellenlagergehäuse eingebaut wird.

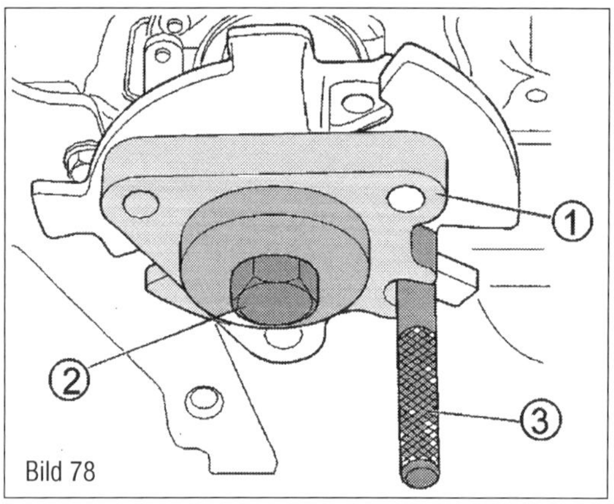

Bild 78

Bild 78
Sperren der Nabe für die Nockenwelle (1) mit dem Absteckbolzen (3) beim Anziehen der Nabenschraube (2).

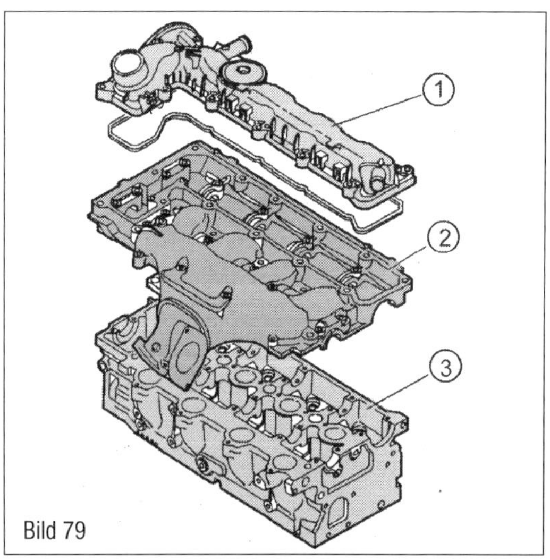

Bild 79

Bild 79
Zylinderkopfhaube (1), Nockenwellenlagergehäuse (2) und Zylinderkopf (3).

■ Dichtflächen des Nockenwellenlagergehäuses nochmals auf Sauberkeit kontrollieren und die Fläche mit Dichtungsmasse einschmieren. Erkundigen Sie sich, falls möglich, welche Dichtungsmasse benutzt wird.

Die beiden Nockenwellen mit der Antriebskette verbinden und in den Zylinderkopf einlegen. Die Kette hat zwei schwarze Kettenglieder, welche genau in Eingriff mit den Zahnrädern kommen müssen. Die Kette also so über die Zahnräder legen, dass diese Kettenglieder genau gegenüber den Zeichen (Markierungen) in jedem Kettenrad liegen. Die Ausfluchtung anhand von Bild 77 vergleichen.

■ Nabe auf dem Ende der Nockenwelle anbringen und einen Absteckbolzen in die Nabe und den Zylinderkopf einschieben, wie es in Bild 78 zu sehen ist. Danach das Nockenwellenlagergehäuse über die beiden Nockenwellen auf den Zylinderkopf senken.

■ Alle Schrauben handfest eindrehen und danach in umgekehrter Zahlenreihenfolge zu Bild 76 anziehen. Damit man keinen Fehler macht, empfehlen wir, dass Sie eine Liste herstellen, z. B. 28 = 1, 27 = 2, 26 = 3, usw. Aus der zusammengestellten Reihenfolge wird es dann leicht sein, die Anziehreihenfolge problemlos zu verfolgen. Alle Schrauben werden auf ein endgültiges Anziehdrehmoment von 10 Nm angezogen.

■ Absteckbolzen aus der Nockenwellennabe herausziehen und die Nabe abziehen.

■ Die Dichtlippe eines neuen Nockenwellendichtringes einfetten, aber darauf achten, dass kein Fett an den Außenumfang des Dichtringes kommen kann. Den Dichtring mit einem passenden Rohrstück einschlagen.

■ Nabe des Nockenwellenrades mit der Schraube anbringen, die Nabe gegenhalten, indem man eine Schraube in den Ausschnitt einschiebt (ähnlich wie es in Bild 78 zu sehen ist) und die Schraube (2) in Bild 78 mit 43 Nm anziehen.

■ Unterdruckpumpe mit neuen Dichtringen montieren und die Schrauben und Muttern mit 20 Nm anziehen.

■ Zylinderkopfhaube aufsetzen. Die Schrauben von innen nach außen mit 10 Nm anziehen. Bild 79 zeigt die Zylinderkopfhaube und das Nockenwellenlagergehäuse, wie sie am Zylinderkopf montiert sind.

■ Kurbelwelle zurück auf die Ausgangsstellung verdrehen (Viertelumdrehung) und den Zahnriemen montieren wie es bereits be-

schrieben wurde. Auch der Luftspalt des Positionssensors der Nockenwelle muss eingestellt werden, wie es beim Einbau des Zylinderkopfes beschrieben wurde.
- Alle anderen Arbeiten in umgekehrter Reihenfolge durchführen.

Erneuerung des Nockenwellendichtrings
Der Dichtring kann bei eingebautem Nockenwellengehäuse und eingebauten Nockenwellen erneuert werden, d. h. bei eingebautem Motor. Folgende Arbeiten durchführen:
- Massekabel der Batterie abschließen.
- Antriebsriemen an der Vorderseite des Motors ausbauen.
- Zahnriemen ausbauen, wie es bereits beschrieben wurde.
- Steuerrad der Nockenwelle gegen Mitdrehen gegenhalten, wie es bereits in Bild 56 gezeigt wurde, und die Schraube aus der Mitte der Steuerradnabe herausdrehen. Darauf achten, dass der Positionssensor für die Nockenwelle dabei nicht beschädigt wird.
- Motor mit einem geeigneten Hebezeug (Handkran) aus den Aufhängungen heben oder vorsichtig mit einem Rollwagenheber anheben (Holzklotz auf den Wagenheberteller aufgelegt) und die rechte Motoraufhängung ausbauen, um an den Dichtring zu kommen.
- Ein Loch in die Außenseite des Dichtringes einbohren und eine Blechschraube in den Ring einschrauben. Mithilfe eines Schraubendrehers und einer Zange kann man den Ring jetzt aus dem Nockenwellenlagergehäuse herausziehen.
- Innenseite der Aufnahmebohrung für den Dichtring gut reinigen und einen neuen Dichtring einschlagen. Ein Stück Rohr passenden Durchmessers kann dazu verwendet werden. Die Außenseite des Dichtringes nicht einölen, die Dichtlippe leicht mit Fett einschmieren.
- Den Luftspalt des Positionssensors für die Nockenwelle einstellen, wie es beim Einbau des Zylinderkopfes beschrieben wurde, und danach das Steuerrad der Nockenwelle anbringen. Die Schraube wird mit 43 Nm angezogen. Steuerradnabe dabei gegenhalten (siehe Bild 78).
- Alle anderen Arbeiten in umgekehrter Reihenfolge durchführen. Zahnriemen und Antriebsriemen einbauen, wie es unter der betreffenden Überschrift beschrieben wird.

Antriebsriemen – Aus- und Einbau
Die Drehstromlichtmaschine, der Kompressor für die Klimaanlage (falls eingebaut) und die Lenkhilfspumpe werden durch einen einzelnen Riemen angetrieben. Die Anordnung des Riemens ist bei beiden Motoren ähnlich.

Alle Motoren haben einen so genannten dynamischen Riemenspanner, an welchem man auch den Verschleiß des Riemens überprüfen kann. Die nachfolgende Beschreibung befasst sich jedoch nur mit dem Aus- und Einbau des Riemens, ohne auf die Überprüfung des Riemens auf Verschleiß einzugehen.
Folgendermaßen beim Aus- und Einbau vorgehen:

Fahrzeuge ohne Klimaanlage
Einige Spezialwerkzeuge werden in der Werkstatt benutzt, welche man aber durch andere Werkzeuge ersetzen kann, wie Ihnen die folgende Beschreibung zeigen wird. Bild 80 zeigt die Verlegung des Riemens bei einer Draufsicht auf die Vorderseite des Motors. Der Riemenspanner (3) und die beiden Laufrollen laufen auf Lagerzapfen. Vor Einbau eines neuen Riemens unbedingt kontrollieren, dass sich alle drei Rollen ohne Klemmstellen durchdrehen lassen. Auch übermäßiges Spiel ist nicht erlaubt. Anderenfalls die betreffende Rolle oder alle erneuern.
Zum Versetzen der Spannrolle (1) einen Ringschlüssel passender Größe benutzen, welcher an der Schraube »b« der Rolle angesetzt wird. Um die Spannrolle in ihrer ungespannten Stellung zu halten, muss man sie in der neuen Stellung sperren, d. h. arretieren. Dazu kann z. B. ein Spiralbohrerschaft oder ein kleiner Metallstift benutzt

Bild 80
Einzelheiten zum Aus- und Einbau des Antriebsriemens bei einem Fahrzeug ohne Klimaanlage. Die Buchstaben und Zahlen werden im Text erwähnt.

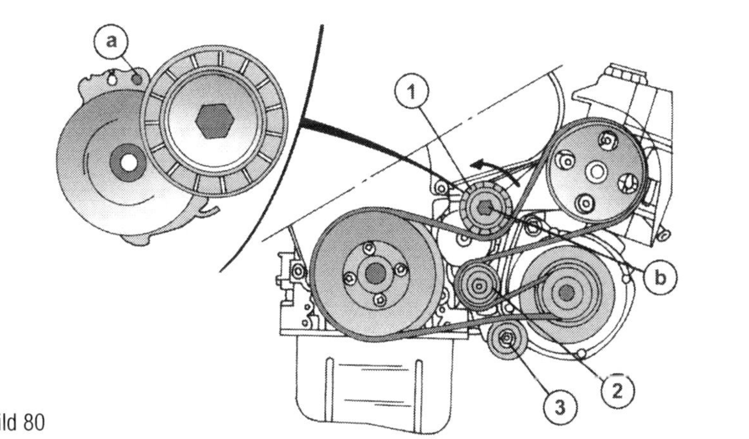

Bild 80

werden, welchen man in die Bohrung »a« in Bild 80 neben der Spannrolle einschiebt.

Den Riemen folgendermaßen ausbauen:

- Vorderseite des Fahrzeuges auf Böcke setzen, die Verkleidung an der Unterseite des Fahrzeuges ausbauen und ebenfalls das Spritzblech aus der Innenseite des Radkastens entfernen. Rechtes Vorderrad abschrauben.
- Soll der Riemen wieder eingebaut werden, muss man die Laufrichtung des Riemens mit einem Filzstift in die Außenseite einzeichnen. In diesem Fall den Riemen entsprechend auflegen, wenn er eingebaut wird.
- Falls der Riemen zum Wiedereinbau ausgebaut werden soll, einen Ringschlüssel an der Schraube »b« ansetzen und die Schraube nach links verdrehen, bis der Riemen locker ist und abgehoben werden kann.
- Soll der Riemen erneuert werden, die Schraube verdrehen, bis der oben erwähnte 4-mm-Spiralbohrerschaft/Stift in die Bohrung »a« eingesetzt werden kann, sobald diese hinter der Spannrolle erscheint. Die Spannrolle verbleibt jetzt in dieser Stellung, der locker gewordene Riemen kann abgehoben werden (siehe auch »mit Klimaanlage«, unten).

Den Riemen mithilfe des Diagramms in Bild 80 auflegen. Darauf achten, dass der Riemen richtig in alle Rillen der Rollen eingegriffen hat.

- Den Ringschlüssel an der Schraube »b« in der Mitte der Rolle (1) ansetzen und die Rolle verdrehen, bis der 4-mm-Spiralbohrerschaft/Stift herausgezogen werden kann. Den Ringschlüssel langsam zurücklassen, bis die Spannrolle gegen den Riemen drückt. Der Riemen ist jetzt vorschriftsmäßig gespannt.
- Alle anderen Arbeiten in umgekehrter Reihenfolge durchführen.

Fahrzeuge mit Klimaanlage

Die Anordnung des Riemens ist ähnlich wie bei Fahrzeugen ohne Klimaanlage, jedoch liegen einige Unterschiede vor, die man Bild 81 entnehmen kann.

- Fahrzeug wie beschrieben vorbereiten. Falls der Riemen wieder eingebaut werden soll, die Laufrichtung mit einem Filzstift in die Außenseite einzeichnen.
- Soll der alte Riemen wieder eingebaut werden, einen Ringschlüssel über die Schraube »b« setzen und die Schraube nach links verdrehen, bis der bereits erwähnte 4-mm-Spiralbohrerschaft/Stift in die Bohrung »a« eingesetzt werden kann, sobald diese hinter der Spannrolle erscheint. Die Spannrolle verbleibt jetzt in dieser Lage, und der lockere Riemen kann abgehoben werden.
- Falls der alte Riemen nicht wieder eingebaut wird (gilt ebenfalls bei Fahrzeugen ohne Klimaanlage), die Schraube (3) lockern und die Exzenterrolle (2) nach hinten bewegen. Die Schraube (3) wieder handfest anziehen.

Den Riemen entsprechend Bild 81 auflegen. Darauf achten, dass der Riemen einwandfrei in alle Rillen der Rollen eingegriffen hat.

- ***Im Fall des ursprünglichen Riemens*** den Ringschlüssel an der Schraube »b« in der Mitte der Rolle (1) ansetzen und die Rolle verdrehen, bis der 4-mm-Spiralbohrerschaft/Stift herausgezogen werden kann. Ringschlüssel langsam zurücklassen, bis die Spannrolle sich gegen den Riemen anlegt. Der Riemen ist jetzt einwandfrei gespannt.
- ***Im Fall eines neuen Riemens*** den Riemen über die einzelnen Rollen legen und einen Ringschlüssel über die Schraube »b« setzen. Die Schraube nach rechts verdrehen, bis der 4-mm-Spiralbohrerschaft/Stift aus der Bohrung »a« herausgezogen werden kann. Die Spannrolle (2) am Drehen hindern (in der Werkstatt wird dazu ein Spezialschlüssel benutzt) und die Schraube (3) mit 43 Nm anziehen.
- Kurbelwelle um vier volle Umdrehungen in Drehrichtung durchdrehen und kontrollieren, dass man den 4-mm-Spiralbohrerschaft/Stift wieder in die Bohrung »a« einsetzen kann. Andernfalls müssen die Arbeiten von vorn begonnen werden.
- Die verbleibenden Arbeiten in umgekehrter Reihenfolge durchführen.

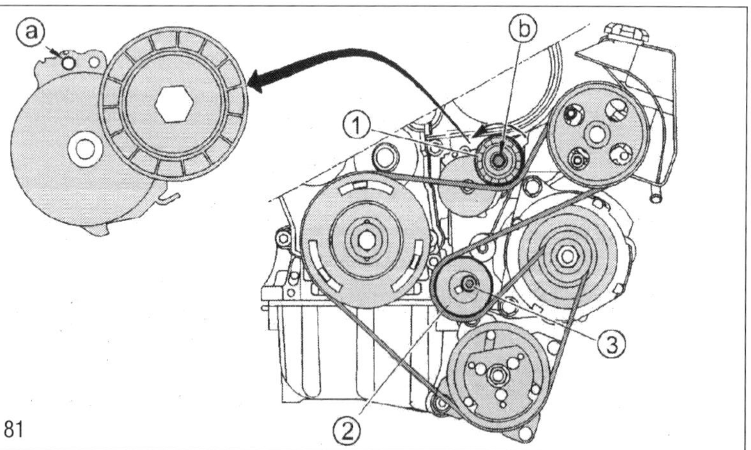

Bild 81

Bild 81 Einzelheiten zum Aus- und Einbau des Antriebsriemens bei einem Fahrzeug mit Klimaanlage. Die Buchstaben und Zahlen werden in der Beschreibung erklärt.

3 Motorschmierung

Eine Ölpumpe, von einer getrennten Kette von der Kurbelwelle angetrieben, liefert das Öl für die Schmierung des Motors. Folgende Besonderheiten sind zu beachten:

- Die Unterseiten der Kolben werden durch Spritzdüsen gekühlt. Die Düsen sind am Zylinderblock verschraubt. Die hydraulischen Ventilspielelemente werden ebenfalls vom Schmierungssystem des Motors mit Öl versorgt.
- Der Motor hat einen Ölkühler zwischen dem Ölfilter und dem Zylinderblock.
- Der Ölfilter muss bei jedem Motorölwechsel erneuert werden.
- Auf die unterschiedliche Ölfüllmenge der beiden Motoren achten (siehe Maß- und Einstelldaten).
- Der Öldruck ist bei einer Drehzahl von 1000/min und 4000/min unterschiedlich (siehe Maß- und Einstelldaten).
- Die Ölwanne ist aus Aluminium hergestellt und wird ohne Dichtung montiert. An deren Stelle wird die Ölwanne mit Autojoint-Dichtungsmasse an der Unterseite des Kurbelgehäuses abgedichtet.

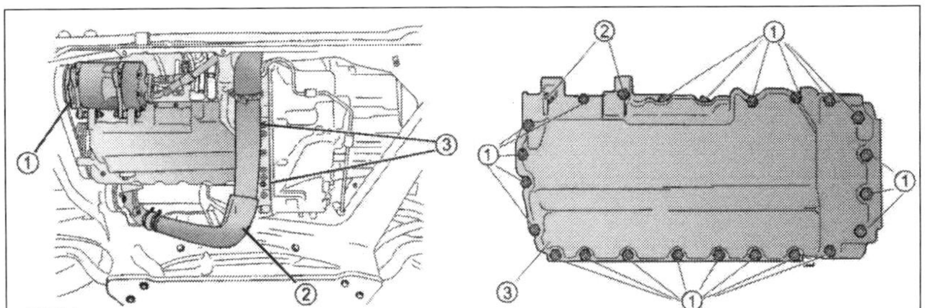

Bild 1

Bild 1
Ausbau der Ölwanne. Die linke Ansicht zeigt, wo der Kompressor (1), das Luftansaugrohr (2) und die beiden Schrauben (3) zu lösen sind. Die rechte Ansicht zeigt die Ölwanne von unten mit Lage der Schrauben (1) und (2) für die Ölwanne (3). Länge der Schrauben (2) 40 mm, Schrauben (1) 21 mm.

Ölpumpe (und Ölwanne)

Die Ölpumpe kann bei eingebautem Motor aus- und eingebaut werden.

- Vorderseite des Fahrzeuges auf Böcke setzen. Noch besser ist es, wenn man das Fahrzeug auf eine Hebebühne oder über eine Montagegrube fahren kann.
- Die Schutzverkleidung unter dem Motorraum ausbauen.
- Das Motoröl in einen untergestellten Behälter ablaufen lassen. Warmes Öl läuft besser ab als kaltes Öl.

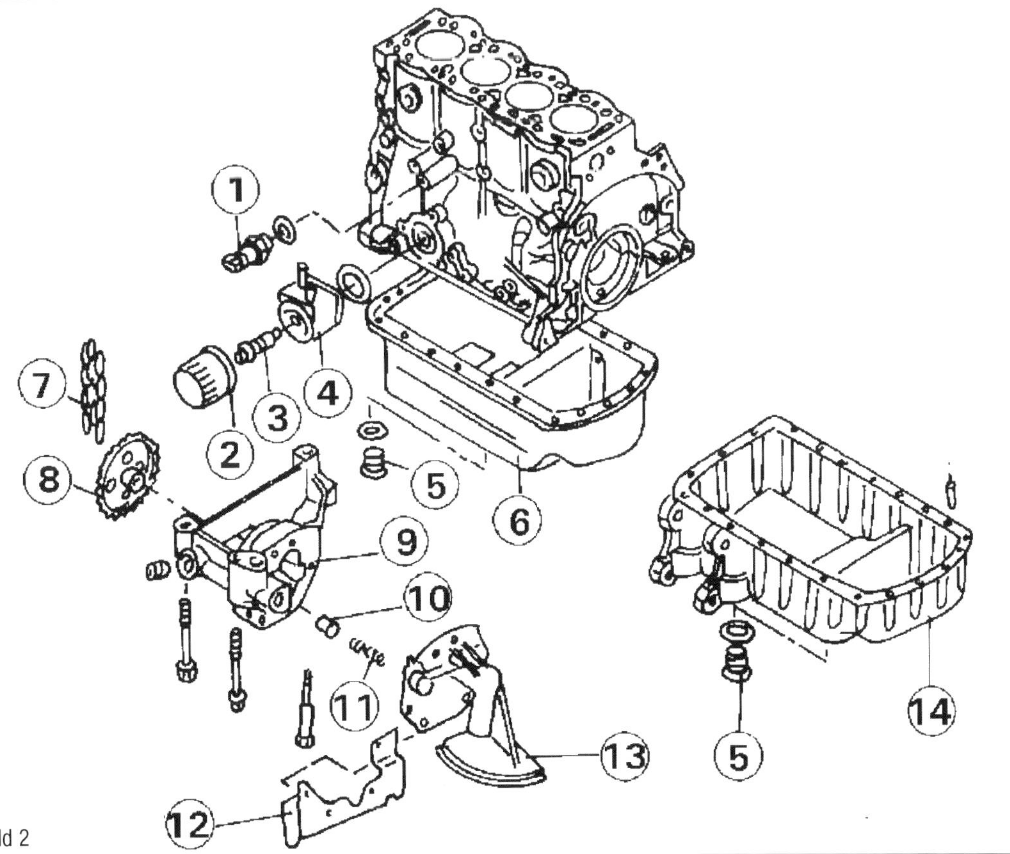

Bild 2

Bild 2
Die Teile der Ölpumpe, Ölwanne(n), des Ölfilters und anderer Teile der Motorschmierung.

1 Öldruckschalter
2 Ölfilter
3 Schraube für Ölkühler
4 Ölkühler
5 Ölablassstopfen
6 Ölwanne (Stahlblech, nicht bei diesen Motoren)
7 Antriebskette
8 Pumpenantriebsrad
9 Ölpumpe
10 Kolben, Überdruckventil
11 Feder, Überdruckventil
12 Ölabweiser
13 Ölsaugrohr
14 Ölwanne, DW10/DW12

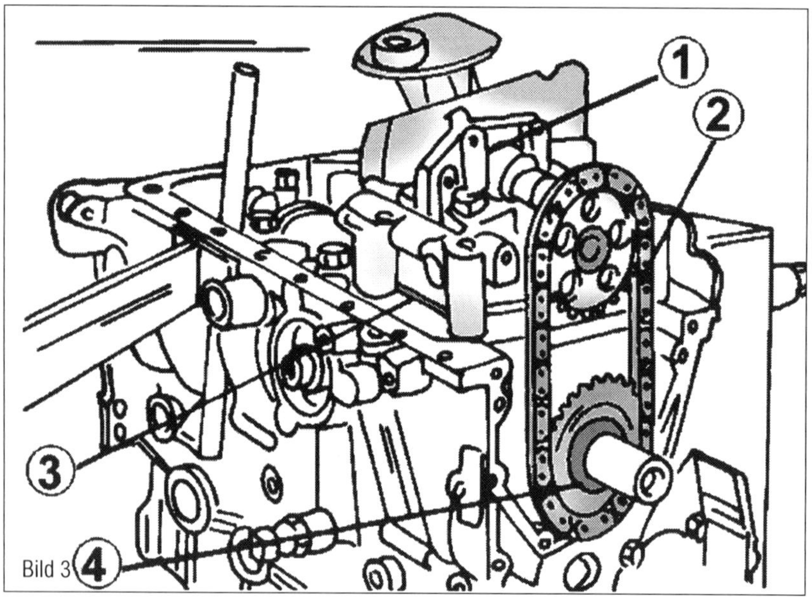

Bild 3
Eingebaute Ölpumpe.

1 Ölpumpe
2 Ölpumpenantriebskette
3 Beilagescheibe, falls eingebaut
4 Ölpumpenantriebsrad

- Antriebsriemen ausbauen, wie es bereits beschrieben wurde.
- Den Kabelstecker vom Kompressor der Klimaanlage abziehen.
- Von der Unterseite des Fahrzeuges aus das große Luftansaugrohr (2) in Bild 1 (linke Ansicht) rechts vom Kompressor abschließen und den Kompressor (1) ausbauen, ohne die Leitungsanschlüsse zu öffnen. Den Kompressor mit einer Drahtschlinge an der Karosserie festbinden.
- Bei einem DW12-Motor (2.2 Liter) den Kabelstecker vom Geber für den Ölstand abziehen und eine Leitung von der Ölwanne abschließen.
- Die beiden Schrauben (3) in Bild 1 von der Seite der Ölwanne lösen.
- Die in der rechten Ansicht von Bild 1 gezeigten Befestigungsschrauben lösen. Dabei beachten, dass die beiden Schrauben (2) länger sind als die verbleibenden Schrauben (1). Die Ölwanne (3) kann jetzt abgesenkt werden. Eine festklebende Ölwanne kann man lösen, indem man die Kanten vorsichtig mit einem Kunststoff- oder Gummihammer beschlägt. Keine scharfen Werkzeuge, wie z. B. eine Schraubendreherklinge in die Trennstelle einschieben, um die Ölwanne abzudrücken.
- Zum Ausbau der Ölwanne verweisen wir auf Kapitel 2, Zerlegung des Motors. Die Ölpumpe muss etwas verdreht werden, um sie aus der Antriebskette auszuhängen.

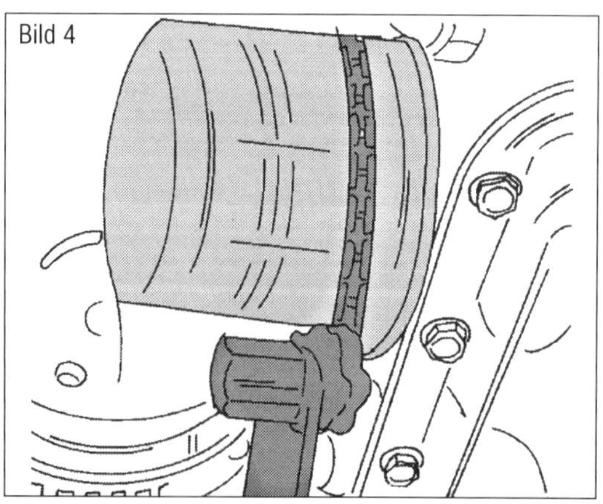

Bild 4
Ausbau des Ölfilters mit einem Kettenschlüssel. Andere Filterschlüssel sind natürlich ebenfalls geeignet.

Eine Reparatur der Ölpumpe ist nicht möglich. Die Ölpumpe muss erneuert werden, falls sie z. B. aufgrund von niedrigem Öldruck ausgebaut wurde. Nur das Ansaugsieb kann getrennt erneuert werden. Bild 2 zeigt die Ölwanne, die Ölpumpe und andere Teile des Schmierungssystems. Zu beachten ist jedoch, dass das Bild ebenfalls eine aus Stahlblech gefertigte Ölwanne zeigt, welche nicht in diese Motoren eingebaut ist. Vor Einbau der Ölpumpe die Blockfläche gut reinigen, ohne scharfe Werkzeuge dazu zu verwenden. Pumpe in die richtige Lage bringen, wobei gleichzeitig die Kette in Eingriff zu bringen ist. Das Gehäuse über die Passhülse drücken. Schrauben eindrehen und mit 8 Nm anziehen. Ölwanne montieren, wie es beim Zusammenbau des Motors beschrieben wurde. Nach dem Einbau Bild 3 betrachten, obwohl die Pumpe bei ausgebautem Motor gezeigt ist.
Um zu gewährleisten, dass die Pumpe beim Anlassen genügend Öl hat, den Kabelstecker vom Kraftstoffabsperrventil an der Hochdruckpumpe abziehen und den Motor ca. 30 Sekunden lang mit dem Anlasser durchdrehen (Ölwanne muss natürlich mit Öl gefüllt sein). Kabelstecker wieder aufstecken und den Motor anlassen. Ölstand kontrollieren, nachdem der Motor seine Betriebstemperatur erreicht hat, und ggf. berichtigen.

Ölfilter

Der Ölfilter ist mit einem Ventil versehen und nur ein Filter mit einem solchen Ventil darf verwendet werden (von Purflux). Der Filter ist an der Außenseite des Ölkühlers angebaut (wo die Kühlmittelschläuche angeschlossen sind).

Beim Kauf eines neuen Filters unbedingt den richtigen Filter beziehen. Immer Motor und Baujahr angeben.
Zum Ausbau des Filters ein Filterspannband verwenden. Ein solches ist in Bild 4 zu sehen. Andernfalls ein Stück Schmirgelleinwand um den Filter legen, mit der Schmirgelseite gegen den Filter, den Filter mit beiden Händen erfassen und abschrauben. Falls damit kein Erfolg erzielt wird, kann man einen langen, kräftigen Schraubendreher durch die Seite des Filters schlagen und diesen mithilfe des Schraubendrehergriffs, als Hebel verwendend, abschrauben. Den Dichtring eines neuen Filters einölen und den Filter anziehen, bis er soeben gegen den Zylinderblock ansitzt. Aus dieser Stellung den Filter mit den Händen um eine weitere Vierteldrehung anziehen.
Filter nochmals lösen und erneut anziehen, bis der Gummidichtring den Zylinderblock berührt. Aus dieser Stellung die Filterpatrone um eine halbe bis eine dreiviertel Umdrehung anziehen. Diesen Anweisungen ist unbedingt zu folgen, um eine einwandfreie Abdichtung herzustellen. Als Hilfestellung sind die Einbauanweisungen auf dem Filter aufgedruckt. Falls sie von den oben angegebenen abweichen (was manchmal aufgrund von Änderungen vorkommen kann), folgt man diesen.

Ölkühler

Wie bereits erwähnt, sind die Dieselmotoren mit einem Ölkühler versehen, welcher in diesem Fall zwischen dem Zylinderblock und dem Ölfilter eingesetzt und mit der Kühlanlage verbunden ist, welche auch die Kühlung des Öls übernimmt. In Bild 5 ist die Einbauweise des Ölkühlers zu sehen.

Da man zum Ausbau des Ölkühlers den Filter ausbauen muss, darf dieser natürlich dabei nicht beschädigt werden, d. h. nur ein Filterkettenschlüssel, wie er in Bild 4 gezeigt ist, oder ein ähnlicher Schlüssel darf dazu benutzt werden. Falls der Filter nicht erneuert werden muss, kann er wieder eingebaut werden.

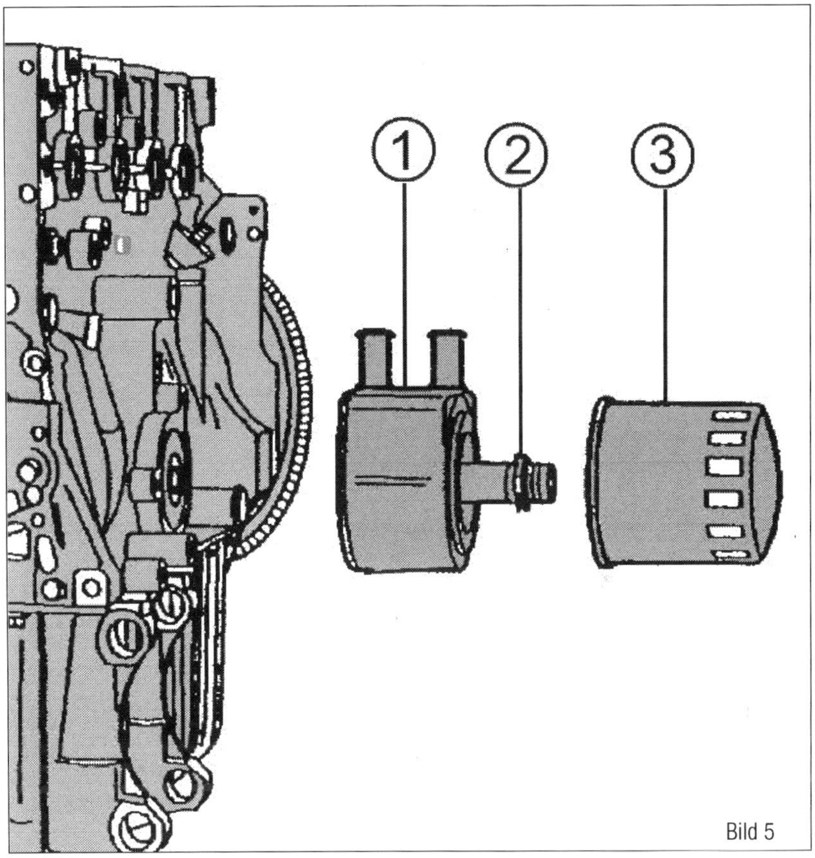

Bild 5

Bild 5
Anordnung von Ölkühler (1) und Ölfilter (3). Die Verbindung (2) wird durch eine Schraube gehalten, die ebenfalls zur Befestigung des Ölfilters dient.

Ausbau

- Handbremse anziehen, Vorderseite des Fahrzeuges anheben und auf Unterstellböcke setzen.
- Kühlanlage ablassen (siehe Kapitel 4) oder die am Ölkühler angeschlossenen Schläuche an den Anschlussstellen der Leitungen mit geeigneten Zwingen zusammenquetschen. Ein wenig Kühlmittel wird jedoch trotzdem herauslaufen.
- Einen geeigneten Behälter unter den Filter untersetzen und den Filter abschrauben (siehe Hinweis oben).
- Die Schlauchschellen lockern und die Kühlmittelschläuche von den Ölkühleranschlüssen abziehen.
- Die Befestigung in der Mitte des Ölkühlers lösen. Den Ölkühler sowie den darunterliegenden Dichtring abnehmen.

Einbau

- Einen neuen Dichtring in die Rille an der Rückseite des Ölkühlers einlegen und den Kühler gegen den Zylinderblock ansetzen. Den Ölkühler mit der langen Schraube festziehen (58 Nm) und die Leitungen wieder befestigen.
- Ölfilter wieder montieren, wie es bereits beschrieben wurde.

■ Fahrzeug auf die Räder absenken, die Kühlanlage auffüllen und den Ölstand im Motor kontrollieren und ggf. berichtigen.

Den Motor anlassen. Nach einer Weile kontrollieren, ob alle Verbindungen dicht sind (Öl und Kühlmittel).

Ölverluste

Ein öltriefender Antriebsblock (Motor und Getriebe) ist nicht nur eine unnötige Umweltbelastung, auch bei der TÜV-Untersuchung wird dieser Grund zur Kritik sein.

Betrachten Sie den Antriebsblock von allen Seiten, und stellen Sie fest, ob irgendwo Öl austritt. Zu kritisch darf man dabei allerdings auch nicht sein, denn es gilt als normal, dass etwas Öl »ausgeschwitzt« wird. Um undichte Stellen besser einkreisen zu können, den entsprechenden Bereich säubern und nach einigen Kilometern Fahrt nochmals nachsehen, wo sich Ölspuren zeigen. Beachten Sie besonders, ob die Zylinderkopfhaube, der vordere Deckel am Zylinderkopf, die Schläuche der Kurbelgehäuse-Entlüftung, die Ölwanne, der Ölfilter, die Ölablassschraube und der Steuergehäusedeckel einwandfrei abdichten.

4 Kühlanlage

Vorsicht bei Arbeiten im Motorraum

Bei gerade abgestelltem oder heiß gefahrenem Motor niemals mit den Händen in die Nähe des Lüfters kommen. Der Ventilator kann auch bei ausgeschalteter Zündung einschalten.

Ablassen und Auffüllen der Kühlanlage

Das Auffüllen der Kühlanlage geschieht nicht durch einfaches Einfüllen der Flüssigkeit, da einige der Schläuche höher als die Oberseite des Ausgleichsbehälters im Kühler liegen. Aus diesem Grund wird in einer Werkstatt ein Befüllgefäß benutzt, um zu verhindern, dass sich Luftpolster in der Anlage bilden können. Mit etwas Erfindergeist werden Sie jedoch in der Lage sein die Kühlanlage aufzufüllen, wie es anschließend beschrieben wird. Bild 1 zeigt ein Kühlmitteldiagramm.
Zwei getrennte Ablassstopfen, einer in der Unterseite des Kühlers und einer im Zylinderblock, sind in die Kühlanlage eingesetzt, welche beide geöffnet werden müssen. Bei bestimmten Ausführungen kann ein Kühler ohne Ablassstopfen eingebaut sein. Zuerst die Verschraubung des Ausgleichsbehälters öffnen, dann den Stopfen an der Unterseite des Kühlers öffnen oder herausschrauben. Das Kühlmittel in einen untergestellten Behälter leiten. Der Motor darf nicht heiß sein, wenn man den Deckel abschraubt. Falls das Frostschutzmittel erneuert werden soll, den unteren Wasserschlauch vom Kühler abschließen. Die Arbeiten im Freien durchführen und möglichst viel Kühlmittel auffangen, um es in vorschriftsmäßig zu entsorgen.

- Die Schutzverkleidung an der Unterseite des Fahrzeuges ausbauen. Bild 2 jetzt anschauen. Den unteren Kühlmittelschlauch vom Kühler abschließen. Zu beachten ist, dass dieser mit einem Schnellverschluss angeschlossen ist (als Conrad-Anschluss bekannt), auf welchen wir später eingehen. Das Regelrelais für den Kühlungslüfter (1) muss ausgebaut und auf einer Seite abgelegt werden.
- Die Entlüftungsschraube (2) am Kühler öffnen und eine weitere Entlüftungsschraube (3) am Kühlmittelauslassstutzen öffnen. Dies ist im Kreisausschnitt gezeigt. Der Pfeil zeigt, wo die Schraube sitzt.
- Den Stopfen am Zylinderblock an der in Bild 3 gezeigten Stelle herausdrehen. Der Stopfen sitzt ziemlich versteckt an der Rückseite des Motors auf der Seite der Stirnwand. Ein Innensechskantschlüssel wird zum Ausschrauben gebraucht. Die Verschlusskappe des Ausgleichsbehälters sollte abgeschraubt werden, um das Auslaufen des Kühlmittels zu beschleunigen.
- Falls das Frostschutzmittel lange in der Anlage war, diese durchspülen. Dazu einen Wasserschlauch in die Öffnung des Kühlers einhängen. Das Wasser durchlaufen lassen, bis es klar aus den Öffnungen für die Stopfen oder aus dem unteren Kühlerstutzen herausläuft.
- Frostschutzmittel entsprechend den zu erwartenden Temperaturen zusammenmischen. Eine Mischung von 35% Frostschutz und 65% Wasser eignet sich für normale Temperaturen unter Null (bis ca. -15 °C). 50% Frostschutz und 50% Wasser schützt die Kühlanlage bis -35 °C. Beim Kauf von Frostschutzmittel sollte man sich an die Empfehlungen des Motorherstellers halten. Nur für diese Motoren geeignete Frostschutzmittel verwenden.

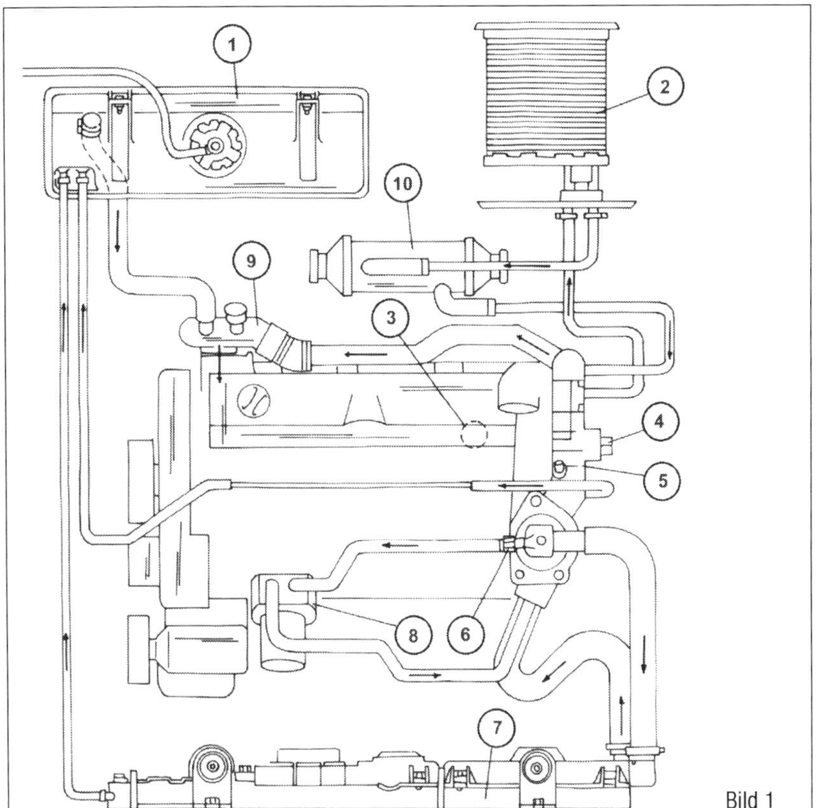

Bild 1

Bild 1
Kühlmitteldiagramm.

1 Ausgleichsbehälter (Dehngefäß)
2 Heizungskühler
3 Ablassstopfen im Zylinderblock
4 Kühlmitteltemperaturgeber
5 Kühlmittelauslassgehäuse
6 Entlüftungsschraube
7 Kühler
8 Wärmeaustauscher (Ölkühler)
9 Kühlmitteleinlassgehäuse
10 Wärmeaustauscher (Abgas/Wasser)

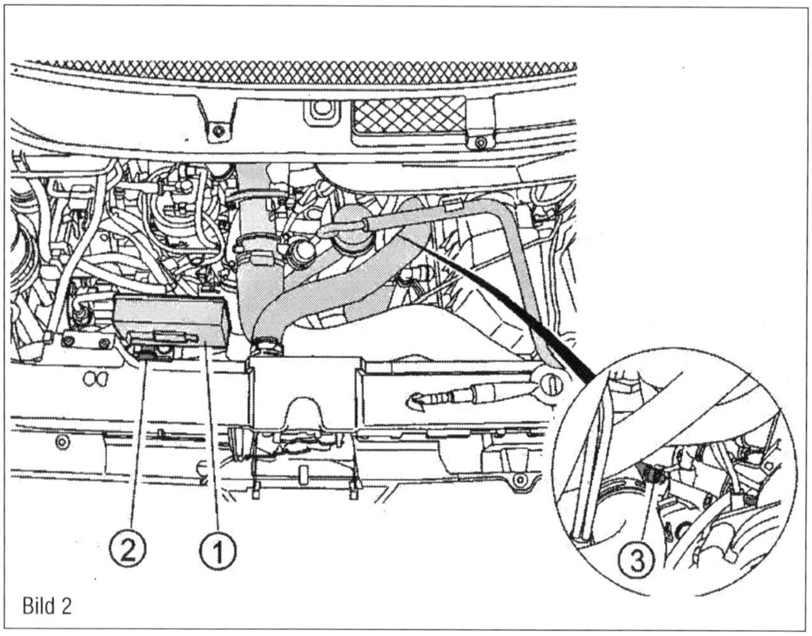

Bild 2
Einzelheiten zum Ablassen der Kühlanlage. Das Regelrelais des Lüfters (1) ausbauen und auf einer Seite ablegen. Entlüftungsschrauben (2) und (3) müssen geöffnet werden.

■ Die oder den Ablassstopfen wieder einschrauben oder den Kühlerschlauch anschließen. Den Stopfen im Zylinderblock mit 30 Nm anziehen. Unbedingt eine gute Abdichtung herstellen. Die Entlüftungsschraube (2) am Kühler in Bild 2 und die Entlüftungsschraube (3) an der gezeigten Stelle öffnen.

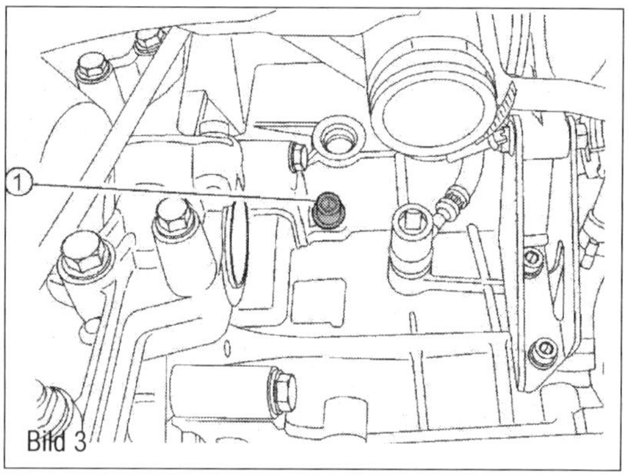

Bild 3
Die Lage des Ablassstopfens (1) im Zylinderblock.

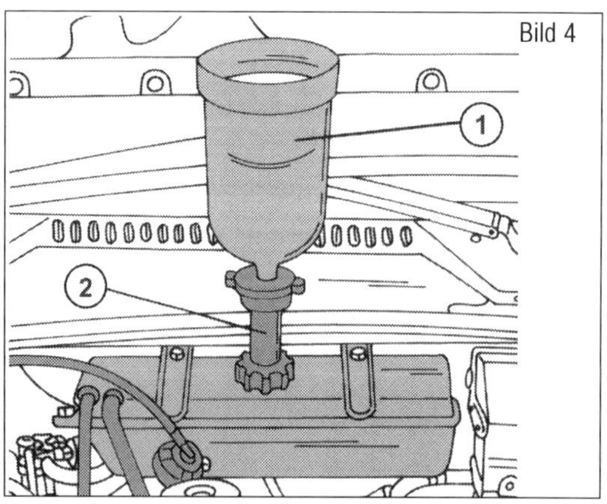

Bild 4
Benutzung des Befüllgefäßes (1). Dieses wird mit einer Schraubverbindung (2) am Ausgleichsbehälter angeschraubt.

■ Wie bereits erwähnt, wird in der Werkstatt ein Befüllgefäß benutzt. Dieses hat das in Bild 4 gezeigte Aussehen und wird anstelle der Verschlusskappe des Ausgleichsbehälters aufgeschraubt. Das Bild zeigt natürlich die spezielle Anschlussverbindung (2) und das Gefäß (1), wie es in der Werkstatt benutzt wird. Aus einer oben und unten aufgeschnittenen Plastikflasche und einer dichtenden Verbindung zwischen der Flasche und der Einfüllöffnung kann man sich jedoch ein hausgemachtes Befüllgefäß ohne weiteres herstellen. Ein Helfer sollte die Behelfsvorrichtung jedoch während dem Einfüllen des Frostschutzmittels halten.

☞ *Grund des Befüllgefäßes:* Wenn dieses bis zur Oberkante gefüllt ist, liegt der obere Wasserspiegel höher als der höchstgelegene Schlauch und die Anlage kann sich vollkommen füllen.

■ Das Kühlmittel durch die Öffnung im Ausgleichsbehälter füllen, bis ein ununterbrochener Wasserstrom aus der Bohrung der Entlüftungsschrauben herausläuft. Die Schrauben danach festziehen. Der Flüssigkeitsstand muss an der »Max«-Marke des Ausgleichsbehälters stehen.

■ Kontrollieren, dass das Befüllgefäß immer noch voll ist und den Motor anlassen. Motor leicht beschleunigen (nicht auf mehr als 1500/min bis 2000/min), bis der Kühlungslüfter einschaltet und wieder ausschaltet. Zur Sicherheit kann man dies dreimal durchführen. Den Motor danach abstellen.

■ Das Befüllgefäß abmontieren. Dabei wird im Gefäß verbleibende Flüssigkeit überlaufen, jedoch ist der Kühler gefüllt.

⚠ Achtung: Das in der Flasche befindliche Kühlmittel kann jetzt auch heiß sein.

■ Den Motor abstellen und abkühlen lassen (mindestens 3 Stunden). Den Kühlmittelstand am Ausgleichsbehälter kontrollieren und die Verschlussverschraubung aufdrehen. Der Flüssigkeitsstand muss bis zur »Max«-Markierung stehen. Andernfalls zusätzliches Kühlmittel einfüllen.

■ Schutzverkleidung unter dem Fahrzeug wieder montieren.

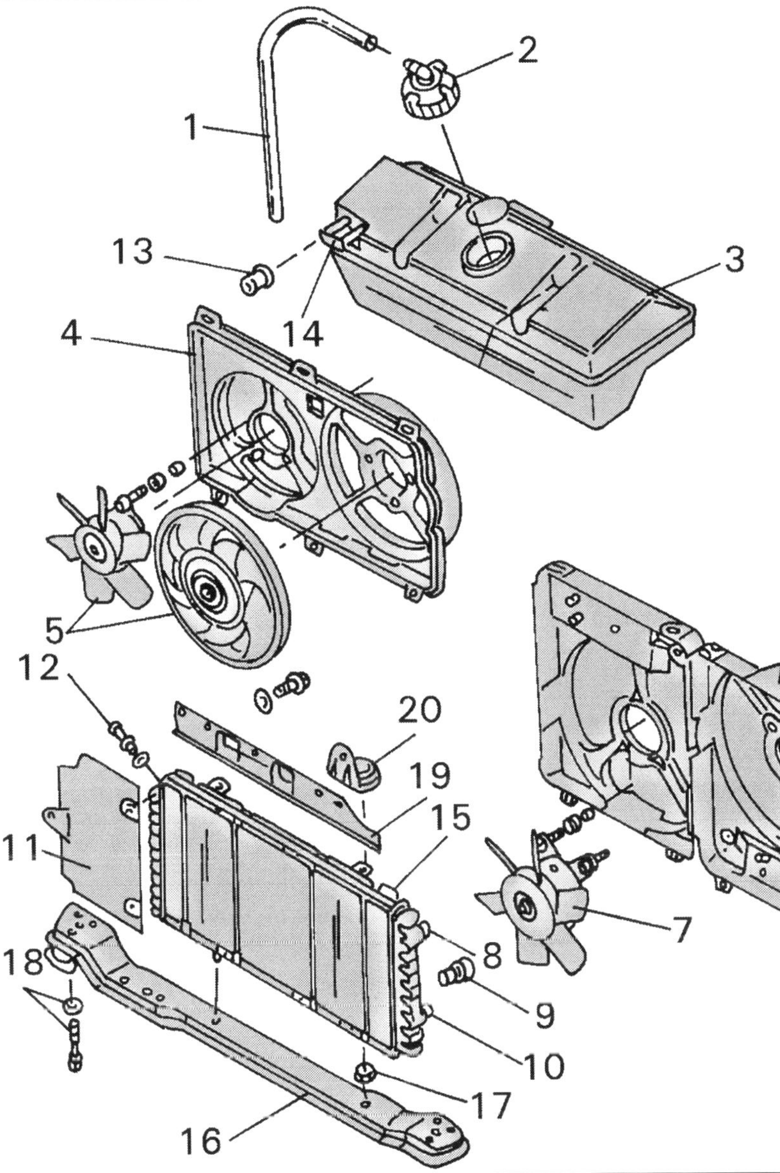

Bild 5

Bild 5
Kühler und andere Teile der Installation (KA = Klimaanlage).

1 Überlaufschlauch
2 Verschlussdeckel
3 Ausgleichsbehälter
4 Kühler/Verkleidung (KA)
5 Lüftereinheit (KA)
6 Kühlerverkleidung (ohne KA)
7 Lüftereinheit (ohne KA)
8 Stutzen, oberer Schlauch
9 Thermoschalter, Lüfter
10 Stutzen, unterer Schlauch
11 Luftleitblech
12 Verbindung zu (3)
13 Verbindung zu Kühler
14 Verbindung zum Zylinderkopf
15 Kühler
16 Unterer Querträger
17 Gummitülle
18 Schraube/Federring
19 Oberer Querträger
20 Oberer Befestigungswinkel (Kühler)

Kühler – Aus- und Einbau

Der Aus- und Einbau des Kühlers erfolgt nach Ausbau der Vorderpartie des Fahrzeuges. Diese Arbeit wurde bereits beim Ausbau des Motors beschrieben. Das Gewinde des Temperaturschalters wird mit Dichtungsmasse eingeschmiert (falls ausgeschraubt), ehe man ihn wieder einschraubt. Falls der Kühler erneuert wurde, sind die Gummilager auf den neuen Kühler umzurüsten. Nach Einbau die Kühlanlage entsprechend den bereits gegebenen Anweisungen auffüllen. Bild 5 zeigt den Kühler mit den dazugehörigen Teilen.

Wasserpumpe – Aus- und Einbau

Die Wasserpumpe kann nicht repariert werden. Falls die Pumpe Leckstellen aufweist oder die Lager ausgeschlagen sind, muss man eine neue Pumpe einbauen.
Die Wasserpumpe wird durch den Riemen der Steuerung angetrieben. Dies bedeutet, dass man bei eingebautem Motor die Steuerung ausbauen muss, wie es bereits beschrieben wurde, ehe man an die Wasserpumpe heran kann. Das Spritzblech in der Innenseite des Radkastens muss ausgebaut werden. Danach den Zahnriemen entsprechend den bereits gegebenen Anweisungen ausbauen. Bild 6 zeigt, wo die Wasserpum-

Bild 6
Die eingebaute Wasserpumpe (1). Die Schrauben (2) mit 15 Nm anziehen.

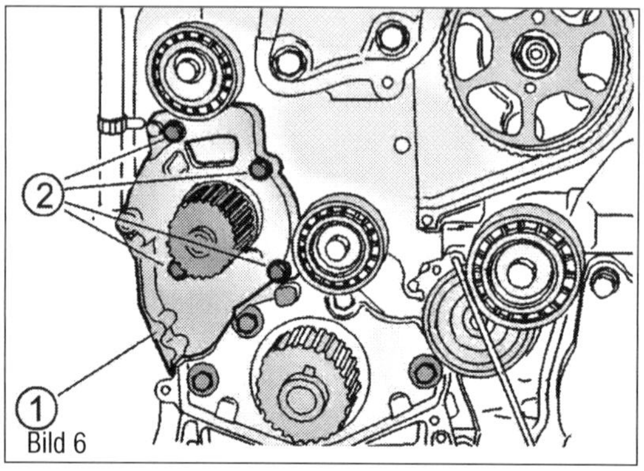

pe (1) befestigt ist. Einfach vom Zylinderblock abschrauben. Der Einbau findet in umgekehrter Reihenfolge statt. Die Schrauben (2) werden mit 15 Nm angezogen.

Thermostat

Der Thermostat befindet sich in der Innenseite des Wasserauslassstutzens (wo der Schlauch angeschlossen ist) und wird durch einen Deckel im Gehäuse gehalten.
Zum Ausbau die Kühlanlage ablassen und die Schläuche von den Anschlüssen am Stutzen nach Lockern der Schlauchschellen abziehen. Ein Schlauch führt zum Ölkühler, der andere zum unteren Stutzen des Kühlers. Den Deckel vom Thermostatgehäuse abschrauben und den Thermostat herausnehmen. Ein Gummidichtring sitzt zwischen Deckel und Gehäuse.
Ein Thermostat kann nicht repariert werden und ist im Schadensfall zu erneuern. Eine einfache Prüfung lässt sich folgendermaßen durchführen:

- Thermostat an einem Stück Draht in einen Behälter mit kaltem Wasser einhängen, wie es in Bild 7 gezeigt ist. Ein Thermometer in ähnlicher Weise einhängen. Die Teile dürfen die Wände des Behälters nicht berühren.
- Das Wasser allmählich erhitzen und kontrollieren, ob sich der Thermostat bei der eingeschlagenen und vorgeschriebenen Temperatur öffnen lässt. Bei einer bestimmten Temperatur muss der Thermostat vollkommen geöffnet sein. Die Angaben sind der Maß- und Einstelltabelle zu entnehmen.
- Der Thermostat muss bei dieser Kontrolle mindestens 7,5 mm aus dem Thermostat heraustreten. Falls der Thermostat diese Prüfungen nicht besteht, muss er erneuert werden.

Bild 7
Kontrolle eines Thermostats.

Beim Einbau des Thermostats eine neue Abdichtung verwenden. Dichtungsmasse kann auf die Dichtungsflächen aufgeschmiert werden, um eine gute Abdichtung zu erzielen. Die Schlauchschellen kontrollieren, ehe sie wieder am Schlauch oder an den Schläuchen festgezogen werden. Falls erforderlich erneuern. Die Kühlanlage auffüllen. Falls ein neuer Thermostat eingebaut wurde, das Fahrzeug eine kurze Strecke fahren und kontrollieren, ob der Thermostat einwandfrei öffnet.

Thermostat – Störungen

Der Thermostat öffnet nicht, weil er klemmt oder eine Ventilplatte festklebt. Obwohl die Temperaturanzeige schon die rote Marke überschritten hat (Warnleuchte erhellt), fühlt sich dann der Kühler immer noch kalt an. Warten Sie, bis sich der Motor abgekühlt hat, schrauben Sie das Thermostatgehäuse auf und bauen Sie den Thermostat aus. Wenn Sie einige Zeit ohne Thermostat fahren, schadet dies Ihrem Motor nicht. Wer hingegen mit geschlossenem Thermostat weiterfährt, riskiert einen gewaltigen Motorschaden. So kann die Zylinderkopfdichtung durchbrennen, der Zylinderkopf kann sich hoffnungslos verziehen oder gar Risse bekommen.

Der Thermostat schließt nicht mehr richtig, weil ihn ein Fremdkörper verklemmt hat. In diesem Fall wird der Kühler nach dem Kaltstart gleich warm wie beispielsweise das Thermostatgehäuse. Die Fahrzeugheizung kommt nur langsam in Schwung. Ersetzen Sie baldmöglichst den Thermostat, denn auf Dauer ist es unwirtschaftlich und für den Motor schädlich, wenn er seine Arbeitstemperatur nicht mehr erreicht.

Frostschutzmittel

Die Kühlanlage wird werkseitig mit Frostschutzmittel gefüllt, welches man während des ganzen Jahres in der Anlage lassen sollte, da es außer den Frostschutzeigenschaften Zusätze enthält, die die Kühlanlage im Allgemeinen gegen Korrosion oder ähnliche Schäden schützen. Falls die Mischung erneuert werden soll, raten wir das hauseigene Frostschutzmittel von Peugeot/Citroën/Fiat zu verwenden, da dieses für den Motor ausgewählt wurde. Bei Verwendung anderer Marken muss man sich unbedingt vom Lieferanten versichern lassen, dass sich diese für den Motor eignen. Eine Mischung aus 50% Wasser und 50% Frostschutz schützt die Anlage bis mindestens -30 °C.
Hat man während des Betriebs Kühlmittelverlust, d. h. ein Nachfüllen der Kühlanlage wird erforderlich, muss man daran denken, dass ein Nachfüllen von einfachem Wasser die Frostschutzmittelmischung verdünnt. Wenn die Temperaturen zu sinken beginnen, vergisst man manchmal, dass während der Sommermonate nur Wasser nachgefüllt wurde. Die Stärke des Frostschutzmittels kann man an einer Tankstelle oder in einer Werkstatt mit einem Tester prüfen lassen, um sie dann entsprechend zu berichtigen. Derartige Prüfer sind auch in vielen Autozubehörgeschäften erhältlich.

Temperaturschalter
Die Temperaturschalter können nicht eingestellt oder repariert werden. Die Schalter sind in das Thermostatgehäuse und in die Unterseite des Kühlers eingeschraubt. Der Temperaturschalter für den Lüfterbetrieb ist an der in Bild 8 gezeigten Stelle in den Kühler eingeschraubt. Zur Erneuerung den Schalter ausschrauben (Kühlanlage muss leer sein), den neuen Schalter am Gewinde mit Dichtungsmasse einschmieren und wieder einschrauben. Dichtring auf einwandfreien Zustand kontrollieren.
Die Temperaturschalter für die Kühlanlage sind in das Thermostatgehäuse eingeschraubt. Erneuerung ist einfach: ausschrauben und mit neuen Dichtringen einschrauben. Mit 18 Nm anziehen.

Die Funktion eines Temperaturschalters kann kontrolliert werden, indem man ihn in Wasser einhängt, welches langsam erwärmt wird. Ein Thermometer muss ebenfalls verwendet werden. Eine Prüflampe im Kreis mit einer Batterie an den beiden Schalterklemmen anschließen und das Fühlerende des Schalters in das Wasser halten. Kontrollieren, dass die Prüflampe bei der für den betreffenden Schalter geltenden Temperatur aufleuchtet. Das Wasser danach abkühlen lassen und kontrollieren, ob die Prüflampe nach einer Weile wieder verlöscht, d. h. der Schalter hat sich wieder geschlossen.

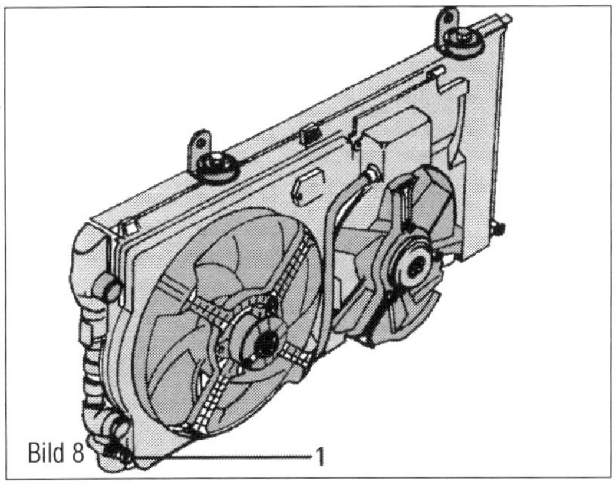

Bild 8
Der Temperaturschalter für den Lüfterbetrieb (1) sitzt in der unteren Ecke des Kühlers. Der Kühler kommt in der gezeigten Weise aus dem Fahrzeug heraus.

Schnellverschlüsse der Kühlmittelschläuche
Wie bereits erwähnt, werden bestimmte Kühlmittelschläuche mit Schnellverschlüssen befestigt. Zwei verschiedene Ausfüh-

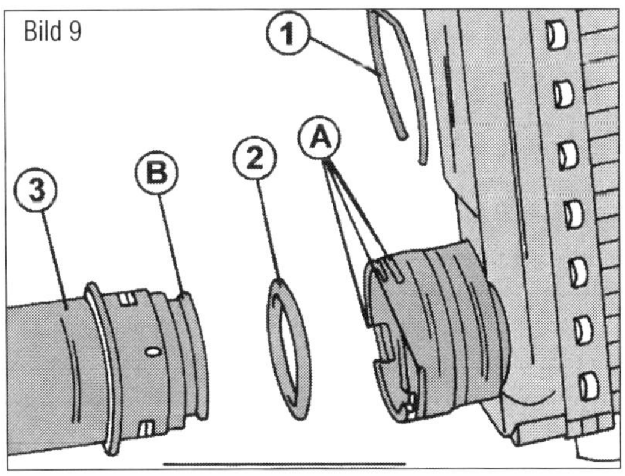

Bild 9
Einzelheiten der Befestigung eines Conrad-Anschlusses. Der Schlauch (3) wird mit den im Text erwähnten Teilen befestigt.

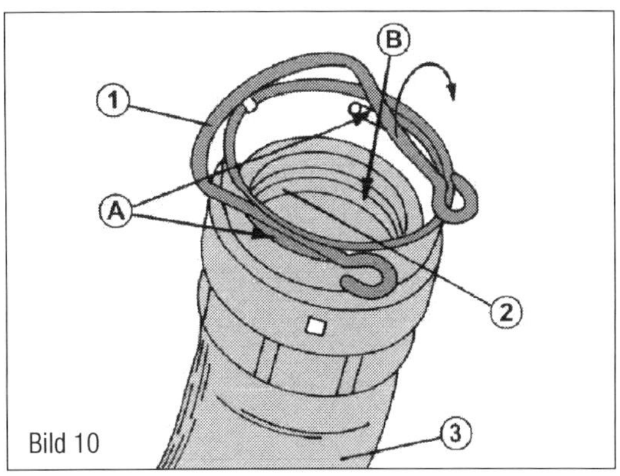

Bild 10
Einzelheiten der Befestigung eines Ofelie-Anschlusses. Der Schlauch (3) wird mit dem in Text erwähnten Teilen befestigt.

rungen werden benutzt, eine von Conrad hergestellt und die andere von Ofelie. Bei diesem Motor werden in der Hauptsache die Conrad-Anschlüsse benutzt. Abgehen davon sind die Heizungsschläuche in der beim Ausbau des Motors beschriebenen Weise angeschlossen. Die folgenden Anweisungen beziehen sich auf die Anschlüsse am Kühler.

Der Conrad-Anschluss ist in Bild 9 gezeigt. Zum Lösen des Schlauchs die Federspange (1) herausziehen und den Schlauch abziehen. Den Dichtring (2) sofort kontrollieren. Beim Anschließen des Schlauchs die Federspange (1) in die drei Schlitze »A« einsetzen. Falls erforderlich einen neuen Dichtring (2) in die Rille »B« des Anschlussstücks einsetzen. Der Schlauch wird jetzt aufgeschoben, bis der Anschluss einschnappt. Zur Kontrolle einer guten Verbindung zieht man am Schlauch. Er darf nicht wieder herunterkommen.

Der Ofelie-Anschluss ist in der in Bild 10 gezeigten Weise befestigt. Zum Lösen des Schlauchs die Federspange (1) mit einer Seegerringzange öffnen und gleichzeitig den Schlauch (3) abziehen. Den Dichtring (2) aus der Rille »B« herausnehmen. Beim Anschließen die Federspange (1) in die Schlitze »A« einschnappen. Die offene Seite muss genau gegenüber der Nase des Anschlusses sitzen. Falls erforderlich einen neuen Dichtring (2) in die Rille »B« einlegen. Den Anschluss des Schlauchs auf das Gegenstück aufschieben. Dabei den Anschluss verdrehen, bis er mit den Führungsnasen am Gegenstück ausgerichtet ist. Anschluss aufdrücken, bis die Federspange einschnappt. Am Schlauch ziehen, um den Anschluss auf einwandfreie Befestigung kontrollieren.

Kühlmittelschläuche

Grundsätzlich gilt, dass man den richtigen Kühlmittelschlauch beziehen muss, d. h. Schläuche nur anhand der Motornummer und des Baujahres bestellen.

In der Regel entwickeln sich Leckstellen an einem Kühlmittelschlauch während einer Fahrt, sodass man sich umgehend weiterhelfen muss. An Tankstellen gibt es meistens Schnellreparatursätze. Bei diesen handelt es sich um Klebbänder, die auf einem gut gereinigten Schlauch gut haften. Falls der Riss ziemlich groß ist, kann man den Verschlussdeckel des Dehngefäßes um eine Umdrehung öffnen, um den Druck in der Anlage zu entlasten. Während man die Kühlmitteltemperatur und den Kühlmittelstand im Auge behält, kann man in die nächste Werkstatt fahren. Bei Erneuerung eines Kühlmittelschlauchs:

- Kühlanlage ablassen, wie es bereits beschrieben wurde.
- Bei Schraubschellen die Schraube mit einem Schraubendreher ausreichend lösen; bei Federband-Schlauchschellen die beiden Enden der Schelle bis zum Anschlag zusammendrücken.
- Den Schlauch abziehen. Sitzt der Schlauch sehr fest, kann man einen Schraubendreher zwischen Schlauch und Stutzen einzwängen und vorsichtig von der »Anklebung« abdrücken.
- Den neuen Schlauch auf die Anschlussstutzen schieben. Zum Befestigen dabei Schraubschellen benutzen. Die Klemmschraube nicht übermäßig anziehen, damit man das Gewinde nicht beschädigt oder gar den Schlauch einschneidet.

HDi-Diesel-einspritzanlage

Einführung

Die folgenden Informationen werden Ihnen helfen, die eingebaute Hochdruckeinspritzanlage, unter dem Namen »Common Rail«-Einspritzung bekannt, besser zu verstehen. Die Anlage wird von Bosch gebaut und trägt die Bezeichnung EDC 15C2.

- Eine Hochdruck-Einspritzpumpe ist auf der rechten Seite des Fahrzeugs eingebaut. Die Pumpe ist in der Lage einen Druck bis zu 1350 bar herzustellen.
- Die Rücklaufleitung ist zwischen dem Kraftstofffilter und dem Niederdruckanschluss der Pumpe eingesetzt.
- Eine Leitung ist zwischen dem Kraftstofffilter und der Hochdruckpumpe eingesetzt.
- Der Kraftstofffilter ist zwischen den verschiedenen Leitungen zwischen der Hochdruckpumpe und dem Tank eingesetzt.
- Eine Leitung ist zwischen dem Nieder-druck-Rücklaufanschluss und dem Kraftstoffkühler eingesetzt.
- Eine Leitung vom Kraftstofftank ist mit dem Kraftstofffilter verbunden.
- Der Kraftstofftank sitzt unter dem Fahrzeugboden.
- Eine Förderpumpe liefert den unter niedrigem Druck stehenden Kraftstoff über eine Leitung zum Kraftstofffilter und von da zur Hochdruckpumpe.

Hochdruckeinspritzpumpe

Bild 1 zeigt wie die Hochdruckpumpe aussieht. Die Pumpe wird von Bosch hergestellt und als Ausführung CP1 geführt. Die Pumpe ist eine so genannte Radialjet-Pumpe mit drei Radialkolben. Die Pumpe wird durch den Steuerriemen angetrieben. Falls der Zahnriemen ausgebaut wird, erübrigt sich die Kennzeichnung des Antriebsrades, da dieses in beliebiger Stellung stehen kann. Die Pumpe wird durch den durchfließenden Dieselkraftstoff geschmiert und gekühlt. Die Pumpe kann einen Druck bis zu 1350 bar erzeugen. Die folgenden Hinweise beziehen sich auf Bild 1:

- Die Hochdruckpumpe (1) ist mit einem so genannten Deaktivator (2) für den dritten Kolben der Pumpe versehen.
- Ein Hochdruck-Kraftstoffdruckregler (3) ist an der gezeigten Stelle montiert und reguliert, wie der Name besagt, den Druck in der Pumpe und im verbleibenden System.
- Der Leitungsanschluss (a) ist der Kraftstoffauslass von der Pumpe zum »Common-Rail«-Kraftstoffverteiler in Bild 2. Übermäßig geförderter Kraftstoff gelangt über den Anschluss »b« wieder zum Kraftstofftank zurück, wird aber vorher im Kraftstoffkühler abgekühlt. Der Kraftstoff gelangt über den Anschluss »c« in die Hochdruckpumpe.

⚠ Zu beachten ist, dass der in der Pumpe eingeschraubte Anschluss der Leitung »a« nicht ausgeschraubt werden darf, da andernfalls Störungen in der Pumpe auftreten können.

- Weist der um die Antriebswelle eingebaute Dichtring Zeichen von Leckstellen auf, ist dies eine schlechte Nachricht: Der Dichtring kann nicht erneuert werden, das bedeutet also eine Erneuerung der Hochdruckpumpe.

Hochdruck-»Common-Rail«-Einspritzrohr

Ähnlich wie bei Benzineinspritzmotoren wird ein einteiliges Verteilerrohr (»Common-Rail«) zur Verteilung des Kraftstoffs an die vier Ein-

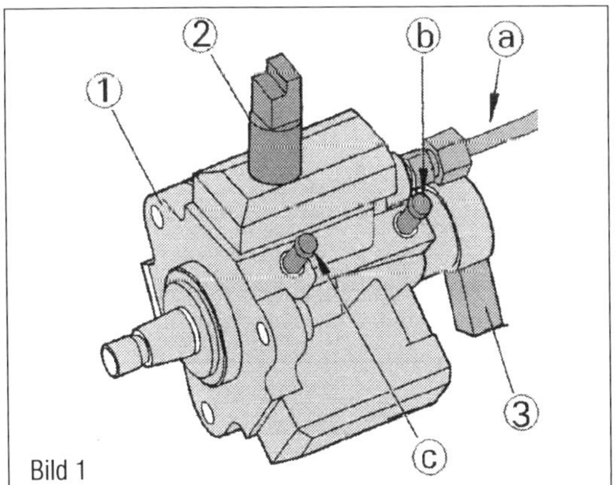

Bild 1

Bild 1
Ansicht der Hochdruckeinspritzpumpe. Siehe Beschreibung im Text.

Bild 2
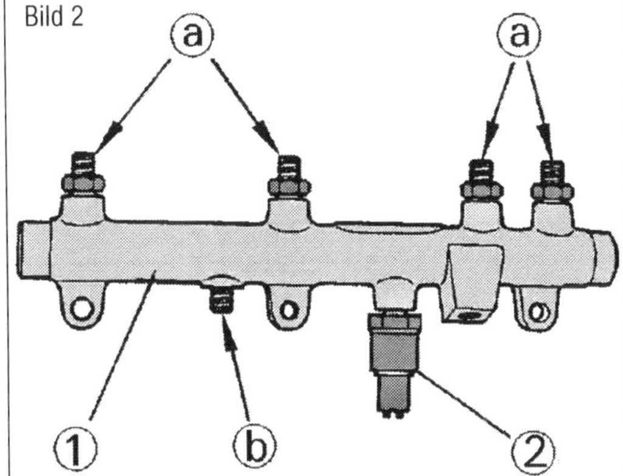

Bild 2
Ansicht des Common-Rail-Verteilerrohres (1). Anschlüsse »a« sind mit den Einspritzdüsen verbunden, der Kraftstoff tritt durch den Anschluss »b« ein. Der Sensor (2) überwacht den Kraftstoffdruck.

spritzdüsen verwendet. An der Unterseite des Verteilerrohres ist ein Sensor (2) eingesetzt, um den Kraftstoffdruck aufzuspüren. In der Innenseite wird immer eine bestimmte, unter Druck stehende Kraftstoffmenge gespeichert, ganz gleich in welchem Betriebszustand sich der Motor befindet. Durch die Einspritzung des Kraftstoffs erzeugte Impulse werden abgedämpft.

Einspritzdüsen

Verglichen mit herkömmlichen Einspritzdüsen sind die im HDi-Motor eingebauten Düsen von unterschiedlicher Bauweise, wie man aus Bild 3 ersehen kann. Die Düsen werden von Bosch hergestellt. Ein Kabelstecker (1) ist auf der Oberseite jeder Einspritzdüse aufgesteckt, um die durch das elektronische Steuergerät regulierte Einspritzdüse (2) zu betätigen. Anschluss (a) wird über ein Leitungssystem mit dem Tank verbunden, d. h. nicht verbrauchter Kraftstoff wird durch den Kraftstoffkühler wieder dem Tank zurückgeführt. Der unter Druck stehende Kraftstoff von der Common-Rail tritt durch den Anschluss (b) in die Einspritzdüse ein, welche mit einer Überwurfmutter angeschlossen ist. Der an der Düse angebrachte Anschluss darf nicht von der Düse abgeschraubt werden. Außerdem kann man eine Düse nicht zerlegen, da es keine Ersatzteile gibt.

Ansaugluftsystem

Der 2.2-Liter-Motor arbeitet mit einem Abgasturbolader. Ein Verbindungsschlauch verbindet den Luftfilter direkt mit dem Turbolader. Außenluft wird durch das Luftansaugrohr angesaugt. In den Luftfilter ist ein Luftströmungsmesser eingesetzt, welcher die einströmende Ansaugluft überwacht. Der Turbolader ist direkt an den Abgaskrümmer angeschraubt.

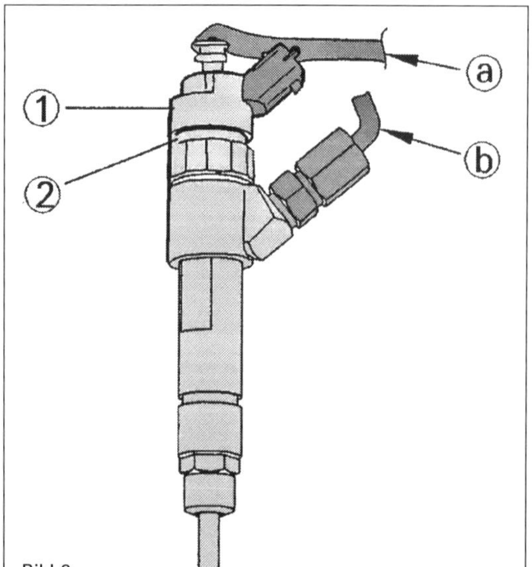

Bild 3

Bild 3
Ansicht einer Einspritzdüse. Die Zahlen und Buchstaben werden im Text erklärt.

Kraftstoffförderpumpe

Die Pumpe sitzt im Tank und arbeitet elektrisch mit einem Förderdruck von 7 bar. Die Pumpe hat einen Förderdruck von 155 Litern/Stunde bei einer Spannung von ca. 13,5 Volt.

Gaspedal-Potentiometer

Die Stellung des Gaspedals wird in ein elektrisches Signal umgewandelt, welches dem elektronischen Steuergerät zugeführt wird, um die Einspritzdauer und den Kraftstoffdruck für den besten Betrieb des Motors zu kalkulieren. Der Pedalweg kann eingestellt werden, jedoch wird dazu ein Diagnosegerät gebraucht (Werkstattarbeit).

Bremspedal- und Kupplungspedalschalter

Das Bremspedal hat einen Schalter, welcher die Bremsleuchten ein- und ausschaltet. Aus dem Signal »Bremspedal getreten« kalkuliert das elektronische Steuergerät die Abbremsung des Fahrzeuges. Der Kupplungspedalschalter ermöglicht dem Steuergerät zwischen »Gang eingeschaltet« und »Gangwechsel« zu unterscheiden.

Reparaturen an der HDi-Anlage

⚠ Aufgrund der hohen Drücke in der Einspritzanlage sollten die einzelnen Teile der Anlage nicht aus- und eingebaut werden. Zum Ausbau der Hochdruckpumpe muss der Zahnriemen ausgebaut werden, wie es für den entsprechenden Motor beschrieben wurde (Kapitel »Motor«). Wir möchten erwähnen, dass man zum Ausbau der meisten Teile die Vorderseite des Motors freilegen muss, einschließlich der Vorderpartie und des Stoßfängers. Diese wurden beim Ausbau des Motors behandelt. Unter keinen Umständen irgendwelche Anschlüsse lösen, wenn die Anlage unter Druck steht.

☞ Verfügen Sie über einige Erfahrung und beabsichtigen Sie, nachfolgend beschriebene Arbeiten selbst durchzuführen, müssen die folgenden Vorsichtsmaßnahmen immer beachtet werden:

■ Auf keinen Fall bei Arbeiten an der Einspritzanlage rauchen, mit nackten Flammen arbeiten oder Funken durch Kurzschlüsse erzeugen.
■ Bei laufendem Motor nicht an der Einspritzanlage arbeiten. Falls sich, was kaum vorkommen wird, eine Leckstelle in der Einspritzanlage gebildet hat, aus welcher Kraftstoff ausspritzt, auf keinen Fall versuchen dem Kraftstoffstrahl mit dem Finger abzudecken. Bei ausspritzendem Kraftstoff sofort den Motor abstellen.
■ Nach dem Abstellen des Motors mindestens eine halbe bis eine Minute warten, ehe man irgendwelche Arbeiten an der Anlage durchführt. Die Anlage braucht Zeit, um den unter hohem Druck stehenden Kraftstoff wieder auf atmosphärischen Druck zurückzubringen.
Die nachfolgend beschriebenen Arbeiten kann man unter Beachtung der Vorsichtsmaßnahmen ausführen:

Hochdruck-Einspritzpumpe – Aus- und Einbau

Ein Abzieher zum Abziehen des Antriebsrads der Pumpe ist erforderlich. Unbedingt überzeugen, dass die Anlage druckfrei ist.
■ Massekabel der Batterie abschließen.
■ Den Antriebsriemen an der Stirnseite des Motors und den Zahnriemen ausbauen, wie es bereits beschrieben wurde. Die rechte Motoraufhängung muss danach wieder provisorisch montiert werden.
■ Elektrischen Kabelstrang abschließen und den Kraftstofffilter entleeren und ausbauen. Ebenfalls den Filtersockel abmontieren und auf der linken Seite den Anschluss von der Hochdruckpumpe trennen.
■ Unter Bezug auf Bild 4 die Hochdruckleitung (2) und die hintere Befestigung (3) lösen. Zwei Gabelschlüssel sind dazu erforderlich, die an Stelle »a« anzusetzen sind, wenn die Leitung (2) von der Pumpe abgeschlossen wird.
■ Kraftstoffvorlaufleitung (1) und Rücklaufleitung (4) abschließen. Alle Öffnungen in der Pumpe müssen in geeigneter Weise verschlossen werden, um Eindringen von Schmutz zu vermeiden.
■ Der Abzieher (2) muss jetzt wie links in Bild 5 gezeigt angesetzt werden. Die Befestigungsmutter des Pumpenantriebsrades lösen und den Abzieher mit den beiden Schrauben befestigen. Eine passende Stecknuss ansetzen und die Abzieherschraube anziehen, bis das Antriebsrad (3) herunterkommt und abgezogen werden kann. Ein geeigneter Gegenhalter ist zum Halten des Antriebsrades erforderlich.
■ Nach Ausbau des Antriebsrades wird man die drei Befestigungsschrauben der Hochdruckpumpe sehen (rechts, Bild 5). Die Schrauben lösen und die Pumpe abnehmen.

Der Einbau findet in umgekehrter Reihenfolge statt. Die Hochdruckleitung (2) in Bild 4 muss immer erneuert werden. Zahnriemen montieren, wie es bereits beschrieben wurde. Die folgenden Anziehdrehmomente müssen beachtet werden:
■ Schrauben (4) in Bild 5 mit 20 Nm anziehen.
■ Die hintere Befestigung (3) in Bild 4 mit 22,5 Nm anziehen.
■ Mit zwei Gabelschlüsseln die Hochdruckleitung (2) in Bild 4 mit 25 Nm anziehen.

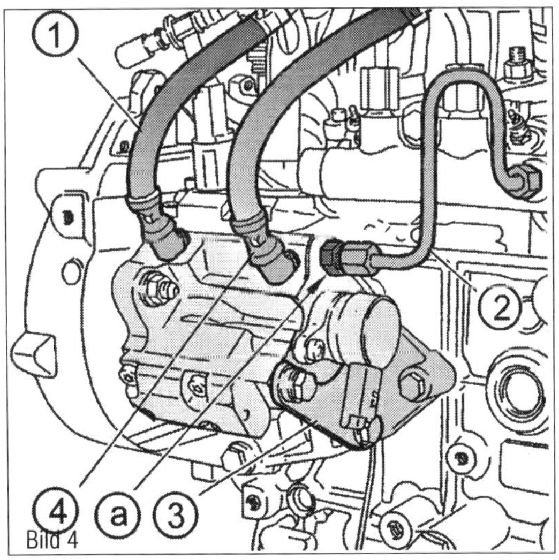

Bild 4
Einzelheiten zum Aus- und Einbau der Hochdruckpumpe. Die Zahlen werden im Text erwähnt.

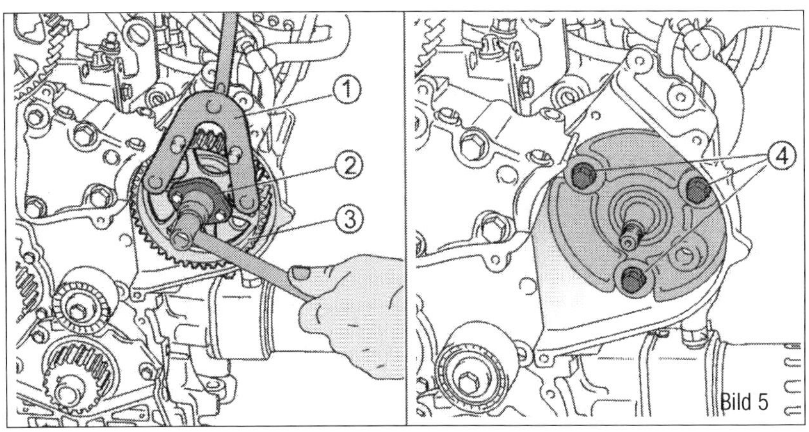

Bild 5
Ausbau der Hochdruckpumpe. Links wird das Antriebsrad gelöst. Die rechte Ansicht zeigt die Befestigung am Motor.

■ Antriebsrad anbringen und die Mutter aufschrauben. Das Rad gegenhalten, wie es links in Bild 5 zu sehen ist, und die Mutter mit 50 Nm anziehen.
Nach dem Einbau den Motor anlassen und alle Anschlussstellen auf Leckstellen kontrollieren.

Common Rail-Verteilerrohr – Aus- und Einbau

☞ Bei allen Arbeiten ist Sauberkeit erste Voraussetzung.
Unter Bezug auf Bild 6 folgendermaßen vorgehen:
■ Massekabel der Batterie abschließen.
■ Alle versperrenden Teile an der Stirnwand des Motorraums ausbauen.
■ Die Luftansaugkanäle (1) und das Drosselklappengehäuse (2) in Bild 6 ausbauen. Das Kraftstofffiltergehäuse (3) muss ausgeclipst und abgenommen werden. Ebenfalls die Halterung für den Filter ausbauen. Den Entlüftungsschlauch (4) abschließen und den Befestigungsclip befreien.
■ Die Überwurfmuttern der Kraftstoffleitungen (1) und (2) in Bild 7 lösen. Die letztgenannte hält die Hochdruckleitung (3). Den Gabelschlüssel zum Lösen der Überwurfmuttern benutzen (auch beim Anschließen wird der Schlüssel benutzt). In Bild 8 kann man die Anwendung des Schlüssels sehen.
■ Das Kraftstoffverteilerrohr kann jetzt ausgebaut werden. In Bild 9 sind verschiedene Teile zu sehen, welche als Erstes abzuschließen sind. Die beiden Kabelstecker (2) abziehen. Der linke Stecker ist auf dem Sensor für den Kraftstoffdruck aufgesteckt, der rechte Stecker ist auf dem Sensor für die Kraftstofftemperatur aufgesteckt. Das Verteilerrohr kann jetzt abgeschraubt werden. Die drei mit den Pfeilen bezeichneten Schrauben herausdrehen und das komplette Rohr vom Zylinderkopf abziehen.

Der Einbau findet in umgekehrter Reihenfolge statt. Die Hochdruckleitungen müssen immer erneuert werden. Folgende Punkte beachten.
☞ Wie bereits beim Ausbau ist Sauberkeit die erste Voraussetzung bei den beschriebenen Arbeiten. Unter keinen Umständen dürfen Fremdkörper oder Schmutz in die Anschlüsse kommen.
■ Das Verteilerrohr in Bild 9 anbringen und die Schrauben (Pfeile) eindrehen. Schrauben fingerfest anziehen. Die Kabelstecker auf die Sensoren (1) und (2) in Bild 9 aufstecken. Hochdruckleitung (3) in Bild 7 anschließen. Die beiden Überwurfmuttern (1) und (2) werden mit 26 Nm angezogen. Wiederum die erwähnten Gabelschlüssel benut-

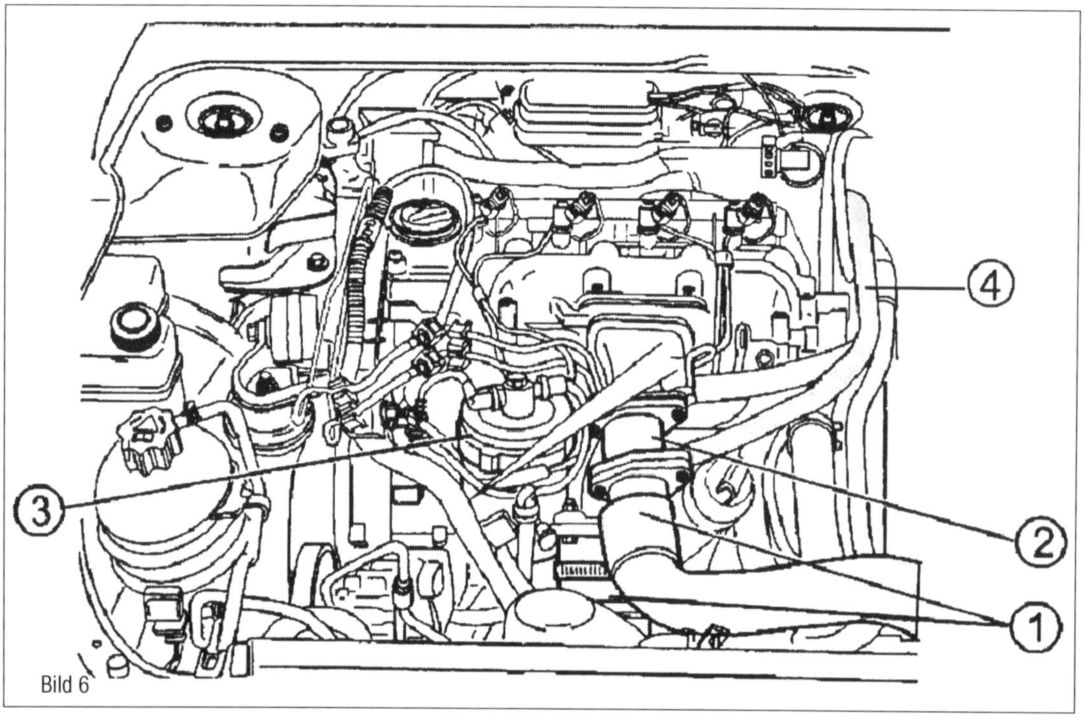

Bild 6
Einzelheiten zum Aus- und Einbau des Common Rail-Verteilerrohres. Teile in Zahlenreihenfolge ausbauen.

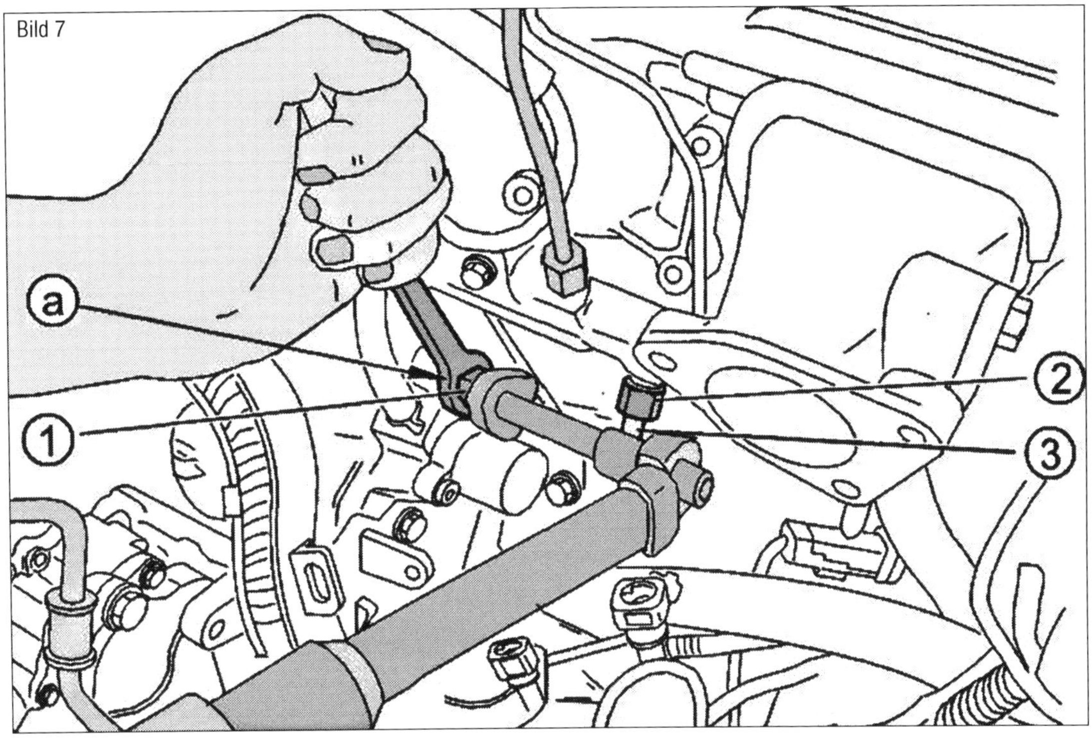

Bild 7
Lösen der Anschlüsse der Kraftstoffleitungen (1), (2) und (3). Einen Gabelschlüssel an Stelle »a« ansetzen, um die Überwurfmuttern zu lockern (und anzuziehen).

zen, um die Überwurfmuttern einwandfrei anzuziehen. Das Anziehdrehmoment muss man natürlich schätzen. In der Werkstatt wird ein spezieller Schlüssel benutzt (in Bild 7 zu sehen). Dieser wird aber bestimmt nicht zur Verfügung stehen.

- Die Hochdruckleitungen an die Einspritzdüsen der Zylinder Nr. 2 und Nr. 4 anschließen und die Überwurfmuttern handfest an den Düsen und am Verteilerrohr anziehen. Jetzt die Hochdruckleitungen in gleicher Weise an den Anschlüssen für Zylinder Nr. 1 und Nr. 3 anschließen. Die Leitungen wie ursprünglich mit den Clips befestigen
- Die Überwurfmuttern der Hochdruckleitungen mit 20 Nm anziehen. Wiederum die beiden Gabelschlüssel benutzen. Das Drehmoment muss wieder geschätzt werden. Das Anziehdrehmoment ist auf der Seite der Einspritzdüsen und auf der Seite des Verteilerohres gleich.
- Die Schrauben des Verteilerrohres mit 23 Nm anziehen.
- Alle anderen Arbeiten in umgekehrter Reihenfolge durchführen.

Einspritzdüsen – Aus- und Einbau

Da in den meisten Fällen ein Spezialwerkzeug zum Herausziehen der Einspritzdü-

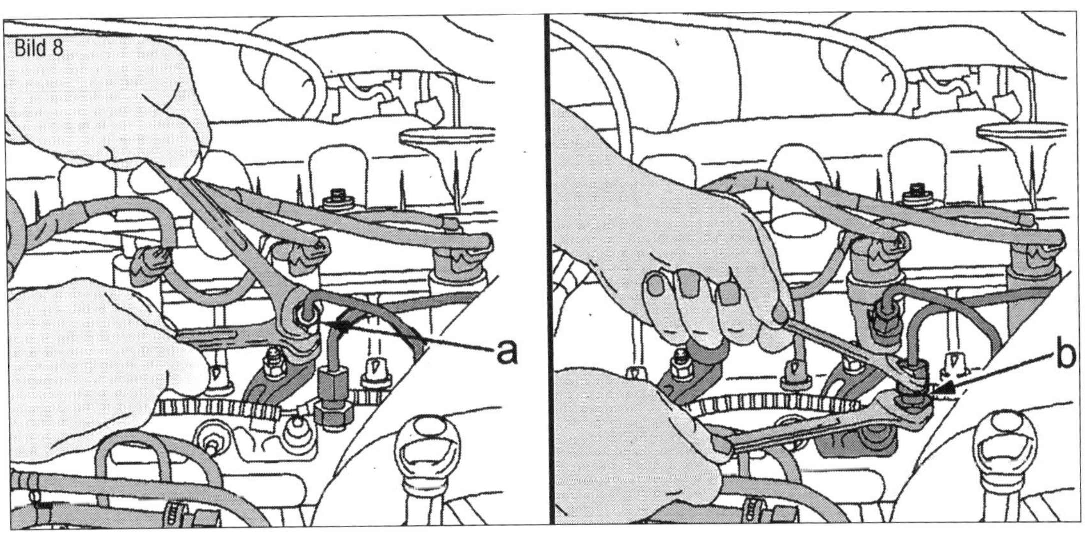

Bild 8
Abschließen der Hochdruckleitungen. Zum Lösen der Überwurfmuttern einen Gabelschlüssel an Stelle »a« an der Einspritzdüse bzw. an Stelle »b« am Common Rail-Verteilerrohr ansetzen.

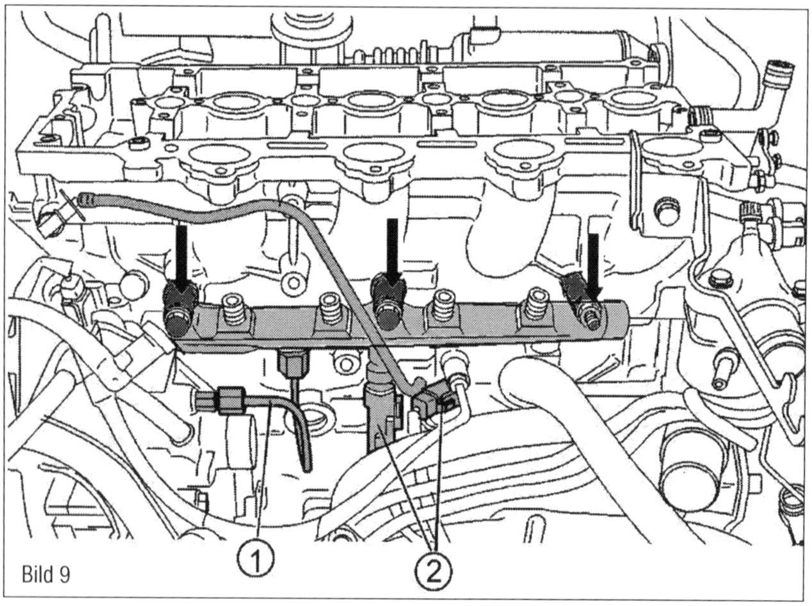

Bild 9

Bild 9
Ausbau des Common-Rail-Verteilerrohres. Die mit den Pfeilen gezeigten Schrauben lösen, nachdem die beiden Kabelstecker (1) und (2) abgezogen wurden.

sen erforderlich ist und auch der Zugang zu einigen der Befestigungsstellen sehr schwierig ist, sehen wir von einer Beschreibung des Aus- und Einbaus ab. Falls es Schwierigkeiten mit den Einspritzdüsen geben sollte, verbleibt Ihnen nur die Werkstatt.

Kraftstofffilter

Eine Neuanordnung des Kraftstofffilters wird bei diesen HDi-Motoren verwendet. Der Filtereinsatz wird ohne Ausbau des Filtergehäuses erneuert, es sei denn, man will die Innenseite des Gehäuses einwandfrei reinigen. Beim Erneuern des Filters folgendermaßen vorgehen. Bild 10 kann hinzugezogen werden:

- Massekabel der Batterie abschließen, die Verkleidung unter dem Motorraum ausbauen und einen Auffangbehälter unter den Filter untersetzen, um auslaufenden Kraftstoff aufzufangen. Die Entlüftungsschraube auf einer Seite des Filters lösen (Kordelmutter).
- Die beiden Leitungen vom Filterkopf abschließen (links und rechts). Nach Abziehen der Leitungen die offenen Anschlussstellen in geeigneter Weise gegen Eintreten von Fremdkörpern schützen.
- Wie links in Bild 10 gezeigt eine 22-mm-Stecknuss am Sechskant an der Oberseite des Filterdeckels ansetzen. Etwas Druck auf den Deckel (1) ausüben und den Deckel um eine Viertelumdrehung verdrehen. Auf die Stellung der Kraftstoffleitungsanschlüsse achten, damit diese nach Einbau des Filters wieder in die ursprüngliche Lage kommen.
- In Reihenfolge der rechten Ansicht von Bild 10 den Deckel (2), den Dichtring (3) und den Filtereinsatz (3) ausbauen. Das Filtergehäuse (5) kann ausgeclipst und abgehoben werden. Einige Anschlüsse unter dem Filter muss man dazu auf eine Seite schieben.

Der Einbau findet in umgekehrter Reihenfolge statt. Den Filterdeckel in die richtige Lage bringen und dann um eine Viertelumdrehung mit der 22-mm-Stecknuss verdrehen. Kontrollieren, dass die Anschlussstellen für die Kraftstoffleitungen wieder in der ursprünglich vorgefundenen Stellung ausgerichtet sind, d. h. der in den Deckel eingezeichnete Pfeil muss zur Außenseite weisen.

Zündung fünf- oder sechsmal einschalten. Dadurch wird die Kraftstoffanlage entlüftet.

Luftfilter

Der Luftfilter ist mit einem Papierelement versehen und ist auf der linken Seite des inneren Kotflügelblechs montiert. Der Aus- und Einbau bringt keine Probleme mit sich. Einen Filtereinsatz niemals in irgendwelchen Flüssigkeiten reinigen. Durchblasen mit Pressluft, von innen nach außen, ist erlaubt. Der Filtereinsatz sollte entsprechend den im Wartungsscheckheft angegebenen Intervallen erneuert werden.

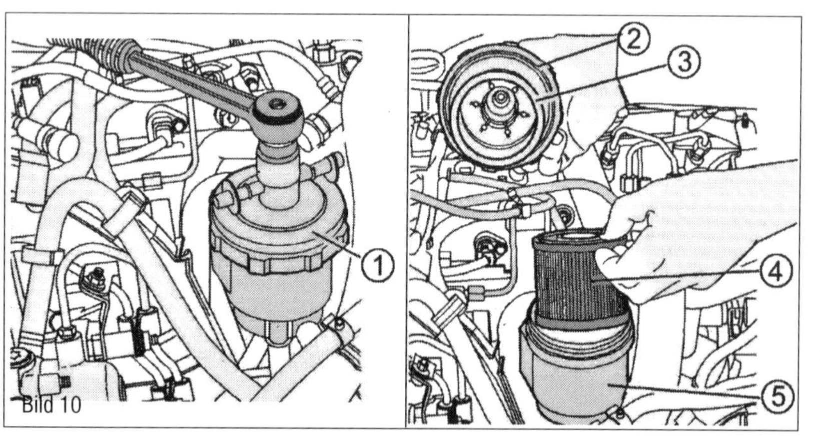

Bild 10

Bild 10
Einzelheiten zur Erneuerung des Kraftstofffilters. Siehe Text.

6 Kupplung

Allgemeines über die Kupplung

Die Kupplung besteht aus den folgenden Bauteilen:
Zur Kupplungsbetätigung zählen: Kupplungspedal mit automatischer Nachstellung, hydraulische Anlage mit Kupplungsgeberzylinder und Kupplungsnehmerzylinder. Der Nehmerzylinder sitzt je nach Ausführung an der Außenseite oder der Innenseite des Getriebes. Es folgt in der Getriebeglocke die eigentliche Kupplung. Sie besteht aus der Druckplatte, der Mitnehmerscheibe und einer Anlagefläche am Schwungrad.
Die Arbeitsweise der Kupplung ist nicht bei allen Fahrzeugen gleich, da sie durch das eingebaute Getriebe bestimmt wird. Bei einigen Fahrzeugen wird der Kupplungsausrückhebel »gezogen«, während er bei anderen Fahrzeugen »gedrückt« wird. Der Unterschied zwischen den beiden Ausführungen kann Bildern 1 und 2 entnommen werden.
Beim Betätigen der Kupplung geschieht Folgendes:
Durch den Tritt auf das Kupplungspedal wird der Ausrückhebel gezogen oder gedrückt. Daran ist das Ausrücklager befestigt, welches mit großer Kraft in Richtung Druckplatte bewegt wird. Dort drückt es gegen die Spitzen der Tellerfeder und übernimmt deren Anpresskraft. Die ringförmigen Reibflächen der Druckplatte werden so entlastet. Die Mitnehmerscheibe kann im Raum zwischen den Reibflächen von Druckplatte und Schwungscheibe frei drehen – es ist ausgekuppelt. Wird das Kupplungspedal des Fahrzeuges wieder entlastet, schließt die Tellerfeder den Zwischenraum wieder und klemmt die Mitnehmerscheibe ein.

Kupplungsstörungen

Rutschende Kupplung
Eine durchrutschende Kupplung bemerkt man erst beim Fahren im höchsten Gang (wobei die vom Motor geforderte Leistung am größten ist), wenn bei Belastung der Motor »durchdreht«, also auffallend schneller dreht, als es der Fahrgeschwindigkeit entspricht. Beim Anfahren fällt das Nachlassen der Kupplung weniger auf. Folgeschäden können sein, dass neben der Mitnehmerscheibe auch die Reibfläche von Druckplatte und Schwungrad stark verschlissen werden. Meist muss dann beim Austausch der Mitnehmerscheibe noch eine neue Druckplatte montiert werden.
Eine tadellose Kupplung übersteht folgende Gewaltprüfung: Feststellbremse anziehen, 3. Gang einlegen, langsam einkuppeln und Gas geben. Jetzt müsste (bei einwandfreier Feststellbremse) der Motor abgewürgt werden.

Schlechtes Ausrücken der Kupplung
Wird der Schaltvorgang durch kratzende oder krachende Geräusche begleitet, so trennt die Kupplung nicht mehr richtig. Als Erstes kontrollieren, ob sich eingelegte Fußmatten nicht verschoben haben.

Wenn Sie sich beim Herunterschalten verschalten, z. B. vom 5. Gang in den 2. Gang schalten, erhöht sich die Drehzahl der Kupplungsscheibe weit über die Motordrehzahl. Dabei braucht z. B. der 2. Gang noch gar nicht ganz eingelegt zu sein. Schon über die Synchronringe kann die Drehzahlerhöhung erfolgen. Infolge der extremen Drehzahlen ist es möglich, dass der Kupplungsbelag reißt und sich Teile übereinander schieben. Dadurch wird die Kupplungsscheibe unzulässig dick. Sie können dann das Kupplungspedal ganz durchtreten, ohne dass die Kupplung ausreichend trennt.

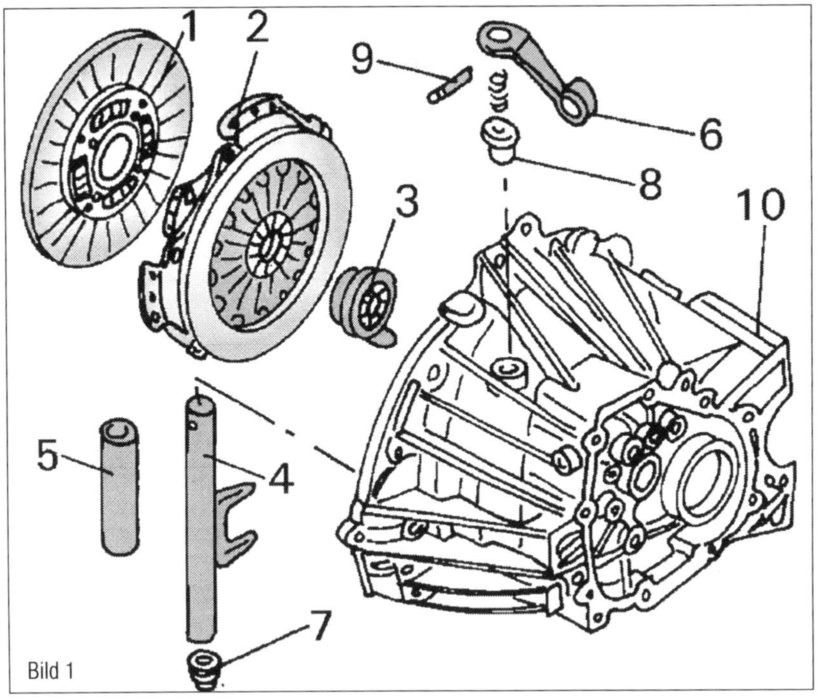

Bild 1

Bild 1
Ansicht der Kupplung, wenn der Kupplungsausrückhebel gedrückt wird.

1 Mitnehmerscheibe
2 Kupplungsdruckplatte
3 Kupplungsausrücklager
4 Kupplungsausrückwelle
5 Lagerbüchse
6 Kupplungsausrückhebel
7 Büchse der Ausrückwelle
8 Büchse der Ausrückwelle
9 Klemmschraube
10 Getriebe

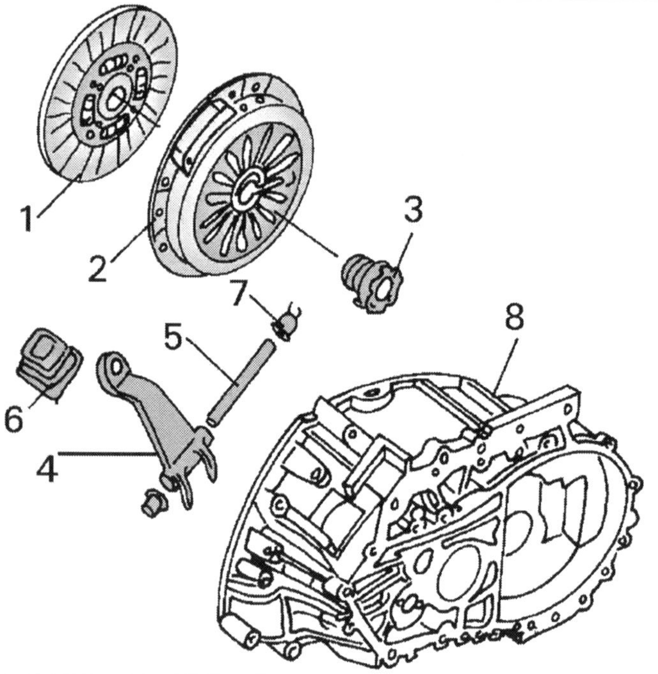

Bild 2

Bild 2
Ansicht der Kupplung, wenn der Kupplungsausrückhebel gezogen wird.

1 Mitnehmerscheibe
2 Kupplungsdruckplatte
3 Kupplungsausrücklager
4 Kupplungsausrücklager
5 Kupplungsausrückwelle
6 Gummischutzkappe
7 Ausrückwellenbüchsen
8 Getriebe

Rupfende Kupplung
Bei rupfender Kupplung setzt sich der Wagen gewissermaßen stotternd in Bewegung. Die Übertragung der Motordrehzahl auf die Antriebsräder erfolgt nicht gleichmäßig weich. Für diesen Effekt können unterschiedliche Ursachen verantwortlich sein:
■ Motor- oder Getriebeaufhängung ist defekt oder hat sich gelockert. Der Antriebsblock (Motor und Getriebe) gerät beim Einkuppeln ins Schwingen.
■ Der Kupplungsbelag auf der Mitnehmerscheibe ist verbrannt und verhärtet. Meist Folge übermäßiger Belastung.
■ Die Druckplatte hat sich verzogen oder weist an ihrer Reibfläche wenige Verwerfungen in geringer Höhe auf.
■ Das Schwungrad hat auf seiner Reibfläche wellige Unebenheiten.

Reparaturhinweise: Die Erneuerung der Kupplung bedingt den Ausbau des Motors oder des Getriebes (ziemlich umfangreiche Arbeit). Systematisch müssen der Kupplungskörper, die Mitnehmerscheibe und das Ausrücklager ersetzt werden.

Aus- und Einbau der Kupplung

☞ Druckplatte und Tellerfeder können nicht zerlegt werden und sind bei Beschädigung zusammen zu erneuern. Kupplungen und Mitnehmerscheiben werden manchmal abgeändert, um bestimmte Eigenschaften weiterhin zu verbessern. Deshalb beim Einbau eines neuen Kupplungskörpers oder einer Mitnehmerscheibe immer die Fahrgestellnummer und auch die Motornummer angeben.

Die Kupplung kann ohne Ausbau des Motors aus dem Fahrzeug ausgebaut werden, jedoch muss man das Getriebe ausbauen, um Zugang zur Kupplung zu erhalten. Die folgende Beschreibung nimmt an, dass nur das Getriebe ausgebaut wurde, was im Allgemeinen der Fall sein wird. Falls Motor und Getriebe zusammen ausgebaut wurden, muss man das Getriebe vom Motor abflanschen. Ebenfalls das Abdeckblech unter Motor und Getriebe abschrauben und den Anlasser ausbauen. Danach das Getriebe an einem Hebezeug befestigen und nach Lösen der Befestigungsschrauben vom Motor abheben und herausziehen. Darauf achten, dass die Kupplungswelle nicht auf der Nabe der Mitnehmerscheibe ruhen kann. Bei allen Motoren geschieht der Einbau in gleicher Weise.
■ Einbaulage der Kupplung im Verhältnis zum Schwungrad kennzeichnen, falls man die Kupplung wieder einbauen will. Dazu verwendet man einen Körner, mit welchem man in das Schwungrad und die Kupplung schlägt.
■ Die sechs Schrauben der Kupplung gleichmäßig über Kreuz lösen, bis der Federdruck entlastet ist. Danach die Schrauben der Reihe nach herausdrehen. Das Schwungrad muss dabei gegengehalten werden. Dazu entweder einen kräftigen Schraubendreher in die Zähne des Schwungradzahnkranzes einsetzen oder eine »Schwungradbremse« benutzen. Diese hat die in Bild 3 (links) gezeigte Form. Sie wird am Zylinderblock angeschraubt, so dass die Zähne in den Zahnkranz am Schwungrad eingreifen.
■ Die Kupplung abnehmen, wie es in Bild 3 auf der rechten Seite gezeigt ist, während man die Mitnehmerscheibe gegen das Schwungrad drückt. Danach die Mitnehmerscheibe herausnehmen. Mit einem Lappen sofort die Innenseite des Schwungrades auswischen und die Reibfläche des Schwungrades überprüfen. Falls die Mitnehmerscheibe bis auf die Nietenköpfe abge-

nutzt ist, könnte es sein, dass sich die Niete in die Schwungradfläche oder die Fläche der Kupplungsdruckplatte eingearbeitet haben.
Müssen der Motor oder das Getriebe ausgebaut werden, sollte die Kupplung immer abgeschraubt werden, sodass man die Teile kontrollieren kann.

Der Einbau der Kupplung geschieht in umgekehrter Reihenfolge wie der Ausbau. Die Kupplung entsprechend der Körnerkennzeichnung am Schwungrad ansetzen, falls die ursprüngliche Kupplung wieder eingebaut wird.
Die Mitnehmerscheibe ist unter Verwendung des Spezialzentrierdorns oder einer alten Kupplungswelle in der Innenseite des Schwungrades auszurichten, indem man den Dorn durch die Nabe der Mitnehmerscheibe und das Ende des Führungslagers einschiebt. Mit etwas Glück erhalten Sie in der Werkstatt eine alte, von der Werkstatt nicht länger gebrauchte Kupplungswelle für das betreffende Fahrzeug, die Sie dann Ihrem Werkzeugkasten hinzufügen. Beim Anziehen der Kupplung den Zentrierdorn häufig etwas herausziehen und wieder hineinschieben, um sofort festzustellen, wenn er sich verklemmt hat. Die angeschraubte Kupplung muss dann wie in Bild 4 gezeigt aussehen. Die Schrauben gleichmäßig über Kreuz auf ein Anzugsdrehmoment 20 Nm anziehen. Das Schwungrad muss dabei gegen Mitdrehen gesperrt werden. Das Getriebe abschließend wieder einbauen.

Die Keilverzahnungen der Kupplungswelle und der Außenfläche der Führungsmuffe für das Kupplungsausrücklager vor dem Einbau des Getriebes mit etwas Graphitfett einschmieren (Molykote BR2-Fett wird empfohlen).
Nach dem Einbau des Getriebes den Kupplungsmechanismus kontrollieren.

Reparatur der Kupplung

Falls Ihnen bereits bekannt ist, dass die Kupplungsmitnehmerscheibe oder der Kupplungskörper erneuert werden müssen, können Sie sich die Prüfarbeiten ersparen. Andernfalls sind besonders die in Bild 5 gezeigten Teile zu kontrollieren.

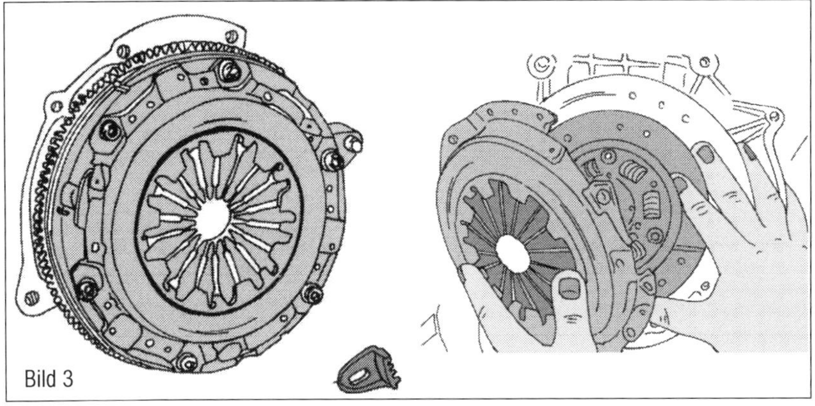
Bild 3

- Kontrollieren, ob die Federn der Mitnehmerscheibe noch einwandfrei sind und dass die Keilverzahnungen der Scheibe nicht übermäßig ausgeschlagen sind. Die Scheibe hat bei allen Motoren den gleichen Durchmesser.
- Da verölte Kupplungsbeläge nicht gereinigt werden können, ist die Mitnehmerscheibe in derartigen Fällen zu erneuern.
- Die Kupplungsbeläge und auch die Kupplungsdruckplatte auf Wiederverwendbarkeit kontrollieren, Dazu sieht man sich Bilder 6 bis 9 an und geht anhand der Erklärungen vor.

Falls man das Schwungrad ausbauen muss, dürfen die Schrauben nicht wieder verwendet werden. Beim Anschrauben die Schwungradfläche und Fläche an der Kurbelwelle gut reinigen. Einzelheiten über das Schwungrad sind dem betreffenden Abschnitt über den Motor zu entnehmen. Das Anziehen muss über Kreuz erfolgen, jedoch sind die Unterschiede zwischen dem 2.0- und 2.2-Liter-Motor zu beachten.

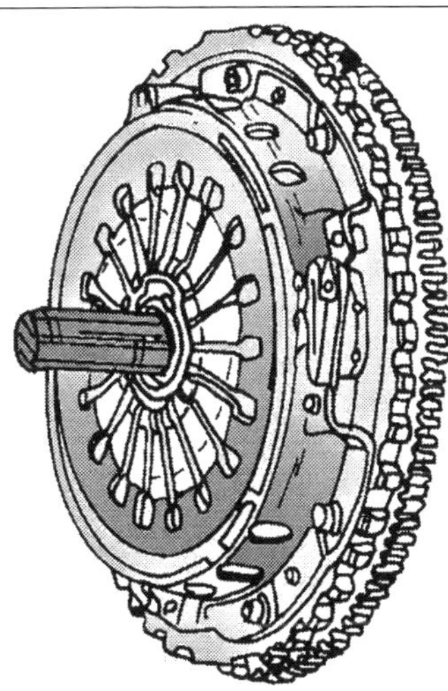
Bild 4

Bild 3
Das Schwungrad kann gegen Mitdrehen gesperrt werden, indem man eine »Schwungradbremse« wie auf der linken Seite in die Zähne des Schwungradzahnkranzes einsetzt. Rechts wird das Abnehmen der Kupplungsteile gezeigt.

Bild 4
Den Zentrierdorn in der gezeigten Weise in die Mitnehmerscheibe einsetzen, wenn die Schrauben der Kupplung angezogen werden. Beim Anschrauben den Dorn gelegentlich hineinschieben und wieder herausziehen. Er darf sich nicht festklemmen.

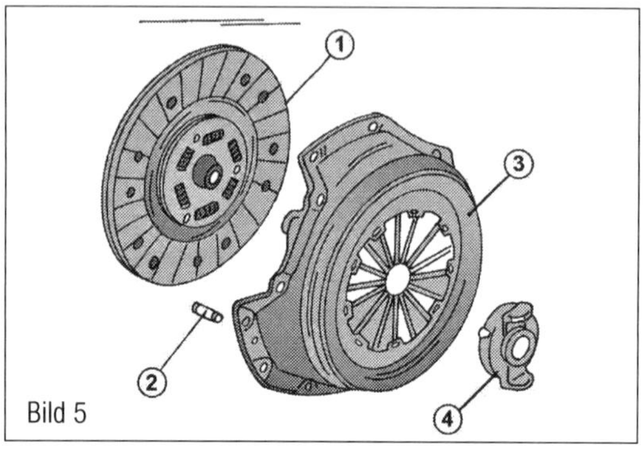

Bild 5

Bild 5
Ansicht der Kupplung und anderer Teile, wie sie bei einem Fahrzeug mit »MLT5«-Getriebe eingebaut sind.
1 Mitnehmerscheibe
2 Passstift
3 Kupplungskörper
4 Ausrücklager

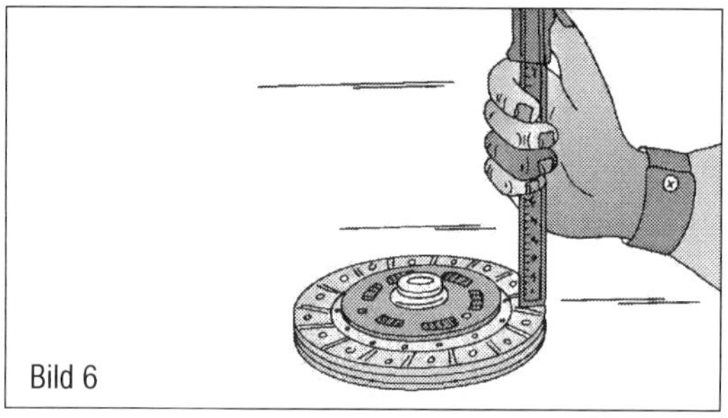
Bild 6

Bild 6
Falls das ermittelte Maß weniger als 0,30 mm beträgt, muss die Scheibe erneuert werden.

Bild 7

Bild 7
Ausmessen der Mitnehmerscheibe auf Schlag.

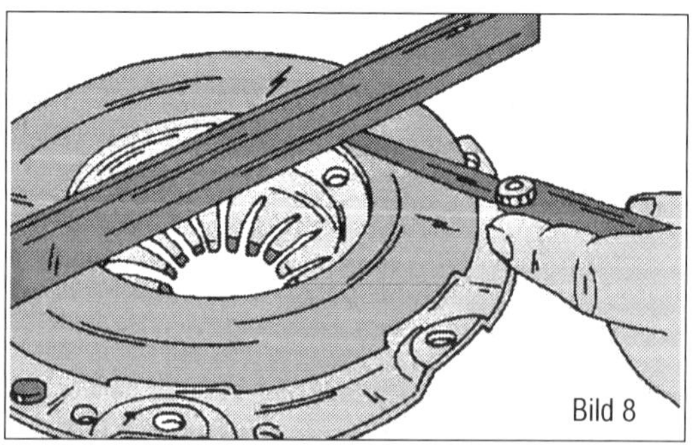
Bild 8

Bild 8
Werden an den gezeigten Stellen tiefe Einlaufstellen festgestellt, muss man die komplette Kupplung erneuern.

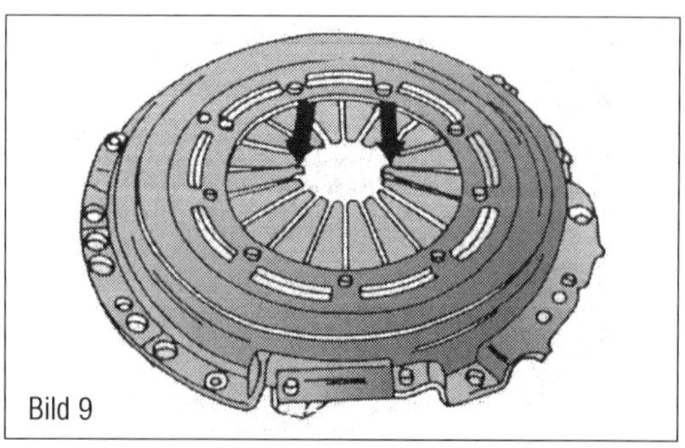
Bild 9

Bild 9
Falls ein Spalt von mehr als 0,03 mm an diesen Stellen erhalten wird, muss die Druckplatte erneuert werden.

Kupplungsausrücklager

Das Getriebe muss aus dem Fahrzeug ausgebaut werden, um das Kupplungsausrücklager zu erneuern. Das Lager an der Innenseite der Kupplungsglocke lösen und nach vorn herausziehen. Das Ausrücklager ist verschlossen und darf nicht in irgendwelche Reinigungsflüssigkeiten eingelegt werden. Ein Ausrücklager muss sich leicht durchdrehen lassen und darf keine Klemmstellen zeigen.

Der Einbau des Lagers geschieht in umgekehrter Reihenfolge wie der Ausbau. Die Führungsmuffe für das Lager und die Verzahnungen der Kupplungswelle vor dem Einbau des Lagers mit Graphitfett (Molykote BR2) einschmieren. Den Kugelkopf und die beiden Seiten der Ausrückgabel mit Mehrzweckfett einschmieren. Ein Ausrücklager sollte immer zusammen mit der Kupplung und der Mitnehmerscheibe erneuert werden, da eine neu eingebaute Kupplung manchmal durch ein später geräuschvolles Lager wieder Störungen bereitet.

Nach vielen Fahrkilometern kann es schon mal möglich sein, dass die Lagerbüchsen der Kupplungsausrückwelle ausgeschlagen sind. Wir schlagen vor, dass man die Erneuerung der Büchsen einer Werkstatt überlässt.

Hydraulische Kupplungsbetätigung

Aus- und Einbau der Zylinder

Wie bereits erwähnt, wird die Kupplung durch eine hydraulische Anlage mit einem Geber- und einen Nehmerzylinder und den dazugehörigen Leitungen und Schläuchen betätigt. Die Anordnung des Geberzylinders ist bei Links- und Rechtslenkern unterschiedlich, da der Vorratsbehälter auf der gegenüberliegenden Seite des Fahrzeuges sitzt. Der Aus- und Einbau der Zylinder ist jedoch nicht einfach, da man vor allem den Pollenfilter beim Ausbau des Kupplungsgeberzylinders ausbauen muss, wird aber trotzdem untenstehend beschrieben. Die hydraulische Anlage muss nach Wiedereinbau des betreffenden Teils entlüftet werden. Folgendermaßen beim Aus- und Einbau vorgehen:

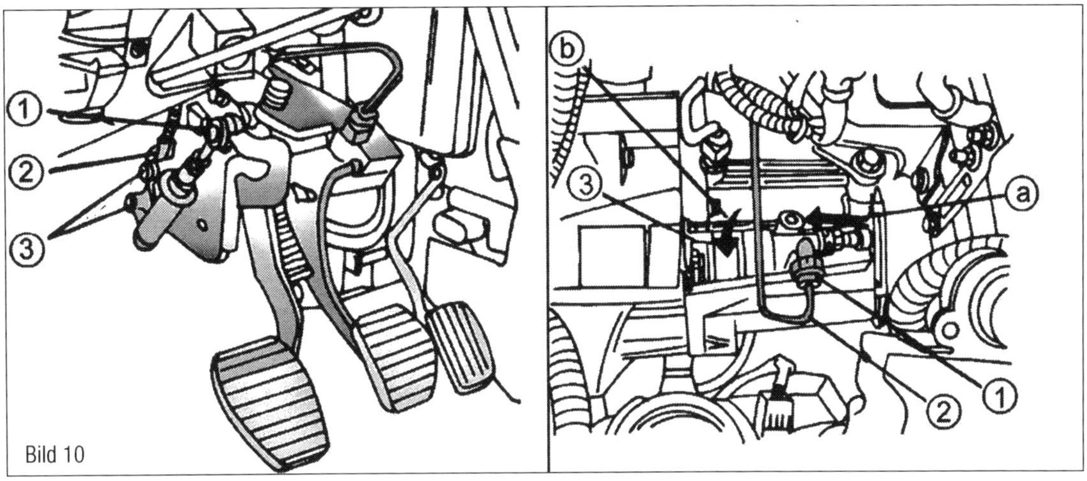

Bild 10

Bild 10
Einzelheiten zum Aus- und Einbau des Kupplungsgeberzylinders auf der linken Seite und des Kupplungsnehmerzylinder auf der rechten Seite.

Kupplungsgeberzylinder

- Vorderseite des Fahrzeuges auf Unterstellböcke setzen.
- Die Unterschutzverkleidung unter dem Motor ausbauen.
- Den Pollenfilter ausbauen.
- Die Verschraubung des Vorratsbehälters für die Flüssigkeit abschrauben und das Sieb herausnehmen. Die Flüssigkeit mit einem Sauger aus dem Vorratsbehälter für die Bremsflüssigkeit aussaugen.
- Einen kleinen Schlauch auf die Entlüftungsschraube am Kupplungsnehmerzylinder aufstecken (am Getriebe) und die Schraube öffnen. In der Anlage verbleibende Flüssigkeit wird dabei auslaufen. In einem untergehaltenen Behälter auffangen.
- Die Leitungsverbindung unter dem Bremskraftverstärker trennen.
- Die Verkleidung unter dem Armaturenbrett ausbauen. Auch den zur Klimaanlage gehörenden Schlauch abschließen.
- Die weiteren Arbeiten jetzt unter Bezug auf Bild 10 (links) durchführen. Die beiden Schrauben (1) herausdrehen und das Kugelgelenk der Betätigungsstange (2) des Geberzylinders an der Lagerstelle abziehen.
- An Stelle (3) den Leitungsanschluss trennen und ebenfalls die Verbindung der Rücklaufleitung abschließen.
- Der Zylinder kann jetzt herausgezogen werden.

Der Einbau geschieht in umgekehrter Reihenfolge. Das Kugelgelenk (2) in Bild 10 (links) muss man mit ein wenig Fett einschmieren. Die Schrauben (1) des Geberzylinders werden mit 8 Nm angezogen. Nach dem Einbau die Anlage entlüften, wie es untenstehend beschrieben wird.

Kupplungsnehmerzylinder

Je nach Getriebe ist der Zylinder entweder innen oder außen montiert. Im ersten Fall wird man am Getriebe an der Zylinderbefestigung zwei Schrauben mit »Torx«-Kopf sehen und daneben eine Anschlussverbindung. Nach Lösen der Verbindung und der beiden Schrauben kann der Zylinder herausgezogen werden.
Bei der zweiten Ausführung (Zylinder an der Außenseite) die Arbeiten unter Bezug von Bild 10 (rechts) durchführen. Den Clip (1) auf eine Seite schieben, ohne ihn zu entfernen. Den Zylinder (3) jetzt herausziehen. Dazu wird er zuerst in Richtung des Pfeils (a) und danach in Richtung des Pfeils (b) bewegt (nach links verdrehen), bis er frei ist und vollkommen herausgenommen werden kann.
Der Einbau geschieht in umgekehrter Reihenfolge wie der Ausbau. Die Schrauben eines Zylinders in der Innenseite des Getriebes (die »Torx«-Kopf-Schrauben) mit einem Anzugsdrehmoment von 20 Nm anziehen. Abschließend die hydraulische Anlage füllen und entlüften, wie es untenstehend beschrieben wird.

Entlüften der Kupplungsanlage

Den auf dem Hauptzylinder sitzenden Vorratsbehälter bis zum »Max«-Strich mit frischer Bremsflüssigkeit füllen. Das Entlüften findet bei allen Ausführungen in gleicher Weise statt, ganz gleich ob der Nehmerzylinder in der Innenseite des Getriebes liegt oder außen angebracht ist, wie man es in Bild 10 auf der rechten Seite sehen kann. Bild 11 zeigt eine schematische Ansicht des Entlüftungsvorgangs.

Bild 11
Zum Entlüften der Kupplung.

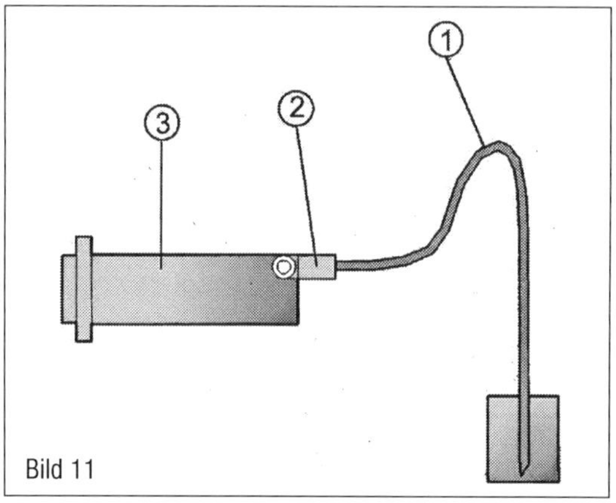

Bild 11

Bild 12
Kontrolle der Kupplung.

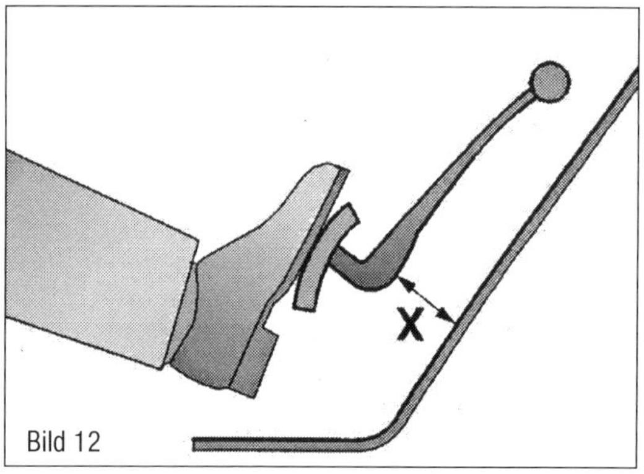

Bild 12

■ Einen durchsichtigen Schlauch (1) auf die Entlüftungsschraube (2) des Nehmerzylinders (3) aufstecken. Bei außen liegendem Zylinder ist die Schraube in Bild 10 (rechts) mit (4) bezeichnet. Die Gummischutzkappe vorher abziehen. Das Ende des Schlauchs in ein mit frischer Bremsflüssigkeit gefülltes Glasgefäß einhängen. Das Gefäß muss niedriger als der Nehmerzylinder gehalten werden.

■ Die Entlüftungsschraube (2) öffnen und das Kupplungspedal von einem Helfer langsam mindestens 7 Mal mit der Hand auf den Boden bewegen lassen. Beim letzten Mal den Befehl geben, dass der Helfer das Pedal auf dem Boden hält, und die Entlüftungsschraube festziehen (7,5 Nm). Der Helfer lässt das Pedal jetzt los, sodass es ohne Unterstützung von selbst nach oben zurückkehren kann.

■ Den Vorratsbehälter bis zur Oberkante füllen. Das Kupplungspedal durchtreten und kontrollieren, dass die Kupplung einwandfrei ausrückt. Falls erforderlich die Entlüftungsarbeiten nochmals von vorn beginnen. Abschließend den Flüssigkeitsstand im Behälter nochmals berichtigen.

■ Das einwandfreie Arbeiten des Ausrückmechanismus kann jetzt kontrolliert werden. Dazu das Pedal mindestens 40 Mal nacheinander durchtreten und den Motor anlassen. Die Handbremse anziehen, auf das Pedal treten und einen Gang einlegen. Die Kupplung sollte einrücken, sobald das Maß »X« in Bild 12 größer als 35 mm oder mindestens 35 mm ist. Falls dies nicht der Fall ist, müssen die Entlüftungsarbeiten von vorn begonnen werden.

7 Getriebe

Je nach eingebautem Motor wird bei den verschiedenen Fahrzeugausführungen ein unterschiedliches Getriebe eingebaut. Bei allen Getrieben handelt es sich um ein Fünfganggetriebe. Eingebaut in die Fahrzeugbaureihe ist entweder ein Getriebe des Typs »ML5« oder des Typs »BE 4/5«. Das letztgenannte Getriebe ist eine Weiterentwicklung des »BE 3/5«-Getriebes, welche sich in den Vorgängern dieser Serie und auch in anderen Modellen der Fahrzeughersteller bewährt hat. Das »ML5«-Getriebe ist ebenfalls eine Abwandlung von früheren Getrieben mit ähnlichen Bezeichnungen.

- Bild 1 zeigt das »BE 4/5«-Getriebes mit der Lage der beiden angebrachten Typenschilder. Im Typenschild (1) sind der Getriebetyp und die Seriennummer eingezeichnet, das Typenschild (2) gibt nochmals Aufschluss über das eingebaute Getriebe. Die Seriennummer beginnt immer mit »20 DL«.
- In anderen Fahrzeugen wird, je nach eingebautem Motor, ein Getriebe des Typs »ML5« eingebaut (Bild 2). Ein Aufkleber (1) sowie eine eingravierte Kennzeichnung geben hier das eingebaute Getriebe an. Alle Getriebe dieser Ausführung beginnen mit der Zahl »20«.

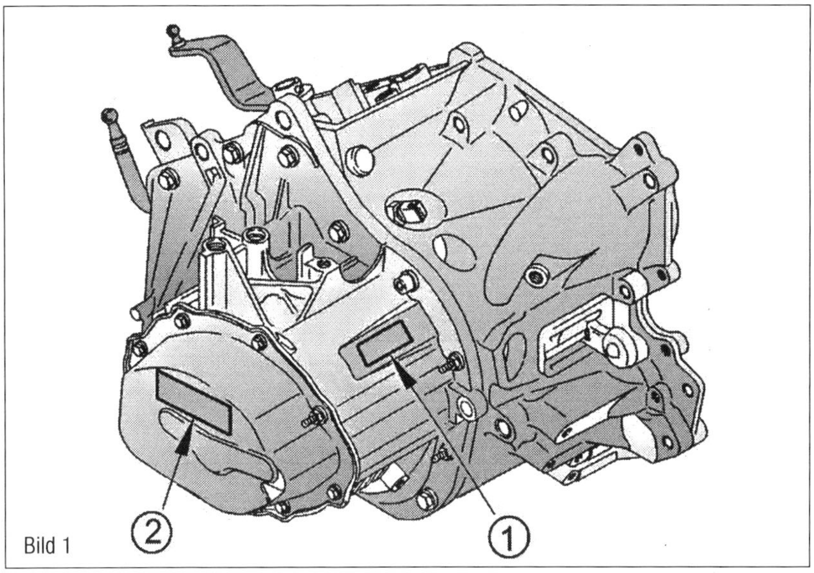

Bild 1

Bild 1
Die Kennzeichnung des BE 4/5-Getriebes. Das Typenschild (1) ist an der Seite des Getriebes angebracht. Am hinteren Deckel sind nochmals Einzelheiten der Getriebeerkennung in einem Aufkleber (2) angegeben.

Der Achsantrieb befindet sich unterhalb der Getriebewellen. Das Antriebsrad für den Achsantrieb wird durch ein Kegelrad am Ende der Antriebswelle angetrieben. Dies ist die Welle mit den Synchronisierrädern und den frei laufenden Gangrädern. Die andere Welle des Getriebes ist die Hauptwelle. Bei der Welle handelt es sich um einen einteiligen Zahnradblock. Das Ende der Welle ist keilverzahnt und greift in die Innenseite der Mitnehmerscheibe der Kupplung ein.

Tipp: Bei den obigen Angaben handelt es sich um Angaben von Citroën. Bei Ge-

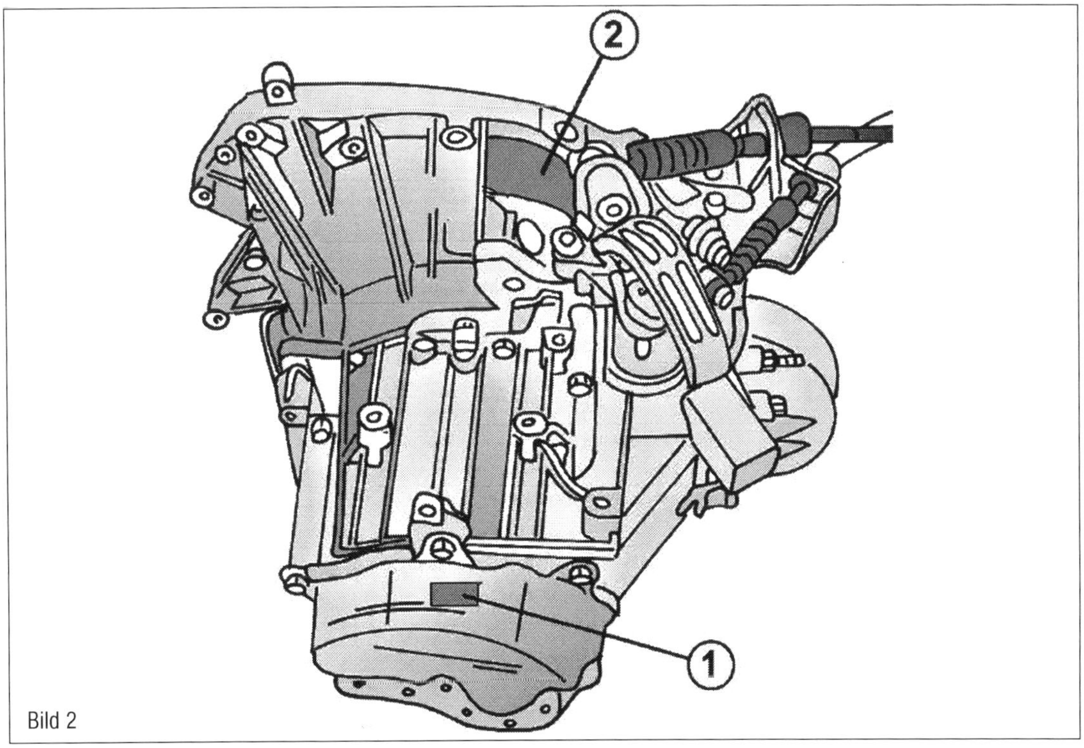

Bild 2

Bild 2
Ansicht des ML5-Getriebes mit Lage der Kennzeichnungen

1 Aufkleber
2 Eingravierte Kennzeichnung

Sichtprüfung Messen

trieben der anderen Fahrzeughersteller könnten die Angaben in Einzelheiten abweichen.
Beim Einbau eines Getriebes aus zweiter Hand immer die Fahrgestellnummer und das Baujahr angeben.

Ausbau des Getriebes

Das Getriebe kann ohne Motor ausgebaut werden, wenn zum Beispiel nur die Kupplung oder die Mitnehmerscheibe erneuert werden muss. Ein Rangierwagenheber muss zur Verfügung stehen und außerdem muss man den Motor aus den Aufhängungen heben. Werkstätten verwenden dazu natürlich ein Spezialwerkzeug, jedoch ist es möglich, dass man eine starke Eisenstange über die Oberseite der beiden Kotflügelfalze an der Innenseite legt und eine Drahtschlinge um die Stange und z. B. um den Auspuffkrümmer legt. Mit einem Knebel den Draht dann zusammenwickeln, bis der Motor unter Spannung steht. Bild 3 zeigt eine derartige Anordnung. Das Getriebe wird nach unten abgesenkt.
Beim Ausbau des Getriebes ohne Motor folgendermaßen vorgehen. Aufgrund der eingebauten Getriebevarianten und Motoren ist es natürlich unmöglich, auf jede einzelne Ausführung einzugehen. Die folgenden Anweisungen sind als allgemein zu betrachten:

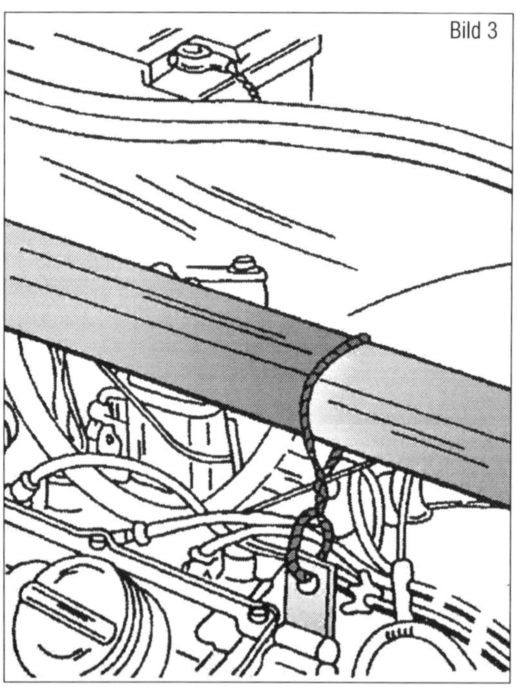

Bild 3
Anheben des Triebwerks mit einer selbst hergestellten Vorrichtung.

- Die Motorhaube in senkrechte Stellung bringen. Bei bestimmten Ausführungen ist es auch möglich, dass man die Haube ausbauen muss, um das Getriebe herauszuheben.
- Beide Kabel der Batterie abschließen und die Batterie ausbauen. Je nach Ausführung auch den Aufnahmekasten der Batterie ausbauen.
- Die Vorderseite des Fahrzeuges anheben (siehe Kapitel 1) und auf geeignete Böcke stellen, hoch genug, sodass man an der Unterseite arbeiten kann. Beide Vorderräder abschrauben. Ebenfalls die Verkleidung unter der Vorderseite des Fahrzeuges ausbauen.
- Die Schraube an der Unterseite des Spritzschutzes in der Innenseite der Radkästen lösen, die Kunststoffstifte der Befestigung herausziehen und den Spritzschutz abnehmen.
- Ein starkes Stück Pappe vor dem Kühler einschieben, um diesen gegen Beschädigung zu schützen.
- Die beiden Antriebswellen ausbauen, wie es im nächsten Abschnitt beschrieben wird.
- Die Schraube an der Unterseite der Drehmomentstütze herausdrehen.
- Befestigungsschraube des Auspuffrohres vom Getriebe lösen und das Stützblech für die elektrischen Kabelstecker ausbauen.
- Im Motorraum den Kabelbaum vom Batterieträger ausbauen, das elektronische Steuergerät lösen und herausnehmen.
- Luftfilter ausbauen. Falls man annimmt, dass die Teile im Wege sind, den Luftansaugkasten an der Oberseite des Ansaugsammelrohres ausbauen.
- Kupplungsnehmerzylinder von der Seite des Getriebes abmontieren, wie es in Kapitel »Kupplung« beschrieben wurde, falls der Zylinder an der Außenseite des Getriebes montiert ist.
- Die Schaltseile abschließen. Dazu einen flachen Gabelschlüssel unter die Seilenden untersetzen und die Seilenden von den Kugelköpfen abdrücken.
- Die folgenden Teile, wie vorhanden, vom Getriebe abschließen: Massekabel, Kabel des Schalters der Rückfahrleuchten, Tachometerspirale vom Getriebe, Kabelstecker des Gebers für die Fahrgeschwindigkeit. Je nach eingebautem Motor sind verschiedene Kabelanschlüsse vorhanden. Alle müssen abgeschlossen werden.

■ Die Schrauben des Anlassers lösen und den Anlasser aus dem Eingriff mit dem Getriebe ziehen. Den Anlasser auf eine Seite legen, ohne die elektrischen Kabel abzuklemmen. Auf keinen Fall den Anlasser an den Kabeln herunterhängen lassen, auch wenn diese kräftig genug aussehen.
■ Von der Unterseite des Fahrzeuges mit einem Innensechskantschlüssel oder einem Schlüsseleinsatz mit Vierkant den Stopfen an der Unterseite des Getriebes herausdrehen. Das Öl in einen sauberen Behälter laufen lassen, welcher ca. 2 Liter fassen muss. Das Öl vollkommen ablassen und den Ablassstopfen wieder einschrauben.
■ Die Schrauben zwischen Motor und Kupplungsgehäuse an der Unterseite entfernen. Falls vorhanden, das Abdeckblech unter dem Schwungradgehäuse abschrauben.
■ Den Motor jetzt aus den Aufhängungen heben, wie es in der Einleitung dieses Kapitels beschrieben wurde, bis die Motoraufhängungen unter leichter Spannung stehen.
■ Das Getriebe mit einer Seilschlinge und einem Kran anheben, sodass es später nicht herunterfallen kann.
■ Den Getriebeaufhängungsträger ausbauen. Beim Ausbau des Motors wurde bereits auf die verschiedenen Aufhängungen hingewiesen. Alle Muttern müssen entfernt werden, um die Aufhängung herauszunehmen. Kontrollieren, dass der Motor gut abgestützt ist.
■ Die Verbindungsschrauben zwischen Motor und Getriebe entfernen. Zwei Schrauben sind an der Oberseite und drei Schrauben an der Unterseite eingeschraubt.
■ Kontrollieren, dass das Getriebe noch gut an der Seilschlinge hängt und in der in Bild 4 gezeigten Weise aus dem Eingriff mit dem Motor herausziehen. Das Getriebe sitzt auf Passstiften und muss etwas hin- und hergewackelt werden. Falls ein Passstift herauskommt, muss man ihn zusammen mit den Motor-an-Getriebe-Schrauben zusammenhalten. Falls man keinen Kran zur Verfügung hat, kann man auch einen Rollwagenheber unter das Getriebe setzen und es auf dem Wagenheber ablassen (ein Holzstück zwischen Wagenheberkopf und Getriebe einlegen). Eine zweite Person muss das Getriebe natürlich gut halten, während das Getriebe herausgehoben wird.

Einbau des Getriebes

Der Einbau des Getriebes findet in umgekehrter Reihenfolge statt, jedoch sind die folgenden Punkte zu beachten:
■ Die Öldichtringe in den Seiten des Getriebes (für die Achswellen) müssen erneuert werden, ganz gleich, ob Arbeiten am Getriebe durchgeführt wurden oder nicht. Nach Herausziehen der Antriebswellen wurden sie in den meisten Fällen beschädigt.
■ Die Dichtringe von Ablassstopfen und Öleinfüllstopfen erneuern.
■ Alle selbstsichernden Muttern und Unterlegscheiben erneuern, die letzteren, falls sie nicht mehr einwandfrei aussehen.

Beim Einbau des Getriebes in der folgenden Reihenfolge vorgehen:
■ Die neuen Öldichtringe für die Öffnungen des Achsantriebs an den Dichtlippen mit Mehrzweckfett einschmieren und an den Öffnungen ansetzen. Ein Stück Rundeisen oder Rohr benutzen und die Dichtringe einschlagen, bis die Außenflächen gerade abschneiden. Die Dichtringe dabei nicht beschädigen.
■ Die Verzahnungen der Kupplungswelle, die Führungshülse für das Kupplungsausrücklager und die Finger der Ausrückgabel mit Graphitfett, wie zum Beispiel Molykote

Bild 4
Getriebe werden in der gezeigten Weise aus dem Fahrzeug herausgehoben.

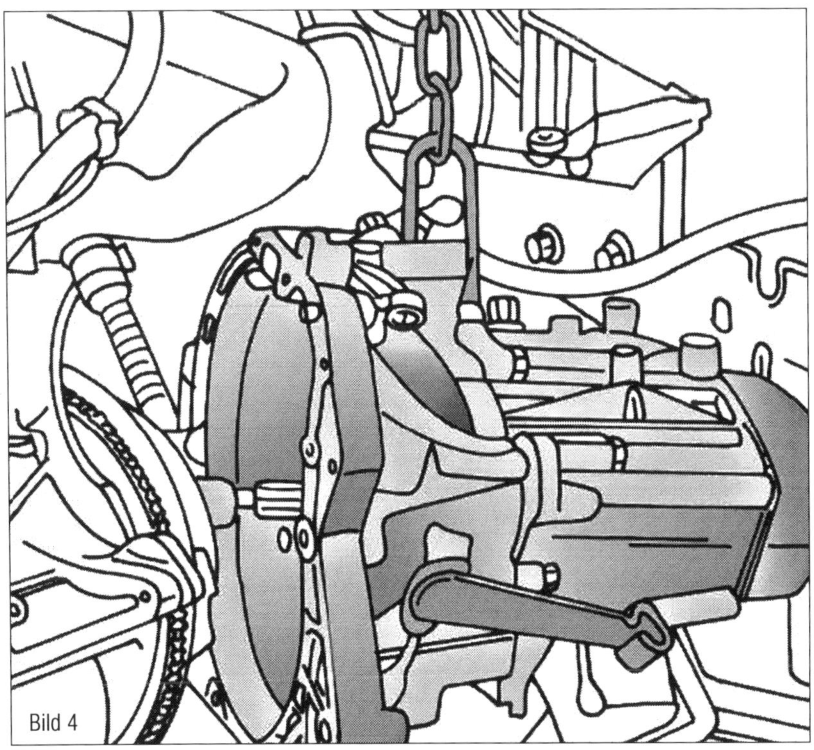
Bild 4

BR2, einschmieren. Kontrollieren, dass die Passstifte in der Verbindungsfläche des Getriebes sitzen. Mit einem Stück Schnur oder Draht den Kupplungsausrückhebel nach hinten binden, damit das Ausrücklager gegen den Anschlag kommt.

■ Getriebe unter das Fahrzeug schieben und ein Seil oder eine Kette an der Öse des Getriebes befestigen (siehe Bild 4) oder das Getriebe auf einem Rollwagenheber ruhend in die richtige Lage heben. Mit dem Hebezeug das Getriebe anheben, bis es ungefähr gegenüber dem Motor steht. Das Getriebe gegen den Motor drücken und gleichzeitig die Kupplungswelle in Eingriff mit der Mitnehmerscheibe der Kupplung bringen. Falls der Eingriff nicht sofort zustande kommt, kann eine zweite Person den Kurbeltrieb durch Bewegen des Keilriemens hin- und herbewegen, bis das Getriebe an den Motor heranrutscht. In den meisten Fällen reicht die kleinste Verdrehung der Kurbelwelle aus, um den Eingriff herzustellen, während man das Getriebe gleichzeitig gegen den Motor drückt.

■ Getriebe vollkommen gegen den Motor drücken, bis der Spalt geschlossen ist. Die Schrauben zwischen Motor und Getriebe an der Oberseite einsetzen und mit einem Anziehdrehmoment von 50 Nm festziehen.

■ Motor und Getriebe langsam anheben, bis die Getriebeaufhängung montiert werden kann. Die Muttern der Aufhängung entsprechend den Abbildungen der Motoraufhängungen im Kapitel »Motor« anziehen. Muttern des Aufhängungslagers an der Außenseite mit 25 Nm, Mutter in der Mitte mit 80 Nm anziehen.

■ Von der Unterseite die Schrauben zwischen Motor und Getriebe mit einem Drehmoment von 50 Nm anziehen.

■ Die Schaltseile an der Seite des Getriebes anschließen.

■ Die rechte und die linke Achswelle einbauen, wie es in Kapitel 5 beschrieben ist.

■ Anlasser einbauen. Die drei Schrauben mit 18 Nm anziehen.

■ Die folgenden Anschlüsse wieder herstellen: Tachometerspirale anschließen, Kupplungszylinder montieren, Massekabel am Getriebe anschließen, Kabelanschlüsse am Schalter der Rückfahrleuchten anbringen, Stecker auf den Geber für die Fahrgeschwindigkeit aufstecken sowie andere abgezogene oder abgeschlossene Anschlüsse wieder anbringen. Lose Kabel entsprechend der beim Ausbau vorgefundenen Befestigung wieder befestigen.

■ Luftfilter und andere Zuleitungsrohre/Schläuche und den Batterieträger, Batterieaufnahmekasten und die Batterie montieren. Kabel wieder an der Batterie anklemmen.

■ Getriebeöl einfüllen. Nochmals kontrollieren, dass der Ablassstopfen fest angezogen wurde. Den Einfüllstopfen einschrauben. Die Anziehdrehmomente sind der Tabelle am Ende des Buches zu entnehmen.

■ Fahrzeug auf die Räder ablassen und die Muttern der beiden Antriebswellen (immer erneuern) mit einem Drehmoment von 100 Nm anziehen und aus der Endstellung um weitere 60° nachziehen. Den Nachziehwinkel muss man schätzen, wenn man davon aufgeht, dass 90° eine Viertelumdrehung darstellt. Die Handbremse muss dabei fest angezogen sein. Räder festziehen und die Radzierblenden wieder montieren.

■ Wagen Probe fahren und prüfen, dass sich alle Gänge einwandfrei durchschalten lassen.

Reparaturen am Getriebe

Getriebe werden heutzutage auf Lebenszeit gebaut und man wird kaum einen Getriebeschaden erleiden. Eine Überholung des Getriebes wird nicht empfohlen, da es weitaus besser ist, ein Austauschgetriebe einzubauen. Wie der Name besagt, gibt man das alte Getriebe im Austausch gegen das werksüberholte Getriebe zurück. Am ursprünglich eingebauten Getriebe montierte Teile müssen auf das Austauschgetriebe umgerüstet werden. Unbedingt das richtige Getriebe beschaffen.

Getriebeölstand und Ölwechsel

Als Erstes soll gesagt werden, dass das Getriebe auf Lebenszeit gefüllt ist, d. h. das Getriebeöl muss nicht regelmäßig gewechselt werden. Die folgende Beschreibung gilt deshalb nur, falls das Getriebeöl aus einem anderen Grund abgelassen wurde.
Der Ölstand im Getriebe sollte alle 60'000 km kontrolliert werden.

Bei der folgenden Beschreibung darf man die Getriebeausführungen nicht verwechseln, da Unterschiede in den Anziehdrehmomenten, Ölfüllmengen, usw. vorhanden sind.

Beim BE 4/5-Getriebe sitzt der Ölstandskontrollstopfen an der Außenseite des Antriebsgehäuses, in Bild 5 mit (2) bezeichnet. Ein Vierkantschlüssel ist zum Herausschrauben des Stopfens erforderlich (oder in manchen Fällen ein Inbusschlüssel). Um den Ölstand im Getriebe zu überprüfen, den Stopfen herausdrehen und den Zeigefinger in die Öffnung einsetzen. Falls man das Öl erreichen kann, stimmt die Ölfüllung.
Zum Ablassen des Öls, möglichst bei warmem Getriebe, den Stopfen an der Unterseite des Achsantriebsteils des Getriebes, unmittelbar unter der Achswelle auf der Verschlussdeckelseite des Getriebes, ausschrauben (1, Bild 5). Wiederum ist ein Spezialschlüsseleinsatz zum Herausdrehen erforderlich. Das Öl in einen untergestellten Behälter ablaufen lassen. Der Einfüllstopfen (2) in Bild 5 sollte herausgedreht werden, damit das Öl besser ablaufen kann. Den Ablassstopfen sofort reinigen und wieder einschrauben. Stopfen (1) in Bild 5 mit 35 Nm, Stopfen (2) mit 22 Nm anziehen.

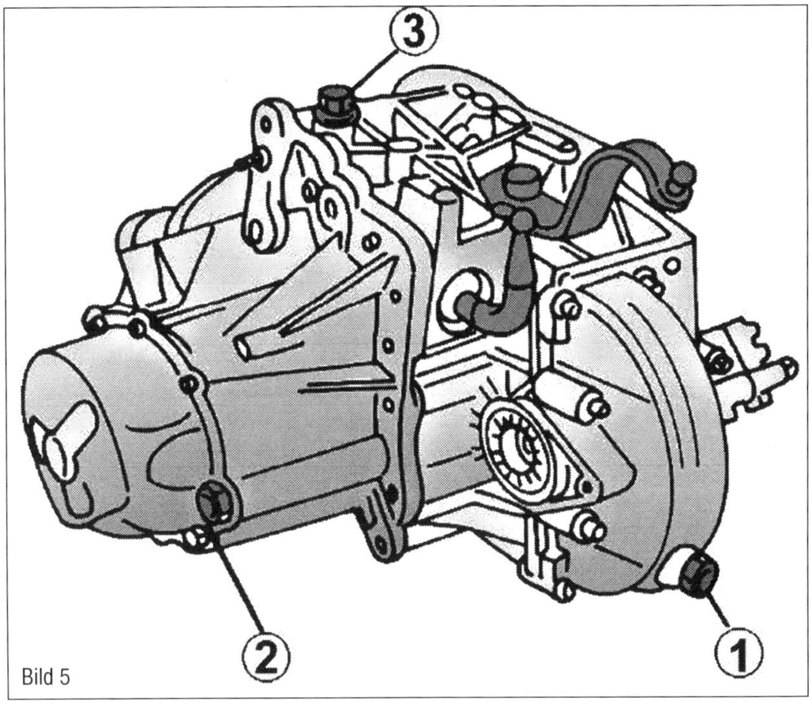

Bild 5

Bild 5
Ansicht des BE 4/5-Getriebes mit Lage der Stopfen.

1. *Ölablassstopfen*
2. *Einfüllöffnung und Öffnung zur Ölstandskontrolle*
3. *Stopfen für Getriebeblüftung*

Beim ML5-Getriebe sitzt der Ölstandskontrollstopfen an der Außenseite des Antriebsgehäuses, in Bild 6 mit (2) bezeichnet. Der Ablassstopfen ist an Stelle (1) eingeschraubt. Die Kontrolle findet in der oben beschriebenen Weise statt.
Das Ablassen des Getriebeöls findet ebenfalls in der beschriebenen Weise statt. Beide Stopfen werden in diesem Fall mit 30 Nm angezogen.

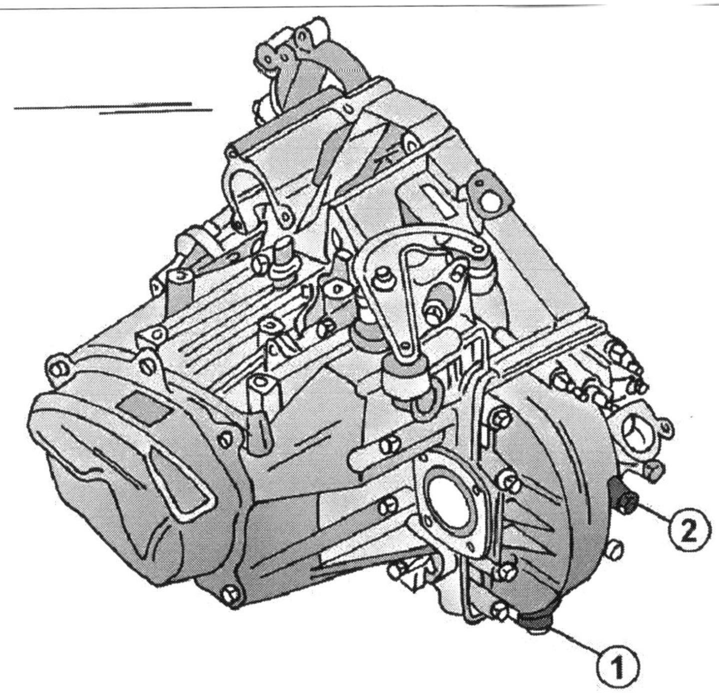

Bild 6

Bild 6
Die Lage des Ölablassstopfens (1) und Einfüllstopfens (2)

Sichtprüfung Messen

Bild 7
Die Schaltseile.

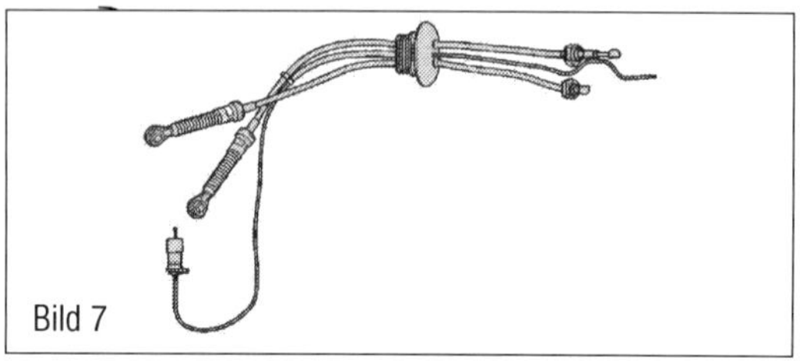
Bild 7

Bild 8
Einzelheiten zum Ausbau der Schaltseile in der Innenseite des Fahrzeuges. Auf die Zahlen wird im Text eingegangen.

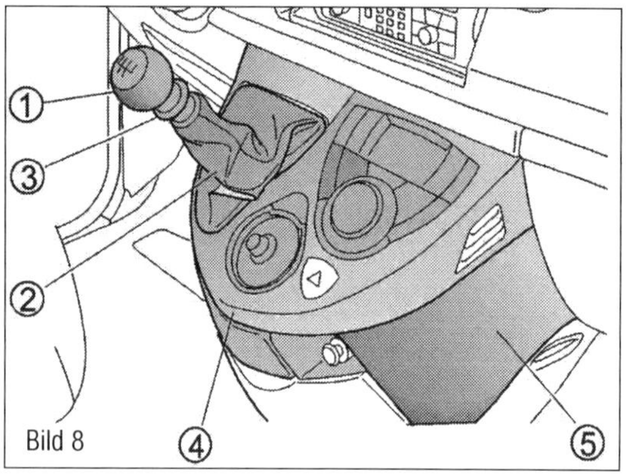

Bild 8

Bild 9
Die Schaltseile (1) abschließen (im Bild nur ein Seil gezeigt) und den Schalthebel (3) nach Lösen der Muttern (2) herausziehen.

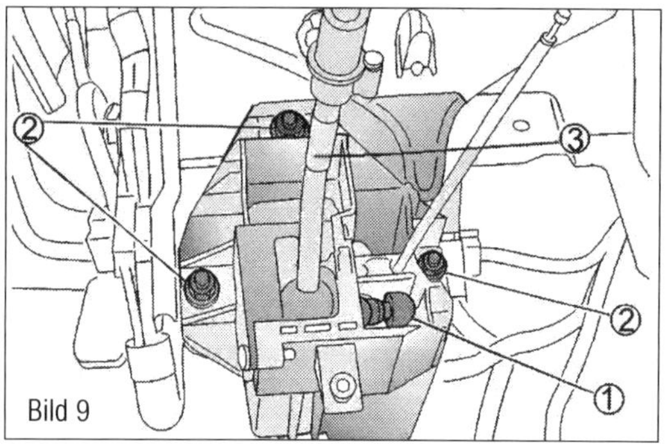

Bild 9

Das Getriebe mit ca. 2 Liter des vorgeschriebenen Schmieröls füllen (vielleicht auch etwas weniger). Dadurch wird der Ölstand an die Unterkante der Öleinfüllöffnung gebracht. Beim BE 4/5-Getriebe kann man den Stopfen für die Belüftung des Getriebes (3 in Bild 5) herausdrehen, um das Öl einzufüllen. Kontrollieren, ob der Dichtring noch gut aussieht. Nach einigen Kilometern kann man den Ölstand nachprüfen.

Die Gangschaltung

Aufgrund der eingebauten Seilschaltung und der Anordnung des Schalthebels in der Mitte des Armaturenbretts ist der Aus- und Einbau der Schaltseile natürlich wesentlich erschwert. Die Schaltseile haben das in Bild 7 gezeigte Aussehen. An den Seilenden werden die Seile mit den gezeigten Öffnungen über Kugelbolzen an den Getriebeschalthebeln gedrückt. Das Lösen der Schaltseile von den Hebeln ist ziemlich einfach, da man nur einen flachen Gabelschlüssel unter das Seilende unterschieben braucht. Durch einen kurzen Ruck wird das Seil dann durch Hebelwirkung gelöst.

Die Schwierigkeiten könnten beim Ausbau des Schalthebels liegen, und aus diesem Grund sollte man eine Erneuerung des Schaltseils in einer Werkstatt durchführen lassen. Falls man es selbst durchführen will: Bild 8 zeigt, wie der Hebel montiert ist.

- Als Erstes den Schalthebelknopf (1) abschrauben. Die Umhüllung des Hebels (2) an der Unterseite erfassen und vorsichtig aus dem Eingriff mit den Befestigungsstellen bringen. Das Seil für den Rückwärtsgang (3) muss von der Abdeckung befreit werden.
- Den Multifunktions-Bedienungseinsatz (4) erfassen und nach oben anheben, bis er frei von den seitlichen Abdeckungen (5) ist.
- Es ergibt sich jetzt ein Anblick mit vier Anschlüssen. Drei sind elektrische Kabelstecker (trennen), der vierte Anschluss ist das Schaltseil für den Rückwärtsgang (abschließen).
- Auf der linken und rechten Seite, unter dem Armaturenbrett, die zur Schallabdämpfung benutzte Verkleidung teilweise lösen und den gesamten Multifunktions-Bedienungseinsatz herunterheben.
- Die Schaltseile in der oben beschriebenen Weise von den Hebeln am Schalthebel abdrücken. Ringsherum sind drei Muttern zu sehen, die den Schalthebel halten. Muttern lösen und den Schalthebel herausziehen (Bild 9).
- Vom Motorraum aus den Pollenfilter und den Luftfilter ausbauen. Die jetzt zugänglichen Befestigungsclips der Schaltseile entfernen und die Kugelgelenke der Schaltseile von den Hebeln am Getriebe abdrücken.
- Schalthebelhalterung ausbauen. Die Schraube der Rückwärtsgangsperre am Getriebegehäuse muss man finden. Sie wird durch den linken Radkasten ausgeschraubt.
- Die Schaltseile von der Innenseite des Fahrzeuges herausziehen, wobei sie gleichzeitig von den Befestigungen zu lösen sind. Der Einbau der Seile findet in umgekehrter Reihenfolge statt. Unbedingt darauf achten, dass die Schaltseile einwandfrei verlegt werden. Alle Befestigungsclips müssen erneuert werden. Die Schraube für die Rückwärtsgangsperre wird mit 8 Nm angezogen.

8 Antriebswellen

Die Antriebswellen sind von unterschiedlicher Länge und Bauweise, je nachdem, ob sie links oder rechts eingebaut sind. Abgesehen davon sind die Gleichlaufgelenke innen und außen bei den unterschiedlichen Fahrzeugmodellen von spezifischer Bauweise, der Durchmesser der Wellen in der Mitte und an der Außenseite ist unterschiedlich und der Durchmesser der Gleichlaufgelenke ist der Motorleistung angepasst. Das innere Gleichlaufgelenk ist ungefähr in der Mitte der rechten Welle angeordnet und an einem Stützlager angeschlossen. Letzteres ist wiederum mit einem Gehäuse an der Rückseite des Zylinderblocks verschraubt. Falls eine Antriebswelle erneuert werden muss, unbedingt die richtige Welle kaufen.
Die Antriebswellen auf der Getriebeseite haben ein so genanntes Dreiachsgelenk, welches sich auf den inneren Keilnuten verschieben kann, und ein nichtgleitendes, homokinetisches Gleichlaufgelenk (Rzeppa-Gelenk, jedoch unterschiedlich, je nach eingebautem Motor) auf der Radseite. Die Mutter auf dem Ende der Achswellen ist mit einem bestimmten Anziehdrehmoment angezogen und aus der Endstellung im Winkelanzug nachgezogen (60°). Nach Anziehen der Mutter wird eine Mutternsicherung über die Achswellenmutter geschoben und mit einer Federspange gesichert. Beim Lösen der Mutter muss man mit Vorsicht vorgehen, wenn das Fahrzeug dabei auf Unterstellböcken steht. Wie die beiden Wellen aussehen, kann man Bild 1 entnehmen.

Ausbau einer Antriebswelle

Da die Öldichtringe in den Seiten des Achsantriebs erneuert werden müssen, sind geeignete Einschlagdorne erforderlich, um sie bündig in das Gehäuse einzuschlagen. Zum Einbau der Antriebswellen in die Dichtringe werden vorschriftsmäßig Schutzführungen benutzt, die manchmal zusammen mit neuen Öldichtringen geliefert werden. Die Öldichtringe müssen erneuert werden, wenn die Welle einmal aus dem Eingriff mit dem Getriebe kommt.

Tipp: Beim Einbau der Welle muss man eine neue Mutter für die Welle, eine neue Mutter für die Spurstangengelenkbefestigung am Lenkhebel des Achsschenkels und neue Muttern für die Klemmschrauben an der Verbindung zwischen Achsschenkel und Federbein bereit haben.

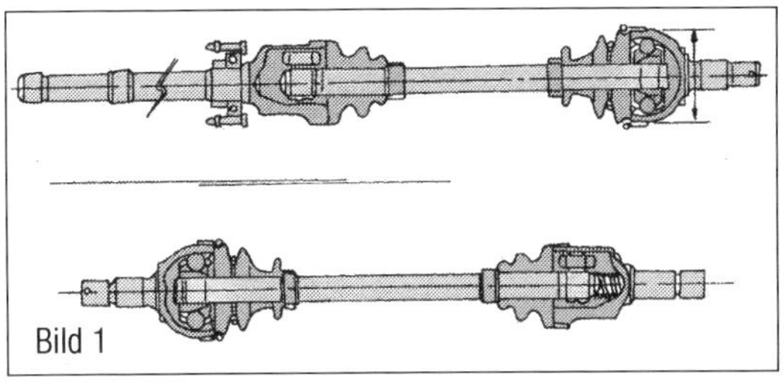

Bild 1

Bild 1
Ansicht der beiden Antriebswellen. Die obere Ansicht zeigt die rechte Welle mit dem Stützlager. Die untere Ansicht zeigt die linke Antriebswelle.

Achtung: Die Achswellenmuttern sollten immer gelöst werden, solange die Räder auf dem Boden aufstehen, es sei denn, dass man den unten erwähnten Hebel herstellt.

- Handbremse anziehen und den ersten Gang einschalten.
- Radmuttern lockern. Das Fahrzeug wird im Moment noch nicht aufgebockt.
- Die Mutter der Achswelle mit einer Stecknuss passender Größe lockern, nachdem man die Sicherungsspange in Bild 2 heraus-

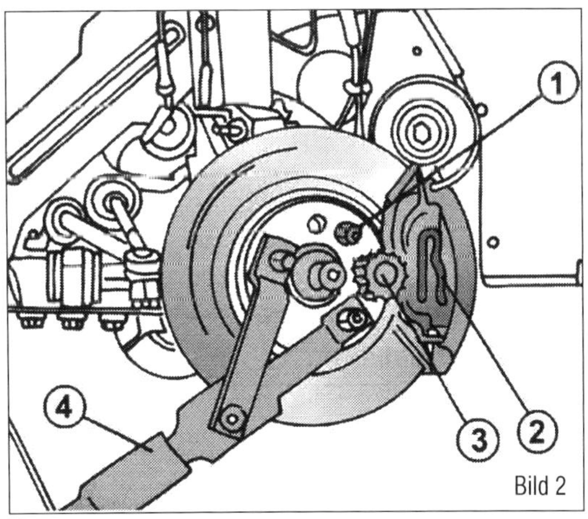

Bild 2

Bild 2
Lösen einer Antriebswellenmutter. Beim Lösen und Anziehen muss die Radnabe in der gezeigten Weise gegengehalten werden.

1 Mutter (Bremsscheibe)
2 Sicherungsspange
3 Mutternsicherung
4 Gegenhalter

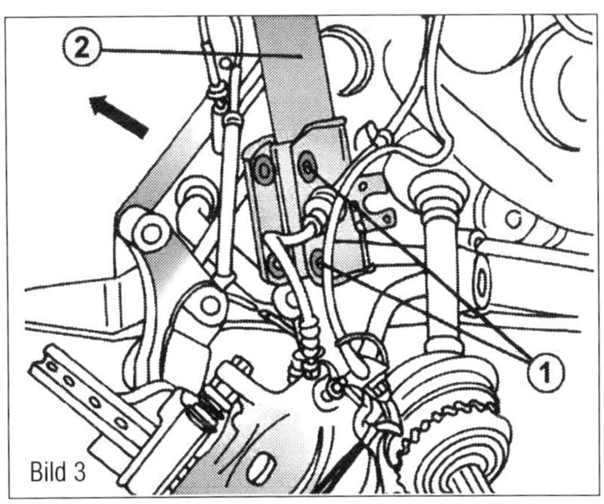

Bild 3

Bild 3
Beim Ausbau einer Antriebswelle zu lösende Teile.

1 Mutter der Federbeinverbindung
2 Federbein

Bild 4
Die beiden Muttern (1) halten das Stützlager. An der Rückseite die beiden Schrauben um eine Viertelumdrehung verdrehen, um sie aus dem Eingriff zu bringen.

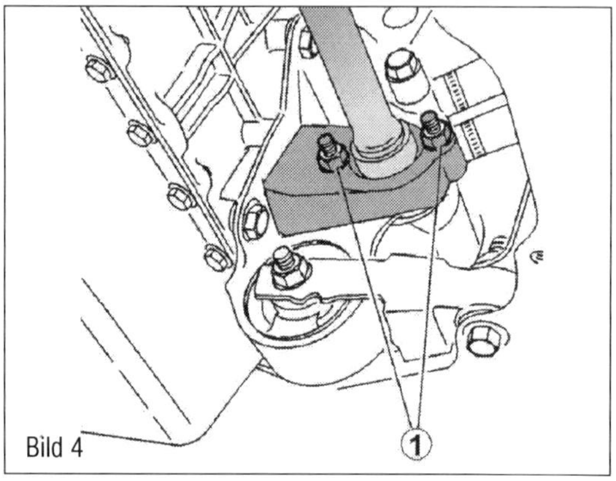

gezogen und die Mutternsicherung abgenommen hat. Die Mutter kann man einstweilen auf der Welle lassen.

- Fahrzeug vorn auf kräftige Unterstellböcke setzen. Das Rad kann an der Nabe gelassen werden oder man schraubt es ab. Falls man die Mutter bei auf Böcken sitzenden Fahrzeugen lösen will, muss man die Radnabe unbedingt in der in Bild 2 gezeigten Weise gegenhalten. Der Hebelarm der Vorrichtung muss dabei auf dem Boden aufsitzen.
- Ablassstopfen des Getriebes herausdrehen und ca. 1 Liter Öl in einen sauberen Behälter laufen lassen oder das Getriebe komplett entleeren. Dadurch wird vermieden, dass das Öl aus den Seiten des Getriebes herauslaufen kann.
- Den Drehzahlfühler für die ABS-Anlage aus dem Achsschenkel ausbauen (siehe Kapitel »Bremsanlage«), damit er nicht beschädigt werden kann.
- Die Klemmschrauben an der Oberseite des Achsschenkels vom Federbein lösen und herausnehmen. Dazu den Achsschenkel nach unten drücken, bis die Teile getrennt sind. Um genügend Arbeitsraum zu schaffen, drückt man das Federbein in Pfeilrichtung von Bild 3 auf eine Seite und bindet es mit einer Drahtschlinge in der erhaltenen Stellung fest. Vor der Durchführung der Arbeit unbedingt kontrollieren, ob das Fahrzeug sicher auf den Böcken ruht. Darauf achten, von welcher Seite aus die Schrauben eingeschoben sind.

⚠ Beim Trennen der Teile nicht den Faltenbalg der Antriebswelle beschädigen. Man kann diese mit einem dicken Putzlappen umwickeln.

- Den Achsschenkel an der Unterseite nach außen ziehen, die Antriebswelle nach innen drücken und die Welle aus der Radnabe herausziehen. Es könnte sein, dass man einen Kunststoffhammer oder einen Metallhammer und einen Weichmetalldorn zum Nachhelfen benötigt. Die Welle einstweilen mit einem Stück Draht festbinden, damit sie nicht lose herunterhängen kann.

Der weitere Ausbau erfolgt jetzt nach Einbau der Gelenkwelle:

Linke Welle

- Die Welle gut in der Mitte halten und das Gleichlaufgelenk aus der Seite des Getriebes herausziehen. Die Welle jetzt durch Kippen und Verdrehen aus der Aufhängung herausnehmen.

Welle mit Stützlager

- Die beiden Muttern der Befestigungsschrauben des Stützlagers lockern (Bild 4) und die Schraubenköpfe um eine Viertelumdrehung verdrehen. Dadurch geben die versetzten Schraubenköpfe den äußeren Lagerring des Lagers frei.
- Das äußere Ende der Antriebswelle erfassen und am inneren Ende ziehen, bis das Zwischenlager aus dem Montagebock herauskommt. Nachdem die Welle frei ist, den Staubschutzring vom inneren Ende unter Beachtung der Einbauweise vom inneren Ende herunterziehen und die Welle herausnehmen.

Der Dichtring in der Innenseite der Getriebeöffnung kann sofort ausgebaut werden. Diesen vorsichtig mit einem Schraubendreher heraushebeln. Auch wenn der Dichtring noch gut aussehen sollte, schreibt der Hersteller vor, dass man ihn erneuert.

Einbau einer Antriebswelle

- Die Umgebung des Antriebswellenausgangs am Getriebe einwandfrei reinigen, einen neuen Öldichtring an der Dichtlippe einölen und den Dichtring gerade in das Getriebe einschlagen, bis die Außenfläche bündig abschneidet. Zu beachten ist, dass die Dichtringe nicht auf beiden Seiten den gleichen Durchmesser haben.

Der Einbau findet jetzt wieder entsprechend der Seite der Fahrzeuges und der eingebauten Welle statt:

Welle ohne Stützlager

■ Eine der mit den Öldichtringen mitgelieferten Schutzführungen (falls sie enthalten sind) wie in Bild 5 (links) gezeigt in die Öffnung des Differentials einsetzen. Das innere Ende der Welle in das Getriebe einschieben und dabei die Keilverzahnungen mit dem Seitenrad in Eingriff bringen. Nachdem die Welle einwandfrei in Eingriff gekommen ist, an den beiden »Ohren« der Schutzführung ziehen (siehe Bild 5, rechts), um diese zu entfernen.

Welle mit Stützlager

■ Kontrollieren, dass sich das Kugellager des Stützlagers einwandfrei durchdrehen lässt und kein übermäßiges Spiel aufweist. Falls erforderlich muss das Lager erneuert werden (siehe spätere Beschreibung). Den Staubschutzring erneuern, falls er nicht mehr gut aussieht. Den äußeren Lagerring des Stützlagers und den Staubschutzring etwas einfetten.

■ Das innere Ende der Antriebswelle durch den Lagerbock einschieben und den Staubschutzring auf das herausstehende Wellenstück aufschieben. Die flache Seite liegt gegen das Getriebe an.

■ Das innere Ende der Welle mit den Verzahnungen im Differentialseitenrad in Eingriff bringen, wobei wieder die oben erwähnte Schutzführung zu benutzen ist, falls diese mitgeliefert wurde.

■ Das Stützlager mit dem Lagerbock aufrichten und die Welle vollkommen einschieben. Falls sich der äußere Lagerlaufring dabei verschoben hat, muss man ihn wieder in den Lagerbock einschlagen (Weichmetallhammer).

■ Den unten stehenden Anweisungen folgen, bis die Welle wieder im Achsschenkel und der Radnabe sitzt. Das Stützlager wird jetzt befestigt. Kontrollieren, dass das Lager einwandfrei sitzt und die Schraubenköpfe um eine Viertelumdrehung zurückdrehen, sodass die versetzten Schraubenköpfe über dem Lagerring sitzen und diesen in seiner Lage halten. Die Muttern in Bild 4 mit 10 Nm anziehen. Kontrollieren, dass der Staubschutzring gut gegen die Öffnung im Getriebe anliegt.

Bei allen Ausführungen

■ Die Achswelle mit dem Achsschenkel in Eingriff bringen und so weit wie möglich nach außen ziehen.

Bild 5
Einsetzen der Schutzführung in der linken Ansicht und entfernen der Führung nach Einbau der Antriebswelle in der rechten Ansicht.

■ Den Achsschenkel nach innen schieben und an der Oberseite mit dem Federbein verbinden. Die beiden Schrauben mit den Schraubenköpfen auf der richtigen Seite in Federbein und Achsschenkel einschieben und die Muttern aufschrauben. Mit 110 Nm anziehen.

■ Den Drehzahlgeber für die ABS-Anlage montieren.

■ Eine neue Achswellenmutter an den Gewinden und an der Auflagefläche einfetten und auf die Welle schrauben, ohne sie vollkommen anzuziehen.

■ Das Fahrzeug auf die Räder ablassen und die Handbremse anziehen. Die Achswellenmuttern jetzt auf beiden Seiten mit der Stecknuss und einem Drehmomentschlüssel auf das vorgeschriebene Anziehdrehmoment von 100 Nm anziehen. Bild 6 zeigt diesen Arbeitsvorgang. Aus der Endstellung die Mutter um weitere 60° festziehen. Den Winkel muss man schätzen, d. h. er liegt zwischen 1/6 Umdrehung und einer Viertelumdrehung. Nach Anziehen die Muttersicherung über die Mutter setzen und die Sicherungsspange einschieben (siehe Bild 2). Das Loch in der Achswelle und eine Krone der Muttersicherung müssen fluchten.

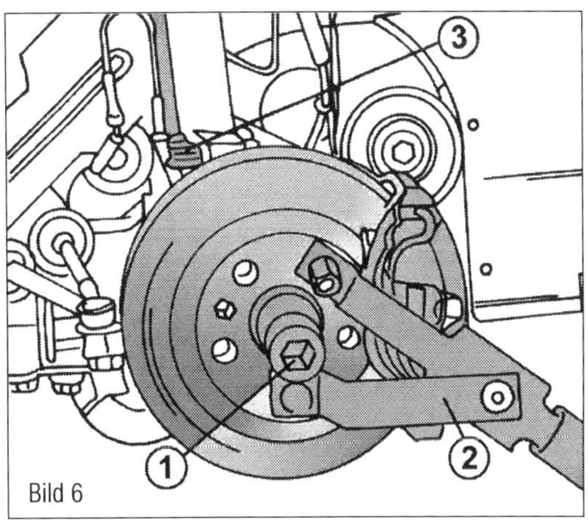

Bild 6
Anziehen einer Achswellenmutter.

1. *Stecknuss zum Anziehen der Mutter*
2. *Gegenhalter*
3. *Schrauben der Federbeinverbindung*

Bild 7
Schnitt durch die Stützlagerbefestigung der rechten Antriebswelle. Muttern, 10 Nm Schraubenköpfe

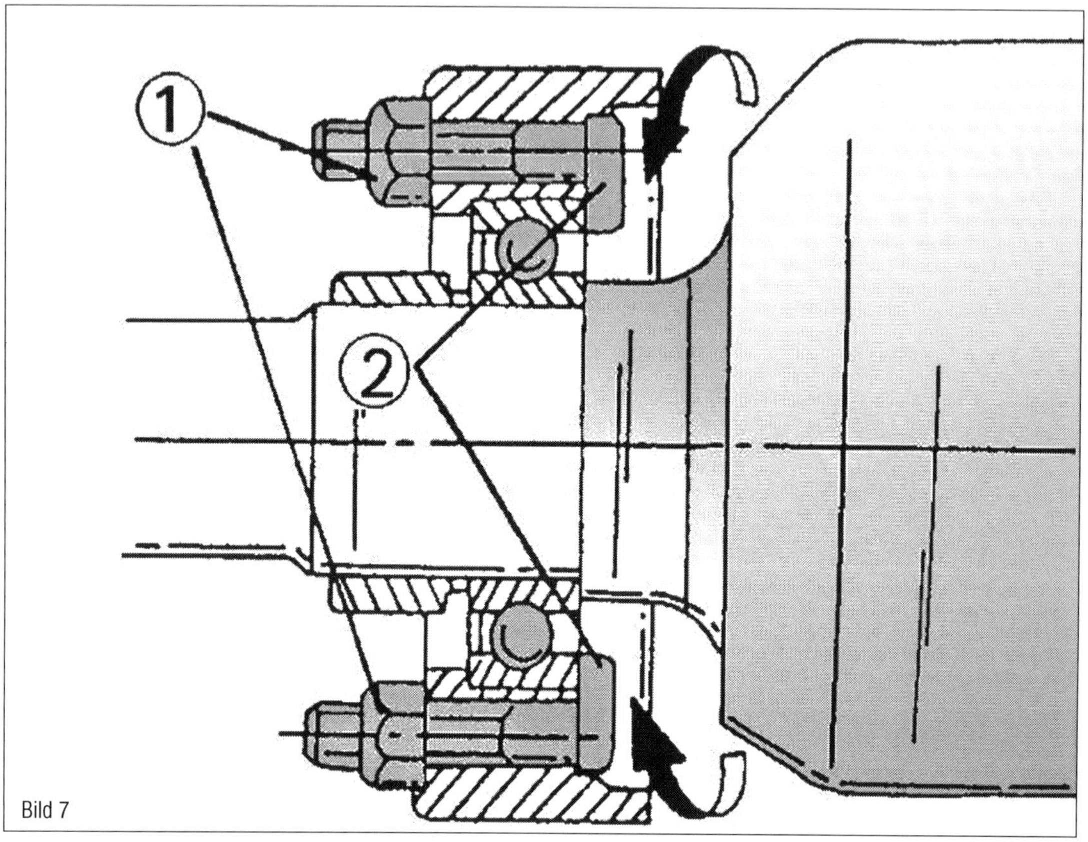

Bild 7

- Die Radmuttern anziehen.
- Das Getriebe mit Öl füllen oder den Ölstand berichtigen, je nachdem, wie das Getriebe entleert wurde.

Reparatur von Antriebswellen

Reparaturen von Antriebswellen sind immer schwierig, falls das Gleichlaufgelenk ausgeschlagen ist oder die Gelenkmanschette beschädigt ist. Aus diesem Grund empfehlen wir, die Welle zur Überholung in eine Werkstatt zu bringen oder eine neue Welle einzubauen. Falls Schmutz durch eine eingerissene Manschette eingetreten ist, wird es auch in das Gleichlaufgelenk gekommen sein, sodass dieses zerlegt und neu geschmiert werden muss. Die Erneuerung der Gelenkmanschette auf der Radseite macht ebenfalls das Auswechseln des Gelenks auf der Getriebeseite erforderlich.
Der Zustand der Gelenkmanschetten sollte regelmäßig im Rahmen der Wartungsarbeiten kontrolliert werden.

Erneuerung des Zwischenlagers

Das Zwischenlager kann nach Ausbau der rechten Antriebswelle erneuert werden. Den Träger des Zwischenlagers vom Motor abschrauben. Falls das Lager nicht mit der Antriebswelle heruntergekommen ist, muss es zusammen mit dem Dichtring aus dem Lagerträger gepresst werden. Das neue Lager und den Dichtring montieren, den Träger wieder anschrauben und die Antriebswelle montieren, wie es oben beschrieben wurde. Das Lager mit Mehrzweckfett einschmieren. Die Muttern mit 10 Nm anziehen. Bild 7 zeigt eine Schnittansicht des eingebauten Lagers. Aus dem Bild ist deutlich zu ersehen, wie die Schraubenköpfe auf der gegenüberliegenden Seite der Muttern verankert werden müssen, d. h. man muss sie um eine Viertelumdrehung verdrehen, um die Welle aus- oder einzubauen.

9 Vorderachse und Radaufhängung

Regelmäßige Wartungsarbeiten

Bild 1 zeigt die zusammengebaute Vorderradaufhängung. Die Aufhängungskugelgelenke zwischen den Querlenkerarmen und dem Radlagergehäuse, auch Achsschenkel genannt, sind wartungsfrei. Gummistaubschutzkappen verhindern das Eintreten von Schmutz oder Feuchtigkeit. Eintritt von Schmutz hat eine schmirgelnde Wirkung, während Eintritt von Feuchtigkeit am Ende zu Rostbildung führt. Bei regelmäßigen Wartungsarbeiten können die Kugelgelenke folgendermaßen kontrolliert werden:

- Vorderseite des Fahrzeuges auf Böcke setzen und das Lenkrad aus einem Anschlag in den anderen drehen.
- Die Gummistaubschutzkappen auf beiden Seiten auf Einschnitte oder andere Beschädigung kontrollieren. Eine beschädigte Staubschutzkappe kann nur durch Erneuerung des gesamten Kugelgelenks ersetzt werden. Abgesehen davon, dass man die Staubschutzkappen selbst nicht erneuern kann, besteht außerdem die Gefahr, dass Schmutz bereits in die Kugelgelenke eingetreten ist, welche deshalb bald ausschlagen werden.

Stoßdämpfer und Federbeine
Im Abschnitt »Zerlegung der vorderen Federbeine« werden bestimmte Anweisungen zur Kontrolle eines Stoßdämpfers gegeben. Den Anweisungen sollte man folgen, falls man annimmt, dass der oder die Stoßdämpfer nicht einwandfrei arbeiten.

Vordere Federbeine

Ausbau

Die Schrägstellung der Federbeine bestimmt den Sturzwinkel der Räder. Aus diesem Grund muss das obere Federbeinlager auf der richtigen Seite eingebaut werden. Das Federbeinlager hat auf einer Seite eine Kennzeichnung, welche in Bild 2 gezeigt ist. In Fahrtrichtung »C« gesehen, kommt das mit »A« gezeichnete Federbeinlager auf die linke Seite, das mit »B« gezeichnete auf die rechte Seite.

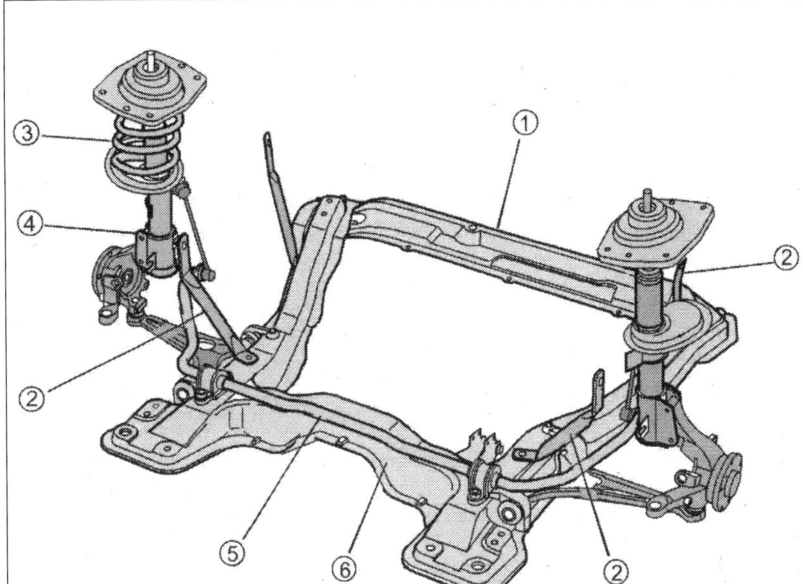

Bild 1

Bild 1
Ansicht der zusammengebauten Vorderradaufhängung.

1 Querträger
2 Versteifungsstreben
3 Schraubenfeder
4 Federbein
5 Kurvenstabilisator
6 Vorderer Nebenrahmen

Der folgende Text beschreibt den Ausbau des kompletten Federbeins ohne Querlenker und Antriebswelle. Die Schraubenfeder muss mit einem geeigneten Federspanner zusammengespannt werden, um ein Federbein zu zerlegen. Das Rad kann angeschraubt bleiben, jedoch erhält man besseren Zugang zu den verschiedenen Befestigungsstellen, wenn es abgeschraubt wird.

- Handbremse anziehen und den ersten Gang einschalten. Radmuttern lockern.
- Die Mutter der Antriebswelle lockern. Eine Stecknuss ist zum Lösen erforderlich (Sicherungsspange und Sicherungsmutter vorher entfernen).
- Das Fahrzeug an der Vorderseite aufbocken, sodass die Räder unter ihrem eigenen Gewicht herunterhängen können, und kräftige Unterstellböcke unter die Seiten der Karosserie untersetzen. Das Rad kann jetzt abgeschraubt werden. Die Wellenmutter vollkommen abschrauben.

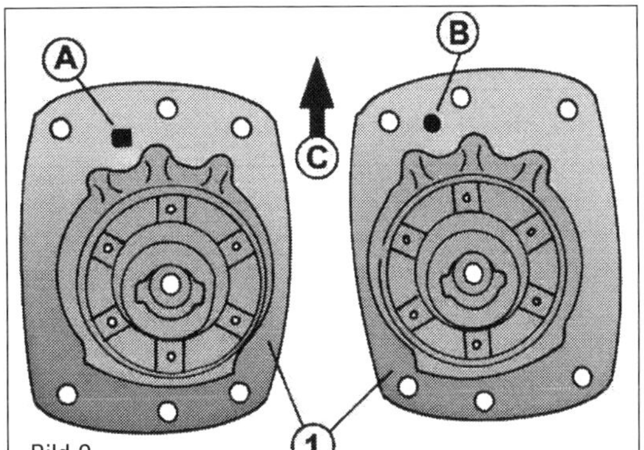

Bild 2

Bild 2
Die Anordnung der Federbeinlager (1) muss entsprechend der Kennzeichnung durchgeführt werden. Das mit »A« gezeichnete Federbeinlager kommt auf die linke Seite, das mit »B« gezeichnete Federlager kommt auf die rechte Seite. In allen Fällen entspricht dies der Fahrtrichtung »C«.

Sichtprüfung Messen

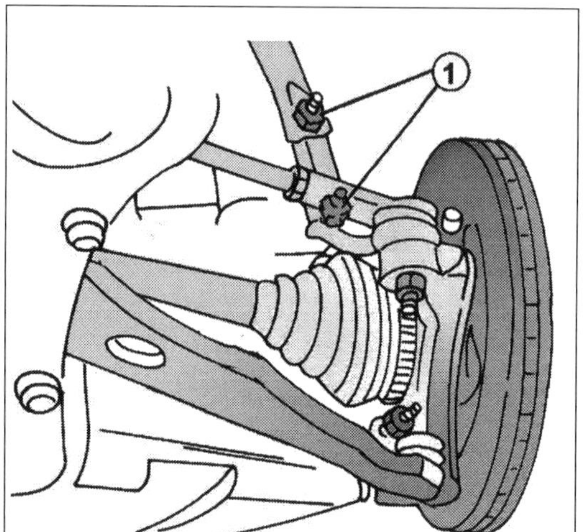

Bild 3

Bild 3
Die beiden Schrauben und Muttern (1) halten die Verbindung zwischen Federbein und Achsschenkel.

Bild 4

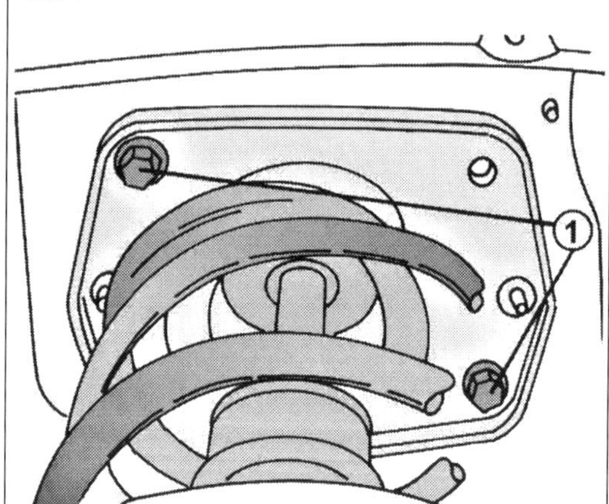

Bild 4
Die Schrauben (1) halten die Federbeine an der Oberseite.

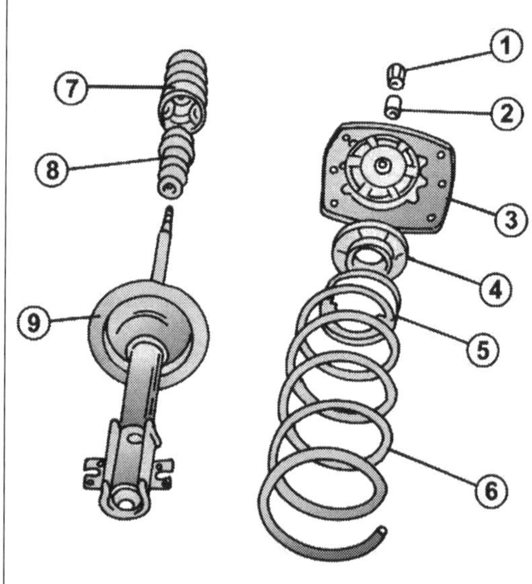

Bild 5

Bild 5
Zerlegtes Federbein.

1 *Kolbenstangenmutter, 90 Nm*
2 *Abstandshülse*
3 *Federbeinlager*
4 *Oberer Anschlagring*
5 *Kugeldrucklager*
6 *Schraubenfeder*
7 *Gummimanschette*
8 *Rückprallgummi*
9 *Federbein*

■ Die Bremsklötze ausbauen, wie es im Kapitel »Bremsanlage« beschrieben ist, und den Bremssattel abschrauben. Den Sattel mit einer Drahtschlinge festbinden.
■ Das elektrische Kabel vom Drehzahlfühler abschließen (ABS).
■ Die beiden Schrauben und Muttern der Verbindung Federbein/Achsschenkel an der in Bild 3 gezeigten Stelle lösen. Darauf achten, auf welcher Seite die Schraubenköpfe liegen. Den Achsschenkel nach unten drücken, bis Federbein und Achsschenkel getrennt sind. Darauf achten, dass dabei die Antriebswelle nicht aus dem Eingriff mit dem Getriebe kommen kann.
■ Die beiden in Bild 4 gezeigten Schrauben an der Oberseite des Federbeins herausdrehen. Ein Helfer muss das Federbein dabei halten, da es herunterfallen kann, sobald die Schrauben gelöst wurden. Das Federbein danach nach vorn zu herausheben.

Das Federbein kann auch zusammen mit der Achswelle ausgebaut werden. In diesem Fall den Querlenker an der Unterseite vom Achsschenkel trennen (siehe spätere Beschreibung).

Zerlegung und Zusammenbau

Bild 5 zeigt die Einzelteile eines zerlegten Federbeins und sollte hinzugezogen werden, wenn ein Federbein zerlegt wird, um die Schraubenfeder oder das obere Federbeinlager zu erneuern. Dies sind die einzigen Arbeiten, die man an einem Federbein durchführen sollte. Falls der Stoßdämpfer Schaden erlitten hat, muss das gesamte Federbein zusammen mit dem integralen Stoßdämpfer erneuert werden.

Ein Federspanner ist erforderlich, um die Schraubenfeder vor dem Ausbau zu entlasten. Der in einer Werkstatt verwendete Federspanner kann die in Bild 6 gezeigte Form haben. Falls man sich einen derartigen Federspanner nicht besorgen kann, verwendet man zwei Federspannhaken, die in der in Bild 6 (rechte Ansicht) gezeigten Weise angesetzt werden. Beim Zerlegen eines Federbeins folgendermaßen vorgehen:
■ Federbein in einen Schraubstock einspannen und den Federspanner um die Feder legen.
■ Die Schraubenfeder vollkommen zusammenspannen, indem man die Muttern des Federspanners anzieht, bis sich die Feder oben und unten vom Sitz abhebt.

■ Einen passenden Torxkopf-Schlüssel in die Mitte der Kolbenstange einsetzen und die Mutter mit einem Ringschlüssel lockern, während die Kolbenstange mit dem Torxkopf-Schlüssel gegen Mitdrehen gegengehalten wird. Teile über der Feder abnehmen.
■ Federspanner zusammen mit der Feder herunterheben und alle in Bild 5 gezeigten Teile vom Federbein abnehmen. Die Schutzmanschette ist über die Kolbenstange geschoben und kann heruntergezogen werden. Darunter sitzt der Rückprallgummi. Darauf achten, dass die Kolbenstange nicht beschädigt werden kann, wenn das Federbein abgelegt wird.

Alle Teile kontrollieren und wie erforderlich erneuern. Die Schutzmanschette, das Nadeldrucklager und das Federbeinlager müssen erneuert werden, falls sie nicht mehr in gutem Zustand sind. Nicht die glatte Fläche der Kolbenstange beim Ablegen des Federbeins beschädigen. Die vordere Fahrzeughöhe wird durch eine ermüdete Feder beeinflusst, falls eine oder beide Federn zum Beispiel lange in Betrieb waren. Beim Erneuern einer Feder immer die Fahrgestellnummer und das Baujahr angeben.

Ein Stoßdämpfer kann auf gute Arbeitsweise kontrolliert werden, indem man ihn senkrecht in einen Schraubstock einspannt. Die Mutter auf die Kolbenstange aufschrauben und mit einer Zange erfassen. Kolbenstange auf und ab bewegen. Die Kolbenstange sollte sich mit gleichmäßigem Widerstand bewegen lassen. Irgendwelche »toten« Stellen weisen auf einen defekten Stoßdämpfer hin.

Beim Zusammenbau eines Federbeins folgendermaßen vorgehen:
■ Die Teile entsprechend Bild 5 wieder zusammenbauen. Den Rückprallgummi und die Schutzmanschette über die Kolbenstange schieben und die Manschette am Federbein anbringen.
■ Das Federbein senkrecht in einen Schraubstock einspannen. Zusammengespannte Schraubenfeder aufsetzen. Das Ende der Feder muss sich dem Aufnahmesitz anpassen.
■ Die in Bild 5 gezeigten Teile über die Feder setzen. Der obere Federsitz muss mit der Aufnahme über dem Ende der Feder sitzen.

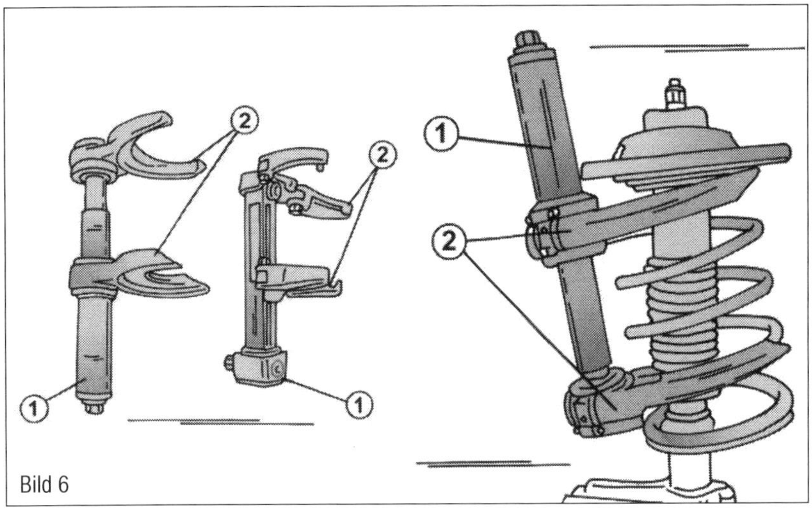

Bild 6

Bild 6
Geeigneter Federspanner (1) zum Zusammendrücken einer Schraubenfeder, wie er in der Werkstatt benutzt wird. Andere, auf dem gleichen Prinzip arbeitende Federspanner können problemlos verwendet werden, so lange man die Klauen (2) um die Federwicklungen legen kann. In der rechten Ansicht kann man das Ansetzen eines Federspanners sehen.

■ Eine neue Mutter auf die Kolbenstange aufschrauben und mit 35 Nm anziehen. Die Kolbenstange muss dabei gegengehalten werden, bis es möglich ist eine Stecknuss mit Drehmomentschlüssel anzusetzen.
■ Schraubenfeder langsam durch Lösen des Federspanners entspannen, während man gleichzeitig beobachtet, dass die Feder oben und unten eingreift. Die Enden der Feder müssen sich den Führungen an der Oberseite und der Unterseite anpassen.
■ Federbein aus dem Schraubstock ausspannen.

Einbau

Vor dem Einbau sich unbedingt noch einmal vor Augen halten:

Die Schrägstellung der Federbeine bestimmt den Sturzwinkel der Räder. Aus diesem Grund muss das obere Federbeinlager auf der richtigen Seite eingebaut werden. Das Federbeinlager hat auf einer Seite eine Kennzeichnung, welche in Bild 2 gezeigt ist. In Fahrtrichtung »C« gesehen, kommt das mit »A« gezeichnete Federbeinlager auf die linke Seite, das mit »B« gezeichnete auf die rechte Seite.
Fehler müssen hier unter allen Umständen vermieden werden, um dem Fahrzeug nicht die falsche Vorderradgeometrie zu geben.
Nicht genannte Anziehdrehmomente sind der Tabelle am Ende des Buches zu entnehmen.

Der Einbau findet in umgekehrter Reihenfolge statt.
■ Falls das Federbein zusammen mit der Antriebswelle ausgebaut wurde, die Welle in

das Getriebe einsetzen und vollkommen nach innen schieben (nicht die Erneuerung des Dichtringes im Getriebe vergessen, siehe unter »Einbau der Antriebswellen«). Danach das Federbein in die richtige Lage bringen und die zwei Schrauben in Bild 3 an der Oberseite in das Federbein einschrauben. Die Schrauben mit 35 Nm anziehen.

- Falls die Antriebswelle im Getriebe verblieben ist, den Achsschenkel und die Nabe über das Ende der Welle schieben und die Welle einbauen, wie es im entsprechenden Kapitel beschrieben ist. Danach das Federbein in die richtige Lage setzen und entsprechend der obigen Beschreibung an der Federbeinlagerung verschrauben.

Beim weiteren Einbau folgendermaßen vorgehen:

- Das Federbein mit dem Achsschenkel verbinden, die beiden Schrauben einschlagen (Schraubenköpfe müssen wieder auf der ursprünglichen Seite liegen) und die Muttern mit 90 Nm anziehen.
- Bremssattel vom Draht befreien und am Achsschenkel ansetzen. Die beiden Schrauben festziehen.
- Das Rad anschrauben und das Fahrzeug auf den Boden ablassen. Die Räder mit 100 Nm anziehen.
- Die Mutter der Achswelle entsprechend den Anweisungen im Kapitel »Antriebswellen« anziehen und sichern.

Vorderradnaben und Radlager

Die Vorderradlager sind verschlossen, voreingestellt und vorgeschmiert. Bei der Konstruktion wurde davon ausgegangen, dass die Lager ohne Wartung oder Einstellung auf Lebenszeit des Fahrzeuges halten. Die Muttern der Achswellen sind mit einem festgesetzten Anziehdrehmoment angezogen. Auf keinen Fall darf man versuchen, die Lager »nachzustellen«, indem man die Muttern fester anzieht.

Es passiert jedoch schon mal, dass ein Radlager ausfällt. In diesem Fall kann man es erneuern.
Verschiedene Spezialwerkzeuge werden in einer Werkstatt verwendet, um die Radlager zu erneuern. Vielleicht das wichtigste ist ein Abzieher, mit welchem man den inneren Lagerring vom Radnabenflansch abziehen kann, da er nach Ausbau der Nabe auf dem Flansch verbleibt. Falls man einen derartigen Abzieher zur Verfügung hat, liegt kein Grund vor, dass man die Arbeiten nicht durchführen sollte. Das Federbein muss ausgebaut werden, damit man die Arbeiten in einem Schraubstock durchführen kann. Die Radlager haben einen festen Presssitz auf der Radnabe und im Achsschenkel, und eine hydraulische Presse muss zur Erneuerung der Lager zur Verfügung stehen. Bei der Erneuerung eines Radlagers muss man immer das Fahrzeugmodell angeben, da Radlager manchmal im Laufe der Produktion geändert werden.

Bei der Erneuerung eines Radlagers folgendermaßen vorgehen:

- Das Federbein in einen Schraubstock einspannen, ohne es dabei zu verformen.
- Die beiden Schrauben der Bremsscheibe lösen und die Bremsscheibe von der Radnabe abnehmen.
- Die Innenseite des Achsschenkels in der Umgebung des Radlagers mit einem Lappen sauber wischen, um den Sprengring freizulegen. Den in Bild 7 gezeigten Sprengring mit einer Innenseegerringzange ausfedern, wie es in Bild 7 auf der rechten Seite gezeigt ist.
- Zum Ausbau der Radnabe oder des Radlagers sind Ausziehwerkzeuge erforderlich. Am besten eignet sich ein Schlaghammer dazu. Die Stange des Schlaghammers wird durch die Radnabenöffnung eingesetzt, sodass man ein Einsatzstück an der Innenseite anbringen kann, wie es Bild 8 zeigt. Das Gewicht des Schlaghammers gegen den Anschlag anschlagen, bis der Nabenflansch und das Lager zusammen herauskommen.

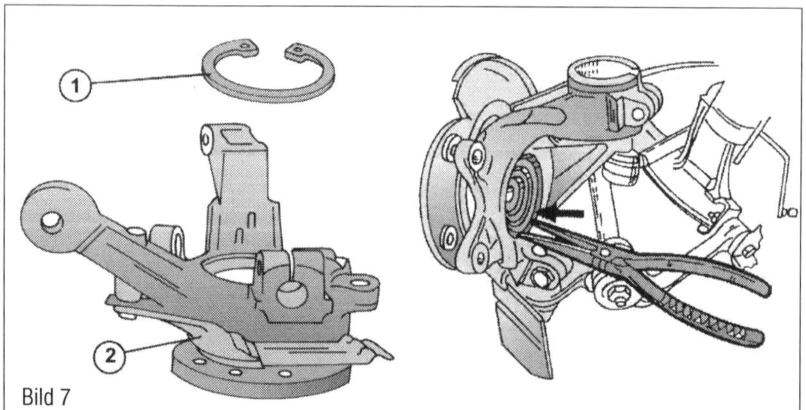

Bild 7

Bild 7
Zum Ausbau eines Radlagers. Den Lagersprengring (1) in der Innenseite des Achsschenkels (2) wie in der rechten Ansicht gezeigt ausfedern.

Falls ein Schlaghammer nicht zur Verfügung steht, kann man die Radnabe aus dem Achsschenkel auspressen. Der Achsschenkel muss in geeigneter Weise unterlegt werden. Auch sollte es möglich sein, die Teile mit einem geeigneten Dorn herauszuschlagen.

■ Der innere Lagerring des Radlagers verbleibt auf der Radnabe und muss abgezogen werden. Dies ist in allen Fällen erforderlich, da ja das Lager erneuert werden muss. Zum Abziehen des Lagers einen Abzieher verwenden, dessen Abpressplatten man unter den Lagerring setzen kann. Durch Anziehen der mittleren Schraube kommt der Lagerring herunter.

■ Bild 9 zeigt einen Lagerabzieher, welchen man jedoch durch einen Dreiarmabzieher ersetzen kann. Falls man Schwierigkeiten hat, die Abzieherklauen unter den Lagerring zu bringen, kann man einen Meißel einschlagen, um den Lagerring etwas zu lösen.

Alle Teile gründlich reinigen und auf Wiederverwendbarkeit kontrollieren. Das Lager muss in jedem Fall erneuert werden. Kontrollieren, dass der Sprengring in einwandfreiem Zustand ist. Das neue Lager vor dem Einbau gut mit Mehrzweckfett einschmieren.

Beim Einbau des Radlagers folgendermaßen vorgehen:

■ Ein Stück Rohr des gleichen Durchmessers wie der äußere Lagerring zum Einpressen des Lagers verwenden. Den Lagerring bis zum Anschlag in den Achsschenkel einpressen.

■ Kontrollieren, dass der Lagerkäfig richtig in der Lagerbohrung sitzt, und den Sprengring mit einer Sprengringzange einsetzen. Falls der Sprengring beim Ausbau verbogen wurde, muss er erneuert werden. Kontrollieren, dass der Ring am gesamten Umfang einwandfrei sitzt.

■ Radnabe unter einer Presse in den Achsschenkel einpressen. Dabei die Radnabe in der in Bild 10 gezeigten Weise auflegen, den Achsschenkel mit dem eingebauten Radlager aufsetzen und das Ganze zusammenpressen, bis die Radnabe gegen das Radlager anschlägt. Den Pressstempel (1) gegen die Innenseite des Radlagers ansetzen. Der im Radlager eingesetzte Kunststoffring wird beim Einpressen zerstört und kann danach abgenommen werden.

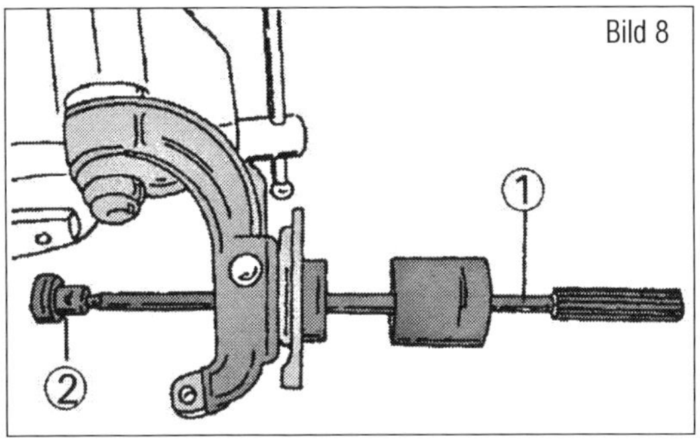

Bild 8

Bild 8
Ausbau eines Radlagers. Mit einem Schlaghammer (1) sowie einem passendem Adapter (2) wird das Lager herausgezogen.

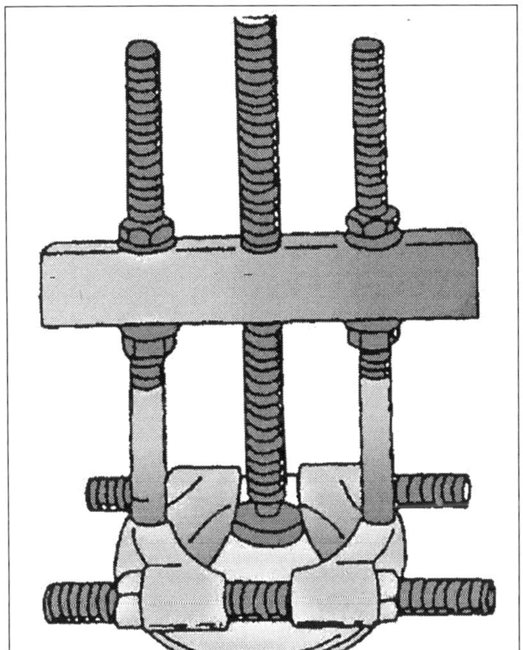
Bild 9

Bild 9
Abziehen des inneren Lagerlaufrings für das Radlager von der Radnabe mit einem geeigneten Abzieher.

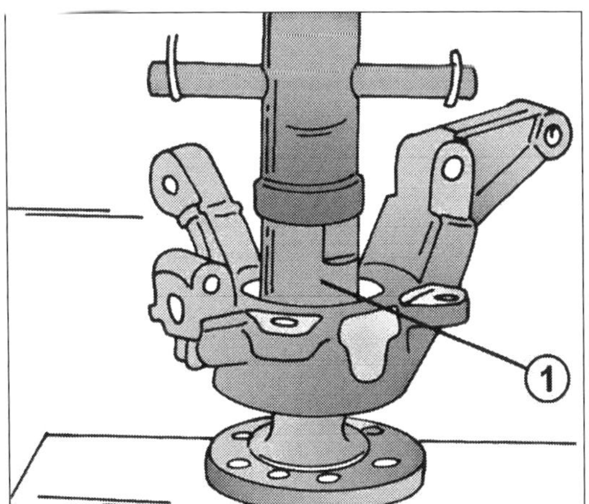

Bild 10

Bild 10
Einpressen der Radnabe. Das Druckstück (1) wird gegen das Radlager angesetzt. Die Radnabe auf eine feste Pressunterlage aufsetzen.

■ Alles herausgedrückte Fett abwischen und nochmals kontrollieren, ob der Sprengring ringsherum einwandfrei in der Lagerbohrung des Achsschenkels sitzt.
Der ausgebaute Achsschenkel kann jetzt wieder montiert werden.

Sichtprüfung Messen

Bild 11
Zum Aus- und Einbau eines Querlenkerarms.
1 *Klemmschraube des Aufhängungsgelenks*
2 *Querlenkerarm*
3 *Schrauben der Achsschenkelbefestigung am Federbein*

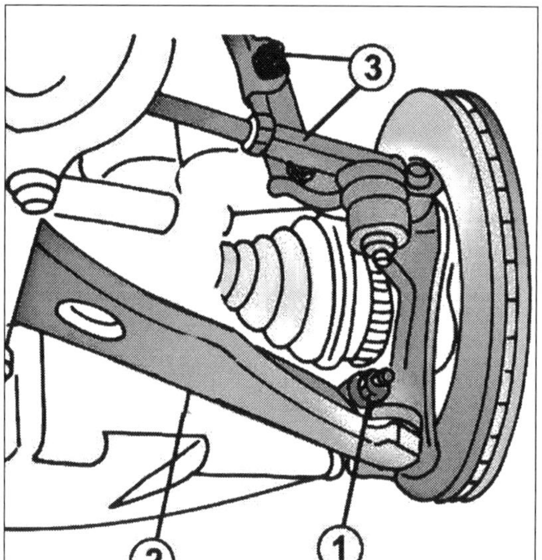

Bild 11

Bild 12
Der Achsschenkel wird in der gezeigten Weise vom Kugelgelenkzapfen und der Koppelstange des Kurvenstabilisators getrennt.

Bild 12

Bild 13
Die Befestigungsschrauben eines Querlenkers. Die beiden Schrauben (3) halten die Lagerung des Kurvenstabilisators. Die Schrauben (1) und (2) halten den Lenkerarm an der Vorderseite. Schraube (4) hält den Arm an der Rückseite.

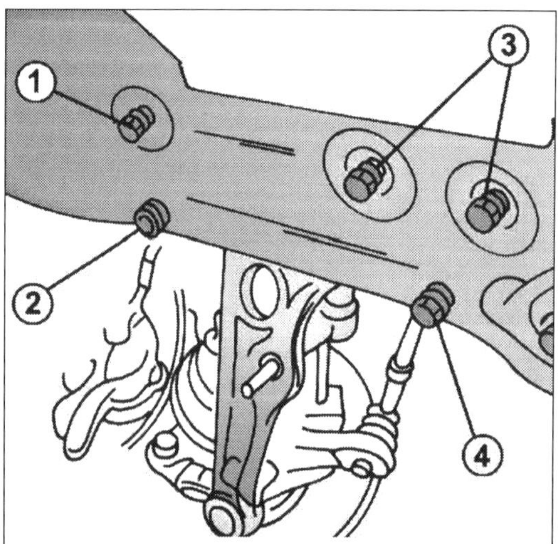

Bild 13

Untere Querlenker

Aus- und Einbau

Ein Querlenker kann entsprechend den folgenden Anweisungen ausgebaut werden, ohne dass man das Federbein aus dem Fahrzeug herausnimmt.

■ Radmuttern lockern, die Vorderseite des Fahrzeuges auf Böcke setzen (Böcke unter den Seiten der Karosserie unterstellen) und das Rad auf der in Frage kommenden Seite abnehmen. Die Radaufhängung, d. h. die Räder müssen frei hängen.

■ Die Mutter des Spurstangenkopfes am Lenkhebel abschrauben und die Verbindung mit einem geeigneten Kugelbolzenabzieher trennen, wie er z. B. bei der Beschreibung beim Ausbau der Lenkung gezeigt ist.

■ Bild 11 zeigt eine Ansicht des eingebauten Querlenkers zusammen mit dem Achsschenkel. Die Mutter und die Klemmschraube (1) an der Unterseite des Achsschenkels entfernen, den Querlenker nach unten drücken, bis der Zapfen des Kugelgelenks frei vom Achsschenkel ist. Ebenfalls können die Klemmschrauben und Muttern (3) an der gezeigten Stelle gelöst werden, um den Achsschenkel vom Federbein zu trennen. In diesem Fall den gesamten Achsschenkel nach unten drücken, bis die Teile getrennt sind. Wie die gelösten Teile herauskommen, kann man in Bild 12 sehen.

■ Die Schrauben (1) bis (4) in Bild 13 entfernen und den Lenkerarm herausnehmen. Der Querlenker kann nicht repariert werden. Falls das Kugelgelenk ausgeschlagen ist, muss man einen neuen Querlenker einbauen.

Beim Einbau des Querlenkers folgendermaßen vorgehen:

■ Die Schrauben 1 bis 4 in Bild 13 mit »Loctite« einschmieren.

■ Den Querlenker zusammen mit den beiden Lagerungen ansetzen und die Schrauben (1) bis (4) an den entsprechenden Stellen einschrauben. Die Schrauben (3) halten die Montageschellen des Kurvenstabilisators.

■ Den Kurvenstabilisator mit der Koppelstange am Federbein anschließen und mit 55 Nm anziehen (falls die Koppelstange gelöst wurde). Die Verbindung zwischen dem Kugelgelenk und dem Achsschenkel wieder herstellen.

■ Die Klemmschraube (1) in Bild 11 einschlagen, die Mutter aufschrauben und die Mutter mit einem Anziehdrehmoment von 70 Nm anziehen.

■ Den Achsschenkel nach oben heben und an der Unterseite des Federbeins anbringen. Die beiden Schrauben (3) in Bild 11 von der richtigen Seite her einschlagen und die Muttern sofort mit 90 Nm anziehen.

■ Der Querlenker muss angezogen werden, wenn das Gewicht des Fahrzeuges auf den Rädern ruht. Dies ist natürlich ziemlich schwierig, es sein denn, man kann das Fahrzeug auf Auffahrrampen fahren. Andernfalls die Vorderradaufhängung belasten, bis sie die ungefähre Normallage eingenommen hat, und die Schrauben des Lenkerarms anziehen. Dazu unter Bezug auf Bild 13 die Schrauben (1) und (2) der vorderen Befestigung mit 70 Nm, die Schrauben (3) der Kurvenstabilisatorbefestigung mit 55 Nm und die Schraube (4) der hinteren Lenkerarmlagerung mit 70 Nm anziehen.

■ Rad montieren (falls die beschriebene Methode ohne Auffahrrampen befolgt wird), das Fahrzeug auf den Boden absenken und die Räder mit 100 Nm anziehen.

Querlenkerreparaturen

Die Lagerbüchsen der Querlenker können erneuert werden, jedoch sind passende Druckstempel zum Auspressen der alten Büchsen und Einpressen der neuen Büchsen erforderlich. Aus diesem Grund empfehlen wir, dass man einen ausgebauten Querlenker zur Erneuerung der Lagerbüchsen in eine Werkstatt bringt und ihn dann wieder einbaut, wie es oben beschrieben wurde.

Kurvenstabilisator

Aus- und Einbau

Der Ausbau des Kurvenstabilisators ist ziemlich kompliziert, da man den Nebenrahmen von der Karosserie lösen und absenken muss, um an die Befestigung des Kurvenstabilisators zu kommen. Wir raten Ihnen, dass Sie die untenstehenden Anweisungen durchlesen, ehe Sie mit der Arbeit beginnen. Es ist z. B. nicht einfach, die verschiedenen Schrauben und anderen Befestigungsteile genau zu lokalisieren, jedoch wird dies mithilfe der Bilder 14 und 15 möglich sein, wenn man etwas Erfahrung hat. Die linke Ansicht von Bild 14 zeigt die Radaufhängung von der Unterseite, jedoch sind die Koppelstangen in diesem Fall mit den Querlenkern verbunden. Bei diesen Fahrzeugen sind die Koppelstangen jedoch zwischen den Enden der Stabilisatorstange und den Federbeinen eingesetzt. Vor Beginn des Ausbaus einen fahrbaren Wagenheber unter den Nebenrahmen untersetzen.

Beim Ausbau folgendermaßen vorgehen:

■ Radschrauben lockern, die Vorderseite des Fahrzeuges auf Böcke setzen (Böcke unter die Seiten der Karosserie unterstellen) und beide Vorderräder abschrauben.

■ Die Schrauben (2) in Bild 14 auf beiden Seiten des Nebenrahmens herausdrehen und die Schraube (3) der Drehmomentstütze ausschrauben. Ebenfalls die Befestigungsschrauben der Lenkung (4) lösen und die Schutzabdeckungen (5) lösen.

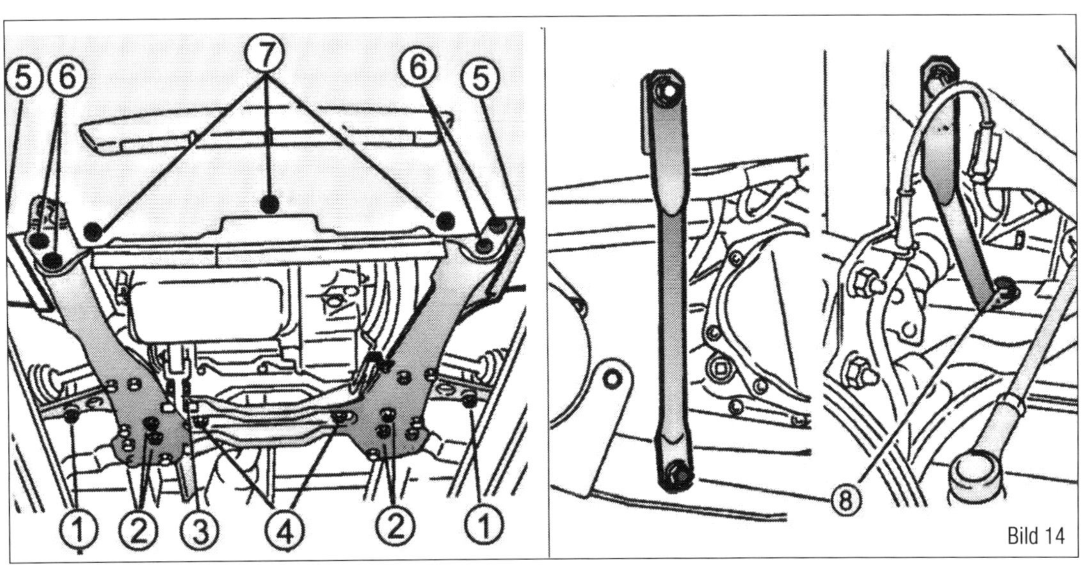

Bild 14
Einzelheiten zum Aus- und Einbau des Kurvenstabilisators und des Aufhängungsnebenrahmens. Die Anziehdrehmomente der verschiedenen Schrauben sind zu beachten. Die beiden Stützstreben in der rechten Ansicht müssen ausgebaut werden.

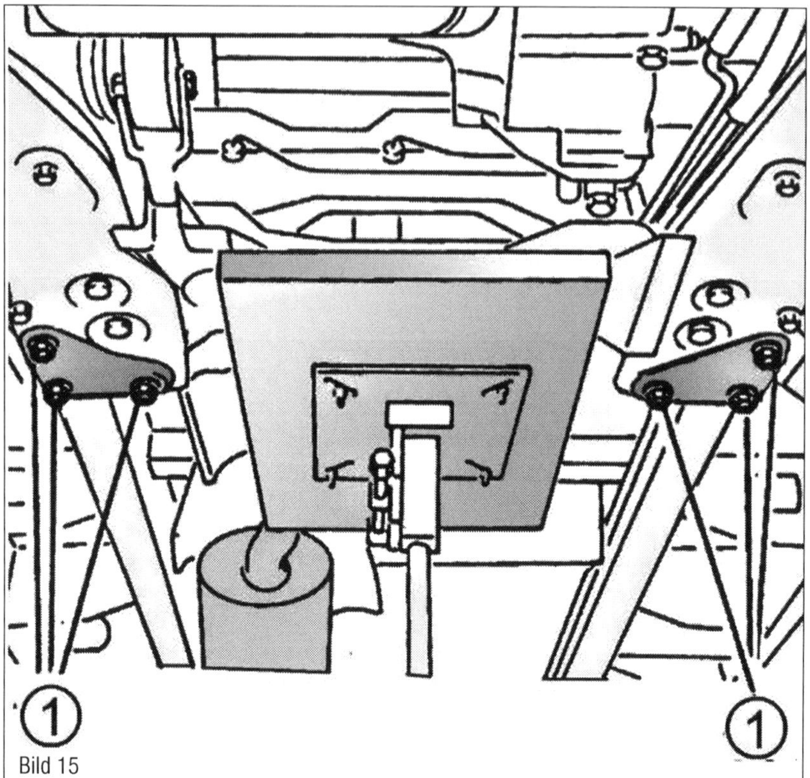

Bild 15

Bild 15
Ausbau des Aufhängungsnebenrahmens. Schrauben (1) müssen gelöst werden, um den Nebenrahmen von der Karosserie zu lösen.

- Die Befestigungsschrauben (6) auf beiden Seiten des Nebenrahmens lösen und entfernen. Die gleiche Arbeit mit den Schrauben (7) durchführen.
- Drei Schrauben lösen und den Flüssigkeitskühler für die Lenkungsflüssigkeit vom Querträger abziehen.
- Falls ABS eingebaut ist, die Bremsleitungen auf der rechten Seite von unten lokalisieren. Hier wird man drei Schrauben finden, welche vom ABS-Hydrogerät zu lösen sind. Ebenfalls die Bremsleitungen über die gesamte Länge des Nebenrahmens von den Clips freimachen.
- In Bild 1 sind eine vordere sowie eine hintere Stützstrebe gezeigt, welche mit den Pos. (2) angegeben sind. Zum Ausbau der Stabilisatorstange werden nur die in Bild 14 mit (8) bezeichneten Schrauben gelöst.
- Einen Wagenheber mit einer großen Metallplatte entsprechend Bild 15 unter den Nebenrahmen untersetzen. Überzeugen, dass der Nebenrahmen gut auf dem Wagenheber abgestützt ist, und die drei Schrauben (1) auf jeder Seite lösen und entfernen.
- Der Nebenrahmen muss jetzt ca. 10 cm nach hinten abgekippt werden, um an die Montageschellen des Kurvenstabilisators heranzukommen. Die Schellen abschrauben, die Gummibüchsen herausnehmen und die Stange seitlich aus dem Fahrzeug herausziehen. Die Gummibüchsen haben auf einer Seite einen Schlitz. Diese Seite muss beim Einbau zur Vorderseite des Fahrzeuges zu weisen.

Der Einbau geschieht in umgekehrter Reihenfolge wie der Ausbau. Die folgenden Punkte sind besonders zu beachten:

- Die Gummilager mit der geöffneten Seite zur Vorderseite des Fahrzeuges weisend über die Stabilisatorstange schieben.
- Die Montageschellen betrachten. Eine Seite der Schellen läuft etwas schräg ab. Die Schellen über die Gummilager aufsetzen, sodass die schräge Seite auf die gleiche Seite kommt wie die geöffnete Seite der Montageschellen, d. h. zur Vorderseite des Fahrzeuges weisend.
- Den Kurvenstabilisator durch die Seite des Fahrzeuges einführen und die Montageschellen am Nebenrahmen verschrauben.

Die folgenden Anziehdrehmomente sind jetzt beim weiteren Einbau zu beachten:

- Die Koppelstangen des Kurvenstabilisators an den Enden der Stabilisatorstange und am Federbein anschließen und die Muttern der Kugelgelenke mit 55 Nm anziehen. Bild 16 zeigt, wie die Koppelstange auf einer Seite am Ende des Kurvenstabilisators befestigt ist.
- Die Befestigungsschrauben (4) in Bild 14 der Lenkung einschrauben und mit 145 Nm anziehen.
- Die Drehmomentstütze des Motors am Motor befestigen und die Schraube (3) mit 90 Nm anziehen.
- Die Schrauben der Montageschellen für den Kurvenstabilisator (2) mit 105 Nm anziehen.
- Die Schrauben des Querträgers (6) sind je nach Lage anzuziehen. Die vordere Befestigung wird mit 110 Nm, die hintere Befestigung mit 80 Nm angezogen.
- Die Stützstreben in Bild 14, d. h. die beiden Schrauben (8) werden mit 35 Nm angezogen.
- Die hinteren Befestigungen des Motornebenrahmens in Bild 15 als Nächstes anziehen. Alle Schrauben werden mit 110 Nm angezogen.
- Das ABS-Hydrogerät befestigen. Die drei Schrauben mit 20 Nm anziehen und die

Bremsleitungen über die Länge des Nebenrahmens mit den Clips befestigen.

- Die Leitung für die Servolenkung (Befestigungsschelle) an der Unterseite des Nebenrahmens anbringen.
- Die Schutzabdeckungen (5) in Bild 14 in der Innenseite der Radkästen montieren.

Aus- und Einbau des Aufhängungsnebenrahmens

Es wird nur selten vorkommen, dass man den gesamten Nebenrahmen ausbauen muss. Der Aus- und Einbau des Nebenrahmens wird wie beim Ausbau des Kurvenstabilisators in der oben beschriebenen Weise durchgeführt. Um den Nebenrahmen jedoch auszubauen, müssen die Kugelgelenke von der Unterseite des Achsschenkels getrennt werden, wie es bereits beschrieben wurde, d. h. man löst die Mutter (1) in Bild 11. Der Kurvenstabilisator muss aus dem Fahrzeug ausgebaut werden.

Nachdem der Nebenrahmen frei ist, wird er auf dem Wagenheber abgesenkt, während gleichzeitig die Kugelbolzen von den Achsschenkeln getrennt werden. Ein Helfer ist natürlich erforderlich, um die Arbeiten auf beiden Seiten durchzuführen. Der Nebenrahmen muss nach hinten gekippt werden, um ihn herauszunehmen.

Beim Einbau sind die bei der Montage des Kurvenstabilisators angegebenen Anziehdrehmomente zu beachten.

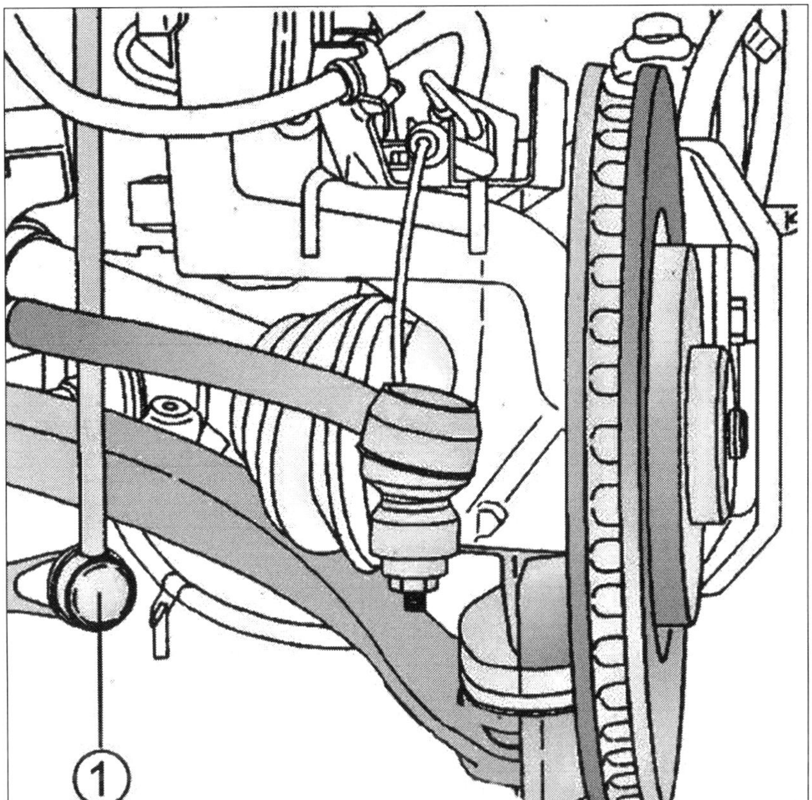

Bild 16

Bild 16
Die Koppelstange (1) ist mit dem Ende des Kurvenstabilisators und dem Federbein verbunden. Das Kugelgelenk muss beim Ausbau des Nebenrahmens nach Lösen der Mutter getrennt werden.

Vorderradgeometrie

Die Einstellung der Radspur sowie die Kontrolle des Nachlaufs und des Sturzes werden in Kapitel »Lenkung« erörtert. Falls Teile der Vorderradaufhängung erneuert wurden, muss der Vorderwagen vermessen werden. Nur die Spureinstellung kann verstellt werden.

10 Lenkung

Alle in dieser Ausgabe behandelten Fahrzeuge sind mit einer Zahnstangenlenkung mit Servounterstützung versehen. Die Lenkungsflüssigkeit wird bei diesen Fahrzeugen mit einer Kühlschlange gekühlt. Der zum Betrieb der Lenkung benutzte Druckzylinder befindet sich innerhalb der Lenkung. Die Teile der Lenkung sind in Bild 1 gezeigt. Wichtig bei allen Arbeiten an der Lenkung sind die Anziehdrehmomente der einzelnen Teile, welche in Bild 2 angegeben sind.

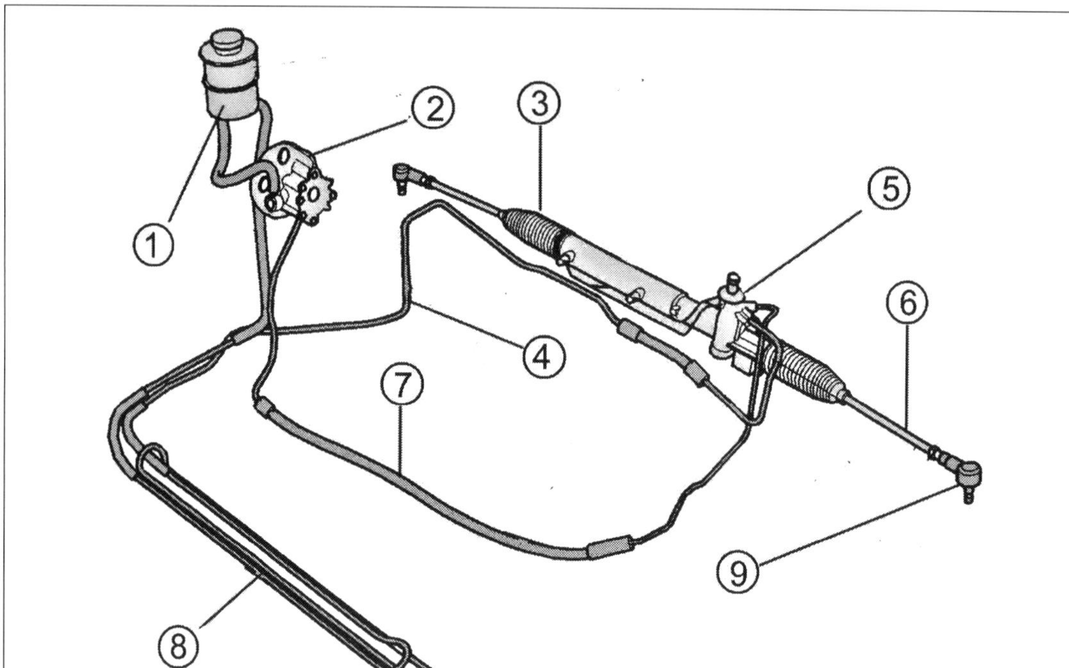

Bild 1

Bild 1
Die Bestandteile der Servolenkung.

1. *Flüssigkeitsbehälter*
2. *Lenkhilfspumpe*
3. *Lenkung*
4. *Niederdruckleitung*
5. *Verteilerventil*
6. *Spurstange*
7. *Hochdruckleitung*
8. *Flüssigkeitskühler*
9. *Spurstangenkugelgelenk*

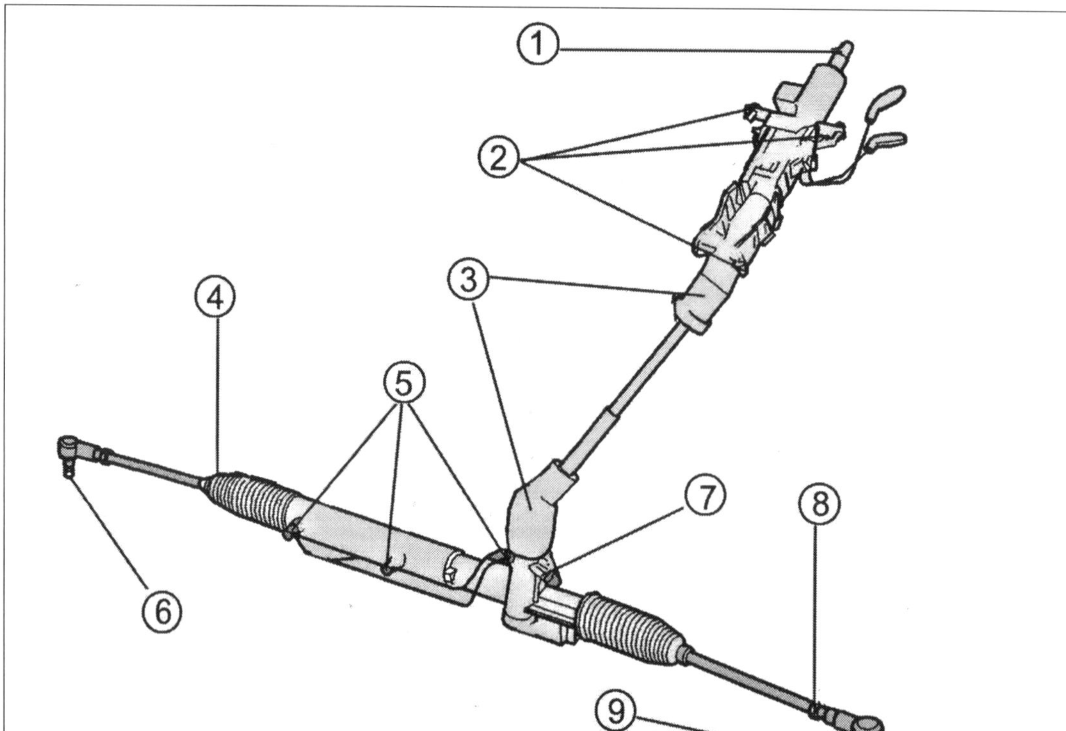

Bild 2

Bild 2
Ansicht der Lenkung mit den wichtigsten Anziehdrehmomenten.

1. *Lenkradmutter, 20 Nm*
2. *Lenksäulenbefestigung, 20 Nm*
3. *Lenkzwischenwelle, oben und unten, 25 Nm*
4. *Spurstangenkugelgelenk, innen, 90 Nm*
5. *Leitungsanschlüsse, 10 Nm*
6. *Lenkungsschrauben, 145 Nm*
7. *Überwurfmutter, Verteilerventil, 25 Nm*
8. *Kontermutter, 60 Nm*
9. *Mutter, Spurstangengelenk, 40 Nm*

Wartungsarbeiten an der Lenkung

Manschetten des Lenkgetriebes kontrollieren: Die Zahnstange der Lenkung wird an beiden Enden mit einer schwarzen Manschette verschlossen, einem so genannten Faltenbalg. Diese müssen regelmäßig kontrolliert werden, da ein rissiger Faltenbalg Wasser, Staub oder Straßenschmutz in das Innere des Lenkgetriebes eindringen lässt. In Verbindung mit dem Schmiermittel der Lenkung wird dadurch eine Art Schleifpaste hergestellt, die zum Abrieb an der Zahnstange und an der Zahnstangenführung führen. Eine regelmäßige Kontrolle erspart Ihnen spätere Kosten.
Zur Kontrolle den Faltenbalg mit der Hand auseinanderziehen oder die Lenkung vollkommen einschlagen, sodass sich die Manschetten strecken können. Das Material sorgfältig auf Risse kontrollieren. Eine nicht mehr einwandfreie Manschette muss sofort erneuert werden.
Die Befestigungsschellen an den Enden der Faltenbälge müssen fest sitzen.

Staubschutzkappen und Spiel der Spurstangenköpfe prüfen: Die Spurstangengelenke an den äußeren Enden der Spurstangen bestehen aus Stahlkugelköpfen, die mit ein wenig Fett wartungsfrei in eine Kunststoffschale eingesetzt sind. Schutz vor Staub oder Feuchtigkeit gewährleistet in diesem Fall eine Gummikappe. Um den Gelenken eine lange Lebensdauer zu geben, muss man sie im Rahmen der Wartungsarbeiten kontrollieren.

- Die Staubschutzkappen ringsherum auf Rissstellen kontrollieren. Falls man diese feststellen kann, muss man die Spurstangenköpfe erneuern, wie es anschließend beschrieben wird.
- Die Gelenke kann man ebenfalls auf übermäßiges Spiel kontrollieren. Dazu das Fahrzeug vorn auf Böcke setzen und das Rad hin- und herbewegen. Ebenfalls kann man die Spurstange am Rohrstück erfassen und kräftig schütteln. Falls Sie einen Helfer zur Hand haben, erfassen Sie das Gelenk am Eingang in den Lenkhebel (Räder auf dem Boden) und lassen das Lenkrad hin- und herdrehen. Dadurch wird Spiel an den Gelenken angezeigt. Auch in diesem Fall das Spurstangengelenk erneuern.
- Die inneren Gelenke können in ähnlicher Weise kontrolliert werden, jedoch ist dies schwieriger. In diesem Fall muss jedoch die gesamte Spurstange erneuert werden.

Lenkungsspiel kontrollieren: Bei geöffnetem Fester das Lenkrad erfassen und kurz hin- und herbewegen. Dabei das linke Vorderrad beobachten. Dieses muss sich sofort mit dem Lenkrad »mitbewegen«. Ist dies nicht der Fall, können die folgenden Defekte vorliegen:

- Spiel in der Zahnstange des Lenkgetriebes
- Ausgeschlagene Spurstangengelenke außen oder innen
- Ausgeschlagenes Kreuzgelenk an der Verbindung der Lenkwelle

Kontrolle des Flüssigkeitsstands der Servolenkung: Siehe Beschreibung unter der betreffenden Überschrift.

Aus- und Einbau der Lenkung

Ausbau

⚠ **Wichtiger Hinweis:** Vor dem Trennen der Lenksäule vom Ritzel der Zahnstange muss man das Lenkrad gegen Verdrehung sperren, wenn die Räder in Geradeausstellung stehen, um den unter dem Lenkrad sitzenden Schalter nicht zu beschädigen. Auch nach dem Ausbau des Lenkgetriebes darf das Lenkrad unter keinen Umständen verdreht werden. Wir schlagen vor, dass Sie das Lenkrad mit einem Stück Schnur festbinden.

⚠ **Arbeiten an Fahrzeugen mit Airbag unterliegen dem Sprengstoffgesetz.**
Die Lenkung wird in den meisten Fällen nur bei Verschleiß nach vielen Jahren erneuert und wir empfehlen in diesem Fall, die Arbeit einer Werkstatt zu überlassen.

Zum Einbau der Lenkung müssen neue Muttern für die Spurstangengelenke sowie eine neue Schraube und Mutter für das untere Kreuzgelenk der Lenksäule (am Lenkritzel) vorhanden sein. Ein Abzieher zum Trennen der Spurstangenkugelgelenke ist erforderlich.

- Massekabel der Batterie abklemmen. An den Diebstahlsicherheits-Code denken, falls das Radio einen erfordert. Mindestens eine Minute lang warten, ehe mit der Arbeit begonnen wird.

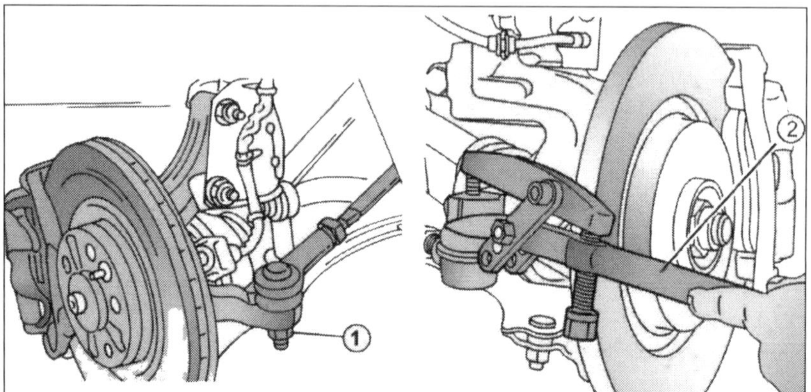

Bild 3

Bild 3
Die Muttern der Spurstangengelenke (1) auf beiden Seiten der Vorderradaufhängung abschrauben (links) und danach die Kugelgelenke mit einem Kugelbolzenabzieher (2) abdrücken, wie es rechts gezeigt ist.

Bild 4
Das Wärmeschutzblech (1) wird an der gezeigten Stelle gelöst und ausgebaut (Ansicht von unten).

Bild 5
Die Verbindung des Lenkungskreuzgelenks am Lenkritzel.

1 Clip
2 Klemmschraube
3 Kreuzgelenk
4 Mutter

■ Räder lockern, die Vorderseite des Fahrzeuges auf Böcke setzen, sodass die Räder frei herunterhängen können, und die Vorderräder abschrauben.

■ Die Lenkung auf eine Seite in vollen Einschlag drehen und die Mutter (1) des Kugelbolzens für das Spurstangengelenk in Bild 3 abschrauben. Die Mutter aber nur so weit lösen, dass die Mutternfläche bündig mit dem Ende des Kugelbolzengewindes abschneidet. Danach den Kugelbolzen mit einem geeigneten Kugelbolzenabzieher abdrücken, wie er auf der rechten Seite in der

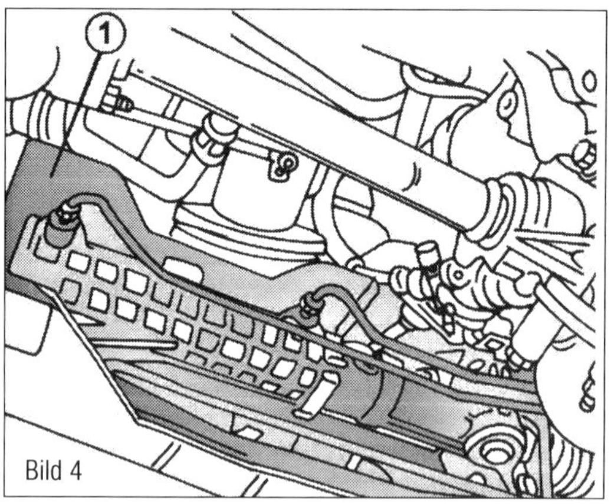

Bild 4

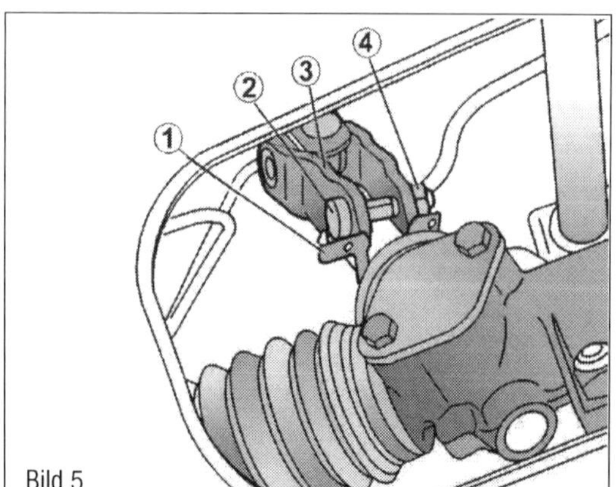

Bild 5

Abbildung gezeigt ist. Es soll nochmals wiederholt werden: Um das Gewinde des Spurstangengelenks nicht zu beschädigen, die Mutter bis fast zum Ende abschrauben. Nachdem der Konus des Gelenkbolzens frei ist, die Mutter abschrauben und die Scheibe entfernen. Die Spurstange aus dem Eingriff bringen und zur Seite legen. Falls das Gelenk nach Anziehen der Abzieherschraube nicht sofort aus dem Lenkhebel herauskommt, mit einem Hammer kurz auf die Abdrückschraube des Abziehers schlagen.

■ Die Lenkung in die andere Seite einschlagen und den Kugelbolzen in der beschriebenen Weise trennen.

■ Von der Unterseite des Fahrzeuges das in Bild 4 gezeigte Wärmeschutzblech (1) ausbauen. Ebenfalls müssen die Tachometerspirale und der Kabelstecker des Gebers für die Fahrzeuggeschwindigkeit abgeschlossen werden (Letzteren abziehen), da diese Teile beim weiteren Ausbau im Wege sind.

■ Von der Innenseite des Fahrerraums aus die Verbindung zwischen Lenksäule und Lenkritzel lösen, den Clip (1) in Bild 5 auf eine Seite schieben und die Schraube (2) herausziehen. Das Kreuzgelenk (3) seitlich verschieben, um die Verbindung zu trennen.

■ Die Befestigungsclips der beiden Leitungen für die Lenkungsflüssigkeit von der Halterung am Nebenrahmen lösen und vorsichtig abdrücken.

■ Die Überwurfmuttern der Hochdruckleitung (1) in Bild 6 und die Niederdruckleitung, d. h. Rücklaufleitung (2) der Lenkung abschrauben. Einen Vermerk machen, wo jede Leitung angeschlossen ist. Dabei wird etwas Flüssigkeit herauslaufen, die man mit einem Lappen absaugen kann. Nach Herausziehen der Anschlüsse diese sowie die Öffnungen in der Lenkung in geeigneter Weise verschließen, um Eindringen von Schmutz zu vermeiden.

■ Die zwei Befestigungsschrauben des Lenkungsgehäuses von der Unterseite des Nebenrahmens herausdrehen. Die Lage der Schrauben ist in Bild 7 gezeigt.

■ Unter Bezug auf die rechte Ansicht von Bild 7 die Schraube (1) der Stützstrebe und die Schraube (2) der rechten Aufhängung herausdrehen. Die Aufhängung muss auf eine Seite gedrückt werden, um die Lenkung herauszuziehen.

■ Die Lenkung zusammen mit den beiden

Spurstangen auf die rechte Seite schieben und nach unten herausheben.

Sollen die Spurstangenköpfe erneuert werden, die Kontermuttern lockern und die Gelenke abschrauben. Dabei die genaue Anzahl der Umdrehungen zählen, welche zum vollkommenen Abschrauben erforderlich sind. Die Anzahl der Umdrehungen für jede Seite auf ein Stück Papier schreiben, damit das neue Gelenk um den gleichen Wert wieder auf die Spurstange geschraubt werden kann. Dadurch werden die Spurstangen auf die richtige Länge zum Einstellen der Vorspur gestellt. Die Vorspur muss kontrolliert und ggf. eingestellt werden, ganz gleich ob die Spurstangenköpfe erneuert werden oder ob die ursprünglichen Gelenke auf eine neue Lenkung übertragen werden.

Einbau

Der Einbau der Lenkung geschieht in umgekehrter Reihenfolge wie der Ausbau unter Beachtung der folgenden Punkte:

- Alle Anziehdrehmomente können Bild 2 entnommen werden.
- Den Zustand der Lenkungsmanschetten kontrollieren und überprüfen, dass die Befestigungsspangen sicher an den Spurstangen und am Lenkungsgehäuse befestigt sind.
- Falls neue Spurstangenköpfe eingebaut werden, diese wie oben beschrieben wieder auf die Spurstangen schrauben.
- Die Lenkung in die Geradeausstellung bringen, wie es später beschrieben ist.
- Die Lenkung durch den Radkasten einführen, ohne dabei die Zahnstange zu verschieben.
- Die Lenkungsschrauben eindrehen und mit einem Anziehdrehmoment von 145 Nm anziehen.
- Das Kreuzgelenk (3) entsprechend Bild 5 wieder anschließen. Dazu die Schraube (2) einschieben und eine neue Mutter (4) auf der anderen Seite aufschrauben und mit 20 Nm anziehen. Den Clip (1) wieder in die ursprüngliche Lage bringen. In Bild 6 ist die Mutter nochmals mit (3) bezeichnet. Die Hochdruckleitung (1) sowie die Rücklaufleitung (2) anschrauben und mit 30 Nm festziehen. Die Leitungen mit den Befestigungsclips in der ursprünglichen Weise anbringen.
- Die Spurstangenköpfe an den Lenkhebeln an den Achsschenkeln anschließen.

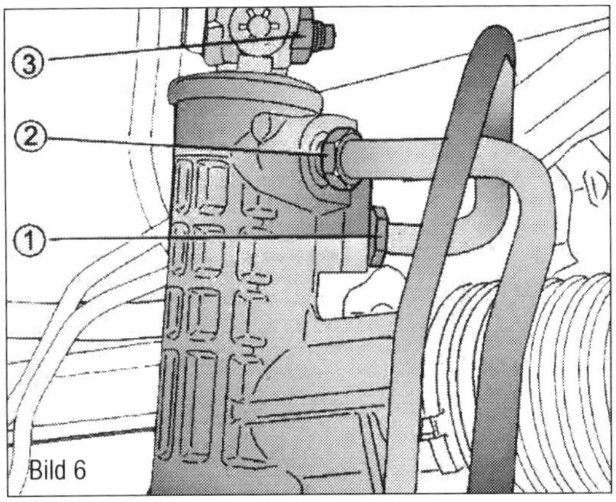

Bild 6

Bild 6
Ansicht der Lenkung an der Lenkritzelseite. Die Hochdruckleitung (1) und die Niederdruckleitung (2) sind an den gezeigten Stellen angeschlossen. Die Klemmschraube und Mutter (3) müssen getrennt werden, um das Kreuzgelenk vom Lenkritzel zu trennen.

Die Kugelbolzen müssen frei von Fett oder Öl sein, um einen guten Sitz zu gewährleisten. Neue selbstsichernde Muttern mit 35 Nm anziehen.

- Vorderräder anschrauben und das Fahrzeug auf den Boden ablassen. Die Räder mit dem vorgeschriebenen Anziehdrehmoment anziehen.
- Vorspur kontrollieren und einstellen, wie es weiter unten beschrieben ist, oder in einer Werkstatt kontrollieren und ggf. einstellen lassen. Durch die Verstellung der Spurstange hat sich die Vorspur verändert und muss berichtigt werden. Kontrollieren, ob das Lenkrad mit den Speichen in der richtigen Stellung steht. Hat es nur eine Speiche, muss diese senkrecht nach unten stehen. Falls dies nicht der Fall ist, steht die Lenkung nicht in der Mittelstellung.
- Abschließend die Anlage befüllen und entlüften, wie es später beschrieben wird.

Reparaturen an der Lenkung

Die Lenkung sollte nicht zerlegt werden. Im Fall von Verschleiß oder Schäden baut man eine neue Lenkung ein oder versucht eine Austauschlenkung zu beziehen, wobei jedoch das Modell und auch das Baujahr anzugeben ist, da Lenkungen manchmal geändert werden. Das Verteilerventil in der Seite der Lenkung kann zum Beispiel erneuert werden, jedoch sind dazu Spezialwerkzeuge

Bild 7
In der linken Ansicht die Lage der beiden Lenkungsbefestigungsschrauben (1) von der Unterseite des Nebenrahmens gesehen. Die Schrauben (1) und (2) in der rechten Ansicht lösen und die Stützstrebe ausbauen.

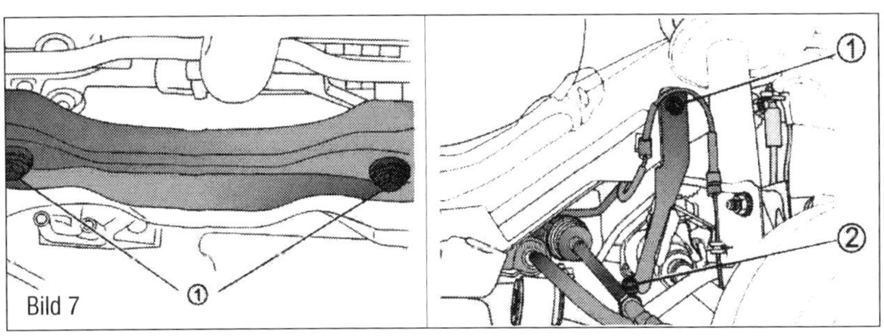

Bild 7

Sichtprüfung Messen

erforderlich, welche die Werkstatt haben wird. Falls eine neue Lenkung eingebaut werden soll, müssen die Spurstangen von der alten auf die neue Lenkung übertragen werden. Siehe nachstehende Beschreibung. Die Lenkungsmanschetten können nach Abschließen der Spurstangen erneuert werden.

Bei einer beschädigten Manschette ist es leicht möglich, dass bereits Schmutz in das Lenkungsgehäuse oder an die Zahnstange gekommen ist. Vor Anbringen der neuen Manschette die Lenkung mehrere Male aus einem Anschlag in den anderen drehen, um möglichst viel altes Fett auszudrücken.

Mittelstellung der Lenkung

Die Lenkung muss in die Mittelstellung gebracht werden, wenn man die Vorspur kontrollieren oder einstellen will. Dies ist ebenfalls bei allen Arbeiten erforderlich, bei denen die Lenkung in der Mittelstellung stehen muss, wie z. B. beim Einbau der Lenkung. Bei eingebauter Lenkung wird dies folgendermaßen durchgeführt:

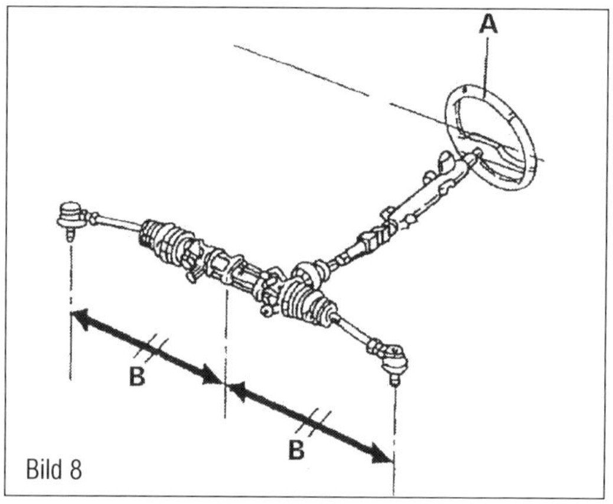

Bild 8

Bild 8
Mittelstellung der Lenkung. Wenn die Lenkradmarkierung (A) in der Mitte steht, müssen die beiden Spurstangen die gleiche Länge (B) zwischen den Pfeilen haben.

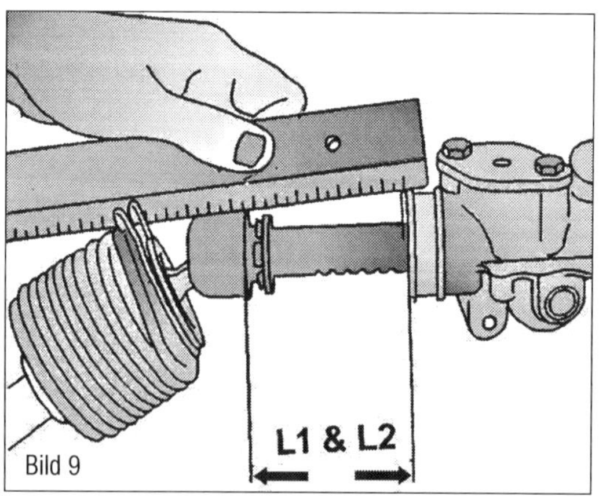

Bild 9

Bild 9
Ausmessen der Zahnstange. Das herausstehende Zahnstangenende ausmessen, wenn die Lenkung jeweils im Anschlag der Zahnstange steht. Aus den erhaltenen Maßen »L1« und »L2« wird die Mittelstellung ermittelt.

- Lenkung vollkommen in einen Einschlag einschlagen und an der Oberseite der Lenkradfelge ein Stück Klebband anbringen. Auf das Klebband mit einem Schreiber einen Markierungsstrich einzeichnen (»A«, Bild 8).
- Aus der Anschlagstellung die Lenkung in den anderen Anschlag drehen und die genaue Anzahl der Umdrehungen zählen.
- Die gezählten Umdrehungen durch 2 teilen und das Lenkrad um genau diesen Wert zurückdrehen.
- Kontrollieren, dass die Räder genau in der Geradeausstellung stehen.
- Falls dies nicht der Fall ist, die Spurstange auf der Seite des außer Linie stehenden Rades verstellen, um das Rad in die Mittelstellung zu bringen.
- Die Stellung des Lenkrades kontrollieren. Falls es nicht in der Mittelstellung steht, das Lenkrad abmontieren und in der neuen Stellung wieder montieren.
- Ist die Lenkung ausgebaut, muss man sie vor dem Einbau folgendermaßen in die Geradeausstellung bringen:

Das Lenkritzel durchdrehen, bis sich die Zahnstange bis zum Anschlag ihres längsten Arbeitsweges bewegt hat und die herausstehende Zahnstange entsprechend Bild 9 ausmessen. Das Maß aufschreiben.

- Die Lenkung in den gegenüberliegenden Anschlag drehen, bis die Lenkmanschette vollkommen zusammengedrückt ist und das Maß erneut ausmessen.
- Um die Mittelstellung der Lenkung zu erhalten, hält man sich an die folgende Gleichung:

Maße »L1« + »L2«, geteilt durch 2

oder mit anderen Worten: Das Ergebnis des max. Wegs der Zahnstange mit dem Maß des min. Wegs der Zahnstange zusammenrechnen und das sich ergebende Resultat durch 2 teilen.

- Das Lenkritzel jetzt verdrehen, bis das Maß vom Ende der Lenkmanschette bis zu dem an der Zahnstange angezeichneten Punkt das erhaltene Ergebnis ausmacht. Die Lenkung ist jetzt in der Mittelstellung und kann eingebaut werden.

Erneuerung einer Spurstange

Die Spurstangenköpfe können bei eingebauter Lenkung erneuert werden, falls sie ausgeschlagen sind und die Lenkung noch in gutem Zustand ist. Wir schlagen jedoch vor, die Lenkung auszubauen.
Falls die Lenkung erneuert werden soll, müssen die beiden Spurstangenköpfe und die inneren Kugelgelenke ausgetauscht werden:

- Spurstange mit Schutzbacken in einen Schraubstock einspannen.
- Einen Gabelschlüssel an der Zahnstange an der in Bild 10 gezeigten Stelle ansetzen, um das Kugelgelenk gegen Mitdrehen zu sichern. Das Kugelgelenk mit einem zweiten Gabelschlüssel abschrauben, wie es im Bild gezeigt ist.
- Kugelgelenk abschrauben, aber gleichzeitig die Anzahl der dazu erforderlichen Umdrehungen zählen. Diese seitenmäßig aufschreiben.
- Um die inneren Kugelgelenkgehäuse auszubauen, die Lenkmanschetten entfernen und das Kugelgelenkgehäuse von der Zahnstange abschrauben. Werkstätten verwenden einen Spezialschlüssel zum Abschrauben des Kugelgelenks, jedoch kann man es mit einer Wasserpumpenzange oder einer Grip-Zange versuchen. Das runde Kugelgelenkgehäuse ist ziemlich fest gebaut und muss erneuert werden. Die Spurstange abschrauben, sobald sie frei ist. Vor Abschrauben des Gelenkgehäuses muss man jedoch das Sicherungsblech in der in Bild 11 gezeigten Weise zurückschlagen.
- Neue Spurstange mit dem neuen Kugelgelenkgehäuse und dem Sicherungsblech an der Zahnstange anschrauben und das Kugelgelenkgehäuse mit einer Wasserpumpenzange oder einer Grip-Zange so fest wie möglich anziehen. Mit dem in der Werkstatt benutzten Spezialschlüssel wird das Gelenk mit 90 Nm angezogen.
- Das Kugelgelenkgehäuse jetzt an der Zahnstange verstemmen. Bei eingespannter Lenkung die am Kugelgelenkgehäuse angebrachte Lasche in die Nut der Zahnstange einschlagen (Bild 11), ohne dabei das Metall zu sprengen.
- Jeden Spurstangenkopf um die gleiche Anzahl Umdrehungen wie beim Ausbau wieder einschrauben. Die Kontermuttern noch nicht anziehen, da die Vorspur eingestellt und, falls erforderlich, eingestellt werden muss.

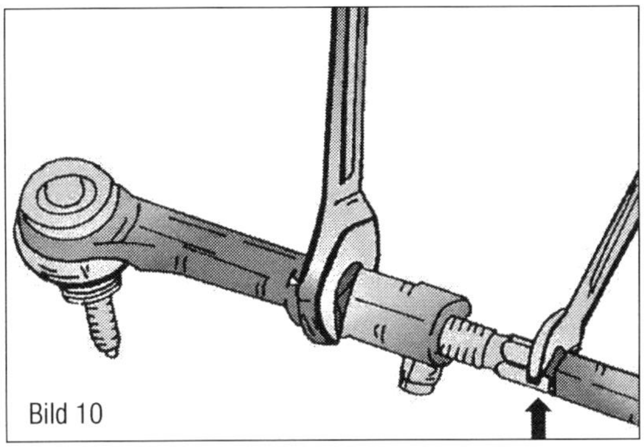
Bild 10

Bild 10
Lösen eines Spurstangenkugelgelenks von der Spurstange. Die Spurstange an der gezeigten Stelle mit einem Gabelschlüssel gegenhalten.

Bild 11
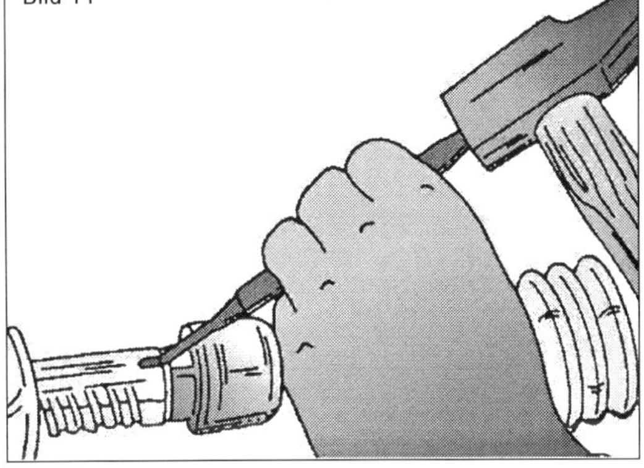

Bild 11
Verstemmen des Kugelgelenks an der Zahnstange.

- Die Vorspur sollte abschließend ausgemessen werden. Nicht vergessen, die Kontermutter des Spurstangenrohres nach Einstellen der Vorspur anzuziehen.

Vorderradgeometrie

In der Werkstatt werden Spezialgeräte zur Einstellung der Vorderradgeometrie verwendet und wir empfehlen Ihnen, dass Sie irgendwelche Korrekturen da durchführen lassen. Der folgende Text gibt Ihnen jedoch einen Einblick in die Einstellung und was man beachten muss.
Die Einstellung der Vorderräder muss kontrolliert werden, wenn das Fahrzeug leer ist (Betriebsgewicht), d. h. unbeladen und mit vollem Tank. Die Fahrzeughöhen müssen vorn und hinten stimmen. Da aber außer den Messungen ebenfalls bestimmte Kalkulationen durchgeführt werden müssen, empfehlen wir, irgendwelche Vermessungen des Vorderwagens einer Werkstatt oder einer Spezialfirma für Radvermessungen zu überlassen. Außerdem sind die Werte nicht bei allen Fahrzeugen gleich, und es würde zu weit führen, alle erhältlichen Modelle anzuführen.

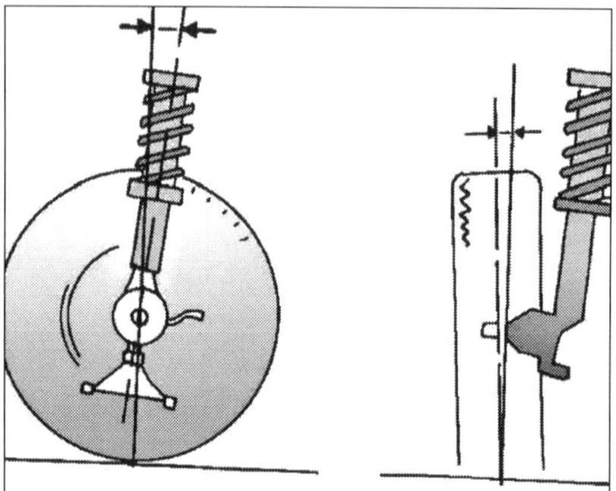

Bild 12

Bild 12
Darstellung des Nachlaufwinkels auf der linken Seite und des Sturzwinkels auf der rechten Seite.

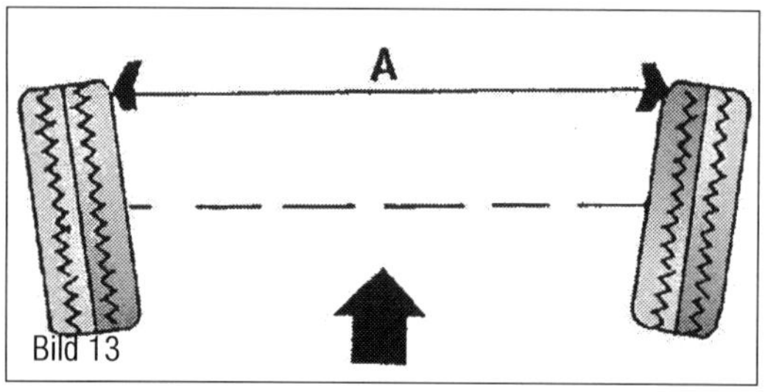

Bild 13

Bild 13
Das Maß »A« zwischen den Rädern an der Vorderseite kann größer als an der Rückseite sein. Dadurch wird Nachspur angezeigt. Bei Vorspur sieht es umgekehrt aus.

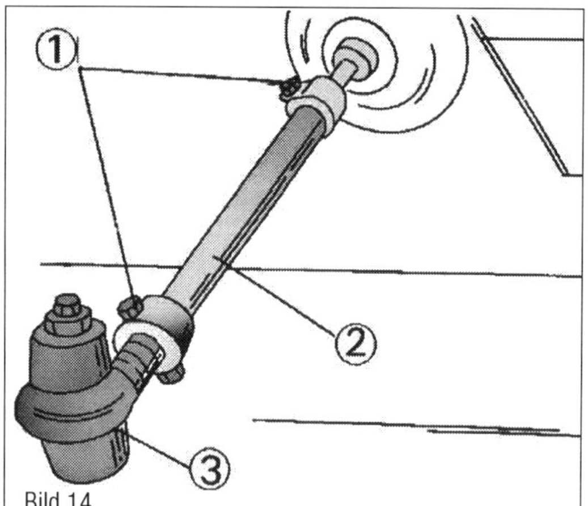

Bild 14

Bild 14
Zur Einstellung der Vorspur der Vorderräder.

1. *Kontermutter der Spurstange*
2. *Spurstangenrohr*
3. *Spurstangengelenk*

Nachlaufwinkel

Der Nachlauf kann nicht verstellt werden. Der Nachlaufwinkel kann mit normalen, mechanischen Geräten vermessen werden, jedoch werden optische Messinstrumente eine genauere Anzeige geben. Falls der erhaltene Nachlaufwinkel außerhalb 3° 30‘ liegt (Toleranz plus bis minus 30‘) kann man annehmen, dass die Vorderradaufhängung verzogen ist. Das Gleiche gilt, falls der Unterschied zwischen den beiden Seiten mehr als 1° beträgt. In diesem Fall eine Werkstatt aufsuchen und die Radaufhängung fachmännisch untersuchen lassen. Bild 12 zeigt eine Darstellung des Nachlaufs (links) und des Sturzes.

Sturzwinkel

Der Sturzwinkel kann ausgemessen, aber nicht eingestellt werden. Falls ein mechanisches Messgerät benutzt wird, muss man den Anweisungen des Herstellers folgen. Der Unterschied zwischen den beiden Seiten darf 1° nicht überschreiten. Ist dies der Fall, gelten die oben beim Nachlauf angegebenen Anweisungen, d. h. zur genauen Vermessung der Vorderradgeometrie Werkstatt aufsuchen. Bild 12 zeigt auf der rechten Seite eine Darstellung des Sturzwinkels.

Vorspur der Vorderräder

Die Vorspur der Vorderräder kann mit einem mechanischen Spurmessgerät ausgemessen werden.

⚠ Hier wird jedoch vor Fehlern gewarnt. Die Vorderräder können entweder Vorspur (Räder stehen vorn enger zusammen) oder Nachspur (Räder stehen hinten enger zusammen) haben. Die Werte dieser Fahrzeuge liegen zwischen 1 mm (Vorspur) bei einer Toleranz von plus oder minus 0,5 mm Vorspur. Bild 13 zeigt, was es bedeutet, wenn die Räder NACHSPUR haben. Wird die Spureinstellung falsch vorgenommen, schadet dies den Reifen.

Bei der Messung folgendermaßen vorgehen:

- Reifendrücke kontrollieren und ggf. berichtigen.
- Fahrzeug auf einer ebenen Fläche abstellen und die Vorderräder in die Geradeausstellung bringen. Dies kann man anhand der Lenkradspeichen durchführen.
- Das Spurmessgerät an der Vorderseite der Räder ansetzen und die beiden Messstifte gegen die Kanten der Felgen anlegen und auf »Null« stellen. Dies muss in Nabenhöhe durchgeführt werden.
- Die Anlagestellen der Messstifte mit Kreide anzeichnen.
- Das Spurmaß entfernen.
- Das Fahrzeug um eine halbe Umdrehung der Räder nach vorn schieben, d. h. bis die beiden Kreidezeichen jetzt an der Rückseite der Räder und wieder in Nabenhöhe stehen.
- Das Spurmaß unter dem Wagen durchschieben und die Messstifte wieder gegen die Kanten der Felgen anlegen. Falls die Räder richtig eingestellt sind, heißt das, dass man die Stifte herausziehen (bei Vorspur) oder hineinschieben (bei Nachspur) muss.

Messstifte feststellen und die Anzeige ablesen. Das Maß sollte sich jetzt mindestens um 1,0 mm verändert haben.

■ Falls dies nicht der Fall ist, die Kontermuttern der beiden Spurstangenrohre an der in Bild 14 gezeigten Stelle lockern. Die Kontermuttern sind natürlich lose, falls die Spurstangen erneuert wurden. Die beiden Spurstangenrohre (2) um den gleichen Wert verstellen. Falls man dies nicht beachtet, verändert sich die Stellung der Lenkradspeiche. Die Verstellung nur in kleinen Stufen durchführen und jedes Mal nachmessen. Ein Abstand von mindestens 2 mm muss zwischen dem Spurstangengelenk und der Fläche der Kontermutter verbleiben. Außerdem darauf achten, dass sich die Lenkungsmanschetten beim Verdrehen der Spurstangenrohre nicht verdrehen können. Falls notwendig, die Befestigungsschelle lockern und die Manschette wieder ausrichten.

■ Abschließend die Kontermuttern (1) in Bild 14 mit einem Anziehdrehmoment von 60 Nm anziehen. Die Spurstangenrohre sollten dabei gegengehalten werden, damit sie sich nicht innerlich verdrehen können.

■ Die Vorspur nochmals ausmessen, wie es oben beschrieben wurde und ggf. entsprechende Nachstellungen vornehmen, um das Maß zu berichtigen.

Servolenkung

Ablassen, Füllen, Entlüften

■ Den Motor abstellen.

■ Das Massekabel der Batterie abklemmen.

■ Einen flachen Behälter unter die Unterseite des Fahrzeuges in der Nähe der Lenkung unterstellen und die Überwurfmutter der Leitungen lösen und ausschrauben. Die Leitung gegen Eindringen von Schmutz schützen und vorsichtig zur Seite biegen.

■ Das Lenkrad einige Male aus einem Anschlag in den anderen drehen. Dabei wird die Flüssigkeit durch die Bewegung des Lenkungszylinders herausgestoßen und die Flüssigkeit kann ablaufen.

■ Die Leitungen wieder am Lenkungszylinder anschließen und festziehen.

■ Den Vorratsbehälter mit Flüssigkeit füllen, wie sie in automatischen Getrieben verwendet wird.

■ Bei abgestelltem Motor das Lenkrad aus einem Anschlag in den anderen drehen und den Vorratsbehälter erneut nachfüllen.

■ Batterie anklemmen und den Motor anlassen.

■ Während der Motor im Leerlauf läuft, das Lenkrad von einem Helfer langsam aus einem Anschlag in den anderen drehen lassen. Dabei ständig den Flüssigkeitsstand beobachten und wie erforderlich berichtigen.

■ Den Motor abstellen und kontrollieren, dass der Flüssigkeitsstand im Behälter stimmt. Andernfalls notwendige Korrekturen vornehmen.

Die Lenkungsanlage nach Ablassen der Flüssigkeit folgendermaßen füllen:

■ Vorratsbehälter bis zur »Max«-Marke mit der empfohlen Flüssigkeit füllen (Dexron II, wie sie in automatischen Getrieben verwendet wird). Ungefähr 1,3 Liter sind erforderlich.

■ Lenkrad ca. 10 Mal aus einem Anschlag in den anderen einschlagen (Fahrzeug auf Unterstellböcken). Der Motor muss dabei abgestellt sein. Falls erforderlich mehr Flüssigkeit nachfüllen.

■ Fahrzeug auf die Räder ablassen, den Motor starten und die Lenkung einige Male aus einem Anschlag in den anderen drehen, bis das Niveau der Flüssigkeit im Vorratsbehälter gleich bleibt. Verschraubung aufdrehen.

Kontrolle des Flüssigkeitsstandes

Kontrolle des Flüssigkeitsstands im Vorratsbehälter der Lenkungsflüssigkeit ist eine regelmäßige Wartungsarbeit. Die Verschlusskappe des Vorratsbehälters entfernen und den Flüssigkeitsstand kontrollieren. Falls die Flüssigkeit unter der unteren Marke steht, muss die Anlage nach Auffüllen entlüftet werden, wie es oben beschrieben wurde.

Antriebsriemen der Lenkhilfspumpe

Der Aus- und Einbau des Antriebsriemens der Pumpe wurde bereits im Kapitel »Motor« behandelt.

Sichtprüfung Messen

11 Hinterachse und Radaufhängung

Die Hinterräder sind einzeln mit Schraubenfedern und hydraulischen Teleskopstoßdämpfern abgefedert. Die Achse wurde im Allgemeinen von den Vorgängern der Bauserie übernommen. Bei der Achse handelt es sich um eine so genannte Verbundlenkerachse mit Panhardstab (Querstabilisator). Bei den mit den behandelten Modellen verwandten Kleinlieferwagen ist zusätzlich eine Versteifungsstrebe für die Hinterradaufhängung eingebaut. Bild 1 zeigt eine Ansicht der Radaufhängung. Bei Fahrzeugen mit Trommelbremsen (Lieferwagen) sieht es nur an der Außenseite unterschiedlich aus, wie man Bild 2 entnehmen kann, jedoch ist die Versteifungsstrebe eingebaut.

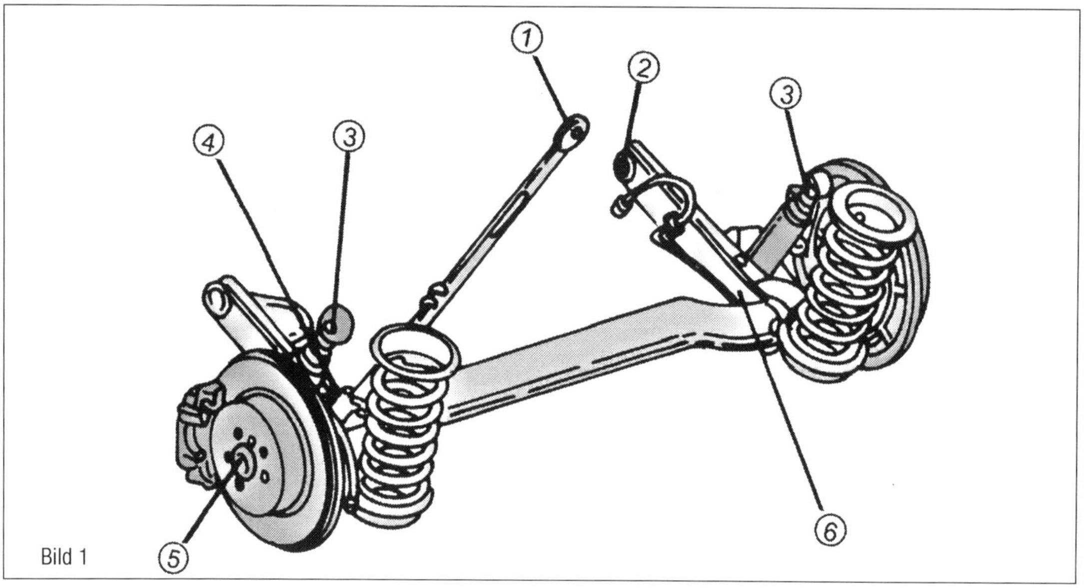

Bild 1

Bild 1
Ansicht der Hinterradaufhängung. Die wichtigsten Anziehdrehmomente sind ebenfalls gezeigt.

1. *Panhardstab (Stabilisator), 60 Nm an Karosserie*
2. *Längslenkerarm, 80 Nm an Karosserie*
3. *Stoßdämpfer, obere Befestigung an Karosserie, 90 Nm*
4. *Panhardstab (Stabilisator), 80 Nm an Radaufhängung*
5. *Radnabenmutter, 380 Nm*
6. *Stoßdämpfer, untere Befestigung an Radaufhängung, 90 Nm*

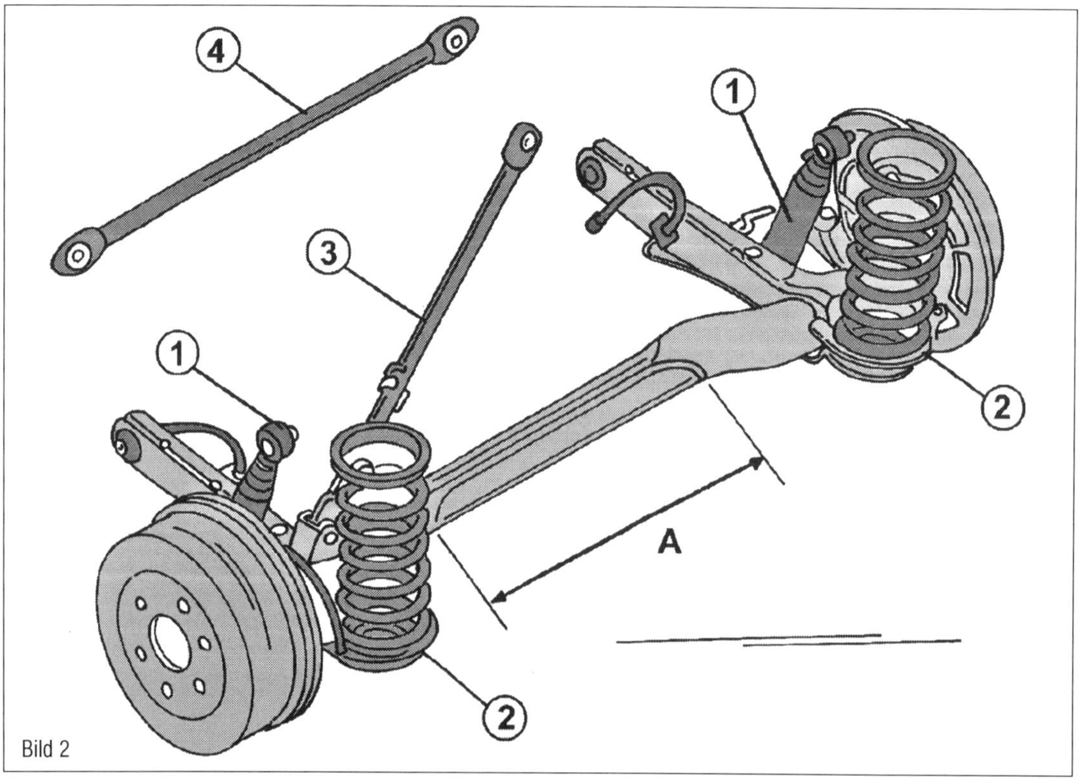

Bild 2

Bild 2
Ansicht der Hinterradaufhängung bei einem Lieferwagen. Der mit (A) bezeichnete Teil der Achse darf nicht zum Anheben des Fahrzeuges benutzt werden. Die Versteifungsstrebe (4) ist nur bei Lieferwagen eingebaut.

1. *Stoßdämpfer*
2. *Schraubenfedern*
3. *Panhardstab*
4. *Versteifungsstrebe*

Sollen Hinterfedern und/oder Stoßdämpfer erneuert werden, ist es wichtig, dass man das Fahrzeugmodell und das Baujahr angibt. Die Teile sehen bei allen Ausführungen ähnlich aus, sind aber dem bestimmten Modell zugeordnet.

Hinterradnaben und Radlager

Radnabe ausbauen

Das Radlager sitzt in der Radnabe. Falls man es ausbaut, muss es erneuert werden, da es integral mit der Radnabe gebaut ist und sich nicht wieder einbauen lässt, d. h. man kann das Lager und die Radnabe nicht zur Überprüfung ausbauen. Zum Ausbau der Radnabe und des inneren Lagerlaufrings wird ein Universal-Zwei- oder Dreiarmabzieher gebraucht. Zum Aufziehen der Radnabe braucht man ein Stück Rohr und eine große Scheibe (wird im Verlauf des Textes genauer erwähnt). Beim Ausbau der Radnaben folgendermaßen vorgehen.

Da sich bei eingebauten Scheibenbremsen ein ähnliches Bild ergibt, wie bei eingebauten Trommelbremsen, gelten die Anweisungen für alle Ausführungen.

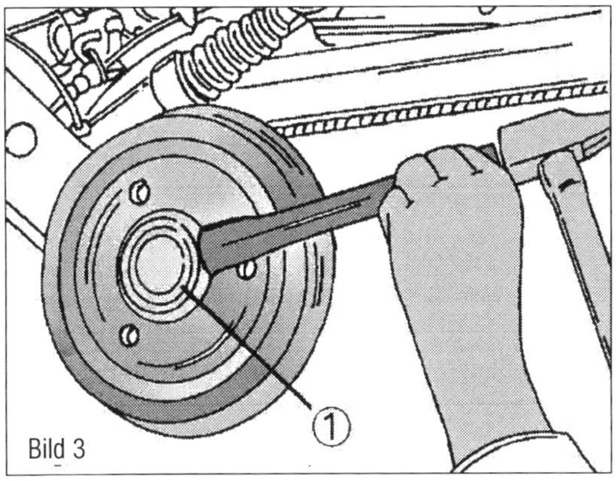

Bild 3

Bild 3
Nabenfettkappen (1) können in der gezeigten Weise mit einem Meißel abgeschlagen werden. In diesem Fall bei eingebauten Trommelbremsen gezeigt.

Unterschiede, falls wichtig, werden jeweils gezeigt:

- Rückseite des Fahrzeuges aufbocken. Die Hinterräder müssen frei herunterhängen können. Die Vorderräder sollten verkeilt werden, damit das Fahrzeug nicht von den Böcken rutschen kann.
- Das Rad auf der betreffenden Seite abschrauben.
- Die Nabenfettkappe vorsichtig mit einem kleinen Meißel abschlagen. Die Nabe dabei langsam durchdrehen, damit man die Fettkappe Stück für Stück abschlagen kann. Beim Lieferwagen sieht dies aus, wie es Bild 3 zeigt.

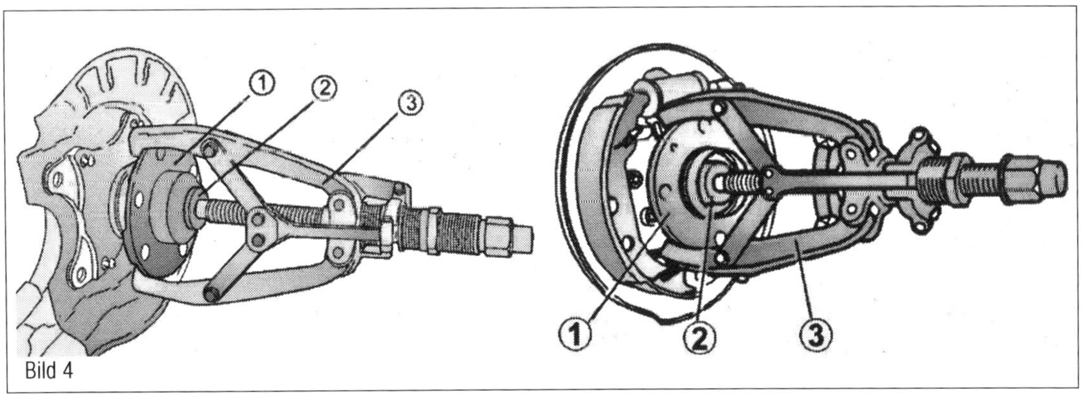

Bild 4

Bild 4
Abziehen der Radnabe (1). Die Klauen des Abziehers (3) werden unter der Radnabe untergesetzt. Ein Druckstück (2) auf den Achsstumpf auflegen, um das Gewinde nicht zu beschädigen.

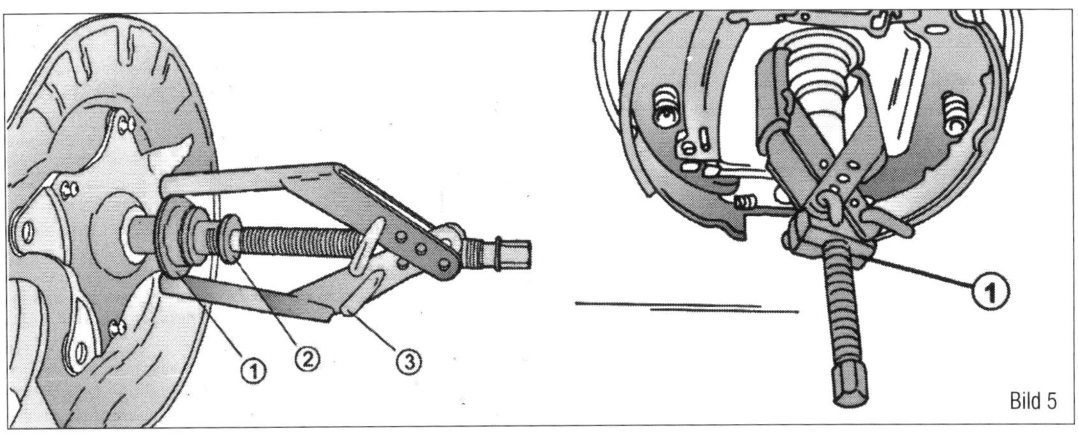

Bild 5

Bild 5
Abziehen des Lagerlaufrings (1). Wiederum ein Druckstück (2) aufsetzen. Auf der linken Seite bei eingebauten Scheibenbremsen, auf der rechten Seite bei Trommelbremsen. Den Abzieher (3) bzw. (1) wie gezeigt ansetzen.

■ Die Bremstrommel oder die Bremsscheibe ausbauen. Bei eingebauten Scheibenbremsen bedeutet dies den Ausbau des Bremssattels. Diesen mit einem Stück Draht festbinden. Nicht am Schlauch herunterhängen lassen. Siehe Kapitel »Bremsanlage«.
■ Die Hinterradnabenmutter mit einer Stecknuss und einem Knebel abschrauben. Die Scheibe und die Nabe herunterziehen. Dazu wird jetzt der genannte Abzieher benutzt, welchen man in der in Bild 4 gezeigten Weise ansetzt (links bei eingebauten Scheibenbremsen, rechts bei eingebauten Trommelbremsen).
■ Auf dem Achsstumpf sitzt ein Dichtring. Diesen ausbauen, indem man links und rechts je einen kräftigen Schraubendreher untersetzt und den Ring langsam abhebelt. Darauf achten, in welcher Einbaurichtung der Dichtring eingebaut ist.
■ Den auf dem Achsstumpf sitzenden inneren Lagerlaufring in ähnlicher Weise wie in Bild 5 gezeigt herunterziehen. Die Klauen müssen dabei unter dem Ring eingreifen. In der linken Ansicht wird dies bei eingebauten Scheibenbremsen gezeigt, in der rechten Ansicht bei Trommelbremsen.

Radnabe einbauen
■ Den Achsstumpf einwandfrei reinigen und die neue Radnabe aufstecken. Die Radnabe mit einem Gummi- oder Kunststoffhammer anschlagen, bis sie gut sitzt. Das Aufziehen der Radnabe erfolgt jetzt entsprechend Bild 6. Der gezeigte Aufzieher (2) kann durch ein Rohrstück ersetzt werden. Das Rohr über den Achsstumpf stecken, auf der Außenseite eine große Scheibe auflegen und die ursprüngliche Mutter auf den Achsstumpf schrauben. Die Mutter anziehen, bis die Nabe gegen den Anschlag gezogen ist. Aufziehwerkzeuge wieder entfernen.

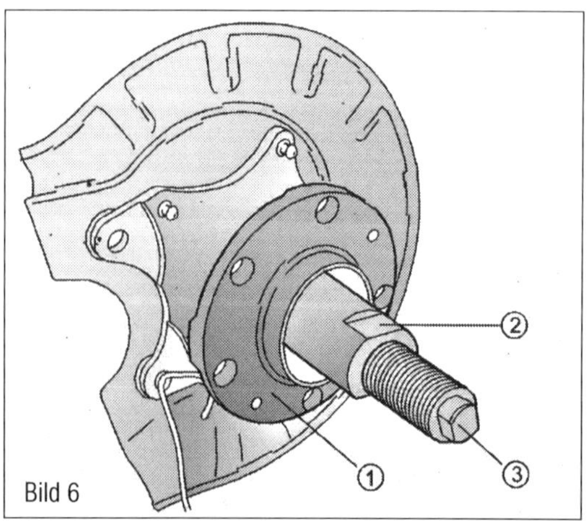

Bild 6
Die Radnabe (1) wird in der gezeigten Weise aufgezogen. Teile (2) und (3) können wie untenstehend ersetzt werden.

■ Die Scheibe über den Achsstumpf schieben und gegen die Außenseite der Radnabe anlegen. Eine NEUE Mutter aufschrauben (Anlagefläche und Gewinde eingefettet) und die Mutter mit 380 Nm anziehen.
■ Eine neue Fettkappe aufsetzen und mit einem Kunststoffhammer aufschlagen. Die Bremstrommel oder die Bremsscheibe kann jetzt wieder montiert werden. Im Fall von Scheibenbremsen die Zentrierschraube der Bremsscheibe mit 25 Nm anziehen und den Bremssattel montieren; im Fall von Trommelbremsen die Zentrierschraube mit dem gleichen Drehmoment anziehen. Das Fahrzeug muss sicher aufgebockt sein, wenn man die Mutter anzieht – vorher nochmals kontrollieren.
■ Raddrehzahlsensor der ABS-Anlage anbringen.
■ Das Rad wieder montieren und das Fahrzeug auf den Boden ablassen. Die Radmuttern mit 100 Nm anziehen.

Aus- und Einbau der Hinterachse

Um die Beschreibungen zu vervollständigen, werden die Kleinlieferwagen der Serie ebenfalls behandelt. Die Arbeiten sind bei den Minivans (C8, 807, Ulysse, Phedra) und den Kleinlieferwagen (Jumpy und Scudo) aufgrund der zusätzlichen Strebe bei den letztgenannten etwas unterschiedlich, wenn es zum Ausbau des Querstabilisators kommt. Bis zu diesem Arbeitsschritt sind die Arbeiten gleich.

■ Fahrzeug hinten auf Böcke setzen (Hinterräder müssen frei hängen) und die Hinterräder abschrauben.
■ Die Muttern (1) und (2) in Bild 7 lockern, einen Wagenheber in der im Bild gezeigten Weise unter die Hinterachse untersetzen und die Radaufhängung anheben, bis man sehen kann, dass sich der Stoßdämpfer etwas zusammengeschoben hat. Die beiden Muttern vollkommen abschrauben und den Stoßdämpfer herausnehmen. Die Arbeiten auf beiden Seiten des Fahrzeuges durchführen.
■ Die Bremsleitung an Stelle (1) in Bild 8 trennen. Dazu die Überwurfmutter lösen (am

Sechskant des Schlauchs gegenhalten), die Federplatte ausschlagen und den Schlauch aus der Halterung ziehen. Die offenen Anschlussenden in geeigneter Weise gegen Eindringen von Schmutz schützen (wir schlagen Klebband vor, d. h. Anschlüsse damit umwickeln). Arbeiten auf beiden Seiten des Fahrzeuges durchführen.

- Die Kontermutter und Einstellmutter am Ende des Handbremsseils abschrauben, das Handbremsseil vom Gabelkopf und auf der anderen Seite vom Anschlag befreien und die beiden Handbremsseile von der Befestigung an der Karosserie befreien.
- Den Drehzahlfühler für die Raddrehzahl ausbauen, die elektrische Kabelverbindung von der Hinterradaufhängung ausclipsen und das Ganze, wie in Bild 9 gezeigt, nach unten absenken. Auf beiden Seiten durchführen.

Die Arbeiten sind jetzt beim Minivan und bei den Lieferwagen unterschiedlich:

Minivan

- Einen Rangierwagenheber unter die Hinterachse untersetzen und die Achse soeben unter Spannung bringen.
- Die Querlenkerstange (Bild 10), auch als Panhardstab bezeichnet, wird als Nächstes gelöst. Die untere Mutter (1) des Gestänges abschrauben. Die Einbaulage der oberen Mutter in geeigneter Weise kennzeichnen und danach abschrauben. Die Schraube (2) der Befestigung an der Karosserie lösen. Falls erwünscht, kann man die Stange auch von der Hinterradaufhängung abschrauben.
- Die gesamte Hinterradaufhängung langsam auf dem Wagenheber absenken. Dabei die Hinterfedern beachten und diese herausnehmen, sobald sie frei sind.
- Geeignete Holzunterlagen unter die beiden Radnaben unterlegen und die Hinterradaufhängung/Achse absenken, bis die Naben in der in Bild 11 gezeigten Weise auf den Holzunterlagen aufsitzen. Die Schrauben der Längslenkerbefestigung (1) links und rechts entfernen. Ein Helfer sollte die Achse dabei auf dem Wagenheber halten.
- Die gesamte Hinterradaufhängung jetzt nach hinten unter dem Fahrzeug hervorziehen.

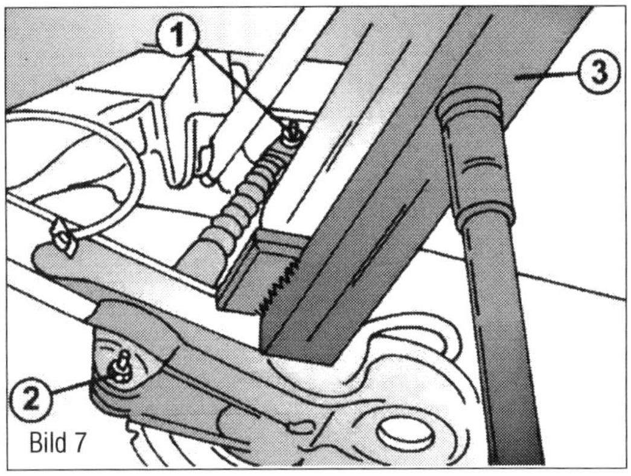

Bild 7
Befestigung eines Stoßdämpfers an der Oberseite (1) und der Unterseite (2) an der Radaufhängung. Zum Ausbau eines Stoßdämpfers wird die Achse mit einem Wagenheber (3) angehoben.

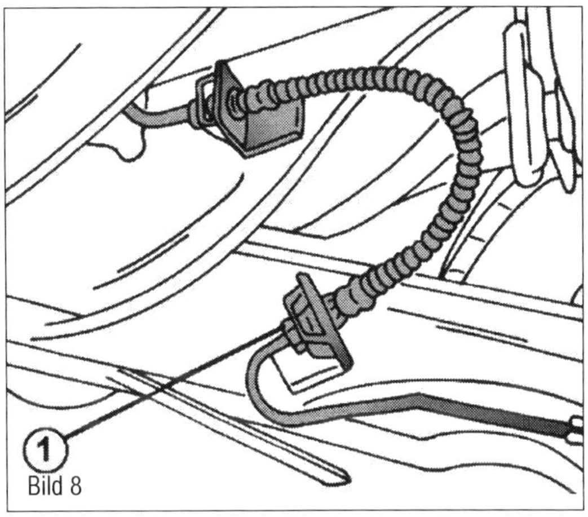

Bild 8
Bremsschlauchverbindung an Stelle (1) von der Hinterradaufhängung trennen.

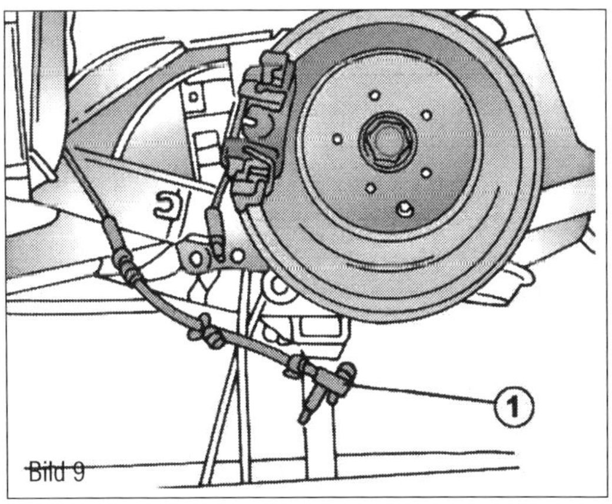

Bild 9
Nach Lösen und Ausschrauben des Fühlers für die Raddrehzahl der ABS-Anlage wird das Kabel mit dem Fühler von der Radaufhängung gelöst und abgesenkt.

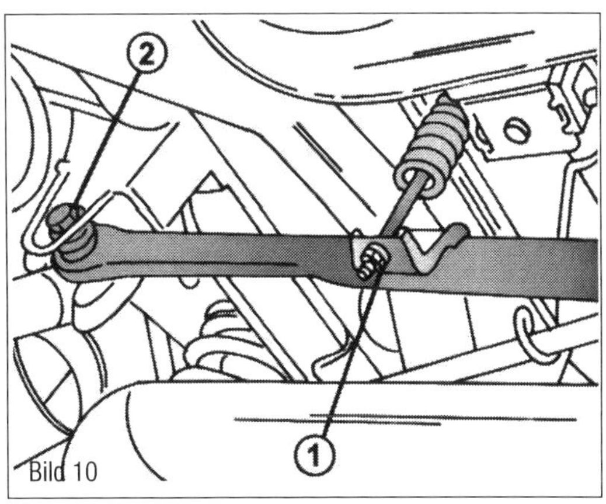

Bild 10
Befestigung der Querlenkerstange (Kurvenstabilisator) bei einem Minivan.

1. *Verbindung des Bremskraftreglers (2 Muttern lösen)*
2. *Befestigungsschraube an der Karosserie*

Sichtprüfung Messen

Bild 11
Die Längslenker sind mit den Schrauben (1) an der Karosserie verschraubt. Sie werden angezogen, wenn das Gewicht des Fahrzeuges auf den Rädern ruht.

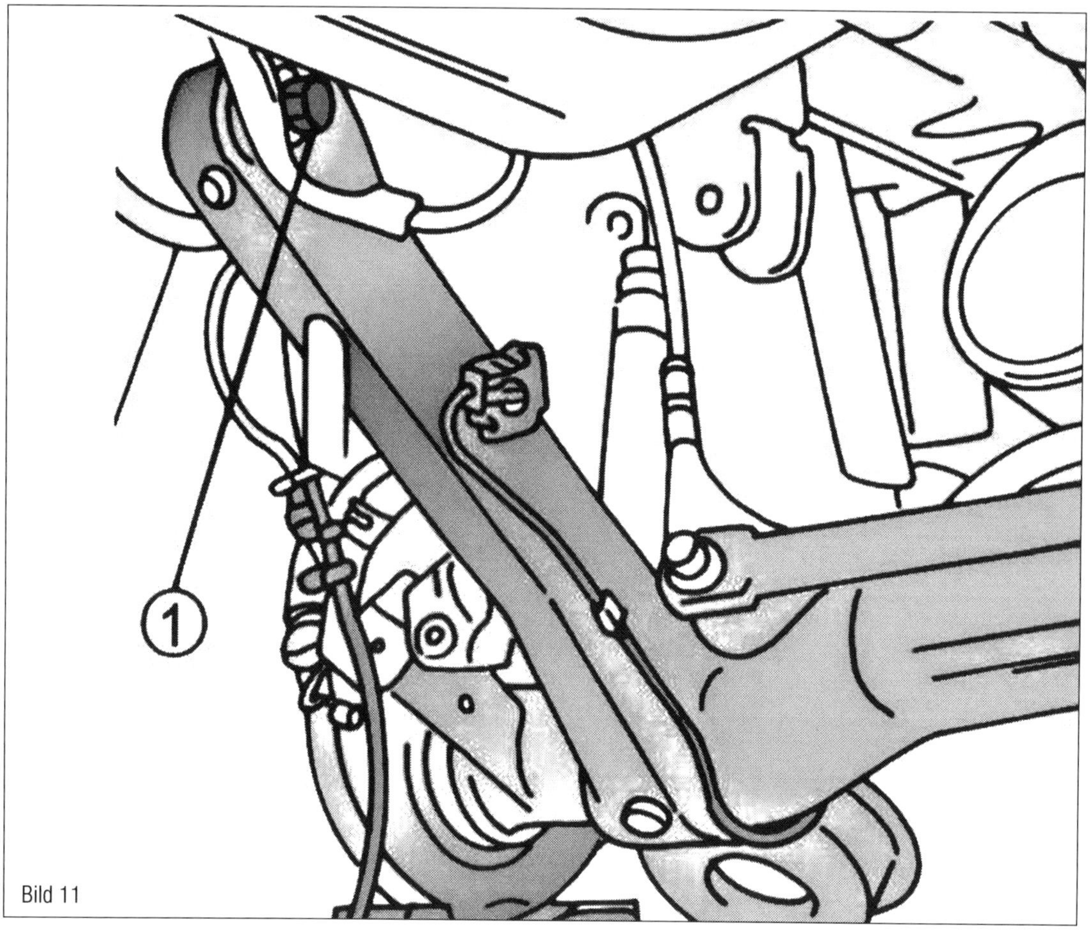

Bild 11

Lieferwagen

■ Einen Rangierwagenheber unter die Hinterachse untersetzen und die Achse soeben unter Spannung bringen.

■ Die untere Mutter (1) des Gestänges lockern und die obere Mutter entsprechend den obigen Anweisungen und Bild 12 lösen. Danach die Schrauben (2) der Befestigung der beiden Gestänge an den gezeigten Stellen lösen. Die Versteifungsstrebe (3) vollkommen ausbauen.

■ Die gesamte Hinterradaufhängung langsam auf dem Wagenheber absenken. Dabei die Hinterfedern beachten und diese herausnehmen, sobald sie frei sind. Der weitere Ausbau erfolgt in der oben beschriebenen Weise, d. h. die Längslenker sind wie in Bild 11 gezeigt befestigt.

Der Einbau geschieht in umgekehrter Reihenfolge unter Beachtung der folgenden Hinweise:

■ Die gesamte Hinterradaufhängung unter das Fahrzeug schieben und wieder auf die in Bild 11 gezeigten Holzblöcke aufsetzen. Die beiden Längslenker in die Montageböcke einsetzen und die Schrauben einschieben. Die Muttern (1) anziehen, ohne sie auf das vorgeschriebene Anziehdrehmoment anzuziehen.

■ Die Drehzahlfühler mit Fett einschmieren (in der Werkstatt wird dazu ein Spezialfett benutzt). Die Schraube des Fühlers mit »Loctite« einschmieren, in den Fühler einsetzen und mit 10 Nm anziehen. Die Kabelverbindung wieder befestigen.

■ Die Federn in die Federsitze einsetzen, die Achse anheben, bis die Federn oben und unten einwandfrei sitzen (Helfer erforderlich, um auf beiden Seiten zu arbeiten), und die Schraube (2) in Bild 10 einsetzen. Die Verbindung nur handfest anziehen.

■ Das Gestänge des Bremskraftreglers mit der Mutter (1) in Bild 10 befestigen. Die Mutter muss wieder in die ursprüngliche Stellung geschraubt werden. Die untere Mutter jetzt gegen die obere Mutter kontern, ohne die letztgenannte zu verstellen.

■ Bremsschlauch/Leitungsverbindung entsprechend Bild 8 wieder herstellen. Ebenfalls die Handbremsseile anschließen und befestigen. Die Einstellung der Handbremse

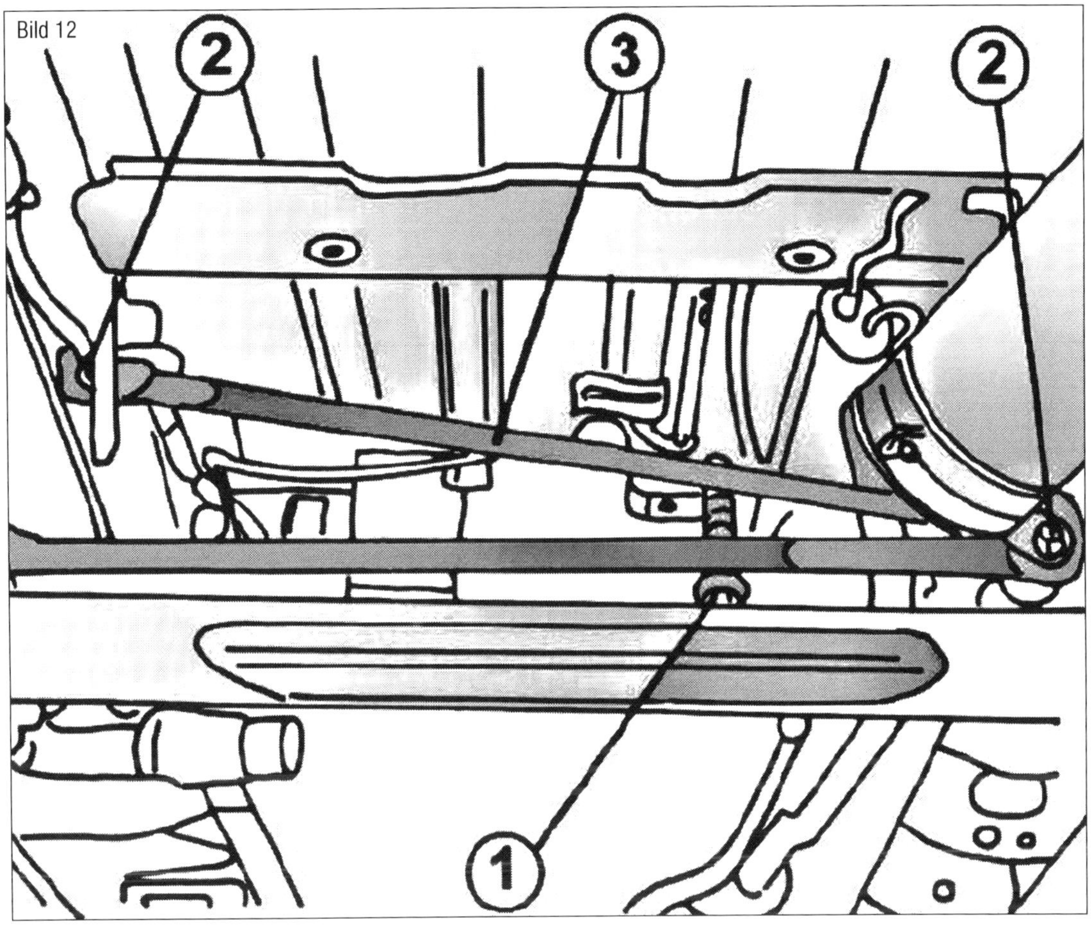

Bild 12
Befestigung der Querlenkerstange (Kurvenstabilisator) und der Versteifungsstrebe bei einem Lieferwagen.

1 Verbindung des Bremskraftreglers (2 Muttern lösen)
2 Befestigungsschraube an der Karosserie
3 Versteifungsstrebe Querlenkerstange (Kurvenstabilisator)

sollte abschließend kontrolliert werden. Die Räder müssen feststehen, wenn der Hebel 4 bis 5 Rasten gezogen wird.

■ Die Stoßdämpfer oben und unten befestigen (Bild 7), ohne die Schrauben anzuziehen.

■ Die Bremsanlage entlüften, wie es in Kapitel »Bremsanlage« beschrieben wird.

■ Räder anschrauben und das Fahrzeug wieder auf den Boden ablassen, da man die Befestigungen der Hinterradaufhängung anziehen muss, wenn das Fahrzeug in Betriebsstellung steht. Es wird natürlich sehr schwer sein, an die verschiedenen Befestigungen heranzukommen, es sei denn, man kann das Fahrzeug auf eine Hebebühne oder über eine Montagegrube fahren. Die folgenden Anziehdrehmomente sind jetzt zu beachten:

■ Die obere Stoßdämpferbefestigung (1) in Bild 7 mit 90 Nm anziehen.

■ Die untere Stoßdämpferbefestigung (2) in Bild 7 an der Hinterachse mit 90 Nm anziehen.

■ Die Schraube (2) der Querlenkerstange in Bild 10 mit 60 Nm an der Karosserie anziehen. Wurde sie an der Hinterradaufhängung gelöst, wird die Verbindung mit 80 Nm angezogen. Bei einem Lieferwagen werden beide Stangen auf das gleiche Anziehdrehmoment angezogen.

■ Die beiden Längslenkerschrauben (1) in Bild 11 mit 85 Nm anziehen.

■ Abschließend die Radschrauben mit 100 Nm anziehen.

Hintere Stoßdämpfer und Federn

Der Aus- und Einbau findet in der beschriebenen Weise statt. Stoßdämpfer ausbauen, nachdem die Seite entsprechend der Beschreibung angehoben wird, bis die Stoßdämpfer etwas zusammengeschoben, d. h. frei von der Spannung der Schraubenfedern sind. Die Schraubenfedern können ausgewechselt werden, nachdem die Hinterachse entsprechend der Beschreibung abgesenkt wurde, bis die Federn oben und unten aus den Sitzen kommen.
Bei der Erneuerung der Stoßdämpfer oder

Schraubenfedern immer die Ausführung, das Baujahr und falls möglich die Fahrgestellnummer angeben, da diese Teile spezifisch für das betreffende Modell ausgewählt sind.

Querlenkerstange/ Kurvenstabilisator

Der Aus- und Einbau der genannten Teile kann anhand der Beschreibung beim Aus- und Einbau der Hinterradaufhängung erfolgen. Auch die geltenden Anziehdrehmomente sind bei der Beschreibung des Einbaus angegeben. Wie erwähnt, dürfen die Befestigungen nur angezogen werden, wenn das Gewicht des Fahrzeuges auf den Rädern ruht. Damit wird gewährleistet, dass die Gummibüchsen vorschriftsmäßig vorgespannt werden. Bild 12 zeigt die Befestigung der Querlenkerstange und der Versteifungsstrebe bei einem Lieferwagen.

Hinterradgeometrie

Die Geometrie der Hinterräder wird in gleicher Weise vermessen, wie es bereits bei den Vorderrädern beschrieben wurde, d. h. die Fahrzeughöhe muss auf den gültigen Stand gebracht werden. Lassen Sie die Achse in einer Werkstatt vermessen. Falls die Werte für Spureinstellung der Räder oder Sturz der Hinterräder außerhalb der Richtwerte liegen sollten, kann man davon ausgehen, dass die Hinterradaufhängung verzogen ist. Sturz und Spureinstellung der Hinterräder lassen sich aufgrund der Konstruktion der Hinterachse nicht verstellen.

12 Bremsanlage

Kurze Beschreibung

Für die Vorderräder und die Hinterräder sind, so weit diese Anleitung betroffen ist, Scheibenbremsen eingebaut. Nur die Kleinlieferwagen der ähnlichen Bauserie sind mit Scheibenbremsen an den Vorderrädern und Trommelbremsen an den Hinterrädern versehen. Gleitbremssättel, auch als Faustsättel bekannt, werden an den Vorderrädern montiert. Scheibenbremsen für die Minivan-Modelle sind von Lucas (Girling) hergestellt, Scheibenbremsen für die Lieferwagen von Bendix. Die Hinterradtrommelbremsen der Kleinlieferwagen sind von herkömmlicher Bauweise, mit Anlaufbacken und Ablaufbacken. Bei den Hinterradscheibenbremsen kommen Bremssättel unterschiedlicher Konstruktion zum Einbau. Unterschiedlich ist auch die Befestigung.
Die Anlage ist als Zweikreissystem ausgebildet, d. h. jeder Abschnitt des Hauptbremszylinders übernimmt einen Bremskreis. Die Bremsanlage ist serienmäßig mit einem Bremskraftverstärker ausgerüstet, welcher seinen Unterdruck aus einer getrennten Unterdruckpumpe erhält.
Eine Antiblockier-Bremsanlage (ABS) ist serienmäßig eingebaut. Fahrzeuge mit 2.2-Liter-Motor können mit einer so genannten »ESP«-Anlage, d. h. einer dynamischen Stabilitätsregulierung, ausgerüstet sein. Die zur Bremsanlage des 2.0-Liter-Motors gehörenden Teile der ABS-Anlage sind in Bild 1 gezeigt. Bild 2 zeigt die Teile bei eingebauter »ESP«-Anlage. Durch Vergleich der beiden Abbildungen wird man schnell die zusätzlichen Teile feststellen können.
Die Handbremse wirkt über einen Hebel- und Seilmechanismus auf die Hinterradbremsen. Wenn der Hebel in der Mitte des Fahrerraums gezogen wird, spannt sich das vordere Bremsseil. Dies führt zum Seilzugausgleich. Von dort verläuft je ein Bremsseil zur jeweiligen Hinterradbremse. Die Bremsbacken werden durch die eingebaute Hebelanordnung auseinanderbewegt und legen sich gegen die Fläche der Bremstrommel an. Bei Fahrzeugen mit Scheibenbremsen an den Hinterrädern werden die Bremsklötze über ein System von Seilen und Hebeln gegen die Bremsscheiben gedrückt.

Vorder- und Hinterradbremsen stellen sich übrigens selbst nach, eine regelmäßige Kontrolle der Einstellung ist nicht erforderlich.

Damit Sie sich mit der Bremsanlage vertraut machen können, gehen wir kurz auf die Einzelteile der beiden in Frage kommenden Anlagen ein.
Die bei Fahrzeugen mit dem 2.0-Liter-Motor eingebaute Bremsanlage setzt sich aus den in Bild 1 gezeigten Teilen zusammen:

- Die Bremssättel vorn und hinten sind mit (1) bezeichnet. Die Radnaben (2) sind mit einem integralen Magneträdchen versehen, welche 48 Pole haben und in Zusammenhang mit den Drehzahlfühlern (3) arbeiten. Die vorderen Drehzahlfühler haben einen blauen Kabelstecker und sind in die Achsschenkel eingesetzt. Die Drehzahlfühler werden mit einer Schraube mit einem Anziehdrehmoment von 8 Nm angezogen. Die hin-

Bild 1
Die Bauteile der normalen ABS-Anlage, wie sie bei eingebautem 2.0-Liter-Motor vorgefunden wird. Auf die einzelnen Zahlen wird in der Beschreibung eingegangen. Eingebaut ist eine ABS-Anlage des Typs Mk. 60.

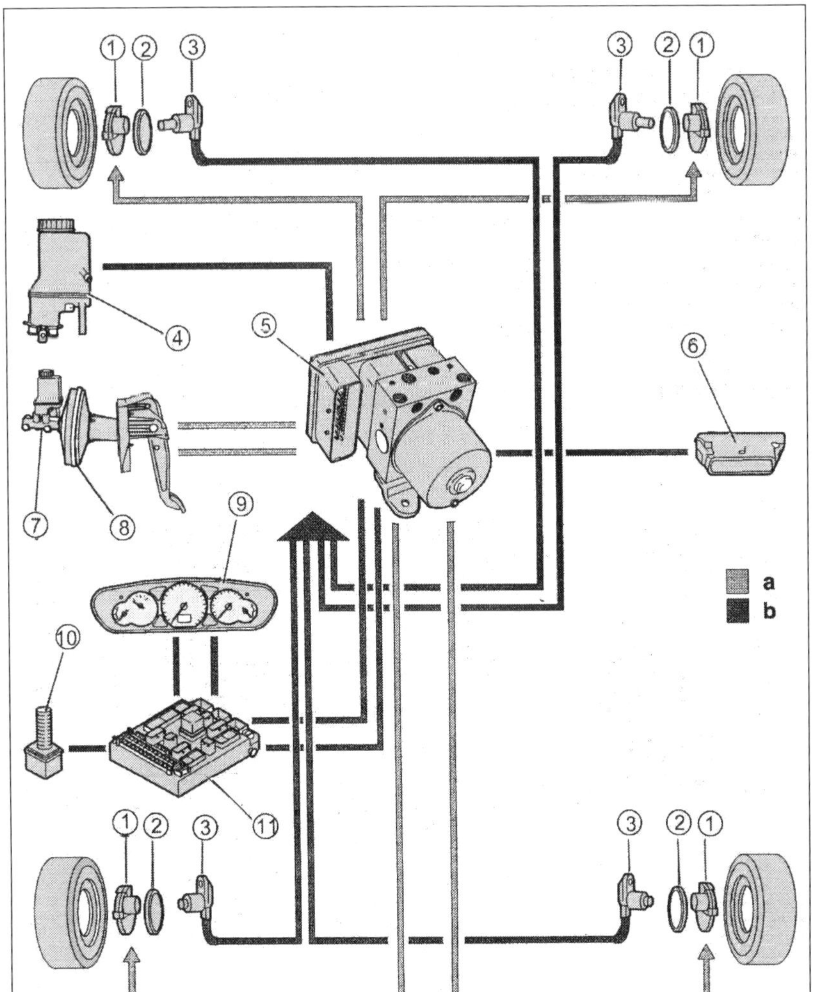

Bild 1

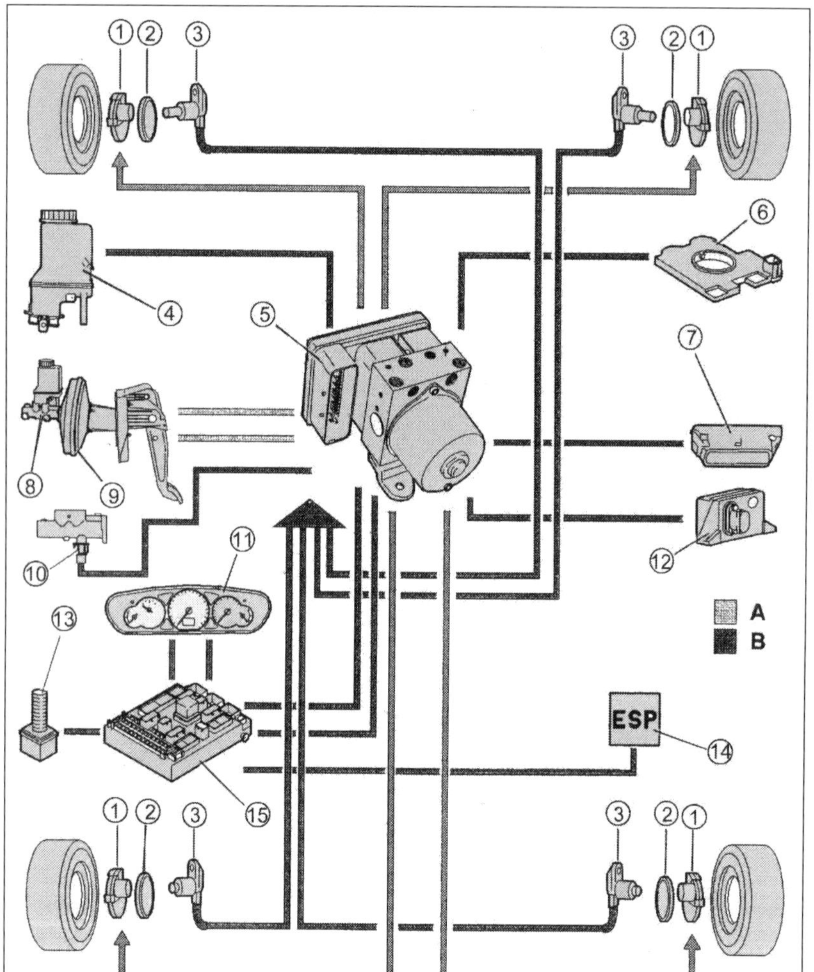

Bild 2

teren Drehzahlfühler sind an den Montagerahmen der Bremssättel befestigt. Auch diese haben einen blauen Kabelstecker. Das Anziehdrehmoment der Fühler beträgt ebenfalls 8 Nm.

- Der Flüssigkeitsbehälter (4) enthält die zum Betrieb der Anlage erforderliche Bremsflüssigkeit.
- Das hydraulische Steuergerät und das elektronische Steuergerät (5) bilden eine Einheit. Eine Erneuerung eines Teiles bedeutet auch die Erneuerung des anderen Teils, da sich die beiden Teile nicht trennen lassen.
- Die Diagnosesteckdose (6) ist mit dem elektronischen Steuergerät verbunden.
- Der Hauptbremszylinder (7) und der Bremskraftverstärker (8) sind mit dem Bremspedal verbunden.
- Die Instrumententafel (9) ist mit dem Interface (11) verbunden. Der Bremslichtschalter (10) ist ebenfalls daran angeschlossen.
- Die mit (a) bezeichneten Kreise sind hydraulische Verbindungen, die mit (b) bezeichneten Kreise sind elektrische Verbindungen.

Die »ESP«-Anlage in Bild 2 setzt sich aus den folgenden Teilen zusammen:

- Die Bremssättel vorn und hinten sind mit (1) bezeichnet. Die Radnaben (2) sind mit einem integralen Magneträdchen versehen,

Bild 2
Die Bauteile der ESP-Anlage (elektronisches Stabilitätsprogramm), wie sie bei eingebautem 2.2-Liter-Motor vorgefunden wird. Auf die einzelnen Zahlen wird in der Beschreibung eingegangen. Eingebaut ist eine ABS-Anlage des Typs Mk. 60.

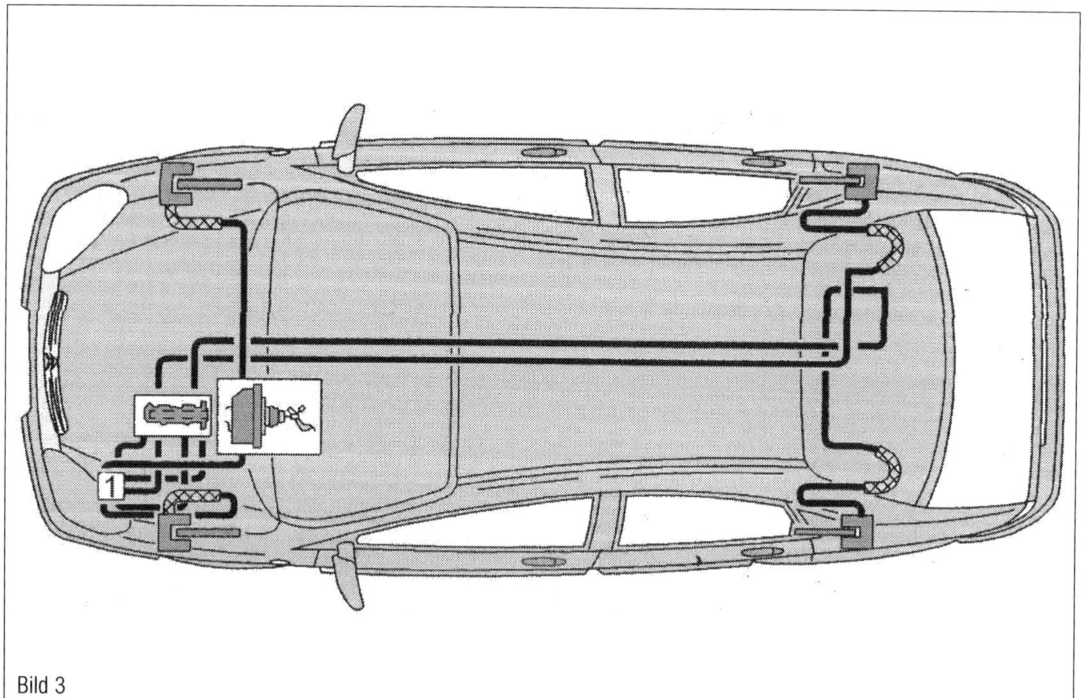

Bild 3

Bild 3
Verlegungsdiagramm der Bremsanlage. Das hydraulische Steuergerät (1) sitzt vorn links.

welche 48 Pole haben und in Zusammenhang mit den Drehzahlfühlern (3) arbeiten. Die vorderen Drehzahlfühler haben einen blauen Kabelstecker und sind in die Achsschenkel eingesetzt. Die Drehzahlfühler werden mit einer Schraube mit einem Anziehdrehmoment von 8 Nm angezogen. Die hinteren Drehzahlfühler sind an den Montagerahmen der Bremssättel befestigt. Auch diese haben einen blauen Kabelstecker. Das Anziehdrehmoment der Fühler beträgt ebenfalls 8 Nm.

- Der Flüssigkeitsbehälter (4) enthält die zum Betrieb der Anlage erforderliche Bremsflüssigkeit.
- Das hydraulische Steuergerät und das elektronische Steuergerät (5) bilden eine Einheit. Eine Erneuerung eines Teiles bedeutet auch die Erneuerung des anderen Teils, da sich die beiden Teile nicht trennen lassen. Das elektronische Steuergerät ist mit einem 47-poligen Stecker mit der elektrischen Anlage verbunden.
- Ein Lenkradwinkelsensor (6) wird von Bosch hergestellt und ist im Regelgerät unter dem Lenkrad untergebracht.
- Die Diagnosesteckdose (7) ist mit dem elektronischen Steuergerät verbunden.
- Der Tandemhauptbremszylinder (8) und der Bremskraftverstärker (9) sind mit dem Bremspedal verbunden. An der Unterseite des Hauptbremszylinders ist ein Drucksensor (10) zur Ermittlung des Bremsdrucks angebracht. Der Sensor wird von Teves hergestellt und ist mit einem dreipoligen Kabelstecker angeschlossen. Der Sensor ist mit 25 Nm angezogen.
- Die Instrumententafel (11) ist mit dem eingebauten Interface (15) verbunden. Der Bremslichtschalter (13) ist ebenfalls damit verbunden.
- Unter dem mittleren Regler ist ein so genannter Gyrometersensor/Beschleunigungsmesser (12) montiert. Er wird von Teves hergestellt und ist durch einen sechspoligen Kabelstecker mit dem Stromnetz verbunden.
- Der ESP-Schalter (14) reguliert die Bremsanlage
- Die mit (a) bezeichneten Kreise sind hydraulische Verbindungen, die mit (b) bezeichneten Kreise sind elektrische Verbindungen. In Bild 3 ist eine Draufsicht auf das Fahrzeug gezeigt. Das Steuergerät der Bremsanlage befindet sich an Stelle (1).

Die Vorderradscheibenbremsen

Bremsklötze erneuern

Hinweis: Falls es möglich sein sollte, dass man die Bremsklötze wieder einbauen kann, müssen sie seitenmäßig gekennzeichnet werden. Ist man im Zweifel, muss man auch vermerken, welcher Klotz innen und außen gesessen hat (sonst arbeitet die Verschleißanzeige nicht). Durch falschen Einbau kann die Vorderradbremse außerdem zum Ziehen verleitet werden.

Alle Scheibenbremsen arbeiten auf dem Gleitsattelprinzip mit einem Kolben. Die Bremssättel aller Fahrzeuge sind von Bendix oder Lucas (Girling) hergestellt.

Die Bremsklötze müssen erneuert werden, wenn die Gesamtstärke der Klötze, einschließlich der Metallplatte bis auf einen bestimmten Wert abgenutzt ist. Dieser Wert ist bei allen Fahrzeugmodellen gleich (ca. 4 mm). Das Maß kann mit einem Messlineal wie in Bild 4 gezeigt, ausgemessen werden, ohne dass man die Bremsklötze ausbaut. Die beiden Räder müssen dazu abgeschraubt werden, damit man die Bremsklötze sehen kann. Niemals nur eine Seite kontrollieren, da sich die Bremsklötze durchaus auf beiden Seiten unterschiedlich abnutzen können. Bremsklötze immer im Satz erneuern. Beim Ausbau der Bremsklötze folgendermaßen vorgehen:

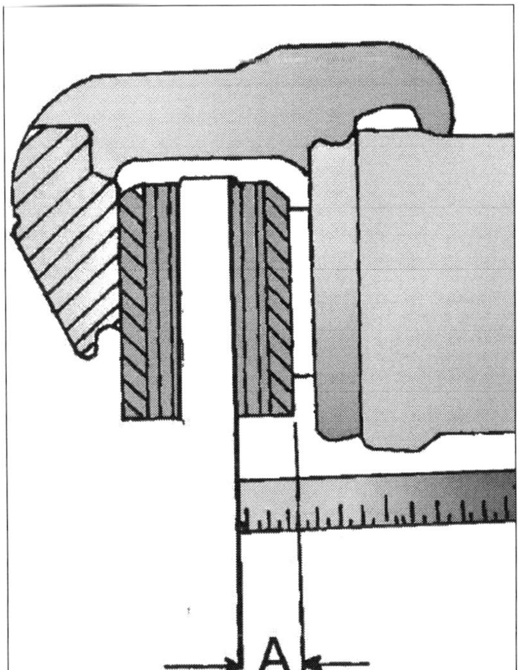

Bild 4

Bild 4
Ausmessen der verbleibenden Stärke der Bremsklotzbeläge.

Lucas (Girling)-Bremsen

■ Radbolzen lockern, die Vorderseite des Fahrzeuges auf Böcke setzen und die Räder abschrauben.

■ Das Kabel vom Verschleißanzeiger der Bremsklötze abschließen. Dies geschieht an der Seite des Federbeins/Bremssattels (Bild 5).

■ Den Bremssattel erfassen und mit einem kurzen Ruck nach außen bewegen. Dadurch wird der Kolben in die Bohrung zurückgestoßen.

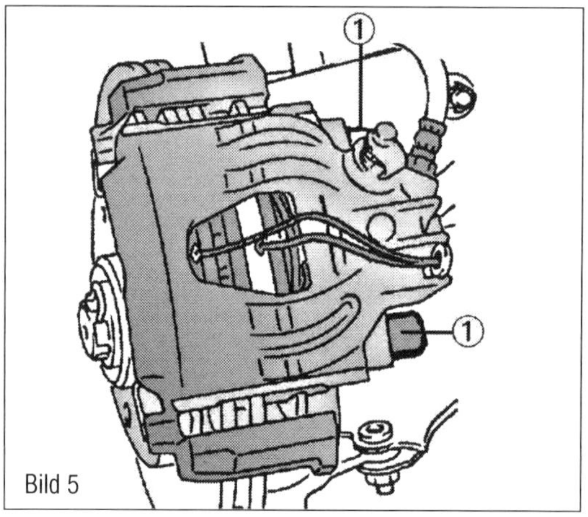

Bild 5

Bild 5
Die beiden Bremssattelschrauben (1). Die obere Schraube nur lockern, die untere Schraube vollkommen ausschrauben, wenn der Bremssattel ausgebaut wird.

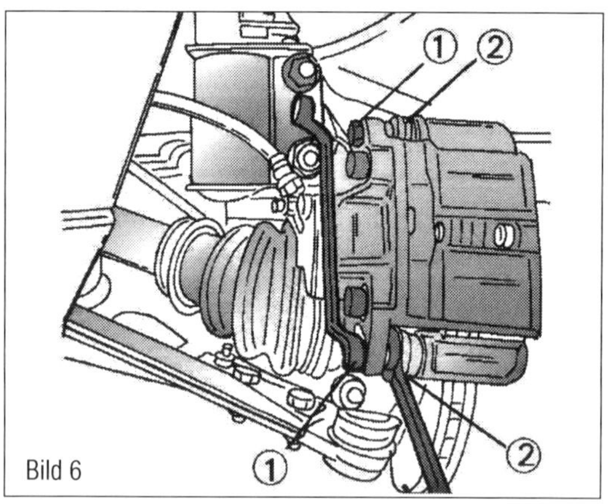

Bild 6

Bild 6
Ausbau der Lucas-Girling-Bremssättel. Die Schrauben (1) müssen gelöst werden, während man die Sechskante (2) an der Innenseite mit einem Gabelschlüssel gegenhält.

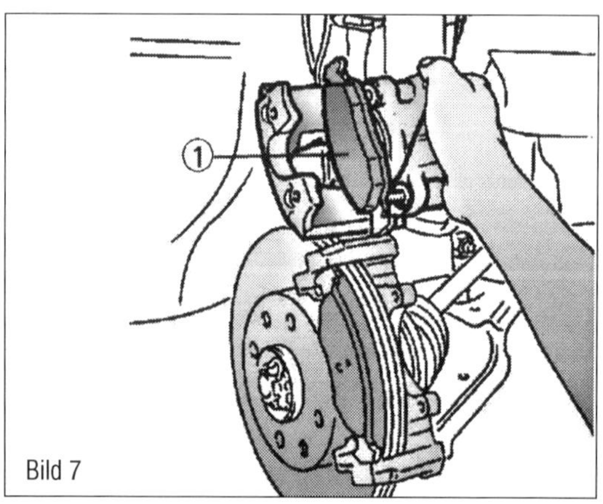

Bild 7

Bild 7
Den unten gelösten und oben gelockerten Bremssattelzylinder in der gezeigten Weise von den Bremsklötzen und der Bremsscheibe abheben und mit einer Drahtschlinge festbinden. Der innere Bremsklotz (1) muss vom Zylinder getrennt werden.

⚠ Wenn der Vorratsbehälter ziemlich voll ist, kann Bremsflüssigkeit ausgedrückt werden. Kontrollieren und eventuell Flüssigkeit absaugen.

■ Falls der Bremssattel festhängen sollte, kann man einen Schraubendreher ansetzen und Bremssattel sowie den Kolben damit zurückdrücken.

■ Unter Bezug auf Bild 6 mithilfe eines Ringschlüssels (1) und eines Gabelschlüssels (2) zum Gegenhalten an der Innenseite die obere Führungsschraube lockern und die untere Schraube vollkommen herausdrehen, wie es im Bild gezeigt ist. Die Schrauben sind selbstsichernd und müssen erneuert werden. Außerdem sind sie beim Einschrauben an den Gewinden mit Gewindesicherungsmittel »Loctite« einzuschmieren.

■ Den Bremssattel nach oben klappen, wie es Bild 7 zeigt, und die Bremsklötze innen und außen herausziehen. Einer der Bremsklötze wird bestimmt am Bremssattelzylinder verbleiben und muss von diesem abgenommen werden.

☞ Das Bremspedal nicht betätigen, wenn Bremsklötze oder Bremssattel ausgebaut wurden.

👁 Zustand der Staubschutzringe kontrollieren und ebenfalls überzeugen, dass die beiden Gummiabdichtungen für den Schutz der Gleitbolzen in gutem Zustand sind. Falls sie erneuert werden müssen, das Ende des Kolbens und die beiden Bolzen mit sauberer Bremsflüssigkeit reinigen und mit Bremsfett einschmieren. Die neuen Gummiteile montieren.

Beim Einbau folgendermaßen vorgehen. Bild 9 zeigt eine Montagebild der Bremsenteile auf einer Seite:

■ Den Kolben in die Bohrung zurückstoßen. Dazu entweder eine Kolbenspannzwinge verwenden oder einen Holzblock ansetzen und den Kolben vorsichtig mit einem großen Schraubendreher in die Bohrung drücken. Vorschriftsmäßig wird dazu eine so genannte Kolbenrücksetzzange benutzt, wie man es in Bild 8 auf der linken Seite sehen kann.

⚠ Es soll nochmals erwähnt werden, dass dabei Bremsflüssigkeit aus dem Vorratsbehälter des Hauptbremszylinders auslaufen kann. Eventuell etwas Flüssigkeit in der in Bild 8 auf der rechten Seite gezeigten Weise absaugen.

■ Die neuen Bremsklötze einsetzen. Der Bremsklotz mit dem weißen Kabel für die Verschleißanzeige kommt an die Außenseite.

■ Den Bremssattel vorsichtig nach unten über die beiden Bremsklötze setzen (Bild 7) und den Bolzen an der Unterseite einsetzen (erneuern). Das Gewinde der Schraube mit »Loctite« einschmieren.

■ Die Schraube an der Oberseite des Bremssattels ausschrauben und durch eine neue Schraube ersetzen, das Gewinde der Schraube ebenfalls mit »Loctite« einschmieren und den Bolzen wieder einschrauben.

■ Beide Schrauben jetzt mit einem Anziehdrehmoment von 35 Nm anziehen. Zuerst wird die untere Schraube angezogen. Danach die obere Schraube anziehen. Dabei wieder die Innenseite des Gleitbolzens gegenhalten, wie es in Bild 6 zu sehen ist.

■ Das Kabel für den Verschleißanzeiger mit dem Stecker verbinden (Bild 5). Auf einwandfreie Führung des Kabels achten.

■ Das Bremspedal einige Male durchtreten, um die Bremsklötze an die Bremsscheibe zu bringen. Daran denken, dass sich neue Bremsklötze eine Weile »einbremsen« müssen.

■ Fahrzeug wieder auf den Boden ablassen und die Radschrauben anziehen (100 Nm).

Bendix-Bremsen

Der Aus- und Einbau der Bremssättel geschieht in ähnlicher Weise, wie es bei den Lucas-Girling-Bremsen beschrieben wurde. Der Unterschied liegt in der Befestigung des Bremssattelzylinders. Unten am Bremssattel ist ein Bolzen eingesetzt, der an der Innenseite mit einem Sicherungsstift gehalten wird. In Bild 10 ist die Befestigung eines Bremssattels an der Unterseite gezeigt.

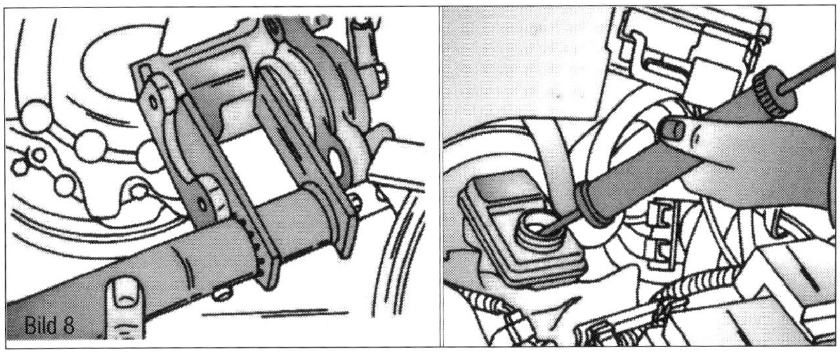

Bild 8
Kolben können mit einer Kolbenrücksetzzange in die Bohrung zurückgestoßen werden, wie man es links sehen kann. Das rechte Bild zeigt, wie man Bremsflüssigkeit in einfacher Weise aus dem Vorratsbehälter aussaugen kann.

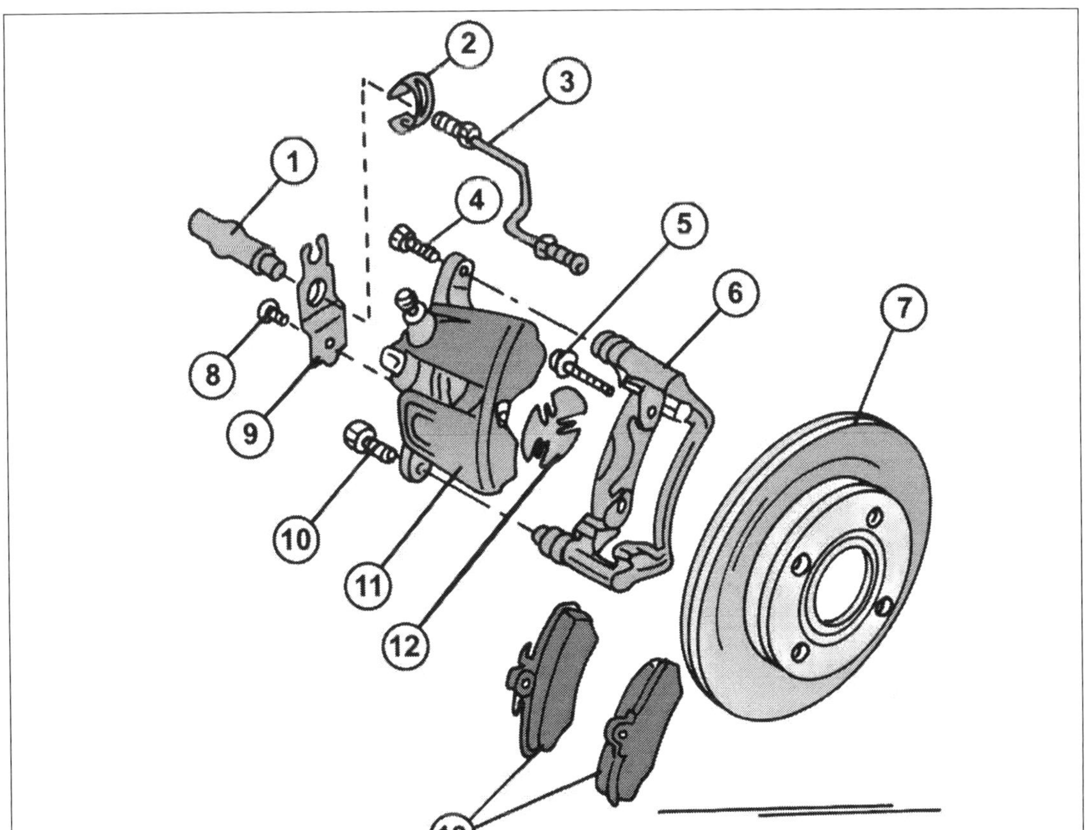

Bild 9

Bild 9
Die Einzelteile eines Lucas/Girling-Bremssattels. Einige der Teile sind nicht unbedingt eingebaut.

1 Bremsschlauch
2 Federspange
3 Bremsleitung, 15 Nm
4 Selbstsichernde Schraube, 30 Nm
5 Bremssattelschraube
6 Bremssattelmontagerahmen
7 Bremsscheibe
8 Schraube, 10 Nm
9 Befestigungshalter
10 Schraube, 30 Nm
11 Bremssattelzylinder
12 Wärmeschutzblech
13 Bremsklötze

Bild 10
Bei einer Bendix-Bremse wird die Unterseite des Bremssattelzylinders mit einem Sicherungsstift (1) und einem Bolzen (Stift) gehalten. Oben wird eine Schraube benutzt (wie beim Lucas-Girling-Bremssattel). Das Anziehdrehmoment der Schraube beträgt 85 Nm.

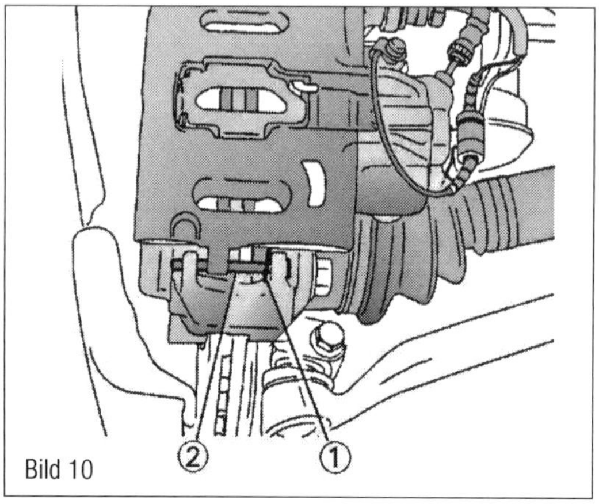

Bild 10

Zum Ausbau der Bremsklötze den Sicherungsstift herausziehen und den Bolzen von innen nach außen ausschlagen. Der Bremssattel wird danach nach oben gekippt, wie es in Bild 7 zu sehen ist. Die Bremsklötze können nun abgenommen werden.

Soll der Bremssattel vollkommen ausgebaut werden, muss man die Schraube an der Oberseite des Sattels lösen. Der Bremssattelzylinder kann danach abgenommen werden. Beim Einschlagen des Bolzens müssen die Bohrungen in Bremssattelzylinder und Bremssattelträger genau fluchten. Bolzen zuerst leicht einschlagen und danach bis zum Anschlag und den Sicherungsstift wieder einsetzen. Den Bolzen an der Oberseite an den Gewinden mit »Loctite« einschmieren und einschrauben. Mit 85 Nm anziehen. Alle anderen Arbeiten in der beim Lucas-Bremssattel beschriebenen Weise durchführen.

Bremssattel – Aus- und Einbau
Der Aus- und Einbau eines Bremssattels folgt im Allgemeinen den Anweisungen im letzten Kapitel. Der Bremssattel kann nach

Bild 11
Die beiden Schrauben (1) halten den Bremssattelträger (2) am Achsschenkel. Bei allen Fahrzeugen sieht es ähnlich aus. Die Schrauben vor Einbau mit »Loctite« einschmieren (160 Nm).

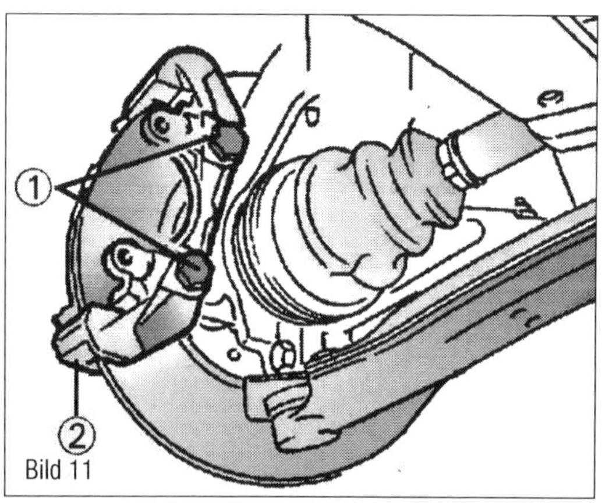

Bild 11

Ausbau der Bremsklötze abgeschraubt werden. In diesem Fall die Schrauben in Bild 6 oben und unten entfernen und den Bremssattelzylinder abnehmen (Lucas-Girling) oder den Bolzen an der Unterseite ausschlagen (Bendix) und die Schraube an der Oberseite entfernen.

■ Der Bremsschlauch kann entweder vom Bremssattel abgeschraubt oder an der Verbindung an der Bremsleitung getrennt werden. Im ersten Fall ist es besser, wenn man den Schlauch am Sechskant vom Bremssattel abschraubt (nur lockern), ehe die Gleitbolzen in Bild 6 gelöst werden (Lucas-Girling) oder ein Bendix-Sattel ausgebaut wird. Im letzteren Fall die Überwurfmutter lockern und danach die Federplatte aus dem Metallhalter ausschlagen.

■ Soll der Montagerahmen des Bremssattels ausgebaut werden, die beiden inneren Schrauben des Bremssattelrahmens lösen. Dies sind die beiden in Bild 11 gezeigten Schrauben bei einem Lucas-Girling-Bremssattel. Bei einem Bendix-Sattel sieht es jedoch ähnlich aus.

Hinweis in beiden Fällen: Um ein Auslaufen der Bremsflüssigkeit zu vermeiden, den Deckel des Vorratsbehälters abschrauben, den Behälter bis zur Oberkante füllen, ein Stück einer Kunststofftüte auf den Behälter legen und den Deckel wieder aufschrauben. Durch die luftdichte Verbindung wird die Bremsflüssigkeit nur austropfen.

■ Beim Anschließen des Bremsschlauchs eine neue Kupferscheibe zwischen Schlauch und Bremssattel einsetzen. Wurde der Bremsschlauch am Bremssattel abgeschraubt, schraubt man den Bremssattel an den Schlauch an, bis er fast ansitzt. Dabei mit einem am Sechskant angesetzten Gabelschlüssel den Schlauch festziehen. Das endgültige Festziehen findet nach Einbau des Bremssattels statt.

■ Die Befestigungsschrauben des Bremssattelmontagerahmens mit »Loctite« einschmieren und anziehen, falls der Bremssattelrahmen ausgebaut wurde. Bei allen Ausführungen werden die Schrauben mit 160 Nm angezogen. Die Führungsschrauben des Zylinders (mit »Loctite« einschmieren) mit 35 Nm anziehen (Lucas-Girling) oder die obere Schraube (ebenfalls mit »Loctite« einschmieren) mit 85 Nm anziehen und den

Sattel an der Unterseite mit dem Bolzen und dem Sicherungsstift befestigen (Bendix).

■ Falls der Schlauch von der Bremsleitung abgeschlossen wurde, muss der Schlauch ohne Verspannung oder Verdrehung wieder angeschlossen werden. Zur Kontrolle die Räder aus einem Einschlag in den anderen drehen lassen und beobachten, dass der Schlauch nirgends anstoßen kann. Die Überwurfmutter anziehen, während das Sechskant des Schlauchs gegengehalten wird.

Die Bremsanlage nach Einbau des Bremssattels entlüften. Wurde der Behälter luftdicht verschlossen, muss man die Flüssigkeit zuerst auf das vorschriftsmäßige Niveau bringen. Um das Entlüften zu beschleunigen, kann man bei ausgebautem Bremssattel etwas Bremsflüssigkeit durch die Anschlussöffnung für den Bremsschlauch füllen, ehe der Schlauch angeschlossen wird (falls diese Ausbauvariante befolgt wurde). Nach dem Einbau das Bremspedal einige Male betätigen, damit sich die Bremsklötze einwandfrei gegen die Bremsscheibe ansetzen können.

Bremssattelreparaturen
Falls der Bremssattel verschlissen ist, sollte man ein Neuteil einbauen. Möglicherweise kann man den Bremssattel in einer auf Bremsenteile spezialisierten Werkstatt überholen lassen oder es verbleibt die offizielle Vertretung, die jedoch in den meisten Fällen den Einbau eines Neuteils empfehlen wird.

Bremsscheiben
Bremsscheiben können nachgeschliffen werden, solange man die angegebene Mindeststärke beibehält. Andernfalls die Scheibe(n) bei übermäßigem Verschleiß erneuern. Die Werte in der Maß- und Einstelltabelle beachten.

Die Bremsscheibe mit einer Messuhr auf Schlag kontrollieren. Dazu die Messuhr mit einem Halter in der in Bild 12 gezeigten Weise an der Radaufhängung anbringen, sodass der Messstift ca. 2 mm von der Außenkante angesetzt wird. Die Radschrauben und geeignete Abstandshülsen (1 im Bild) müssen benutzt werden, um die Scheibe fest gegen die Radnabe zu drücken. Beim Durchdrehen der Scheibe sollte die Nadel nicht um mehr als 0,07 mm ausschlagen.

Falls man annimmt, dass sich eine Bremsscheibe in der Stärke ihrem wirkungsvollen Ende nähert, kann man sie im eingebauten Zustand ausmessen, ehe sie ausgebaut wird.

Dazu mit einem Mikrometer die Scheibe entsprechend Bild 13 ausmessen. Da sich Bremsscheiben nicht gleichmäßig abnutzen, führt man die Messung an verschiedenen Stellen des Umfangs durch. Die Gesamtabweichung darf 0,025 mm nicht überschreiten. Die Sollwerte der Stärken sind der Maß- und Einstelltabelle zu entneh-

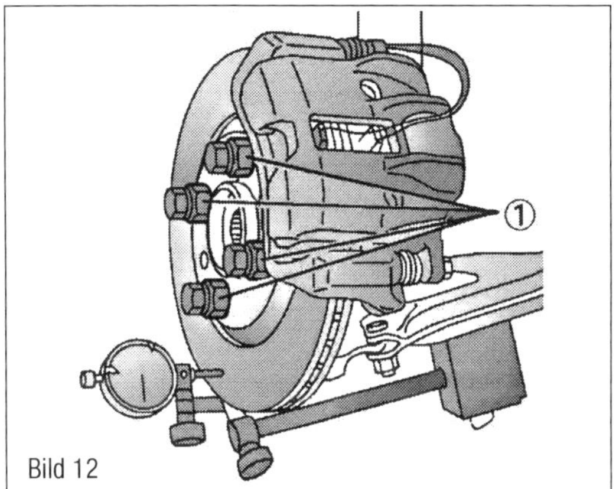

Bild 12

Bild 12
Ausmessen einer Bremsscheibe auf Schlag. Die Radschrauben werden mit Distanzhülsen benutzt, um die Scheibe gegen die Radnabe zu drücken.

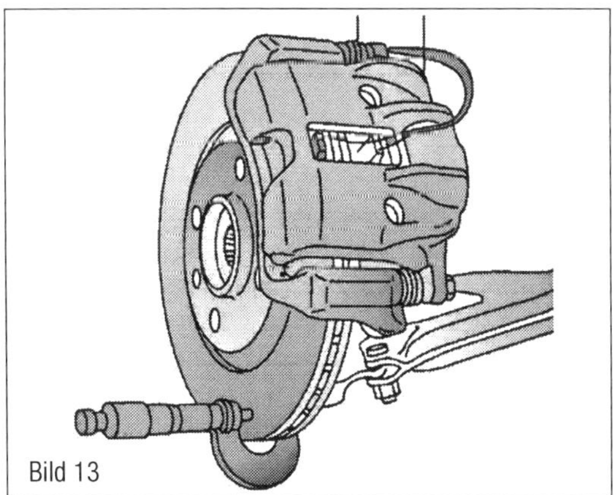

Bild 13

Bild 13
Ausmessen der Stärke einer Bremsscheibe im eingebauten Zustand.

Bild 14

Bild 14
Eine ausgebaute Bremsscheibe wird in der gezeigten Weise in der Stärke ausgemessen.

Sichtprüfung Messen

Bild 15
Festhängende Bremsbacken können durch Einsetzen eines Zylinderschaftdorns (auch ein kleiner Schraubendreher eignet sich) vom Einstellhebel in der Innenseite gelöst werden.

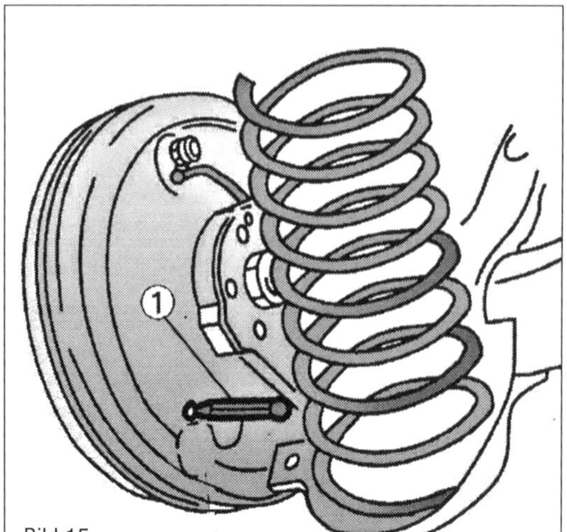

Bild 15

Bild 16
Ansicht der zusammengebauten Hinterradbremsen. Zuerst werden die beiden Bremsbackenankerstifte (1) ausgebaut. An der rechten Pfeilstelle ist das Handbremsseil eingehängt (am Betätigungshebel), an der linken Pfeilstelle wird die Rückzugfeder aus dem Eingriff gebracht.

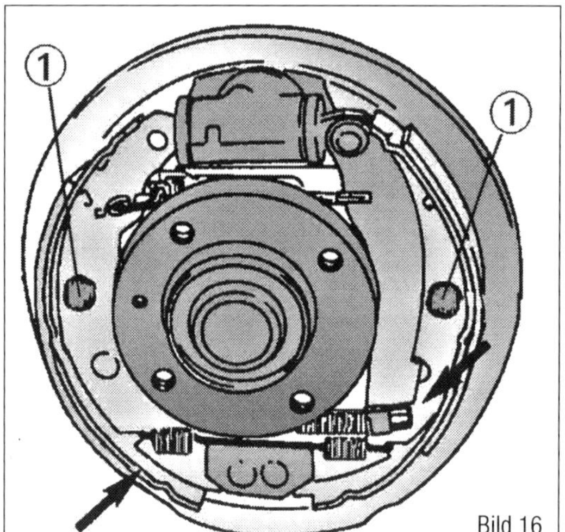

Bild 16

Bild 17
Zum Ausbau der Bremsbacken. Backen unten aus dem Widerlager herausheben und in Pfeilrichtung nach innen bewegen, um sie oben aus dem Eingriff zu bringen. Die Federspange (1) dient zum Zusammenhalten des Radbremszylinders. Andernfalls nach Ausbau der Backen ein Gummiband um den Zylinder wickeln.

Bild 17
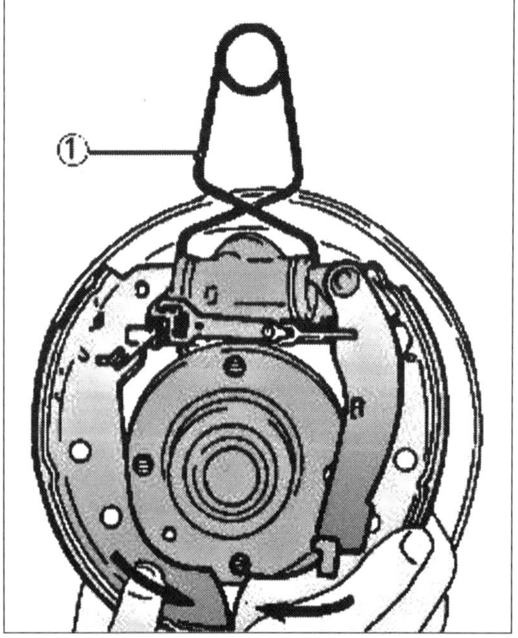

men. Ist die Bremsscheibe ausgebaut, spannt man sie in einen Schraubstock ein und nimmt die Messung in der in Bild 14 gezeigten Weise vor.

- Um die Scheibe auszubauen, die Bremsklötze ausbauen, wie es bereits beschrieben wurde, und die beiden Befestigungsschrauben des Bremssattels lösen, worauf der Bremssattel abgenommen werden kann. Den Montagerahmen des Bremssattels abschrauben. Den Bremssattel mit einem Stück Draht an der Vorderradaufhängung festbinden.
- Die Führungsschrauben aus der Stirnfläche der Scheibe herausdrehen und die Bremsscheibe abnehmen (Anziehdrehmoment der Schraube 25 Nm). Die Scheibe mit einem Gummihammer abschlagen, falls sie festsitzen sollte.

Der Einbau der Bremsscheibe geschieht in umgekehrter Reihenfolge. Die Schrauben des Bremssattelrahmens und des Bremssattels mit dem gültigen Anziehdrehmoment anziehen (siehe oben). Bremsklötze einbauen, wie es oben beschrieben wurde. Das Fahrzeug Probe fahren und die Bremsen überprüfen. Manchmal dauert es eine Weile, bis die Bremsen ihre volle Leistungsfähigkeit erhalten haben – Vorsicht!

Hinterrad-Trommelbremsen

Aus- und Einbau der Bremsbacken
Ausbau

Die folgenden Anweisungen gelten nur für die Kleinlieferwagen.

In die Rückseite der Bremsträgerplatten ist ein Stopfen eingesetzt. Nach Herausziehen kann man mit einer Taschenlampe in die Bohrung leuchten, um die Stärke der Bremsbelagstärke zu kontrollieren.

Beim Ausbau folgendermaßen vorgehen:

- Radbolzen lockern, die Rückseite des Fahrzeuges auf Böcke setzen und die Hinterräder abschrauben.
- Mit einem Hammer und einem Meißel die Nabenfettkappe vorsichtig abschlagen. Dabei die Nabe Stück für Stück durchdrehen, damit die Kappe gleichmäßig herunterkommt.
- Die Bremstrommelschraube lösen und die Trommel herunterziehen. Falls die Trommel nicht sofort herunterkommt, kann man mit einem Plastik- oder Gummihammer

ringsherum dagegenschlagen. Wenn auch dies keinen Erfolg bringt, kann man einen spitzen Dorn an der in Bild 15 gezeigten Stelle in die Rückseite der Bremsträgerplatte einsetzen, um gegen den Handbremshebel zu stoßen. Der Dorn drückt dabei gegen den Hebel und hebt eine Auflagewarze aus ihrer Verankerung. Die Bremsbacken werden dabei in ihre Mittelstellung zurückgebracht. Die Bremstrommel beim Ausbau hin- und herwackeln, bis sie von der Radwelle herunterkommt. Bild 16 zeigt, wie die Bremsbacken nach Ausbau der Bremstrommel frei liegen.

- Die obere Rückzugfeder mit einer Zange aushängen.
- Die Ankerstifte (1) in Bild 16 von den beiden Bremsbacken entfernen. Dazu von der Rückseite der Bremsträgerplatte einen Finger gegen den Kopf des Stiftes drücken und von der Vorderseite des Bremsbackens den Federsitz mit einer Zange erfassen. Den Federsitz verdrehen, bis sich der Kopf des Stiftes aus der Sicherung des Federsitzes aushängen lässt. Den Sitz und die Feder abnehmen und den Stift aus der Rückseite herausziehen. Die gleiche Arbeit am anderen Bremsbacken durchführen.
- Das Ende des Handbremsseils (rechter Pfeil, Bild 16) mit einer Zange erfassen und nach außen ziehen, bis sich die Feder zusammengedrückt hat und man das Seil aus dem Handbremshebel aushängen kann.
- Den äußeren Bremsbacken mit einer Hand erfassen und nach außen ziehen, bis das untere Ende über das Widerlager gehoben werden kann. Danach beide Bremsbacken in der in Bild 17 gezeigten Weise nach innen bewegen, bis die oberen Enden aus den Kolben der Radbremszylinder und der Druckstange für die Handbremse mit dem Versteller für die Bremsbacken frei sind. Beachten, auf welcher Seite das Verstellrädchen sitzt (unterschiedlich auf beiden Seiten). Die untere Rückzugfeder und die kleine Feder zwischen dem Ausgleichshebel und dem Bremsbacken an der Oberseite werden dabei frei und können abgenommen werden. Darauf achten, dass die Staubschutzkappen des Radbremszylinders beim Abheben der Bremsbacken nicht beschädigt werden. Um zu verhindern, dass die Kolben aus dem Radbremszylinder herausgedrückt werden, kann man ein elastisches Band darum wickeln. In Bild 17 wird dies mithilfe einer Federspange durchgeführt. Zu beachten ist die Anordnung der Teile, damit der Zusammenbau erleichtert wird.

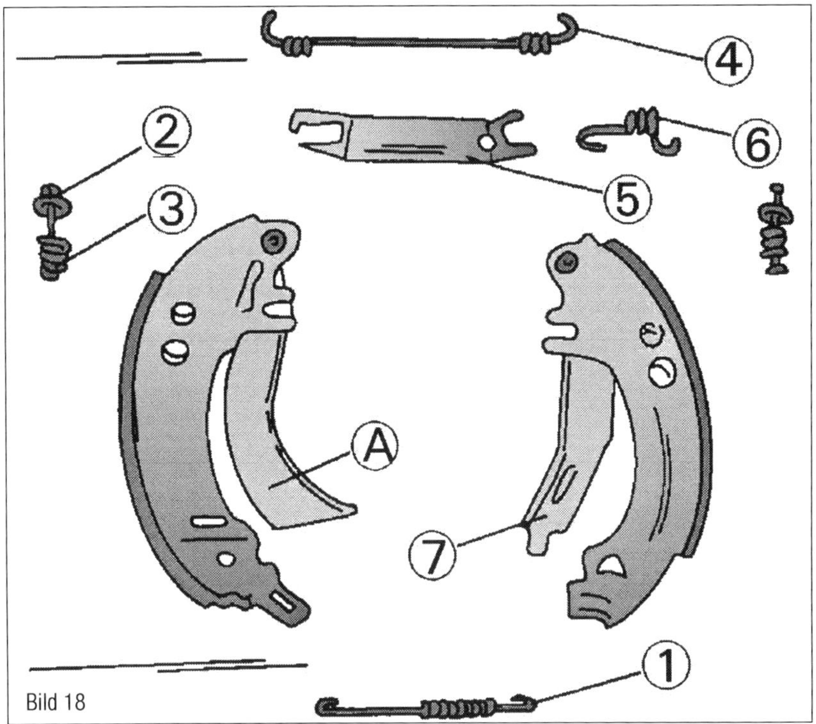

Bild 18

Bild 18
Die Einzelteile einer Hinterradbremse. An Stelle (A) ist eine Warze. Diese rastet aus, wenn man den Zylinderschaftdorn oder den Schraubendreher beim Lösen der Bremsbacken einschiebt (Pfeil, Bild 15).

1 Untere Backenrückzugfeder
2 Federsitz
3 Ankerbackenstift und Druckfeder
4 Obere Backenrückzugfeder
5 Druckstange mit Einsteller
6 Rückzugfeder der Druckstange
7 Handbremshebel

Kontrollieren, dass sich die Hebel an den Bremsbacken einwandfrei bewegen lassen. Es könnte sein, dass neue Bremsbacken ohne Hebel geliefert werden. In diesem Fall die Hebel von den alten auf die neuen Bremsbacken übertragen. Bild 18 zeigt die Einzelteile der Hinterradbremse auf einer Seite.

Alle Teile, einschließlich der Bremsträgerplatte, einwandfrei reinigen. Falls Waschbenzin dazu verwendet wird, darf dieses nicht an die Gummikappen des Radbremszylinders kommen. Sind die Beläge bis auf eine Stärke von 1,0 mm abgenutzt, baut man neue Bremsbacken ein. Auch wenn nur noch eine Stärke von 2,0 mm verblieben ist, sollte man die Backen vielleicht erneuern. Zeigen die Radbremszylinder Zeichen von Leckstellen, müssen sie erneuert werden, da man sie nicht überholen kann.

⚠ Die Bremsanlagen nicht mit Pressluft ausblasen, damit man keinen schädlichen Bremsstaub einatmet.

Einbau

Bremsbacken und andere Teile in der in Bild 18 gezeigten Weise auf einer Werkbank ablegen, ehe man mit dem Einbau beginnt:

Sichtprüfung Messen

■ Falls die Radbremszylinder abgeschraubt wurden, müssen sie wieder montiert werden.
■ Die Anlagestellen für die Bremsbacken an der Bremsträgerplatte (insgesamt 6) mit dem Zeigefinger mit Fett einschmieren.
■ Die beiden Bremsbacken an der Unterseite ansetzen und die untere Rückzugfeder in die beiden Backen einhängen. Die Feder hinter das Widerlager drücken.
■ Die Verstelldruckstange in den Schlitz an der Oberseite des Bremsbackens einsetzen und den Federhaken einhängen.
■ Hinteren Bremsbacken oben ansetzen. Zuerst die kleine Feder zwischen dem Bremsbacken und der Druckstange einhängen und den Federhaken in das Loch des Bremsbackens einhängen. Den Bremsbacken nach außen ziehen, um die beiden Federn auszudehnen, bis das obere Ende des Backens in den Schlitz des Radbremszylinders eingesetzt werden kann. Dabei nicht die Staubschutzkappe des Radbremszylinders beschädigen.
■ Das Handbremsseil am Hebel an der Unterseite des hinteren Bremsbackens anbringen. Die Feder des Handbremsseils zurücklassen und kontrollieren, dass das Seil einwandfrei sitzt.
■ Die Bremsbacken auf der Bremsträgerplatte zentrieren.
■ Die Ankerstifte von der Rückseite der Bremsträgerplatte einsetzen und von vorn die Feder und den Federsitz aufsetzen. Den Ankerstift mit einem Finger von hinten gegenhalten, den Federsitz mit einer Zange erfassen und über den Stift drücken. Wenn der Stift durch die Öffnung durchkommt, den Federsitz verdrehen, bis er mit dem Stift gesperrt ist. Die Backen nochmals auf der Bremsträgerplatte zentrieren.

Um die Bremsbacken in die Grundstellung zu bringen, muss man das Verstellrädchen an der Druckstange verdrehen, bis die Backen einen Durchmesser von 255 mm haben (Maß »X«, Bild 19). Um das Maß zu verändern, wirkt man auf das Verstellrädchen (1) an der Oberseite des Bremsbackens ein. Zu beachten ist, dass die Verstellmöglichkeit im Bild auf der linken Seite liegt, auf der anderen Seite sieht es spiegelbildlich aus. Bei dieser Gelegenheit ebenfalls den Durchmesser der Bremstrommel ausmessen. Er darf nicht mehr als 256 mm betragen (Höchstmaß zur Wiederverwendung).
■ Bremstrommel montieren und mit der Schraube befestigen (25 Nm).
■ Die Handbremse und die Fußbremse einige Male betätigen, damit der Selbstnachstellmechanismus in die Grundstellung kommt und die Bremsbacken einwandfrei zentriert werden. Die Handbremse muss vielleicht nachgestellt werden.
■ Fahrzeug auf eine kurze Probefahrt nehmen. Die Bremsen am Anfang mit Gefühl behandeln, damit sich die Bremsbacken »einbremsen« können.

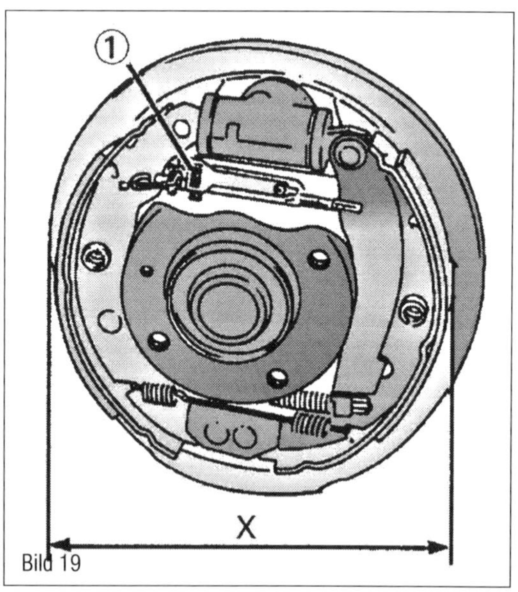

Bild 19 Ausmessen des Durchmessers der eingebauten Bremsbacken (Maß »X«). Einstellungen erfolgen an dem kleinen Rädchen (1) am Versteller.

Radbremszylinder

Die Radbremszylinder können abgeschraubt werden, nachdem man die Bremsbacken ausgebaut hat, wie es im letzten Kapitel beschrieben ist. Da man die Zylinder nicht zerlegen kann, müssen sie erneuert werden, falls man Schäden vermutet. Die Schrauben des Zylinders mit 14 Nm anziehen.

Hinterrad-Scheibenbremsen

Aus- und Einbau der Bremsklötze

Wie bei den Vorderradbremsen müssen Bremsklötze im Satz erneuert werden.
■ Radschrauben lockern, die Rückseite des Fahrzeuges auf Böcke setzen und beide Hinterräder abschrauben.
■ Unter Bezug auf Bild 20 das Handbremsseil (1) aus dem Eingriff bringen und die Schraube (2) herausdrehen.

■ Den Bremssattel mit einer Hand erfassen und nach oben bewegen, wie man es in Bild 21 sehen kann. Die Bremsklötze von beiden Seiten der Bremsscheibe abnehmen. Der Kolben (2) muss in die Bohrung des Bremssattelzylinders zurückgestoßen werden. Für diese Arbeit gibt es so genannte Kolbenrückstellzangen, die auf dem in Bild 8 (links) gezeigten Prinzip arbeiten.

Den Zustand der Staubschutzringe kontrollieren und ebenfalls überzeugen, dass die beiden Gummiabdichtungen für den Schutz der Gleitbolzen in gutem Zustand sind. Teile wie erforderlich erneuern. Ebenfalls die Bremsscheibe auf Verschleiß oder Einlaufstellen überprüfen.

Der Einbau findet in folgender Weise statt:

■ Die Bremssättel sowie die Bremsscheiben einwandfrei mit einem geeigneten Reinigungsmittel säubern.

■ Die Bremsklötze (3) in Bild 21 gegen die Bremsscheiben ansetzen und den Bremssattel (1) vorsichtig nach unten schwingen. Da der obere Gleitbolzen noch unter Spannung steht, darf man dabei keine Kraft aufwenden.

■ Die Schraube (2) in Bild 20 am Gewinde mit »Loctite«-Gewindesicherungsmittel einschmieren und eindrehen. Schraube mit 35 Nm anziehen.

■ Handbremsseil (1) in Bild 20 wieder einhängen.

■ Räder anbringen, Fahrzeug auf den Boden ablassen und die Räder mit 100 Nm anziehen.

Flüssigkeitsstand im Vorratsbehälter kontrollieren und ggf. berichtigen, ehe man die Bremsen betätigt.

■ Motor anlassen und laufen lassen und die Bremsen einige Male betätigen, damit sich die Bremsklötze in die vorgeschriebene Lage bringen können.

Bremssättel – Aus- und Einbau

■ Radschrauben lockern, die Rückseite des Fahrzeuges auf Unterstellböcke setzen und das Rad abmontieren.

■ Handbremsseil (1) in Bild 20 abschließen.

■ Die Bremsklötze ausbauen, wie es bereits beschrieben wurde.

■ Die Überwurfmutter (3) der Bremsleitung (4) in Bild 20 lösen und die Verbindung trennen. Das offene Ende der Leitung in geeigneter Weise verschließen, um Eindringen

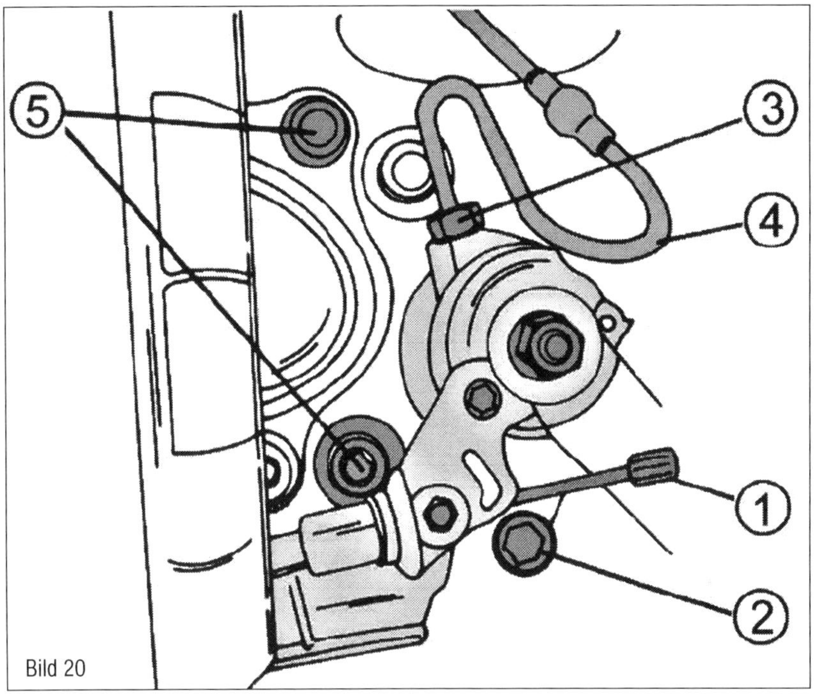

Bild 20

Bild 20
Einzelheiten zum Aus- und Einbau der Bremsklötze der Hinterradscheibenbremsen. Auf die Zahlen wird im Text eingegangen.

von Schmutz oder anderen Fremdkörpern zu vermeiden.

■ Die Schrauben (5) in Bild 20, eine oben und eine unten, lösen und herausdrehen. Den Bremssattel abnehmen.

Der Einbau geschieht in folgender Weise:

■ Den Bremssattel in die richtige Lage setzen und die Schrauben (5) eindrehen. Die Schrauben müssen erneuert werden. Außerdem die Gewinde der Schrauben mit »Loctite«-Gewindesicherungsmittel einschmieren. Das Anziehdrehmoment der Schrauben beträgt 95 Nm.

■ Die Bremsleitung (4) mit der Überwurfmutter (3) am Bremssattel anschrauben und die Mutter mit 15 Nm anziehen.

■ Handbremsseil (1) wieder anschließen.

■ Bremsanlage entlüften, wie es nachstehend beschrieben wird.

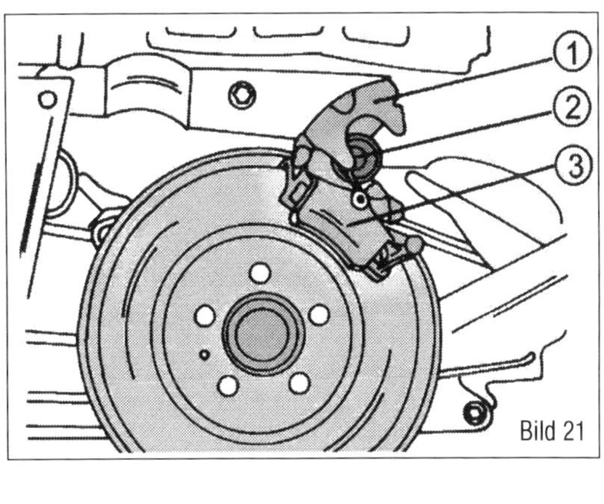

Bild 21

Bild 21
Nach Lösen der Schraube (2) in Bild 20 den Bremssattel (1) nach oben schwingen. Die Bremsklötze (3) auf beiden Seiten abnehmen. Der Kolben (2) muss vor Einbau der neuen Bremsklötze nach innen gedrückt werden.

■ Funktion der Handbremse kontrollieren, die Räder anschrauben und das Fahrzeug auf den Boden ablassen. Die Radbolzen mit 100 Nm anziehen.

Bremsscheiben – Aus- und Einbau
Die Bremsscheiben sind mit einer einzelnen Schraube an den Radnaben befestigt. Beim Ausbau folgendermaßen vorgehen:

■ Radschrauben lockern, die Rückseite des Fahrzeuges auf Unterstellböcke setzen und die Hinterräder abmontieren.

■ Den Bremssattel ausbauen (nur teilweise, um die Bremsscheibe freizulegen). Es ergibt sich jetzt das in Bild 22 gezeigte Bild.

■ Die Schraube (1) herausdrehen und die Bremsscheibe (2) von der Radnabe herunterziehen. Ein Gummihammer kann zum Abschlagen benutzt werden.

Bild 22 Ansicht einer Bremsscheibe der Hinterradbremsen. Eine Schraube (1) hält die Bremsscheibe (2) an der Radnabe.

Vor Einbau der Bremsscheibe die Fläche der Radnabe gut reinigen. Die Scheibe auf die Radnabe aufsetzen, Schraube (1) einschrauben und mit 15 Nm anziehen.
Den Bremssattel wieder montieren. Daran denken, dass die Befestigungsschrauben erneuert und mit »Loctite« eingeschmiert werden müssen. Das Anziehdrehmoment der Schrauben beträgt 95 Nm.
Hinterrad anschrauben, das Fahrzeug auf die Räder ablassen und das gelöste Rad mit 100 Nm anziehen. Abschließend die Handbremseinstellung kontrollieren und ggf. einstellen.

Überholung von Bremssätteln, Bremsscheiben
Alles was für die Bremssätteln an den Vorderrädern gesagt wurde, gilt ebenfalls für die Scheibenbremsen an den Hinterrädern und soll nicht noch einmal wiederholt werden.

Der Hauptbremszylinder

Der Hauptbremszylinder hat nicht bei allen Modellen den gleichen Durchmesser. Wird er erneuert, muss man ihn für das in Frage kommende Fahrzeug beziehen.

Aus- und Einbau
Der Aus- und Einbau des Zylinders ist eine einfache Angelegenheit. Der Hauptbremszy-

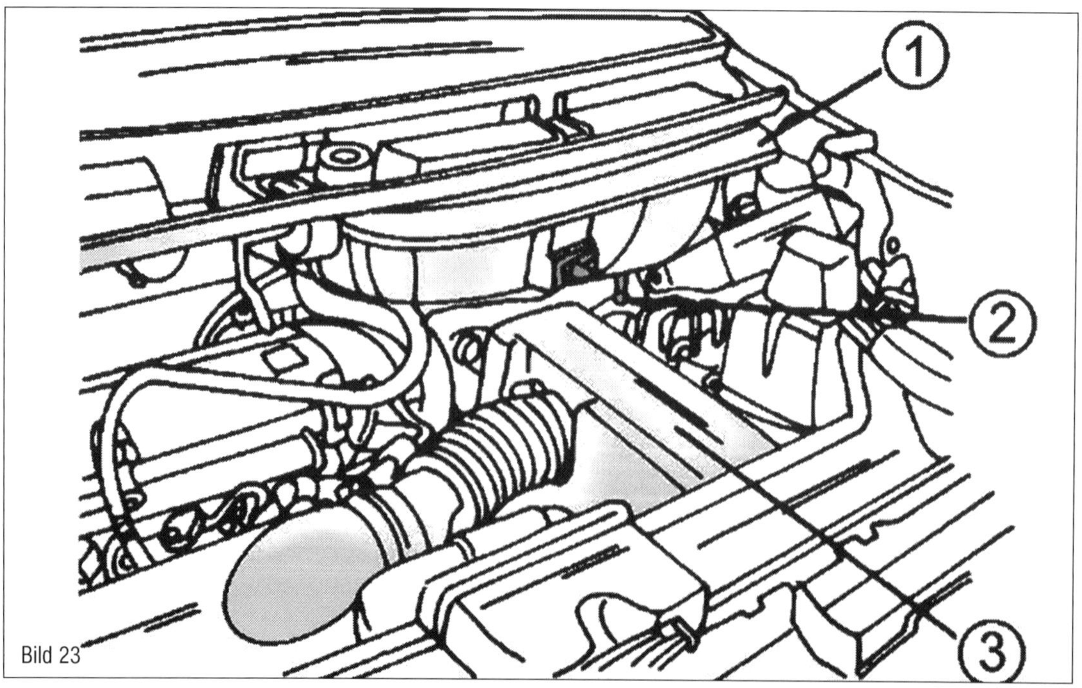

Bild 23 Einzelheiten zum Ausbau des Hauptbremszylinders. Pollenfilter (1), die Befestigungsschelle des Kabelstrangs (2) und der Luftfilter (3) müssen ausgebaut werden, um an den Zylinder zu kommen.

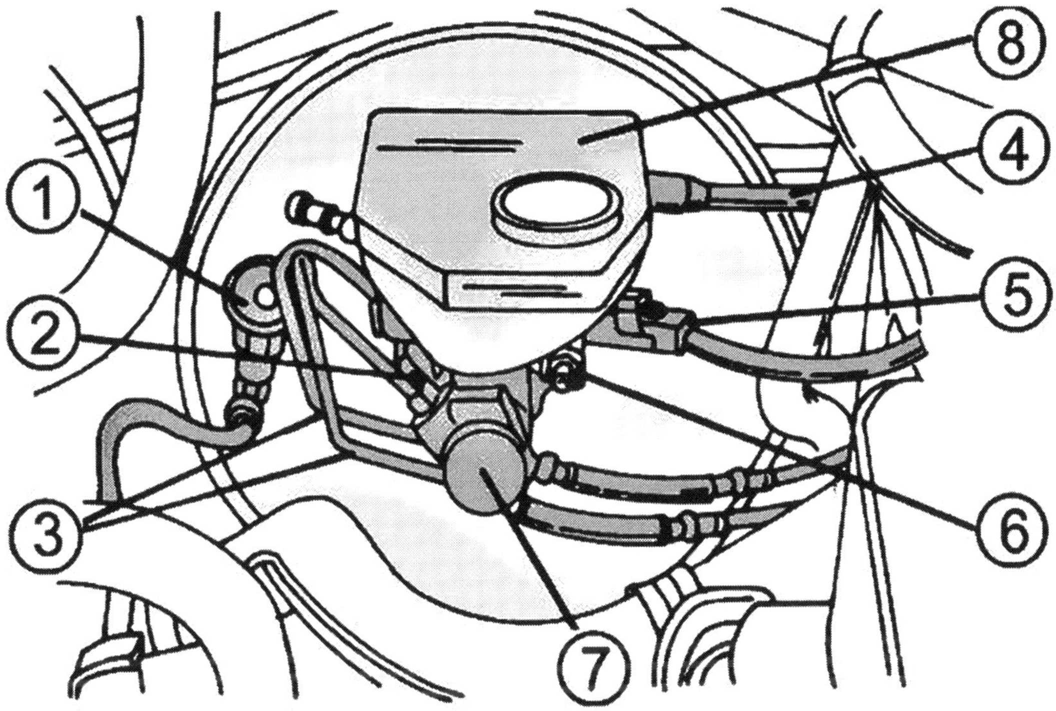

Bild 24

Bild 24
Zum Ausbau des Hauptbremszylinders.

1. *Anschluss am Bremskraftverstärker*
2. *Befestigungsmutter, 20 Nm*
3. *Bremsleitungen, Überwurfmutter 15 Nm*
4. *Verbindungsleitung zum Vorratsbehälter*
5. *Stecker zum Niveauschalter*
6. *Befestigungsmutter, 20 Nm*
7. *Hauptbremszylinder*
8. *Vorratsbehälter*

linder ist an der Stirnfläche des Bremskraftverstärkers befestigt. Die Flüssigkeit vor Ausbau des Zylinders absaugen, wie man es in Bild 8 auf der rechten Seite sehen kann.

Beim Ausbau des Hauptbremszylinders zuerst unter Bezug auf Bild 23 die folgenden Arbeiten durchführen.

- Den Pollenfilter (1) und dessen Halterung ausbauen.
- Den gesamten Luftfilter (3) zusammen mit den angeschlossenen Luftansaugrohren ausbauen. Hinter dem Luftfilter die Befestigungsschelle des Kabelstrangs (2) entfernen.

Beim weiteren Ausbau wird Bild 24 helfen:

- Einen Kabelstecker (5) vom Niveauschalter für die Bremsflüssigkeit abziehen.
- Die Überwurfmuttern der beiden Leitungen (3) lösen und die Leitungen aus dem Zylinder herausziehen. Die Enden der Leitungen in geeigneter Weise gegen Eindringen von Schmutz verschließen.
- Die Leitung (4) vom Vorratsbehälter für die Bremsflüssigkeit abschließen.
- Die beiden Muttern (2) und (6) lösen und den Hauptbremszylinder (7) vorsichtig in waagerechter Lage herausziehen. Darauf achten, dass dabei keine Bremsflüssigkeit auf die darunterliegenden Teile tropfen kann. Einen Lappen unter den Zylinder halten, um dies zu verhindern.

Der Einbau findet in umgekehrter Reihenfolge statt. Die Befestigungsmuttern (2) und (6) für den Zylinder mit 20 Nm anziehen, die Überwurfmuttern der Bremsleitungen mit 15 Nm anziehen. Abschließend den Vorratsbehälter mit frischer Bremsflüssigkeit füllen und die Bremsanlage entlüften wie es später beschrieben wird. Vor Wegfahrt die Wirkungsweise der Bremsen kontrollieren.

Hauptbremszylinderreparaturen

Der Hauptbremszylinder sollte nicht überholt werden. Im Schadensfall einen neuen Zylinder einbauen. Beim Bestellen des Zylinders das Fahrzeugmodell sowie die Fahrgestellnummer und das Baujahr angeben, da Zylinder manchmal ohne vorherige Bekanntmachung geändert werden.

Der Vorratsbehälter kann ausgebaut werden (falls der Zylinder erneuert wird).

Sichtprüfung Messen

Bild 25
Der Entlüftungsschlauch wird auf die Entlüftungsschraube (1) aufgesteckt. Links bei einem Vorderrad und rechts bei einem Hinterrad gezeigt.

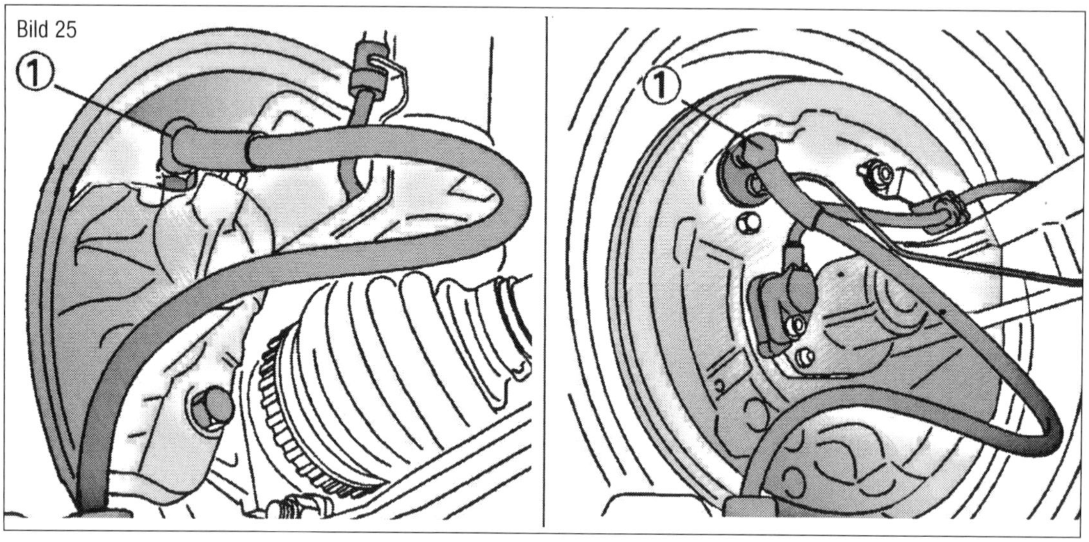

Bremskraftverstärker

Eine Überholung des Bremskraftverstärkers wird nicht vorgenommen. Ein Ausfall des Bremskraftverstärkers bedeutet keinen Verlust der Bremsleistung, lediglich ist der Kraftaufwand am Bremspedal größer, um den gleichen Bremsweg einzuhalten.

Falls Sie das Fahrzeug ohne laufenden Motor eine Steigung herunterrollen lassen, sollten Sie daran denken, dass sich der Unterdruck nach einigen Betätigungen der Bremsen aufbraucht und die Bremsanlage danach ohne Servounterstützung arbeitet. Der Kraftaufwand wird entsprechend höher.

Der Hauptbremszylinder muss ausgebaut werden, ehe man an den Bremskraftverstärker heran kann. Da der Aus- und Einbau des Bremskraftverstärkers mit einigen Schwierigkeiten verbunden ist und das Gerät eine sehr hohe Betriebsdauer hat, sehen wir von einer Beschreibung der Arbeiten ab. Als Hinweis sei gesagt, dass man z. B. das Kupplungspedal ausbauen und die Verbindung zwischen der Stößelstange des Servogeräts und dem Bremspedal trennen muss, um das Servogerät auszubauen. Ebenfalls muss der Raum in der Fahrzeuginnenseite freigelegt werden.

Bild 26
Zur Einstellung des Handbremsseils (bei Trommelbremsen. Nach Lockern der Kontermutter (2) wird die Einstellmutter (1) entsprechend verstellt.

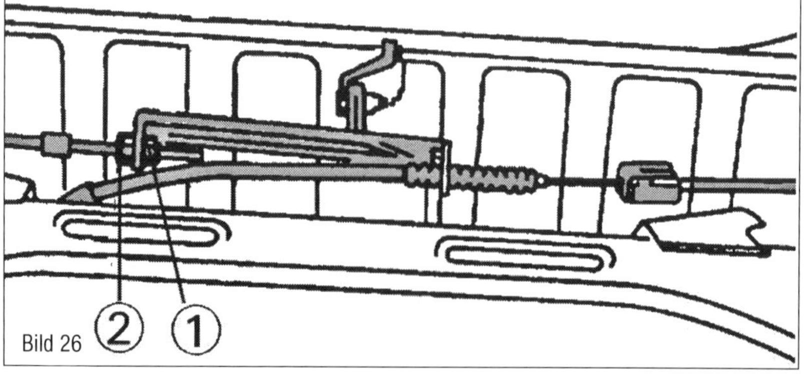

Bremsen entlüften

In der Werkstatt wird ein automatisches Entlüftungsgerät benutzt. Um dieses anzuschließen, gibt es einen speziellen Anschluss, welcher anstelle der Verschraubung des Vorratsbehälters aufgeschraubt wird. Ein Entlüften in der bekannten Weise ist aber ohne Probleme möglich, jedoch ist ein Helfer dazu erforderlich.
Ein Entlüften der hydraulischen Anlage ist erforderlich, wenn das Bremsleitungsnetz an irgendeiner Stelle geöffnet wurde oder Luft auf andere Weise in die Anlage gekommen ist.
Vor der Entlüftung der Anlage sind Schmutz und Fremdkörper von den Entlüftungsstellen und dem Einfüllverschluss des Vorratsbehälters zu entfernen.
Falls nur ein Bremssattel abgeschlossen wurde, könnte es ausreichen, wenn man nur diesen betreffenden Bremskreis entlüftet, d. h. vorne links und hinten rechts oder vorne rechts und hinten links. Die Entlüftung kann entweder an den Hinterrädern oder an den Vorderrädern begonnen werden. Die vom Hersteller empfohlene Reihenfolge zum Entlüften der Bremsen lautet: vorne links, vorne rechts, hinten links und hinten rechts. Diese Reihenfolge ist zu befolgen, falls ein Bremssattel ausgebaut wurde.

Das Innere des Hydrogeräts (die Regelventile, die Pumpe, usw.) kann nur in einer Werkstatt mit dem dafür zur Verfügung stehenden Entlüftungsapparat entlüftet werden. Nur falls das Gerät sich nicht entleeren konnte, können die folgenden Arbeitsschritte befolgt werden. Falls die Hydraulikeinheit erneuert wurde, kommt sie mit Bremsflüssigkeit vorgefüllt, sodass es trotzdem möglich ist, die Anlage in der beschriebenen Weise zu entlüften.

- Einen durchsichtigen Kunststoffschlauch nach Entfernen der Staubschutzkappe auf das betreffende Entlüftungsventil aufstecken. Das andere Ende des Schlauches in ein mit etwas Bremsflüssigkeit gefülltes Glasgefäß einhängen. Wie dies vorn und hinten aussieht, kann man Bild 25 entnehmen.
- Bremspedal von einer zweiten Person auf den Boden durchtreten lassen. Die Entlüftungsschraube um eine halbe Umdrehung öffnen, wenn das Pedal auf dem Boden aufsitzt. Den aus dem Schlauch austretenden Flüssigkeitsstrom beobachten.
- Sobald keine Luftblasen mehr herauskommen, ist alle Luft aus der Anlage ausgeschieden. Bremspedal beim letzten Hub auf dem Boden halten und das Entlüftungsventil schließen. Pedal langsam zurückkehren lassen.
- Gleiche Arbeiten in der angegebenen Reihenfolge an den anderen Entlüftungsschrauben durchführen.

Es wird nochmals darauf hingewiesen, dass der Stand der Bremsflüssigkeit laufend kontrolliert werden muss, damit keine Luft in die Anlage gesaugt wird. Niemals aus der Anlage ausgepumpte Flüssigkeit wieder in den Behälter einfüllen. Auch keine Flüssigkeit verwenden, welche längere Zeit ohne Verschluss gestanden hat.
Obwohl sich alle Bremsflüssigkeiten eignen, sollten Sie die vom Hersteller empfohlene Flüssigkeit einfüllen.

Handbremse

Handbremse einstellen

Mit Trommelbremsen (Lieferwagen)

Die Hinterräder sollten feststehen, wenn der Handbremshebel vier bis fünf Rasten angezogen wurde, nachdem man den Handbremshebel ca. viermal beträgt hat. Die Hinterräder müssen zur Kontrolle vom Boden abgehoben werden. Die Handbremse lösen und kontrollieren, ob sich die Räder frei drehen lassen.
Falls eine Einstellung erforderlich ist:

- Handbremshebel bis zur fünften Raste anziehen.
- Fahrzeug hinten auf Böcke setzen.
- An der Unterseite des Fahrzeuges dem Verlauf der Handbremsseile folgen und die äußere Mutter in der Mitte des Handbremsausgleichshebels lockern. Die darunter liegende Mutter anziehen, bis man beim Durchdrehen der beiden Räder ein Schleifgeräusch vernehmen kann. Die äußere Mutter wieder festziehen. Bild 26 zeigt die Verlegung der Handbremsseile mit der Lage der Einstellmutter (1) und der davor liegenden Kontermutter (2).
- Die Wirkung der Handbremse kontrollieren. Dazu den Handbremshebel wieder fünf Rasten anziehen und kontrollieren, dass beide Hinterräder feststehen. Danach den Handbremshebel zurückstellen und kontrollieren, dass beide Räder sich frei durchdrehen lassen, ohne dass man Schleifgeräusche hören kann.
- Bei einer Einstellung der Handbremse die Gelegenheit wahrnehmen und die Gelenkstellen des Handbremsausgleichhebels mit etwas Mehrzweckfett einschmieren.

Mit Scheibenbremsen

Die Hinterräder müssen feststehen, wie es oben beschrieben wurde. Die Einstellung erfolgt jedoch in der beschriebenen Weise:

- Fahrzeug auf Böcke setzen, damit man an der Unterseite des Fahrzeuges arbeiten kann.
- Die Mutter (1) in Bild 27 vollkommen lockern, damit sich das Handbremsseil entspannen kann.

Bild 27
Die Einstellmutter (1) auf dem Handbremsseil (2) wird zum Einstellen der Handbremse verstellt.

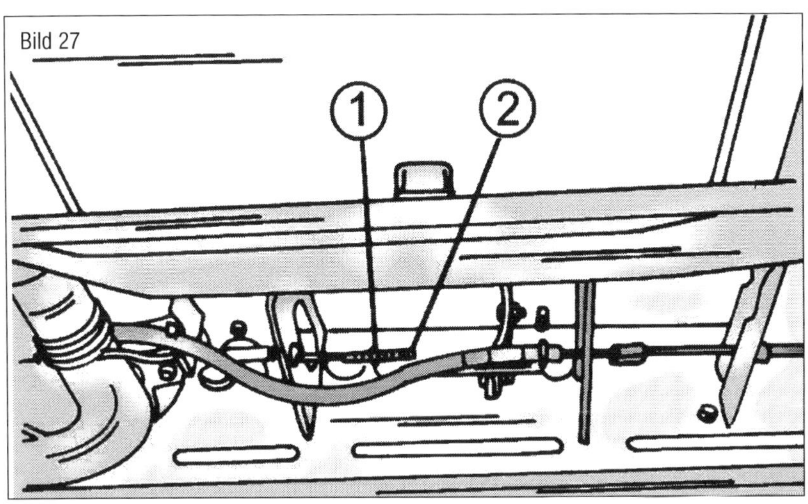

Sichtprüfung Messen

Bild 28

Bild 28
Die Teile der ABS-Anlage. Die Leitungen sind an der Vorderseite des Fahrzeuges mit dem Hydrogerät verbunden.

- Motor anlassen und laufen lassen und bei gelöster Handbremse das Bremspedal 40 Mal betätigen.
- Die Mutter (1) langsam anziehen, bis man sehen kann, dass sich das Bremsseil (2) spannt.
- Den Handbremshebel in normaler Weise ca. 10 Mal anziehen und wieder vollkommen zurücklassen.
- Den Hebel jetzt auf die zweite Raste anziehen und die Mutter (1) anziehen, bis die Hinterräder soeben blockiert sind. Zur Kontrolle kann ein Helfer die beiden Hinterräder durchdrehen.
- Handbremshebel anziehen. Er darf sich um nicht mehr als 6 Rasten anziehen lassen.
- Handbremse lösen und die beiden Hinterräder durchdrehen. Sie müssen sich jetzt frei drehen lassen, ohne dass man laute Schleifgeräusche hört.
- Abschließend kontrollieren, dass die Warnleuchte für die Handbremse sich erhellt, nachdem der Handbremshebel auf die erste Raste angezogen wird (Zündung eingeschaltet).

Handbremsseile erneuern

Die Handbremsseile sind an der Unterseite des Fahrzeuges an verschiedenen Stellen mit Clips befestigt. Zum Ausbau der Seile die Clips entfernen und die Seilenden vom Handbremsausgleich in Bild 27 von den Bremssätteln abschließen.
Bei eingebauten Trommelbremsen (Lieferwagen) müssen die Bremsbacken ausgebaut werden, wie es weiter vorn beschrieben wurde, um die Bremsseile zu erneuern.
Handbremsseile vor dem Einbau mit Mehrzweckfett einschmieren.
Die Handbremse muss nach Auswechseln des Seils eingestellt werden, wie es oben beschrieben wurde.

ABS-Anlage

Es ist normalerweise nicht der Sinn des Buches auf die Arbeitsweise der ABS-Anlage einzugehen, jedoch werden Sie Ihre Anlage besser verstehen, wenn Sie wissen wie sie arbeitet.

Bild 28 zeigt die zur Anlage gehörenden Teile, wie sie im Fahrzeug angeordnet sind. Bilder 1 und 2 zeigten bereits die anderen zur Anlage gehörenden Teile. Hier nochmals eine Zusammenfassung:
Die folgenden Teile gelten als Hauptteile der Anlage.

- Ein elektronisches Steuergerät ist in den so genannten Hydroblock integriert. Der Hydroblock sitzt vorn an der gezeigten Stelle und ist mit allen Leitungen versehen.
- Die vorderen Drehzahlfühler sind in die Achsschenkel eingebaut, die hinteren greifen in die Bremsträgerplatte ein. Die Befestigungsschrauben der vorderen und hinten Drehzahlfühler werden mit 8 Nm angezogen.
- Die Zahnkränze zum Aufspüren der Raddrehzahl sitzen vorn an der Antriebswelle (Achswelle) und hinten in der Radnabe. Da die Zahl der Zähne für diese Fahrzeuge festgelegt wurde, darf man nur Teile entsprechend der Fahrzeugausführung und des Baujahres bestellen. Zum Erneuern eines vorderen Zahnkranzes muss die Antriebswelle ausgebaut werden, zum Erneuern eines Zahnkranzes der Hinterachse muss die Radnabe ausgebaut werden, d. h. man muss eine neue Radnabe zusammen mit dem Radlager einbauen.

Der entscheidende Sicherheitsfaktor der ABS-Anlage ist die Fähigkeit, die Räder am Blockieren zu hindern, wenn das Fahrzeug heftig abgebremst wird, wodurch die Gewährleistung besteht, dass man das Fahrzeug noch lenken kann. Auch bei einer Notbremsung besteht immer noch die Chance, dass man ein Hindernis umfahren kann, ohne dass die Hinterräder ausbrechen. Man darf aber nie vergessen, dass eine ABS-An-

lage keine Wunder vollbringen kann. Falls die physikalischen Grenzen der Anlage überschritten werden (zu hohe Geschwindigkeit), kann auch ein Fahrzeug mit ABS-Anlage ins Schleudern geraten.
Die bereits oben erwähnten elektronischen Fühler zur Aufnahme der Raddrehzahl, die in die Achsschenkel eingesetzt sind, überwachen unabhängig voneinander die Drehzahl jedes Rades, indem sie die Drehzahl der an den Antriebswellen angebrachten Zahnkränze »überwachen«.

Da Ihnen die ABS-Anlage zusätzliche Sicherheit geben soll, empfehlen wir nicht, irgendwelche Arbeiten daran durchzuführen, obwohl einige Arbeiten keine Schwierigkeiten machen. Ihre Werkstatt wird jedoch weitaus besser in der Lage sein, dies durchzuführen. Es werden aber immer Arbeiten am Fahrzeug vorkommen, die ohne Zweifel die ABS-Anlage beeinflussen.

Aus diesem Grund müssen die folgenden Vorschriften bei jeglichen Arbeiten an der Bremsanlage beachtet werden:

- Alle Anschlüsse und deren unmittelbare Umgebung einwandfrei reinigen, ehe sie gelöst werden.
- Ausgebaute Teile auf eine saubere Fläche ablegen und mit Kunststofffolie oder sauberem Papier abdecken. Keine flusenden Lappen dazu verwenden.
- Geöffnete Teile der Anlage gut abdecken oder verschließen, falls die Reparatur nicht sofort durchgeführt werden kann. Dies gilt besonders, wenn man das Fahrzeug im Freien abstellen muss.
- Nur vollkommen saubere Teile einbauen. Auf keinen Fall Teile wieder verwenden, welche längere Zeit gelegen haben.
- Mit dem Vorhandensein von Luftkompressoren, die man anstelle des Zigarrenanzünders einstecken kann, ist es immer verlockend Pressluft zum Reinigen von Teilen zu verwenden. Dies auf keinen Fall durchführen, falls Anschlüsse der Anlage geöffnet sind.

Das elektronische Steuergerät in der Anlage überprüft die einzelnen Komponenten. Falls dabei irgendwelche Störungen festgestellt werden, arbeitet die Bremsanlage wie eine konventionelle Anlage ohne ABS-Anlage. Falls dies vorkommt, d. h. die Warnleuchte bleibt erhellt, muss man sich an eine Werkstatt wenden.

Aus- und Einbau von Teilen der ABS-Anlage

Ehe man irgendwelche hydraulische Anschlüsse am Hauptbremszylinder löst, muss man die Beschreibung der Entlüftung der Bremsanlage durchlesen.

Aus- und Einbau eines vorderen Drehzahlfühlers

- Massekabel der Batterie abklemmen.
- Fahrzeug vorn auf Böcke setzen und das Vorderrad abschrauben.
- Dem Verlauf des Kabels vom Drehzahlfühler verfolgen und die beiden Steckerhälften auseinanderziehen. Beachten wie das Kabel verlegt ist und von den Befestigungen befreien (2 Stellen).
- Die Abdeckung über dem Raddrehzahlfühler abmontieren und danach den Fühler abschrauben.

Der Einbau findet in umgekehrter Reihenfolge statt. Die Innenseite der Bohrung in der Halterung muss einwandfrei sauber sein. Bohrung mit etwas Fett einschmieren. Den Drehzahlfühler mit 8 Nm anziehen. Darauf achten, dass das Kabel richtig verlegt wird. Die Räder vollkommen in beide Einschläge einschlagen und kontrollieren, dass sich das Kabel in keiner Stellung anderen Teilen der Radaufhängung nähern kann.

Aus- und Einbau eines hinteren Drehzahlfühlers

- Massekabel der Batterie abklemmen.
- Fahrzeug hinten auf Böcke setzen.
- Dem Verlauf des Kabels vom Drehzahlfühler verfolgen, die Kabelbefestigung lösen und den Geber ausschrauben. In Kapitel 11, Bild 9 wurde dieser Drehzahlfühler bereits gezeigt.

Der Einbau findet in umgekehrter Reihenfolge statt. Die Schraube des Drehzahlgebers mit »Loctite« einschmieren, einschrauben und mit 8 Nm anziehen. Kabel befestigen.

13 Elektrische Anlage

Die Batterie

Die eingebaute 12-Volt-Batterie besitzt sechs Zellen, die aus positiven und negativen Platten bestehen, welche in eine Schwefelsäurelösung eingetaucht sind. Die Batterie hat die Aufgabe, den Strom zum Anlassen des Fahrzeugs, zur Beleuchtung des Fahrzeugs sowie für andere Stromverbraucher zu liefern. Die Stärke Ihrer Batterie werden Sie bestimmt kennen. Im modernen Automobilbau werden häufig vollkommen wartungsfreie Batterien eingebaut. In diesem Fall können Sie viele der unten angegebenen Hinweise übersehen.
Die folgenden Arbeiten sind von Zeit zu Zeit durchzuführen, um der Batterie eine lange Lebensdauer zu geben und deren Leistung immer auf dem Höhepunkt zu halten. Die Batterie kann man als wartungsfrei bezeichnen, d. h. unter normalen Betriebsbedingungen sollte es nicht notwendig sein sie nachzufüllen. Manchmal passiert es jedoch, dass der Flüssigkeitsspiegel durch bestimmte Umstände absinkt.

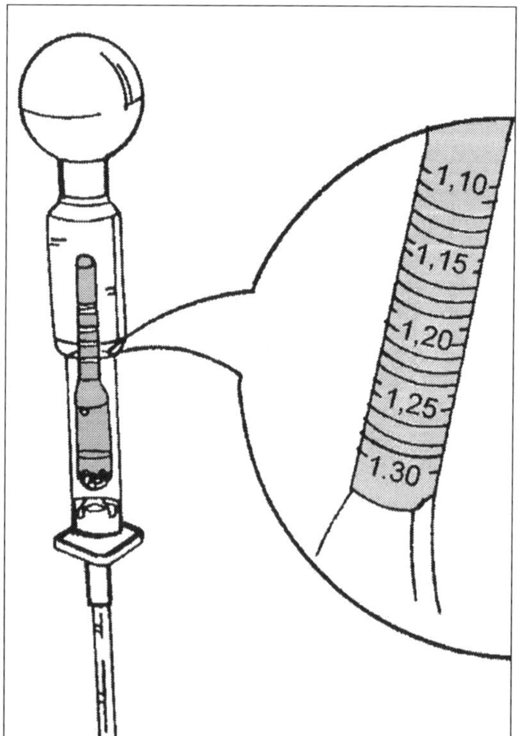

Bild 1

Bild 1
Ein Säureheber gibt das spezifische Gewicht durch die Lage des Schwimmers im Glasrohr an.

- Batterie und die sie umgebenden Teile immer sauber halten. Die Oberfläche der Batterie muss immer gut trocken sein, da sich sonst zwischen den einzelnen Zellen Kriechströme entwickeln können, wovon sich die Batterie von selbst entladen kann.
- Die Batteriesäure muss jederzeit bis zur Höhe des unteren Striches an der Außenseite des Batteriegehäuses stehen (falls eine Batterie mit durchsichtigem Gehäuse eingebaut ist) oder man entfernt die Stopfen in der Oberseite der Batterie und kontrolliert, dass die Batteriesäure oberhalb der Trennplatten in der Innenseite der Batterie steht.

⚠ Zum Nachfüllen destilliertes Wasser verwenden – niemals Batteriesäure nachfüllen.

- Bei kaltem Wetter die Batterie nicht in ungeladenem Zustand stehen lassen, da sie sonst einfriert. Schwach geladene Batterien frieren eher ein als geladene.
- Falls die Batterie verschlossen ist, kann man den Stand der Batteriesäure mit Hilfe eines Anzeigers erkennen.

Prüfen der Batterie
Säurestand: Wie bereits erwähnt, ist die Batterie entweder mit Stopfen versehen, vollkommen verschlossen oder durchsichtig. Die Batterie ist mit Schwefelsäure gefüllt, die mit destilliertem Wasser verdünnt wurde. Da die Wasseranteile verdunsten können, muss man gelegentlich den Säurestand überprüfen und ggf. destilliertes Wasser nachfüllen. Die Batteriesäure muss zwischen den Markierungen am Batteriegehäuse liegen oder oberhalb der Trennplatten in der Batterie liegen. Zum Nachfüllen müssen die Stopfen ausgeschraubt werden, um destilliertes Wasser einzufüllen, bis der Säurestand stimmt.

Ladezustand: Zur Kontrolle des Ladezustandes ist ein Säureheber erforderlich. Die Abdeckung abhebeln und die Spitze des Säurehebers in die sichtbare Batteriesäure eintauchen. Mithilfe des Gummiballs genügend Säure ansaugen, dass der Schwimmer frei schwimmen kann. Je nach Ladezustand besitzt die Säure ein unterschiedliches spezifisches Gewicht, welches durch das Eintauchen des Schwimmers in die Säure angezeigt wird. Bei einer Anzeige von 1,28 ist die Batterie voll geladen; bei 1,12 ist die Batterie vollkommen entladen. Dazwischenliegende Werte weisen auf die entsprechende Ladestärke hin. Die Anzeigen am Säureheber sind in kg/l gegeben. Bild 1 zeigt, wie ein solcher Säureheber aussieht. Andere Ausführungen können jedoch ebenfalls benutzt werden.

Aufladen der Batterie
Eine sehr entladene Batterie sollte erst nach dem Aufladen mit destilliertem Wasser aufgefüllt werden. Beim Laden steigt der Säurestand an und eine vorschriftsmäßig gefüllte Batterie könnte aus diesem Grund »überkochen«. Der Ladestrom sollte am Anfang 10% der Batteriekapazität nicht überschreiten. Man muss sich deshalb vergewissern, mit welcher Batterie man es zu tun hat. Je nach Aufbau des verwendeten Batterieladegeräts, wird sich der Ladestrom allmählich automatisch verringern. Die Batterie ist voll geladen, wenn sich die Säuredichte innerhalb zwei aufeinanderfolgender Stunden nicht verändert.

Die Anweisungen beziehen sich nicht auf vollkommen versiegelte Batterien. Bei diesen müssen Sie zum Nachladen die Anweisungen des Herstellers befolgen.

Die Verschlussstopfen der Batterie sollten ausgeschraubt und lose auf die Einfüllöffnungen gelegt werden. Damit kann das aus Sauerstoff und Wasserstoff entstehende Knallgas entweichen. Da bei lebhafter Aufladung ein Spritzen der Säure unvermeidlich ist, die Umgebung der Batterie mit Zeitungen oder Ähnlichem schützen. Wird die Aufladung in einem geschlossenen Raum durchgeführt, muss dieser gut belüftet sein. Auf keinen Fall mit nackter Flamme in die Batterieöffnungen leuchten.
Bei Verwendung mit einem Heimladegerät kann die Batterie im Auto verbleiben. Auch die Kabel braucht man nicht abzuschließen. Anders ist es bei der Verwendung eines Schnellladegeräts. Beide Batteriekabel abklemmen, um die Dioden der Drehstromlichtmaschine, die elektronischen Schaltgeräte, Autoradio, usw. nicht zu gefährden.

Aus- und Einbau
Vor dem Ausbau die beiden Batteriekabel von den Polen abschrauben. Die positive Klemme liegt unter der Abdeckkappe. Immer zuerst das Minuskabel abklemmen.

Beim Einbau der Original-Batterie zuerst die Polköpfe reinigen und mit einem guten Polfett einschmieren. Zuerst das Pluskabel anschließen und festschrauben. Unbedingt kontrollieren, dass die Klemmen fest angezogen sind, da eine schlechte Strom- oder Masseverbindung zu Störungen führen kann. Abgesehen davon kann es zu Funkenbildung und in schlimmen Fällen dabei zu Feuer kommen.

Bei einem Autoradio mit Diebstahlcode muss die Eingabenummer zur Hand sein, um das Radio wieder in Gang zu setzen. Ebenfalls die Zeituhr stellen. Nach Anschließen der Batterie das Fahrzeug eine Strecke fahren, damit das Steuergerät der Einspritzanlage »neu lernen« kann.

Drehstromlichtmaschine

Allgemeines und Vorsichtsmaßnahmen
Die Lichtmaschine in den hier behandelten Fahrzeugen hat eine Leistung von 50 A oder 70 A (700 oder 980 Watt), je nach Ausrüstung des Fahrzeuges. Die Lichtmaschine wird von Bosch oder Valeo hergestellt. Sie wird durch den Antriebsriemen an der Stirnseite des Motors zusammen mit dem Kompressor der Klimaanlage (falls eingebaut) und anderen Aggregaten angetrieben. Die Drehstromlichtmaschine ist mit polaritätsempfindlichen Bauteilen hergestellt und die folgenden Vorsichtsmaßnahmen sind zu beachten:

- Niemals die Batterie oder den Spannungsregler abklemmen, während der Motor und somit die Lichtmaschine laufen. Ansonsten entstehen Spannungsspitzen, die den elektronischen Geräten schaden können.
- Niemals die Erregerklemme (Feldklemme) der Lichtmaschine oder das daran befestigte Kabel in Berührung mit Masse kommen lassen.
- Niemals die beiden Leitungen des Spannungsreglers verwechseln.
- Niemals den Spannungsregler in Betrieb bringen, wenn er mit Masse verbunden ist (sofortige Beschädigung).
- Niemals die Lichtmaschine ausbauen, wenn die Batterie nicht vorher aus dem Stromkreis genommen wurde (mindestens Minusklemme abschrauben). Andernfalls können irreparable Schäden auftreten.

- Beim Einbau der Batterie darauf achten, dass die Minusklemme an Masse angeschlossen wird.
- Niemals eine Prüflampe verwenden, die direkt an das Hauptstromnetz (110 oder 220 V) angeschlossen ist. Nur eine Prüflampe mit einer Spannungsstärke von 12 V benutzen.
- Falls eine Batterie im eingebauten Zustand mit einem Batterieladegerät aufgeladen wird, müssen die beiden Batteriekabel abgeklemmt werden. Die positive Klemme des Ladegerätes an den positiven Pol der Batterie und die negative Klemme des Ladegerätes an den negativen Pol der Batterie anschließen. Verwechseln kann man die Klemmen kaum, da sie einen unterschiedlichen Innendurchmesser haben.
- Falsches Anschließen der Leitungen führt zur Zerstörung der Gleichrichter und des Spannungsreglers sowie anderer elektrischer/elektronischer Bauteile.

Aus- und Einbau

Beim Ausbau der Drehstromlichtmaschine gelten im Allgemeinen die gleichen Arbeitsanweisungen, nachdem der Antriebsriemen abmontiert wurde, wie es im Kapitel »Motor« für den eingebauten Motor beschrieben wurde. Beim Ausbau der Lichtmaschine folgendermaßen vorgehen:

- Batteriekabel abklemmen.
- Die elektrischen Kabel an der Rückseite der Drehstromlichtmaschine abklemmen.
- Den Antriebsriemen ausbauen, wie es im betreffenden Kapitel beschrieben wird.
- Die Befestigungsschrauben der Lichtmaschine herausdrehen und die Lichtmaschine herausnehmen. Eine Schraube sitzt oben, die andere unten.

Der Einbau geschieht in umgekehrter Reihenfolge. Der Antriebsriemen sollte am besten immer erneuert werden, da er bestimmt eine lange Betriebszeit hinter sich hat, wenn man die Lichtmaschine ausbauen musste. Den Antriebsriemen auflegen, wie es für den entsprechenden Motor beschrieben ist.

Drehstromlichtmaschine reparieren

Die Drehstromlichtmaschine und der damit verbundene Regler sollten nicht eingestellt oder repariert werden, wenn man nicht die notwendige Erfahrung damit hat. Eine nicht mehr aufladende Drehstromlichtmaschine ist im Austausch gegen Rückgabe des alten Aggregates erhältlich und sollte immer eingebaut werden. Kleinere Reparaturen, wie z. B. das Erneuern der Schleifbürsten, kann man in einer Elektrowerkstatt durchführen lassen.
Die Drehstromlichtmaschine ist mit Lagern versehen, welche auf Lebenszeit geschmiert sind und keine regelmäßige Wartung verlangen. Die Außenseite der Lichtmaschine sauber halten und kein Wasser oder andere Lösungsmittel darüber laufen lassen.
Die Bürsten der Drehstromlichtmaschine laufen auf glatten Schleifringen und haben aus diesem Grund eine sehr lange Lebensdauer. Falls man ein Nachlassen der Lichtmaschinenleistung auf die Bürsten zurückführen kann, sollte man auch hier eine Elektrowerkstatt aufsuchen.

Der Anlasser

Entweder ein von Bosch oder Valeo hergestellter Anlasser kann eingebaut sein, je nachdem, welche Aggregate während der Produktion zur Verfügung stehen. Der Anlasser wird über den Magnetschalter betätigt, indem er mit der Batterie verbunden wird. Gleichzeitig schiebt der Magnetschalter das axial bewegbare Ritzel mit Freilauf in den Starterkranz. Erst nach Einspuren des Ritzels im Starterkranz beginnt der Anlasser zu drehen. Springt der Motor an und erreicht höhere Drehzahlen als der Anlasser, so bewirkt ein Freilauf im Ritzel des Anlassers, dass der Anker nicht zu hohe Drehzahlen erreicht und damit gegen Überdrehen gesichert ist.
Wird der Anlasser erneuert, hält man sich am besten an die Empfehlungen des Lieferanten.

Anlasser prüfen

Um den Anlasser unter voller Batteriespannung zu kontrollieren, sind die Klemmen »30« (große Klemme, Bosch-Anlasser) und »50« (Steckzunge rechts von der großen Klemme) mit einem Kabel von mindestens 4,0 mm^2 Querschnitt zu verbinden.
Falls der Anlasser jetzt einwandfrei arbeitet, ist die Zuleitung zum Anlasser zu kontrollieren. Spurt der Anlasser nicht ein, muss er ausgebaut und überprüft werden.
Eine einwandfreie Prüfung des Anlassers in einer Prüfbank sollte von einer Elektrowerk-

statt durchgeführt werden. Bei dieser Prüfung wird man auch feststellen können, ob sich der Anlasser überholen lässt oder erneuert werden muss.

Aus- und Einbau des Anlassers

- Massekabel der Batterie abklemmen.
- Wagen an der Vorderseite aufbocken.
- Leitungen vom Magnetschalter und Anlasser abklemmen.
- Die Muttern und die Schrauben der Befestigung lösen.
- Anlasser herausheben.

Der Einbau des Anlassers geschieht in umgekehrter Reihenfolge. Den Anlasser zuerst gut gegen den Montageflansch am Kupplungsgehäuse ansetzen, ehe die beiden Schrauben angezogen werden. Batterie wieder anklemmen und die Arbeitsweise des Anlassers kontrollieren.
Es wird nochmals erwähnt, dass man nur einen Anlasser für den betreffenden Motor einbauen darf. Ihre Vertragswerkstatt ist die beste Quelle, um die richtigen Informationen zu erhalten.

Anlasser-Reparaturen

Hat der Anlasser Schaden erlitten, bezieht man am besten einen Austauschanlasser gegen Rückgabe des alten Aggregats. Dieser unterliegt der gleichen Garantie wie ein Neuteil und gibt Ihnen die erforderliche Betriebszuverlässigkeit. Außerdem wird die Stillstandszeit des Fahrzeuges weitgehend verringert.
Folgend sind jedoch einige Arbeiten angeführt, die Sie vielleicht selbst durchführen können:

- **Magnetschalter ersetzen:** Kabel zum Startermotor vom unteren Anschlussbolzen losschrauben. Den Magnetschalter vorne vom Anlassergehäuse abschrauben (Schlitzschrauben) und vom Einrückhebel aushängen. Neuen Magnetschalter in umgekehrter Arbeitsfolge einbauen.
- **Kohlebürsten ersetzen:** Den hinteren Deckel mit dem Kollektorlager abschrauben. Die Bürstenfedern abheben und die Kohlebürsten losschrauben oder ablöten. Neue Kohlen in umgekehrter Reihenfolge einbauen.

Wenn der Anlasser schon einige Jahre in Betrieb ist, sollte man von Reparaturversuchen absehen und besser gleich einen Tausch-Anlasser einbauen. Diesen können Sie auch beim Bosch-Dienst erhalten oder in den entsprechenden Werkstätten, die sich auf Valeo-Anlasser spezialisiert haben. Andernfalls verbleibt Ihnen nur die Werkstatt.

Falls es beim Betätigen des Anlassers einmal nur »klicken« sollte, stellt möglicherweise der elektrische Kontakt am Massepol der Batterie keine einwandfreie Verbindung her. Ebenfalls Anschlüsse des Massekabels an anderen Stellen kontrollieren.

Die Sicherungen

Die Sicherungen sind in einem Sicherungskasten untergebracht, welcher mit einem Deckel verschlossen ist. Je nach Modell ist die Sicherungsbestückung unterschiedlich. Da immer auch die Möglichkeit besteht, dass die Anordnung der Sicherungen innerhalb der behandelten Baujahre geändert wird, ist es nicht möglich, auf die einzelnen Sicherungen einzugehen.
Eine Sicherungsdose (mit verschiedenen Relais) befindet sich neben der Batterie im Motorraum, eine weitere ohne Relais im Motorraum und eine weitere im Beifahrerraum. Auf der Innenseite der Abdeckung finden Sie die Sicherungstabelle, in Symbolen ausgedrückt. Die Stärke der Sicherungen ist unterschiedlich und liegt zwischen 5 A und 30 A. Sicherungen sind mit Farbe gezeichnet. Auch hier raten wir Ihnen, sich in der Werkstatt zu erkundigen, wenn eine Sicherung erneuert werden soll. Zu beachten ist jedoch, dass bestimmte Sicherungen außer dem gut erkennbaren und übersetzbaren Symbol auch andere Stromabnehmer schützen.
Eine Sicherung brennt selten wegen Überlastung durch. Entweder wird bei Basteleien ein Kurzschluss verursacht oder ein Gerät ist schadhaft. Meist ist irgendwo eine Verbindung zur Fahrzeugmasse entstanden. Wird der Fehler nicht gefunden, nützt der Austausch einer durchgebrannten Sicherung nichts.

- Mit dem Schaltplan klären, wann die Sicherung Strom erhält. Dies kann entweder ständig sein oder erst bei entsprechender Zündschlüsselstellung. Klären Sie, welche Verbraucher an die Sicherung angeschlossen sind.

Sichtprüfung Messen

■ Statt einer neuen Sicherung verwendet man nun ein Drahtstück und überbrückt die beiden Halteklemmen der Sicherung ganz kurz (ca. 1 Sekunde). Funkt es kräftig, besteht im entsprechenden Zweig der Fahrzeugelektrik irgendwo ein Kurzschluss. Nacheinander versuchsweise die Leitungsverbindungen zu den angeschlossenen Verbrauchern auftrennen. Verschwindet das starke Funken, am gerade abgeklemmten Verbraucher den Fehler weiter suchen.

■ Funkt es beim Überbrücken nicht gleich, den Zündschlüssel so weit drehen, bis an die Sicherung Strom gelangt – Nachweis mit einer Prüflampe. Entsteht beim Überbrücken nun der starke Funke, wie beschrieben die Verbraucher durchprüfen.

■ Bisweilen entsteht der Kurzschluss erst dann, wenn der defekte Verbraucher eingeschaltet wird (z. B. Heckscheibenheizung, Scheibenwischer, Blinklichter, Bremslichter usw.). Die »Funkenprobe« wird dann schwieriger und es ist mehr Erfahrung nötig – vielleicht sollte hier ein Autoelektriker hinzugezogen werden. Leichteres Funken ist jetzt normal, weil ja ein Strom zum eingeschalteten Verbraucher fließt. Starkes Funken deutet hingegen weiter auf einen Kurzschluss hin. Verwendet man statt der Drahtbrücke ein Amperemeter im etwa 30-Ampere-Bereich, kann man dies besser klären. Schlagartiger Vollausschlag des Zeigers zeigt den Kurzschluss an (Messkabel sofort wieder wegziehen).

☞ Wenn ein Stromverbraucher ausfällt, liegt es bisweilen auch daran, dass die Haltezungen der betreffenden Sicherung lose oder oxidiert sind, sodass der Strom nicht hindurchfließen kann. Sicherungen herausnehmen, Haltezungen sauber kratzen und neue Sicherung einsetzen.

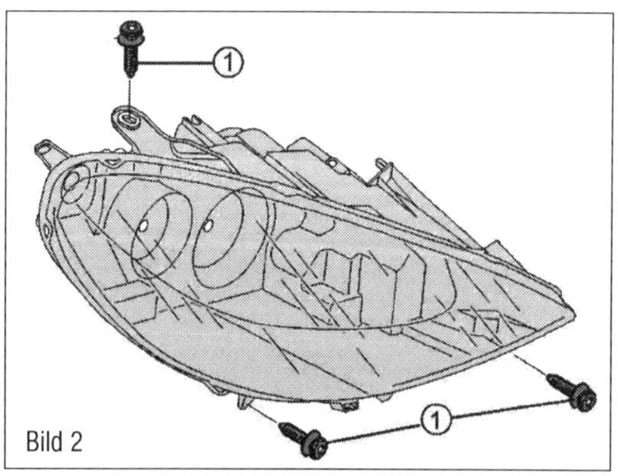

Bild 2
Die drei Schrauben (1) halten die Scheinwerfer am Fahrzeug.

Scheinwerfer

Da die Erneuerung der Scheinwerfer auch immer ihre Einstellung zur Folge hat, und diese in einer Elektrowerkstatt oder in einer Vertragswerkstatt durchgeführt werden muss, sehen wir im Allgemeinen von einer Beschreibung der Arbeiten ab.

Der Ausbau eines Scheinwerfers ist nach Ausbau des Stoßfängers einfach. Den Kabelstecker von der Rückseite der Leuchteneinheit abziehen und die drei in Bild 2 gezeigten Schrauben lösen. Zwei sind von vorn eingesetzt und eine von oben. Der Scheinwerfer kann danach herausgezogen werden.
Der Einbau findet in umgekehrter Reihenfolge statt. Unbedingt die Einstellung der Scheinwerfer kontrollieren lassen, falls Zweifel über die einwandfreie Einstellung bestehen.

Etwas über die Scheinwerfereinstellung
Die Einstellung der Scheinwerfer erfolgt von der Rückseite. Die Scheinwerfer müssen mit einem optischen Gerät eingestellt werden. Um die strikten Gesetze nicht zu verletzen, sehen wir deshalb von einer Beschreibung ab.
Die billige, bisweilen sogar kostenlose Einstellarbeit überlässt man der Werkstatt, einer Tankstelle oder dem mobilen Prüfstand eines Autoclubs. Alle Fahrzeuge sind mit einer Leuchtweitenverstellung versehen (abgesehen von der motorisierten Leuchtweitenverstellung, welche bei verschiedenen Modellen eingebaut ist). Der kleine Hebel an der Rückseite der Scheinwerfer ermöglicht Ihnen, die Scheinwerfer entsprechend der im Fahrzeug mitgeführten Lasten einzustellen. Die Hebelstellung entnehmen Sie der Betriebsanleitung Ihres Fahrzeugs.

Glühbirnentabelle

Scheinwerferbirnen:	H4, 55/60 Watt
Nebelleuchten:	H3, 55 Watt
Brems/Schlussleuchten:	21/5 Watt
Nebelschlussleuchte:	21 Watt
Rückfahrleuchten:	21 Watt
Blinkleuchten:	5 Watt
Kennzeichenleuchten:	5 Watt
Standleuchten:	5 Watt

14 Karosserie-arbeiten

Folgend sind einige Arbeiten beschrieben, welche man an der Karosserie selbst durchführen kann.

Vorderer Stoßfänger – Aus- und Einbau

Bild 1 zeigt den vorderen Stoßfänger. Die Arbeiten unter Bezug auf das Bild durchführen:

- Falls eingebaut, die Teile der Scheinwerferreinigungsanlage ausbauen.
- Die Befestigungen der Spritzbleche (1) auf der rechten und linken Seite ausbauen und die Bleche auf eine Seite drücken (an Stellen 5).
- Die obere Abdeckung des Stoßfängers (3) nach Entfernen von 6 Clips abheben.
- Motorhaubenzug (4) aus dem Eingriff mit dem Schloss bringen.
- Die drei Schrauben (2) um eine Vierteldrehung verdrehen und den Stoßfänger waagerecht nach vorn herausziehen.

Der Einbau findet in umgekehrter Reihenfolge statt. Bild 1 ist hinzuzuziehen, um die Lage der einzelnen Teile genau zu bestimmen.

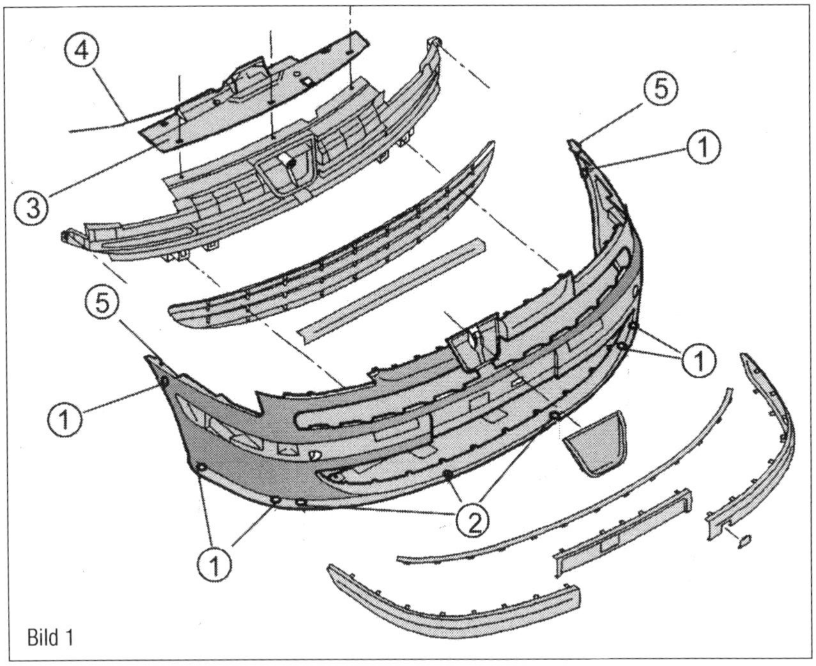

Bild 1
Einzelheiten zum Aus- und Einbau des vorderen Stoßfängers. Die Zahlen sind im Text erwähnt.

Hinterer Stoßfänger – Aus- und Einbau

Bild 2 zeigt die einzelnen Teile des hinteren Stoßfängers. Beim Ausbau folgendermaßen vorgehen:

- Die Befestigung des Stoßfängers in der Innenseite der Radkästen lösen.
- Untere Befestigungen (2) und (3) auf jeder Seite lösen und die Schrauben (1) an der Außenseite entfernen.

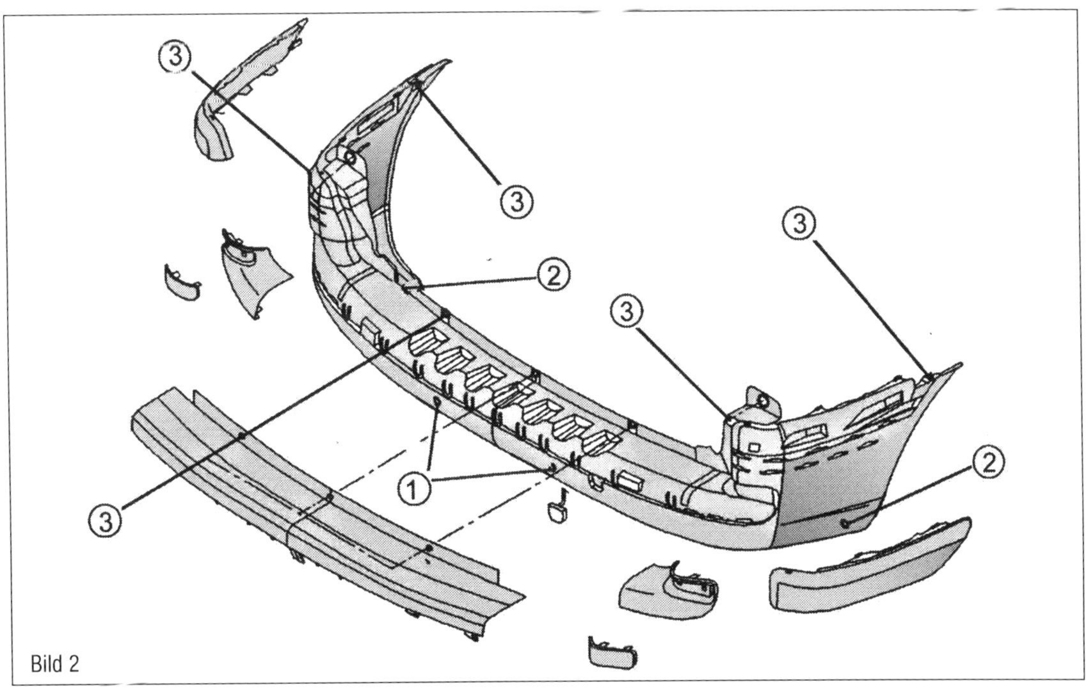

Bild 2
Einzelheiten zum Aus- und Einbau des hinteren Stoßfängers. Die Zahlen werden im Text erwähnt.

■ Den Stoßfänger an der Oberseite lösen und waagerecht nach hinten abziehen.
Der Einbau findet in umgekehrter Reihenfolge statt.

Vorderer Kotflügel – Aus- und Einbau

Der vordere Stoßfänger und die Scheinwerfer müssen ausgebaut sein, um den Kotflügel auszubauen. Der Ausbau der Scheinwerfer ist kurz im Kapitel »Elektrische Anlage« erwähnt, jedoch müssen wir streng darauf hinweisen, dass man das Fahrzeug nach Einbau der Scheinwerfer zur Kontrolle und/oder Einstellung der Scheinwerfer in eine Werkstatt bringen muss.
■ Das in Bild 3 gezeigte Eckblech (1) ausclipsen und herausnehmen.
■ Die Schraube (1) in Bild 4 entfernen und die Befestigungsschraube der Vorderkotflügelbefestigung in der Türöffnung herausdrehen (rechte Ansicht von Bild 4).
■ Eine Mutter und eine Schraube der Kotflügelbefestigung auffinden und entfernen.

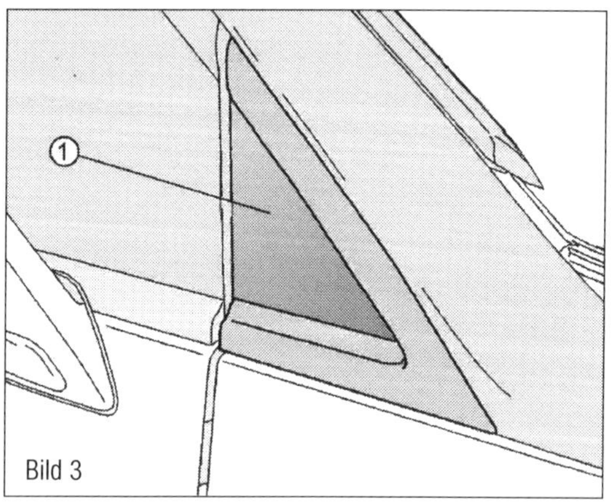

Bild 3
Das Eckblech (1) wird mit Clips befestigt.

Der Kotflügel kann jetzt herausgenommen werden.
Der Einbau findet in umgekehrter Reihenfolge statt.

Hinterer Kotflügel – Aus- und Einbau

Die Schiebetür muss von unten abgestützt werden, wenn ein Kotflügel ausgebaut wird. Falls die Zündung eingeschaltet war, muss man mindestens 2 Minuten lang warten und danach die Batterie abklemmen. Die Schiebetür danach öffnen. Der Kotflügel kann jetzt getrennt oder zusammen mit der Halterung und der Gleitschiene ausgebaut werden, jedoch sind die Arbeiten nicht leicht:

Nur Kotflügel ausbauen
■ Das dem Hinterrad am nächsten liegende Ende der Schiebetür in geeigneter Weise von unten unterbauen, damit sich das Türende nicht absenken kann. Die Befestigung (1) in Bild 5 jetzt lösen.
■ Die Befestigungen des Kotflügels sind in Bild 6 gezeigt. Die drei Schrauben (2) lösen, den hinteren Stoßfänger ausbauen und die Befestigungen (3) entfernen.
■ In der Innenseite des Fahrzeuges das Luftgitter in der Säule der Heckklappe ausbauen, die Heckleuchtengruppe ausbauen, um an die Befestigung (4) zu kommen.
■ Den Kotflügel von der Halterung lösen, indem man durch die Öffnung der Heckleuchtengruppe mit einem Spachtel oder ähnlichem Werkzeug arbeitet. Das Kotflügelblech kann jetzt angenommen werden.

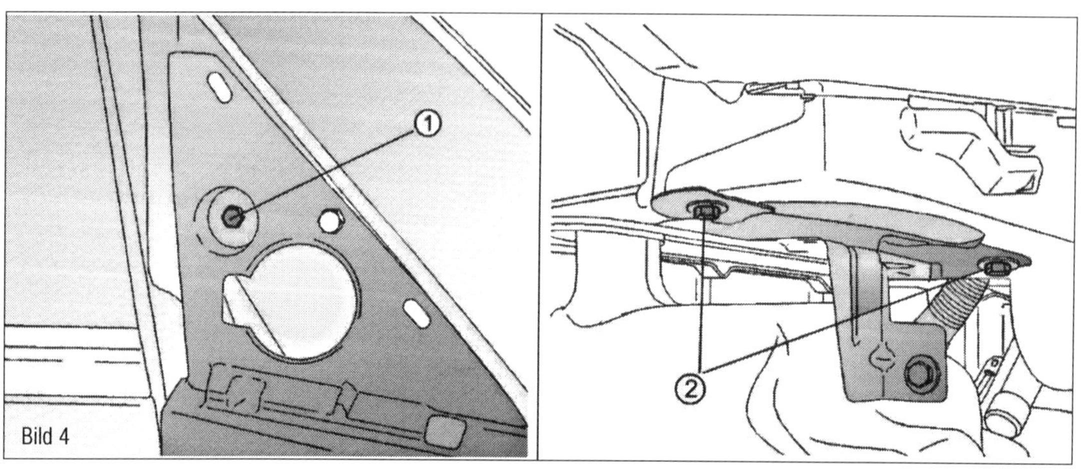

Bild 4
Die Schraube (1) in der linken Ansicht und die beiden Schrauben (2) in der rechten Ansicht ausschrauben, um den Vorderkotflügel zu lösen.

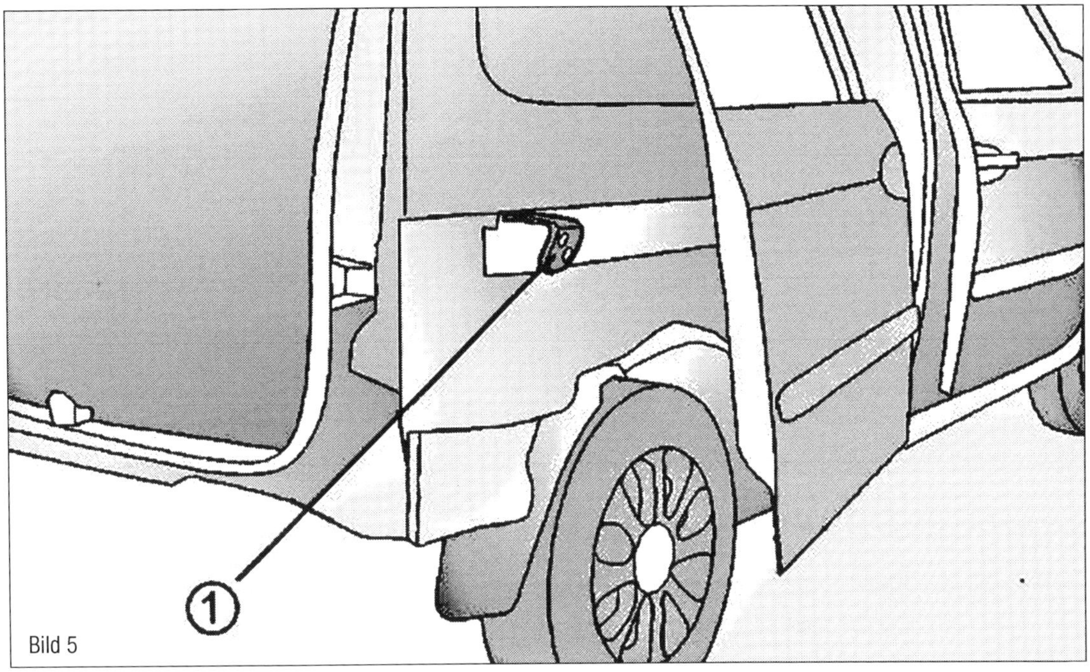

Bild 5
Ausbau eines hinteren Kotflügels. Die Befestigung (1) der Führungsschiene muss vor weiteren Arbeiten ausgebaut werden.

Kotflügel mit Halterung und Gleitschiene ausbauen

Der Ausbau der gesamten Kotflügeleinheit ist umfangreicher, da man die obere Verkleidung der Heckklappensäule und auch die Innenverkleidung des Kotflügels ausbauen muss. Der Arbeitsvorgang wird aber trotzdem beschrieben. Die Halterung wird mit Klebstoff befestigt, d. h. man sollte sich zuerst in einer Werkstatt überzeugen, ob man diesen erhalten kann.

- Tankfüllerklappe öffnen und die beiden Muttern der Klappe lösen. Die Klappe nach unten abkippen und herausnehmen.
- Die obere Verkleidung der Heckklappensäule und die Innenverkleidung des Kotflügels ausbauen.
- Die Befestigung des Gleitstücks (1) in Bild 6 an der Tür lösen (um die Kabel der Schiebetürbetätigung zu befreien) und das Gleitstück zur Vorderseite der Gleitschiene bringen.
- Die Kabel des Gleitstücks von der Seitentür befreien (Kugelgelenkbefestigung) und das Gleitstück (1) herausnehmen.
- Vier Befestigungen der Gleitschiene an der Innenseite entfernen und die Halterung vorsichtig mit einem Spachtel oder einem ähnlichen Werkzeug abdrücken (doppelseitiger Klebstoff wird zur Befestigung benutzt).
- Die komplette Kotflügeleinheit kann jetzt abgehoben werden.

Nur Kotflügel einbauen

- Die alten Reste des Klebstoffs von der Halterung entfernen und frischen Klebstoff auftragen.
- Den Kotflügel an der Halterung ansetzen und genau ausrichten. Befestigungen 2, 3 und 4 in Bild 6 wieder herstellen.

Kotflügel mit Halterung und Gleitschiene einbauen

- Gleitschiene an der Kotflügelhalterung anbringen und die gesamte Einheit am Kotflügel anbringen. Den oben erwähnten Klebstoff zwischen der Kotflügelhalterung und der Karosserie auftragen.
- Gesamte Einheit an der Karosserie ansetzen, genau ausrichten und die innere

Bild 6
Ausbau eines hinteren Kotflügels. Die Zahlen werden im Text erwähnt.

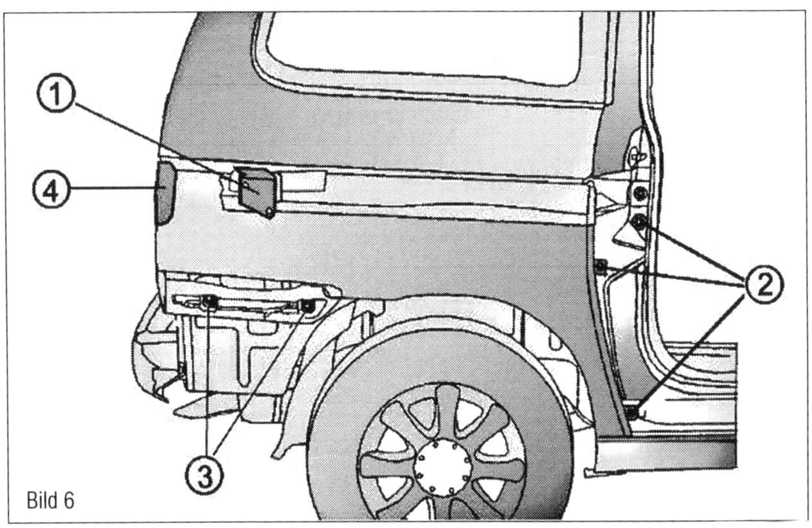

Sichtprüfung Messen

Bild 7
Die innere Befestigung der Führungsschiene.

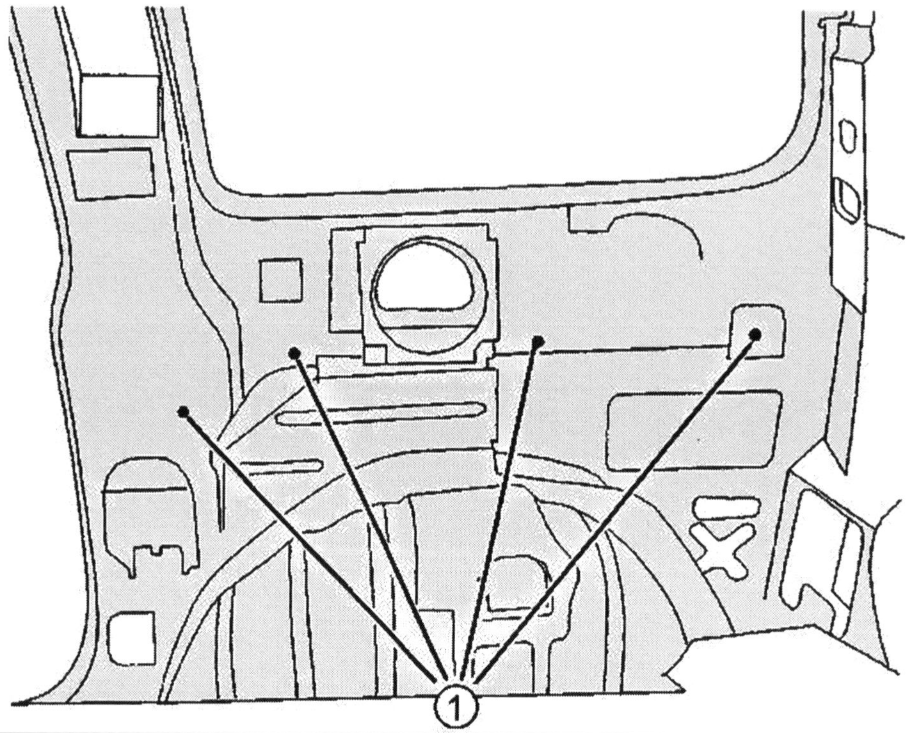

Bild 7

Befestigung (4 Stellen) in Bild 7 wieder herstellen.

- Alle anderen Arbeiten in umgekehrter Reihenfolge wie beim Ausbau durchführen.
- Batterie anklemmen und kontrollieren, dass Türen und Fenster einwandfrei arbeiten.

Schlossplatte der Heckklappe

Die mittlere Verkleidung der Heckklappe muss ausgebaut werden, um an die Schlossplatte zu kommen. Dazu die Verkleidung am Außenumfang erfassen und nach außen abziehen. Nach Ausbau der Verkleidung wird man zwei Schrauben (oben) und eine Mutter (unten) sehen. Diese entfernen und die Platte abnehmen.
Der Einbau findet in umgekehrter Reihenfolge statt.

15 Auspuffanlage

Die Auspuffanlage ist ein wichtiger Teil des Motors. Sie hat die Aufgabe, die Schadstoffe im Abgas möglichst gering zu halten (Katalysatorbetrieb). Außerdem reduziert sie die Geräusche, die bei der Verbrennung entstehen, auf ein Minimum. Alle in dieser Ausgabe behandelten Modelle sind ab Werk mit einer mehrteiligen Auspuffanlage ausgestattet. Das Ersatzteillager Ihrer Werkstatt und auch Auspuffzentren haben die verschieden Teile im Ersatzteillager. Das hat den Vorteil, dass Sie bei einer Reparatur auch einzelne Abschnitte der Auspuffanlage erneuern können.

Tipps für die Arbeit an der Auspuffanlage
Die folgenden Anweisungen gelten im Allgemeinen bei allen Arbeiten an der Auspuffanlage, ganz gleich, um welches Fahrzeug es sich handelt.

- Auf rostigem Blech können Sie nicht mehr richtig schweißen. Der Erfolg von Reparaturen an einer durchgerosteten Auspuffanlage ist daher meist nur von kurzer Dauer. Auspuffkitt und Bandagen halten zwar recht lange, aber das Blech bricht dann bald neben der Reparaturstelle aus. Bei Auspuffanlagen mit mehr als einem Schalldämpfer kommt es häufig vor, dass nach dem Austausch des ersten wenige Monate später auch der zweite den Geist aufgibt. Werkstätten wechseln deshalb die Auspuffanlage in der Regel komplett aus. Das muss jedoch nicht immer sein. Prüfen Sie den Zustand der Anlage genau und entscheiden Sie erst dann, ob Sie einzelne Teile oder das ganze System austauschen.
- Der Wagen muss absolut sicher aufgebockt sein. Er soll schließlich nicht kippen, wenn Sie heftig an den Rohren drehen oder ziehen.
- Wenn sich beim Ausbau eine Verbindung nicht lösen lässt, sollten Sie sie durch Überdrehen abreißen. Beim Einbau grundsätzlich neue Schrauben und Muttern verwenden.
- Haltegummis zur Sicherheit ebenfalls gleich austauschen.
- Die Rohre werden durch kräftige Drehbewegungen oder Hammerschläge getrennt.
- Falls Sie damit keinen Erfolg haben, sägen Sie die Rohrverbindung des defekten Schalldämpfers knapp 10 Zentimeter hinter der Verbindungsstelle ab. Den Rest des Rohres mit der Metallsäge in Längsrichtung aufsägen und mit einem kräftigen Schraubenzieher aufhebeln.
- Die Verschraubungen der Auspuffanlage lassen sich beim nächsten Mal leichter lösen, wenn Sie die Gewinde beim Einbau mit Kupferfett bestreichen. Das gilt auch für die Rohrverbindungen.

Aufgrund der vielen in dieser Ausgabe behandelten Fahrzeugmodelle gibt es offensichtlich Unterschiede in der Ausführung der Auspuffanlage, wobei auch der Aus- und Einbau von Teilen der Anlage beeinflusst wird.

- Bei den eingebauten Motoren besteht die Anlage aus drei Abschnitten, dem vorderen Rohr mit dem Katalysator, einem mittleren Rohr mit dem Zwischenschalldämpfer und dem Endrohr mit dem Nachschalldämpfer. In Bild 1 sind bestimmte Trennstellen gezeigt (mit »A« bezeichnet). An diesen Stellen kann man das Auspuffrohr durchsägen und das betreffende Teile getrennt erneuern.
- Über den Teilen der Auspuffanlage sind verschiedene Wärmeschutzschilder angebracht, die jedoch bei allen Ausführungen gleich sind. Sie sind über dem vorderen Schalldämpfer, dem hinteren Schalldämpfer, unter dem Kraftstofftank und der Lenkung montiert.

Aus- und Einbau von Teilen der Anlage

Jeder Abschnitt der Anlage kann getrennt ausgebaut werden oder man baut die gesamte Anlage aus. Beim Erneuern die Vorderseite bzw. die Rückseite auf Unterstellböcke setzen und auf Auffahrrampen auffahren. Das Zwischenrohr besteht aus einem Stück, d. h. soll das Rohr oder der

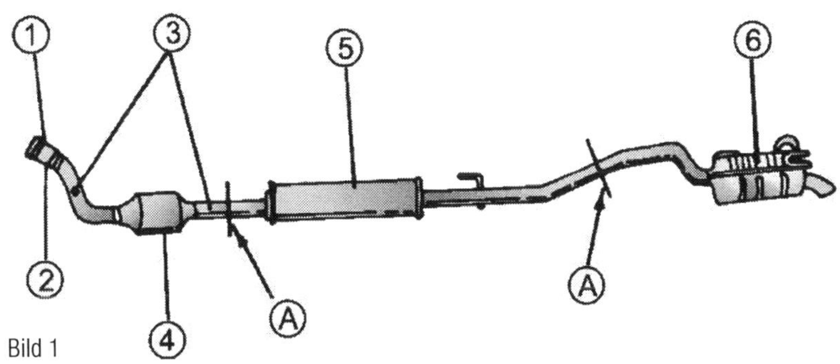

Bild 1

Bild 1
Die Anordnung einer typischen Auspuffanlage, in diesem Fall mit Lambda-Sonden. Wo zutreffend sind auch die Anziehdrehmomente angegeben.

1. *Auspuffrohrklemmschelle, 25 Nm*
2. *Flexibles Rohr*
3. *Einschraubstelle der Lambda-Sonden, 47 Nm*
4. *Katalysator*
5. *Zwischendämpfer*
6. *Nachschalldämpfer*

Bild 2
Flexible Rohrstücke nicht in Richtungen »X« oder »Y« verbiegen.

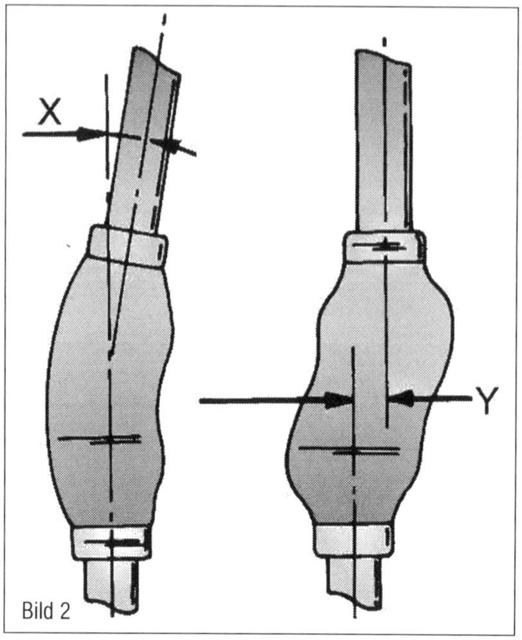

Bild 2

mittlere Schalldämpfer erneuert werden, muss es zersägt werden. Eine markierte Schnittstelle am Rohr (»A« in Bild 1) zeigt, wo dies durchzuführen ist. Das Neuteil wird mit einer speziellen, zur Reparatur verwendeten Schelle wieder zusammengeschraubt. Beim Anbringen der Schelle diese um die gleiche Länge über die beiden Enden des Rohres schieben und die Schrauben/Muttern-Verbindung mit 55 Nm anziehen.

Vorderes Auspuffrohr

■ Die Muttern des Rohrflansches vom Krümmer abschrauben und die Verbindung trennen. Die Dichtung entfernen. Es ist auch möglich, dass das Rohr mit einer Schraube befestigt ist.Die Teile des Auspuffs entsprechend den Abbildungen ausbauen.

Komplette Anlage ausbauen

■ Das vordere Auspuffrohr vom Auspuffkrümmer oder Turbolader abschrauben.
■ Die Anlage von allen Gummischlaufen lösen und herausnehmen. Ein Helfer sollte hinzugezogen werden, damit die Anlage nicht herunterfallen kann.

Katalysator mit vorderem Rohr (je nach Ausführung)

■ Entsprechend den bereits gegebenen Anweisungen beim vorderen Rohr vorgehen.

Beim Einbau zu beachten

■ Die Teile der Aufhängung nach Ausbau von Teilen der Anlage kontrollieren. Beim Einbau der Anlage dürfen die Aufhängungen nicht unter Spannung sitzen, da sie sonst bald reißen werden. Der Auspuff muss gut federnd gehalten werden.
■ Die Verbindungsflansche der Rohre einwandfrei reinigen. Eventuelle mit Schmirgelleinwand abziehen. Die Dichtungen immer erneuern.
■ Gummischlaufen erneuern, falls sie nicht mehr einwandfrei aussehen.
■ Vor dem Zusammenbau der federgespannten Verbindung die Verbindungsflächen mit Heißlagerfett einschmieren.
■ Bei allen Ausführungen werden flexible Rohrstücke an der Vorderseite der Anlage eingesetzt. Diese Teile muss man mit Vorsicht behandeln, damit sich die flexiblen Teile beim Einbau nicht verbiegen können. Bild 2 veranschaulicht ein derartiges Rohr. Das Rohr nicht in Richtung »X« seitlich abbiegen oder wie durch »Y« gezeigt versetzen. Dies trifft auf alle Motoren zu.
■ Die Halbschellen der Rohrverbindungen gleichmäßig mit 15 Nm anziehen. Der Abstand zwischen den Schellenhälften muss auf beiden Seiten gleich sein.
■ Die Muttern des vorderen Auspuffrohres mit 35 Nm am Krümmer anziehen.

(Sichtprüfung) Nach Einbau der Anlage oder deren Teile kontrollieren, dass alle Gummischlaufen die Anlage gut federnd halten und keine Teile des Auspuffs gegen andere Teile des Fahrzeuges anstoßen können.

16 Wartung und Pflege

Die meisten Wartungsarbeiten können selbst durchgeführt werden. Manchmal ist es jedoch zweckmäßiger, die Wartung in einer Werkstatt durchführen zu lassen, d. h. es fehlen die notwendigen Einrichtungen oder Erfahrungen, Messgeräte sind erforderlich oder die Werkstatt kann die Arbeit einfach schneller durchführen. Wichtig sind vor allem die regelmäßigen Inspektionen und Kontrollen, welche untenstehend angeführt sind. Nach einer bestimmten Fahrstrecke oder nach Ablauf einer gewissen Zeit durchzuführende Wartungsarbeiten werden meistens in der Betriebsanleitung oder im Wartungsscheckheft angegeben.

Regelmäßige Wartungsarbeiten
Motorölstand kontrollieren: Der Stand des Motoröls sollte etwa alle 600 km kontrolliert werden. Falls der Ölstand unter dem unteren Strich am Ölmessstab steht, muss Öl nachgefüllt werden. Niemals mehr Öl einfüllen, als es notwendig ist.

Bremsflüssigkeitsstand kontrollieren: Von vorn gesehen sitzt der Behälter für die Bremsflüssigkeit an der Stirnwand über dem Hauptbremszylinder. Der Behälter ist durchsichtig, sodass die Bremsflüssigkeit von der Außenseite gesehen werden kann. Den Flüssigkeitsstand immer soeben an der »Max«-Markierung halten. Falls erforderlich die Verschraubung abdrehen und frische Bremsflüssigkeit nachfüllen.
Sollte man öfters ein Abfallen des Bremsflüssigkeitsspiegels feststellen oder die Warnleuchte des Bremsflüssigkeitsstands leuchtet plötzlich auf, obwohl Sie regelmäßige Kontrollen durchgeführt haben, kann man annehmen, dass sich die Bremsklotzbeläge oder Bremsbackenbeläge abgenutzt haben. Meistens ist es die Vorderradbremse.

Es wird meistens nicht durchgeführt! Die Bremsflüssigkeit sollte mindestens alle zwei Jahre oder alle 60'000 km gewechselt werden.

Bremsleuchten überprüfen: Die Arbeitsweise der Bremsleuchten kann mithilfe einer zweiten Person oder auch allein kontrolliert werden. Bei der ersten Methode auf die Bremse treten, während die zweite Person das Aufleuchten der Lampen kontrolliert. Sind Sie allein, rückwärts vor die Garagentür fahren und auf die Bremse treten. Die Lampen scheinen rot gegen die Garagentür. Falls eine Lampe nicht aufleuchtet, die Glühbirne ersetzen; leuchten beide Lampen nicht auf, könnte der Bremslichtschalter defekt sein.

Beleuchtung kontrollieren: Alle Beleuchtungskörper (einschließlich Hupe und Warnblinkanlage) der Reihe nach durchschalten und deren Funktion kontrollieren. Rücklichter und Rückfahrscheinwerfer können am besten im Dunkeln vor der Garagentür kontrolliert werden, ohne dass man aus dem Fahrzeug aussteigt.

Reifendruck kontrollieren: Der Druck sollte mindestens einmal im Monat kontrolliert werden. Den Reifendruck an einer Tankstelle kontrollieren. Der Reifendruck ist auf dem Aufkleber angegeben und ist außerdem in der Betriebsanleitung angeführt. Drücke können je nach aufmontierten Reifen unterschiedlich sein. Falls man größere Reisen mit höheren Geschwindigkeiten vorhat, kann man den Reifendruck etwas erhöhen. Bei aufgezogenen Winterreifen gelten ebenfalls unterschiedliche Reifendrücke.
Nach einer gewissen Kilometerleistung sollte man die verbleibende Profiltiefe des Reifens kontrollieren. Von Reifenherstellern werden dazu kleine Messlehren hergestellt, die man in der in Bild 1 gezeigten Weise auf den Reifen aufsetzt. Aus der Anzeige kann man die verbleibende Reifenprofiltiefe ersehen, welche laut Gesetz in allen europäischen Ländern mindestens 1,6 mm betragen muss.

Bild 1

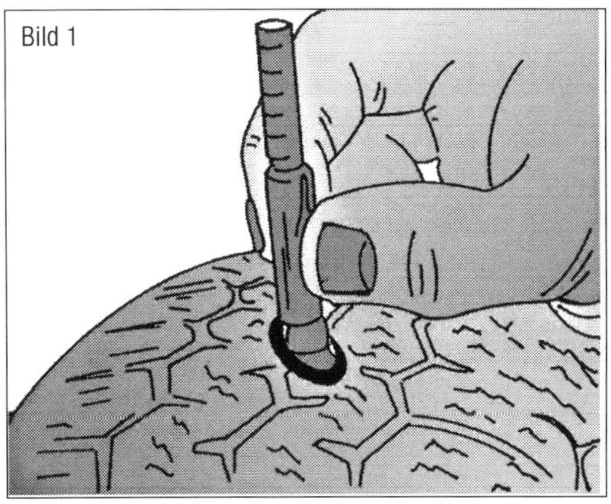

Bild 1
Kontrolle der Tiefe des Reifenprofils.

Kühlmittelstand kontrollieren: Das kalte Kühlmittel muss zwischen den »Min«- und »Max«-Markierungen am Ausgleichsbehälter stehen oder wird im Kühler kontrolliert. Falls der Motor heiß ist, abwarten (mindestens 15 Minuten), bis das Kühlmittel abgekühlt ist. Auch dann ist ein dicker Lappen zum Öffnen des Deckels empfohlen. Den Lappen über den Deckel legen und den Deckel bis zur ersten Raste lösen und warten, bis der Druck abgefallen ist. Danach den Deckel vollkommen abschrauben. Alle 120'000 km sollte das Kühlmittel gewechselt werden (alle Motorvarianten).
Achtung: Frostschutzmittel nur bei kaltem Motor nachfüllen.

Nicht genannte Wartungsarbeiten
Viele der als Wartungsarbeiten zu betrachtenden Arbeiten, wie z. B. Wechsel des Motoröls und Ölfilters (15'000 km) oder Luftfiltereinsatzes (60'000 km, alle Motoren), Kontrolle des Verschleißes der Bremsklotz- und Bremsbackenbeläge (60'000 km), Kontrolle der Teile der Radaufhängungen, Antriebswellen, Radlagern und Gelenken, usw., Erneuerung des Zahnriemens der Steuerung sind in den dafür zuständigen Kapiteln beschrieben. Dazu gehören ebenfalls die Kontrolle des Flüssigkeitsstands im Vorratsbehälter der Servolenkung und einer Batterie mit ausschraubbaren Stopfen (15'000 km).
In der untenstehenden Liste folgt nochmals eine Zusammenfassung der durchzuführenden Wartungsarbeiten nach Empfehlung des Herstellers, jedoch muss man daran denken, dass die Intervalle manchmal geändert werden. Ihr gültiges Wartungsscheckheft wird Ihnen die genauen Zwischenzeiten angeben:

Kontrollen
- Bremsklotzverschleiß, alle 30'000 km
- Verschleiß der Bremsbacken (Trommelbremsen), alle 60'000 km
- Antriebsriemen der Aggregate, alle 60'000 km
- Handbremse kontrollieren, ggf. einstellen Radbolzen nachziehen (100 Nm)
- Arbeitsweise der Kupplung kontrollieren

Erneuern
- Ölfilter, alle 15'000 km erneuern
- Pollenfilter, alle 15'000 km erneuern lassen (dauert ca. 10 Minuten)
- Bremsflüssigkeit, alle 60'000 km
- Motorkühlmittel, alle 2 Jahre
- Steuerzahnriemen, alle 120'000 km
- Luftfiltereinsatz, alle 60'000 km

Öl- und Flüssigkeitsstände
- Motoröl, alle 15'000 km wechseln
- Schaltgetriebe, Ölstand alle 60'000 km kontrollieren
- Behälter der Scheibenwaschanlage, alle 15'000 km nachfüllen, falls nicht früher durchgeführt
- Säurestand der Batterie kontrollieren (falls möglich), alle 15'000 km
- Flüssigkeitsstand der Servolenkung, alle 15'000 km kontrollieren

17 Maß- und Einstelldaten

Abmessungen	
Radstand	2825 mm
Spurweite, vorn	1557 mm
Spurweite, hinten	1555 mm
Länge über alles	4725 mm
Höhe über alles	1750 mm
Breite über alles	1855 mm
Bodenfreiheit (unbeladen/belastet)	140 mm

Füllmengen	
Kraftstofftank	80 Liter
Motor:	
– DW10-Motor ohne Ölfilter	4.0 Liter
– DW10-Motor mit Ölfilter	4.3 Liter
– DW12-Motor ohne Ölfilter	4.5 Liter
– DW12-Motor mit Ölfilter	4.8 Liter
Kühlanlage:	
– DW10-Motor	10.8 Liter
– DW12-Motor	10.8 Liter
Getriebe	2.1 Liter
Servolenkung	1.3 Liter
Bremsanlage	1.0 Liter

Motor

Eingebaute Motoren:	
– 2.0-Liter-Motor (HDi, 16V)	DW10ATED (RHZ)
– 2.2-Liter-Motor (HDi, 16V)	DW12TED4 (4HX)
Bauweise:	
– DW10-Motor(HDi	Vierzylinder-Dieselmotor mit Direkteinspritzung (Hoch druck Dieseleinspritzung) quer zum Fahrzeug eingebaut, hängende Ventile (4 pro Zylinder) und zwei oben liegende Nockenwellen im Zylinderkopf, Auslassnockenwelle durch Zahnriemen angetrieben, Einlassnockenwelle durch eine Kette von einem Antriebsrad auf der Auslassnockenwelle aus angetrieben.Zylinderkopf aus Aluminiumlegierung hergestellt. Motor wird auch mit einer Nockenwelle gebaut.
– DW12-Motor (HDi)	Aufbau wie 2.0-Liter-Motor. Mit zwei von der Kurbelwelle angetriebenen Ausgleichswellen.
Anzahl der Zylinder:	4
Hubraum des Motors:	
– DW10-Motor	1997 ccm
– DW12-Motor	2179 ccm
Zylinderbohrung:	
– DW10-Motor	85.00 mm
– DW12-Motor	85.00 mm

Kolbenhub:	
– DW10-Motor	88.00 mm
– DW12-Motor	96.00 mm
Verdichtungsverhältnis:	
– DW10-Motor	18.0 : 1
– DW12-Motor	18.0 : 1
Höchstleistung:	
– DW10-Motor	110 PS (80 kW) bei 4000/min
– DW12-Motor	136 PS (98 kW) bei 4000/min
Max. Drehmoment:	
– DW10-Motor	270 Nm bei 1750/min
– DW12-Motor	317 Nm bei 2000/min
Öldruck	Siehe unter »Motorschmierung«
Kraftstoffeinspritzanlage	Siehe betreffendes Kapitel

Ventil-steuerung	**DW10-Motor**	**DW12-Motor**
Einlassventil öffnet	15° 20' vor OT	15° 20' vor OT
Einlassventil schließt	12° 11' nach UT	12° 11' nach UT
Einlassventil öffnet	23° 12' vor OT	23° 12' vor OT
Einlassventil schließt	15° 27 ' nach OT	15° 27' Nach OT

OT = Oberer Totpunkt; UT = Unterer Totpunkt

Zylinderkopf und Ventile

Zylinderkopf:	
– Zylinderkopfhöhe, Fläche zu Fläche	133 mm ± 0.05 mm
– Max. Verzug der Kopffläche	0,03 mm
– Nachschleifung der Kopffläche, max.	0.2 mm
– Ventiltellerfläche unter Zylinderkopffläche	Siehe unter »Ventile«
Länge der Zylinderkopfschrauben:	
Länge zwischen Unterseite Kopf und Schraubenende	133,5 mm (DW12 = 134,5 mm)
Schrauben länger als 133,5/134.5 mm	Erneuern
Durchmesser der Nockenwellenlager im Zylinderkopf:	
Länge zwischen Unterseite Kopf und Schraubenende	
– Nenndurchmesser	26.00 ± 0.15 mm
– Reparaturgröße	26.50 ± 0.15 mm
Zylinderkopfdichtung	Siehe Beschreibung beim Einbau des Zylinderkopfes

Ventilführungen

Außendurchmesser, Nenngröße	10.00 mm
Reparaturgröße	10.50 mm
Aufnahmebohrung im Zylinderkopf:	
– Nenndurchmesser	9.974 mm
– Reparaturgröße	10.474 mm
Innendurchmesser der Führungen	5.20 mm
Einbauhöhe, Führungsende zu Kopffläche	38.35 ± 0.5 mm
Laufspiel der Ventilschäfte in Führungen:	
– Einlassventile	0.015 – 0.230 mm
– Auslassventile	0.035 – 0.250 mm

Ventilsitze

Sitzwinkel, Einlass und Auslass	60°
Breite der Ventilsitzflächen – Einlass/Auslass	2.45/3.00 mm
Außendurchmesser der Ventilsitze – Einlassventile:	
– Nenndurchmesser	32.600 mm
– Reparaturgröße	32.900 mm
Außendurchmesser der Ventilsitze – Auslassventile:	
– Nenndurchmesser	26.400 mm
– Reparaturgröße	33.100 mm

Ventile

Ventilschaftdurchmesser:	
– Einlassventile	5.200 mm
– Auslassventile	5.200 mm
Ventilsitzwinkel	60°
Ventiltellerdurchmesser:	
– Einlassventile	29.9 ± 0.10 mm
– Auslassventile	25.00 ± 0.10 mm
Min. Ventillänge:	
– Einlassventile	102.55 ± 0.15 mm
– Auslassventile	102.48 ± 0.15 mm
Ventilschaftende, max. Abschleifmaß	0.20 mm
Laufspiel der Ventile in Führungen:	
– Einlassventile	0.015 – 0.230 mm
– Auslassventile	0.035 – 0.250 mm

Ventilfedern

Drahtdurchmesser	3.00 mm

Ventilsteuerung Siehe Kapitel 2

Nockenwellen

Axialspiel	0.07 – 0.17 mm (Lager Nr. 3)
Laufspiel der Nockenwellenlager	0.04 – 0.082 mm

Durchmesser der Nockenwellenlager:	
– Nenndurchmesser	26.00 ± 0.02 mm
– Reparaturgröße	26.50 ± 0.02 mm
Kennzeichnung der Nockenwellen (nur Reparaturgröße)	Farbring (gelb) in der Mitte
Länge der Nockenwellen	Auslassnockenwelle ist länger

Kolben und Pleuelstangen

Bauart	Kolben aus Aluminumlegierung mit 3 Kolbenringen. Mit Ölspritzdüsen zur Kühlung der Kolben. Kolbenbolzen in Kolben und Pleuelauge schwimmend gelagert. Bolzen werden durch Sprengringe gehalten.
Einbaurichtung der Kolben	Mit »Dist« gezeichnete Seite oder der Pfeil im Kolbenboden muss zur Zahnriemenseite weisen.
Überstandsmaß der Kolben über Zylinderblock:	Siehe Beschreibung
Kolbendurchmesser:	
– Nenndurchmesser	84.931 ± 0.009 mm
– Reparaturgröße	85,531 ± 0009 mm
Kolbenlaufspiel	0.062 – 0.078 mm
Kolbenringe:	
– Bauart	2 Verdichtungsringe, 1 Ölabstreifring
– Einbaurichtung	»Top« muss von oben lesbar sein
Stärke der Kolbenringe:	
– Obere Kolbenringe	3.5 mm
– Mittlere Kolbenringe	2.00 mm
– Ölabstreifringe	3.00 mm
Kolbenringstoßspiele:	
– Obere und mittlere Ringe	0.20 – 0.35 mm
– Ölabstreifringe	0.25 – 0.50 mm
– Anordnung der Kolbenringstöße	In Abständen von 120°
Kolbenbolzen:	
– Außendurchmesser – DW10-Motor	24.994 – 25.000 mm
– Außendurchmesser – DW12-Motor	30.00 mm
– Länge – DW10-Motor	66.00 mm
– Länge – DW12-Motor	68.00 mm
Pleuelstangen und Pleuellager	
Bauart	Schmiedestahl, »I«-Querschnitt
Lagerschalenwerkstoff	Aluminium/Zinn
Länge der Pleuel, Mitte zu Mitte	152.0 mm
Pleuellagerbohrung	53.695 mm
Pleuelaugenbohrung	25.00 mm

Stärke der Pleuellagerschalen:
- Nennstärke 1.828 mm
- Reparaturgröße 1.978 mm

Kurbelwelle und Schwungrad

Anzahl der Hauptlager	5
Hauptlager, Werkstoff	Aluminium/Zinn
Hauptlagerdurchmesser (alle Motoren):	
– Nenndurchmesser	60.000 mm
– Reparaturgröße	57.700 mm
Kurbelzapfendurchmesser (alle Motoren):	
– Nenndurchmesser	50.000 mm
– Reparaturgröße	49.700 mm
Kurbelwellenaxialspiel (alle Motoren)	0.07 – 0.32 mm
Stärke der Anlaufscheiben	2,300 mm, 3 Übergrößen (2,40, 2,45 und 2,50 mm). Schmiernut muss zur Kurbelwellenfläche weisen.
Stärke der Hauptlagerschalen:	
– Nennstärke	1.853 mm
– Reparaturgröße	2.003 mm

Motorschmierung

Ölfüllmenge	Siehe unter »Füllmengen«
Ölsorte (empfohlen)	Total-Öl für Diesel- oder Turbodieselmotoren (10W40 oder 15W40)
Öldruck:	
– Min. Öldruck bei 1000/min	2.0 bar
– Öldruck bei 80 °C und 4000/min	4.0 bar
Ölfilter:	
– Bauart	Austauschbare Filterpatrone (Purflux)
– Wechselintervalle	Zusammen mit Motoröl oder einmal im Jahr (alle 15'000 km)

Kühlanlage

Bauweise	Verschlossene Anlage mit Ausgleichsgefäß. Ölkühler- mit Kühlanlage verbunden. Anlage setzt sich aus- Kühler, Dehngefäß, Wasserpumpe, Thermostat und elektrischem Lüfter oder Lüftern zusammen. Letztgenannte durch Thermoschalter in der Unterseite des Kühlers reguliert.
Füllmenge der Anlage	Siehe unter »Füllmengen«

Wasserpumpe

Einbaulage und Antrieb	Rechte Seite des Zylinderblocks, angetrieben durch Zahnriemen der Steuerung von der Kurbelwelle. Keine Reparaturen möglich.
Kühler	Vor dem Motor, unterhalb des unteren, inneren Querträgers montiert.
Ausgleichsbehälter (Dehngefäß)	Kunststoffbehälter, auf rechter Seite im Motorraum montiert. Öffnungsdruck 1.0 bar.
Frostschutzmittel:	
– bis zu –15 °C	28% Frostschutzmittel
– bis zu –30 °C	50% Frostschutzmittel
– Empfohlenes Frostschutzmittel	Empfehlung des Herstellers folgen
Frostschutzmittelerneuerung	Alle 60 000 km oder 2 Jahre
Thermostat	Wachselement in getrenntem Gehäuse an der Vorderseite des Zylinderkopfes. Öffnungstemperatur 83 °C, vollkommen geöffnet bei 110 °C.
Elektrischer Lüfter:	
– Einschalttemperatur – 1. Stufe	97 °C
– Einschalttemperatur – 2. Stufe	102 °C

Kupplung

Bauart	Einscheibentrockenkupplung mit Tellerfeder
Kupplungsbetätigung	Hydraulische Anlage mit Kupplungsgeber und Kupplungsnehmerzylinder. Nehmerzylinder je nach Getriebe im Kupplungsgehäuse oder außen angebracht.
Pedaleinstellung	Automatische Nachstellung
Kupplungsausrücklager	Verkapseltes Kugellager, konstanter Kontakt mit Kupplungsdruckplatte

Getriebe

Bauart	Fünfganggetriebe zusammen mit Achsantrieb in einem Gehäuse Getriebetyp Getriebe »ML5C«
Kennzeichnung	Alle Getriebe haben eine Nummer, welche mit »20« beginnt. Die beiden Zahlen am Ende sind unterschiedlich und weisen auf den Motor hin.
Gangübersetzungen (nur Beispiele sind angegeben):	
– Erster Gang	3.420 : 1 oder 3.810 : 1
– Zweiter Gang	1.780 : 1
– Dritter Gang	1.120 : 1
– Vierter Gang	0.800 : 1
– Fünfter Gang	0.610 : 1
– Rückwärtsgang	3.160 : 1

Hinweis: Die angegebenen Übersetzungsverhältnisse sind für die meisten Getriebe gültig. Einige Unterschiede könnten bei bestimmten Motor/Getriebekombinationen vorkommen.

Achsantriebsübersetzung:	
– Mit DW10-Motor	4.430 : 1
– Mit DW12-Motor	4.310 : 1

Schmieröl

Füllmenge	2.10 Liter
Ölwechselzwischenzeiten	Nicht erforderlich
Eingefülltes Öl	Getriebeöl, SAE 75W/80W

Vorderachse und Radaufhängung

Typ	Einzelradabfederung mit McPherson-Federbeinen, unteren Querlenkern, integralen Stoßdämpfern, Schraubenfedern. Mit Kurvenstabilisator. Stabilisator mit Montageschellen und Gummilagern am Querträger verschraubt und durch Koppelstangen zwischen Federbeinen und Enden des Stabilisators verbunden.
Schraubenfedern	Mit Farbkennzeichnung. Nur Federn mit ursprünglicher Farbkennzeichnung einbauen. Erste Kennzeichnung weist auf Fahrzeugmodell hin, zweite Kennzeichnung gibt die Tragfähigkeit des Fahrzeuges an. Fahrzeugmodell und Baujahr beim Kauf von neuen Federn immer angeben.
Kurvenstabilisator, Durchmesser	21.5 oder 22.0 mm, je nach Modell

Radeinstellung (Vorderradgeometrie)
Hinweis: Wir empfehlen, dass man die Vorderradgeometrie fachmännisch kontrollieren lässt. Die unten angeführten Werte werden nur als Richtlinie angegeben. Nur die Werkstatt oder Spezialwerkstätten für Fahrzeugvermessungen werden die Werte für die in Frage kommenden Fahrzeugausführungen haben, welche auch vom eingebauten Motor abhängig sind.

Nachlauf (nicht verstellbar)	3° 30' ± 30
Sturz (nicht verstellbar)	0° ± 30' (0,5°)
Spureinstellung, verstellbar	+1 ± 0,5 mm (Vorspur)
Prüfbedingungen	Reifendruck stimmt, Fahrzeug leer

Vorderradlager

Bauart	Radnabe mit zwei Schrägrollenlager, in Achsschenkel eingepresst.

Lenkung

Bauart	Zahnstangenlenkung mit Servounterstützung. Speziell für diese Fahrzeuge entworfen.

Wendekreis (Citroën-Angaben, andere in Klammern):

– Zwischen Bordsteinen	10.90 Meter
– Zwischen Wänden	11.50 Meter (11.2 Meter)

Lenkhilfspumpe:

– Antrieb	Riemenantrieb von Kurbelwelle

Lenkungsflüssigkeit:

– Füllmenge	1.3 Liter
– Flüssigkeitssorte	Wie in automatischen Getrieben
– Kontrolle des Flüssigkeitsstands	Alle 10'000 km

Vorderradgeometrie	Siehe »Vorderradaufhängung«

Bremsanlage

Eingebaute Anlage	Zweikreisbremsanlage, diagonal geteilter Bremskreis. Mit Bremsdruckregler im hinteren Bremskreis bei bestimmten Ausführungen, Bremsservo. Handbremse wirkt auf Hinterräder. ABS serienmäßig oder auf Sonderwunsch. Scheibenbremsen an Vorder- und Hinterrädern oder Scheibenbremsen vorn und Trommelbremsen hinten bei Lieferwagen.
Vorderradbremsen	
Bauweise	Lucas (Girling)-Gleitsattel-Bremsen mit 1 Kolben pro Zylinder. Lieferwagen mit Bendix Bremssätteln, Serie 5.
Bremsscheiben	Belüftete Scheiben
Durchmesser der Bremsscheiben:	
– Minivan	285.0 mm
– Lieferwagen	257.0 mm
Bremszylinderdurchmesser	60.0 mm oder 57.00 mm
Bremsscheibenstärke:	
– Minivan	28.0 mm
– Lieferwagen	20.4 mm
Min. Bremsscheibenstärke:	
– Minivan	26.0 mm
– Lieferwagen	18.4 mm
Min. Bremsklotzstärke (ohne Metallplatte)	2.0 mm, alle Modelle
Schlag der Bremsscheiben	0.07 mm, gemessen 2 mm von der Außenkante
Hinterradscheibenbremsen	
Bauweise	Lucas (Girling)-C38HR-Bremssättel mit 1 Kolben pro Zylinder
Bremsscheiben	Belüftete Scheiben
Scheibendurchmesser	272.0 mm
Bremszylinderdurchmesser	38.0 mm
Bremsscheibenstärke	12.0 mm
Min. Bremsscheibenstärke	10.0 mm
Min. Bremsklotzstärke (ohne Metallplatte)	2.0 mm
Schlag der Bremsscheiben	0.07 mm, gemessen 2 mm von der Außenkante
Hinterradtrommelbremsen	
Bauweise	Bendix, mit Anlauf- und Ablaufbacken, automatische Nachstellung
Radbremszylinderdurchmesser	19.00 mm
Bremstrommeldurchmesser	255.0 mm
Max. Bremstrommeldurchmesser	256.0 mm
Min. Stärke der Bremsbeläge	1.0 mm – 1.5 mm bei Kontrolle

***Hinweis:** »Kontrolle« bedeutet, dass Bremsbacken erneuert werden müssen, wenn die Stärke der Bremsbeläge sich der angegebenen Stärke nähert.*

Hauptbremszylinder:	
– Kolbendurchmesser	22.2 mm – Lieferwagen 22.2 mm
Bremsflüssigkeit:	
– Flüssigkeitssorte	SAE J1703 Dot 4

– Regelmäßige Erneuerung	Alle 40'000 km oder 2 Jahre

Elektrische Anlage

Batterie

Spannung	12 Volt
Polarität	Negative Masse
Kapazität	Je nach Ausrüstung
Einbauort	Motorraum
Ladezustand:	
– Vollkommen entladen	1.125, spez. Gewicht
– Halb entladen	1.285, spez. Gewicht
– 50% geladen	1.200, spez. Gewicht
– 75% geladen	1.242, spez. Gewicht

18 Anziehdrehmomente

Motor

Zylinderkopfschrauben:	
– Erste Stufe	22 Nm
– Zweite Stufe	60 Nm
– Dritte Stufe	Alle Schrauben um eine Umdrehung lockern
– Vierte Stufe	60 Nm
– Fünfte Stufe	Winkelanzug 220° (± 5°)
Zylinderkopfhaube	10 Nm
Nockenwellenlagergehäuse	10 Nm
Mittelschraube, Nockenwellensteuerradnabe	43 Nm
Steuerrad an Nabe (3 x)	20 Nm
Zahnriemenschutzdeckel	10 Nm
Abgaskrümmer	30 Nm
Ausgleichswellengehäuse an Zylinderblock (DW12)	Siehe Haupttext
Hauptlagerdeckel:	
– Erste Stufe	25 Nm
– Zweite Stufe	Winkelanzug 60°
Pleuellagerdeckel (DW10):	
– Erste Stufe	20 Nm
– Zweite Stufe	Winkelanzug 70°
Pleuellagerdeckel (DW12):	
– Erste Stufe	10 Nm
– Zweite Stufe	Eine halbe Umdrehung lockern
– Dritte Stufe	Winkelanzug 45° ± 5°
Schwungradschrauben:	
– DW10-Motor	50 Nm
– DW12-Motor	15 Nm, dann 50 Nm
Kupplungsschrauben	20 Nm
Kurbelwellenriemenscheibe (DW10)	
– Erste Stufe	40 Nm
– Zweite Stufe	Winkelanzug 51°
Kurbelwellenriemenscheibe (DW12):	
– Erste Stufe	70 Nm
– Zweite Stufe	Winkelanzug 60° ± 5°
Ölspritzdüsen an Zylinderblock	10 Nm
Spannrolle/Führungsrollen für Zahnriemen	25 Nm
Öldruckschalter	30 Nm
Ölablassstopfen	30 Nm
Wasserablassstopfen (Block)	25 Nm
Wasserpumpe	15 Nm
Wassereinlassstutzen	20 Nm
Ölpumpenschrauben	10 Nm
Ölkühler	58 Nm
Schmierölleitungen für Abgasturbolader	
– Motorseite	30 Nm
– Turboladerseite	20 Nm
Rechte Motoraufhängung	27 Nm

Dieseleinspritzanlage

Montageflansch der Einspritzdüsen (Mutter)	30 Nm
Überwurfmuttern an Kraftstoffverteilerrohr	20 Nm
Hochdruckpumpe an Halterung	22,5 Nm
Anschluss an Einspritzdüsen	22 Nm
Riemenscheibe der Hochdruckpumpe	50 Nm
Anschlüsse an Hochdruckpumpe	22 Nm

Getriebe

Muttern der Antriebswellen	100 Nm +60°
Radbolzen	100 Nm
Ölablassstopfen	30 Nm
Ölstandskontrollstopfen	20 Nm
Schalter der Rückfahrleuchten	25 Nm

Antriebswellen

Antriebswellenmuttern	100 Nm + 60°
Radbolzen	100 Nm
Mutter des unteren Kugelgelenks	55 Nm
Klemmschrauben/muttern, Achsschenkel an Federbein	110 Nm
Spurstangenkugelgelenk an Lenkhebel	35 Nm
Muttern des Zwischenlagers	10 Nm
Bremssattel an Achsschenkel	120 Nm
Bremssattelführungsschrauben	30 Nm

Vorderachse und Radaufhängung

Kugelgelenk an Querlenker	70 Nm, Bild 11, Kapitel 9 (1)
Koppelstange an Federbein	55 Nm
Klemmschrauben des Federbeins	90 Nm, Bild 11, Kapitel 9 (3)
Koppelstange an Kurvenstabilisator	55 Nm
Querlenker an Fahrgestell – (Bild 13, Kapitel 9):	
– Schrauben (1) und (2)	70 Nm, vordere Aufhängung
– Schraube (4)	70 Nm, hintere Aufhängung
Mutter des Spurstangenkugelgelenks	40 Nm
Federbein an Karosserie	35 Nm, Bild 4, Kapitel 9 (1)
Kolbenstangenmutter	35 Nm
Antriebswellenmuttern	100 Nm + 60°
Bremssättel an Federbeine	120 Nm
Bremssattelführungsschrauben	30 Nm
Radbolzen	100 Nm
Nebenrahmen an Karosserie	Siehe Kapitel 9
Raddrehzahlfühler, ABS	10 Nm

Lenkung

Schrauben der Lenkung	145 Nm
Kontermuttern der Spurstangen	60 Nm
Spurstangengelenke an Zahnstange	80 Nm
Spurstangengelenke an Lenkhebel	40 Nm
Radbolzen	100 Nm
Klemmschraube/mutter des Kreuzgelenks	25 Nm
Hydraulische Leitungsanschlüsse:	
– Hochdruckleitung	20 Nm
– Niederdruckleitung	16 Nm
Lenkradmutter	20 Nm

Hinterachse und Radaufhängung

Muttern der Hinterradnaben	380 Nm
Radbolzen	100 Nm
Stoßdämpfer, oben	90 Nm
Stoßdämpfer, unten	65 Nm
Panhardstab/Versteifungsstreben	60 Nm
Panhardstab/Streben an Hinterachse	80 Nm
Längslenker an Karosserie	85 Nm
Bremsträgerplatten an Hinterachse	35 Nm
ABS-Raddrehzahlfühler	10 Nm

Bremsanlage

Entlüftungsschrauben	8 Nm
Bremsschlauchanschlüsse	17 Nm
Bremsleitungsanschlüsse	15 Nm
Schrauben der Bremsscheiben, vorn	15 Nm
Bremssattelmontagerahmen an Achsschenkel, vorn, Schrauben	160 Nm
Obere Bremssattelschraube – Bendix	85 Nm
Bremssattelgleitbolzen – Lucas	35 Nm
Hinterer Bremssattel an Montagerahmen	95 Nm
Gleitbolzen, hintere Bremssättel	35 Nm
Hinterradnaben	380 Nm
Bremstrommeln an Radnaben	25 Nm
Muttern der Antriebswellen	100 Nm + 60°
Radbolzen	100 Nm
Bremsleitung, Radbremszylinder	17 Nm
Bremsleitungen, Hauptbremszylinder	15 Nm
Muttern, Hauptbremszylinder	20 Nm
Muttern, Bremskraftverstärker	20 Nm
ABS-Raddrehzahlfühler/ Achsschenkel	10 Nm

19 Schaltpläne

Schaltplanverzeichnis

Die meisten Schaltpläne sind als schematische Anordnung gezeigt. Im Allgemeinen kann man sagen, dass die Schaltpläne ziemlich kompliziert sind, jedoch versuchen wir auf den folgenden Zeilen eine Hilfestellung zum besseren Verständnis zu geben. Abgesehen von den Kabelfarben, welche nachfolgend angegeben sind, werden auch verschiedene Buchstaben in den Schaltplänen verwendet, die die untenstehende Bedeutung haben.
Bezeichnung der Stromabnehmer. Nicht alle Stromabnehmer sind bei den behandelten Modellen eingebaut. Mit »XX« bezeichnete Stromabnehmer bedeuten, dass mehrere Funktionen damit bedient werden. Zum Beispiel »C004« (Diagnoseanschluss für Armaturenbrett) wird als »CXXX« angegeben, da andere mit »C« bezeichnete Anschlüsse den gleichen Zweck aber für unterschiedliche Stromabnehmer verrichten.
Alle Stromabnehmer sind mit Symbolen versehen. Einige sind selbsterklärend, bei anderen muss man jedoch scharf nachdenken.
Nicht alle genannten Stromabnehmer sind in alle Fahrzeuge eingebaut, da die folgende Aufstellung ebenfalls Fahrzeuge mit Benzinmotor einschließt.

Kabelfarbenerklärung

BA = weiß
BE = blau
BG = beige
GR = grau
JN = gelb
MR = braun
MV = lila
NR = schwarz
OR = orangefarben
RG = rot
RS = rosa
VE = grün
VI = violett
VJ = grün/gelb

Verzeichnis der Kabelstränge – Abkürzungen

AVID	Kabelstrang, vorn rechts
AVIG	Kabelstrang, vorn links
ABR	ABS-Kabelstrang
F/AV	Kabelstrang, Frontblech
GMV	Kabelstrang, Kühlungslüfter
ES/P	Kabelstrang, Scheinwerferreinigung
EV/AV	Scheibenwischerkabelstrang
MOT	Kabelstrang, Motor
ABR	Kabelstrang, ABS
ABR/AV	Kabelstrang, ABS, vorn
ABR/PB	Kabelstrang, ABS, Armaturenbrett
S/CH	Kabelstrang, Sitzheizung
PLAF/C	Kabelstrang, zusätzliche Innenleuchte
P/B/C	Kabelstrang, zusätzlich für Armaturenbrett
P/B	Kabelstrang, Armaturenbrett
PLAF	Kabelstrang, Innenleuchten
PLAF/AR	Kabelstrang, hintere Innenleuchte
CLM	Kabelstrang, Klimaanlage
CL/AD	Kabelstrang, Zusatzheizung
PR AV/G	Kabelstrang, linke Vordertür
PR AR/G	Kabelstrang, linke Hintertür
PR AR	Kabelstrang, Hintertür
PR AV/I/D	Kabelstrang, zweite Vordertür
PR AV/D	Kabelstrang, rechte Vordertür
PR AR/D	Kabelstrang, rechte Hintertür
LI PR	Kabelstrang, Türverbindung
AG/G	Kabelstrang, hinten links
AR/D	Kabelstrang, hinten rechts
AR/SP	Kabelstrang, hinten, unter Fahrzeugboden
INT/F/ AV G	Kabelstrang, Türkontaktschalter, vorn links
INT/F/ AV D	Kabelstrang, Türschalter, vorn rechts

Legende zu den Schaltplänen

B00	Batterie
BB10	Stromlieferungskasten
BF00	Sicherungsdose, Innenraum
BF01	Sicherungsdose, Motorraum
BF02	Sicherungsdose, Kofferraum
BH12	Sicherungsdose, 12 Sicherungen
BH28	Sicherungsdose, 28 Sicherungen
BMF1	Hauptsicherungsdose
BMF2	Hauptsicherungsdose
BMF3	Hauptsicherungsdose
BMF4	Hauptsicherungsdose
C001	Diagnoseanschluss
CA00	Zündschalter
C001	Diagnoseanschluss
CXX	Testanschlüsse
DRA0	Abgeschirmter Masseanschluss
MF175	Sicherung, Motorraum, 175 A
PS00	Anschlussleiste
V004	Warnleuchte
V1000	Ladekontrollleuchte
V1100	Warnleuchte, Test der Zündanlage
V1150	Warnleuchte, Vorglühanlage
V1200	Warnleuchte, Test der Einspritzanlage
V1300	Warnleuchte, Motordiagnose
V1700	Warnleuchte, momentaner Fehler
V2000	Warnleuchte, Nebelschlussleuchte
V2010	Warnleuchte, vordere Nebelleuchten
V2300	Warnleuchte, Rundumblinkanlage
V2310	Warnleuchten, Blinkleuchten
V2320	Warnleuchte, linke Blinkleuchte
V2330	Warnleuchte, rechte Blinkleuchte
V2600	Warnleuchte, Standlicht
V2610	Warnleuchte, Abblendlicht
V2620	Fernlichtkontrollleuchte
V2660	Warnleuchte, vordere Nebelleuchten
V4010	Warnleuchte, Kühlmittelmangel
V4017	Warnleuchte, Batteriesäurestand
V4020	Warnleuchte, Kühlmitteltemperatur
V4040	Warnleuchte, Wasserstand der Scheibenwaschanlage
V4050	Warnleuchte, Wasser im Kraftstofffilter
V4110	Öldruckkontrollleuchte
V4120	Warnleuchte, Motorölstand niedrig
V4130	Warnleuchte, Öltemperatur

V4300	Warnleuchte, Kraftstoffreserve
V4400	Warnleuchte, Handbremse
V4410	Warnleuchte, Bremsflüssigkeitsstand
V4420	Warnleuchte, Handbremse und Bremsflüssigkeit
V4430	Warnleuchte, Bremsklotzverschleiß
V4440	Warnleuchte, Glühbirnenausfall
V4700	Warnleuchte, Tür geöffnet
V4730	Warnleuchte, Sitzgurte
V4800	Warnleuchte, Katalysator überhitzt
V6560	Warnleuchte, Airbag
V6235	Warnleuchte, Diebstahlwarnanlage
V6561	Warnleuchte, Seitenairbag
V7000	Warnleuchte, ABS
V8110	Warnleuchte, beheizte Heckscheibe
VXXX	Andere Warnleuchten, dem System zugeteilt Anlasssperrschalter, Getriebeautomatik
1005	Anlasssperrrelais
1010	Anlasser
1020	Drehstromlichtmaschine
1030	Signalrelais, Motor läuft
1040	Allgemeines Relais
1041	Notabstellschalter
1042	Allgemeines Stromrelais
1043	Rückstellknopf, Notabstellschalter
1044	Diodengerät
1045	Zusatzrückstellknopf, Notabstellschalter
1104	Elektrisches Schaltventil, Einspritzverstellung Verstärkermodul, Zündanlage
1115	Geber, Zylindererkennung Klopfgeber
1125	Fahrpedalschalter
1127	Stromrelais, Zündanlage
1130	Steuergerät, Zündung Zündspule (bis 1135), je nach Motor
1150	Steuerrelais, Vorglühanlage
1155	Vorglührelais
1156	Nachglührelais
1157	Thermoschalter, Nachglühung
1160	Vorglühkerzen
1161	Vorglühkerzen (bis 1164)
1200	Kraftstoffpumpenrelais
1201	Einspritzpumpenrelais
1203	Notabstellschalter
1204	Sicherheitsrelais, Notabstellschalter
1205	Sicherung, Kraftstoffpumpe
1208	Dieseleinspritzpumpe
1210	Kraftstoffpumpe
1211	Tankgeber-Pumpe (Benzin)
1215	Schaltventil, Aktivkohlebehälter (Benzin)
1220	Geber, Kühlmitteltemperatur
1225	Stufenmotor, Leerlaufregulierung (Benzin)
1240	Ansauglufttemperaturgeber (Benzin)
1244	Elektromagnetisches Ventil (Benzin)
1247	Wasserthermoschalter, AGR (Benzin)
1250	Steuergerät, Abgasrückführung (AGR, Benzin)
1251	Unterdruckpumpe, AGR (Benzin)
1252	Korrekturrelais, Einspritzverstellung
1254	Schalter, Belastungshebel, AGR
1255	Kraftstoffabsperrventil, Diesel
1270	Widerstand, Ansaugkrümmervorwärmung
1304	Doppelrelais, Motorelektronik
1312	Druckgeber, Ansaugluft
1313	Geber, Motordrehzahl
1316	Geber, Drosselklappenstellung
1320	Elektronisches Steuergerät, Motorelektronik
1330	Einspritzeinheit Einspritzventil (bis 1334) Beheizungsrelais, Lambda-Sonde
1348	Sicherung, Lambda-Sondenbeheizung
1350	Lambda-Sonde, Auspuffrohr
1400	OT-Geber
1500	Relais, Kühlungslüfter
1501	Sicherung, Kühlungslüfter
1502	Stromrelais, linker Lüfter
1503	Stromrelais, rechter Lüfter
1504	Stromrelais, linker und rechter Lüfter
1505	Thermalschalter, Kühlungslüfter
1508	Stromrelais, Lüfter, Langsamstufe
1509	Stromrelais, Lüfter, Schnellstufe
1505	Thermoschalter, Kühlungslüfter
1506	Widerstand, Kühlungslüfter
1508	Stromrelais, Lüfter, Langsamstufe
1509	Stromrelais, Lüfter, Schnellstufe

1510	Kühlungslüfter
1511	Lüfter rechts (1512 links)
1526	Zeitschalter, Kühlungslüfter
1620	Geber, Fahrzeuggeschwindigkeit
1621	Geber, Fahrzeuggeschwindigkeit, Automatik
1630	Steuergerät, Automatik
16XX	Elemente der Getriebeautomatik
0002	Schalter, Licht und Blinker
0004	Instrumententafel
0005	Scheibenwischer/ wascher-Schalter
2000	Schalter, Nebelschlussleuchte
2001	Schalter, Licht und Scheibenwischer
2005	Relais, Nebelschlussleuchte
2010	Nebelschlussleuchte (bis 2015)
2100	Bremslichtschalter
	Zusätzliche Bremsleuchte (bis 2112)
2200	Schalter der Rückfahrleuchte
2300	Schalter, Rundumblinkanlage
2305	Blinkgeber
2320	Blinkleuchte, vorn links
2325	Blinkleuchte, vorn rechts
2340	Seitenblinkleuchte, links
2345	Seitenblinkleuchte, rechts
	Relais, Abblendlicht
2500	Hupendruckknopf
2520	Signalhupe (bis 2522)
2605	Relais, Abblendlicht
2606	Relais, Fernlicht
2610	Scheinwerfer, links
2615	Scheinwerfer, rechts
2620	Vordere Seitenleuchte, links
2625	Vordere Seitenleuchte, rechts
2630	Schlussleuchtengruppe, links
2633	Kennzeichenleuchte, rechts
2635	Schlussleuchtengruppe, rechts
	Kennzeichenleuchte, links
2665	Relais, Nebelleuchten
2670	Nebelleuchte, links
2675	Nebelleuchte, rechts
3000	Türkontaktschalter, vorn links
3001	Türkontaktschalter, vorn rechts
3002	Türkontaktschalter, hinten links
3003	Türkontaktschalter, hinten rechts Innenleuchte (bis 3013)
3019	Schalter, Innenleuchte, hinten Innenleuchte, hinten
3029	Schalter, mittlere Innenleuchte
3030	Mittlere Innenleuchte
3031	Kartenleselampe, vorn rechts
3033	Kartenleselampe, vorn links
3050	Widerstandsschalter, Beleuchtung
3051	Leuchte, Betätigung der Klimaanlage
3053	Beleuchtung, Aschenbecher
3060	Leuchten (bis 3086)
3065	Kartenleseleuchte
3086	Schalter, Innenleuchte (blau)
3087	Schalter, Parkleuchten
3088	Relais, Parkleuchten
31XX	Verschiedene Leuchten
4010	Schalter, Kühlmittelstand
4020	Thermalschalter, Kühlmittel
4025	Thermoschalter und Temperaturgeber für Motorkühlmittel
4026	Fernthermometer in Instrumenttafel
4050	Geber, Wasser im Kraftstoff
4060	Anzeiger, Batterieladezustand
4100	Elemente für Öl/Öldruckanzeige (bis 4106)
4110	Öldruckschalter
4120	Geber, Motorölstand
4310	Kraftstoffuhr
4311	Spannungsregler, Kraftstoffuhr
4315	Tankgeber, Kraftstoffuhr
4400	Schalter an der Handbremse
4410	Kontaktschalter, Bremsflüssigkeit
4420	Relais, ABS-Warnleuchte
4430	Kontakt, Bremsklotzverschleiß-anzeige, vorn links
4430	Kontakt, Bremsklotzverschleiß-anzeige, vorn rechts
5010	Zeitschalter, Windschutzscheibenwischermotor
5015	Windschutzscheibenwischermotor
5100	Pumpe der Windschutzscheiben-waschanlage
5210	Zeitschalter, Heckscheibenwischer
5211	Wischermotor hinten links
5212	Wischermotor, hinten rechts
5405	Pumpe der Scheinwerferreinigungsanlage
5406	Schalter der Scheinwerferreinigungsanlage
5410	Wischermotor, Scheinwerfer, links
5115	Wischermotor, Scheinwerfer, rechts
6004	Schalter, Fahrerseite, elektrische Fensterbetätigung

6005	Schalter, Beifahrerseite, elektrische Fensterbetätigung
6021	Relais, elektrische Fensterbetätigung
6040	Fensterhebemotor, Fahrerseite, elektrische Fensterbetätigung
6235	Betriebsgerät, Türverriegelung
6240	Schließmotor, linke Tür
6245	Schließmotor, rechte Tür
6255	Schließmotor, rechte Seitentür
6260	Schließmotor, Hintertüren
6406	Schalter, elektrischer Rückblickspiegel
6410	Elektrischer Außenspiegel, Fahrerseite
6415	Elektrischer Außenspiegel, Beifahrerseite
6540	Betriebsgerät, Gurtstraffer
6575	Vorspanner, Sitzgurt, Fahrerseite
6576	Vorspanner, Sitzgurt, Beifahrerseite
7000	Raddrehzahlfühler, ABS, vorn links
7001	Druckschalter, Servolenkung
7005	Raddrehzahlfühler, ABS, vorn rechts
7010	Raddrehzahlfühler, ABS, hinten links
7015	Raddrehzahlfühler, ABS, hinten rechts
7020	Elektronisches Steuergerät, ABS
7025	ABS-Hydrogerät
7029	Sicherung, ABS-Pumpe
7030	Pumpe, ABS
7220	Zeituhr
8000	Schalter, Klimaanlage
8005	Relais, Luftgebläse, Langsamstufe
8006	Thermogeber, Verdunstungsgerät
8007	Druckschalter, Klimaanlage
8008	Geber, Temperatur, mit Klimaanlage
8010	Temperatursteuereinheit, mit Klimaanlage
8020	Luftkompressor, Klimaanlage
8040	Regler, Luftgebläseregulierung
8041	Schalter, Zusatzheizung
8046	Widerstand, Luftgebläsedrehzahl
8048	Relais, Zusatzheizung
8050	Luftgebläsemotor
8060	Luftgebläsemotor, Zusatzheizung
8061	Relais, Klimaanlage
8065	Betriebsventil, Zusatzheizung
8100	Zigarrenanzünder, vorn
8110	Schalter, beheizte Heckscheibe
8115	Relais, beheizte Heckscheibe
8116	Zeitschalter, Beheizung der Heckscheibe
8118	Beheizte Heckscheibe, links
8119	Beheizte Heckscheibe, rechts
8120	Element, beheizte Heckscheibe
8310	Beheizter Sitz, Fahrerseite
8410	Radio
8420	Lautsprecher, links
8425	Lautsprecher, rechts

Die Lage der in den schematischen Schaltplänen angegebenen Bezeichnungen.

1 Darstellung der Massestelle
2 Bezeichnung des Stromabnehmers
3 Kabelnummer
4 Anschlussstelle des Kabels
5 Farbe des Kabels
6 Anschlussstelle des Kabels
7 Sicherungsnummer
8 Darstellung einer Leitung zu anderem Stromkreis
9 Nummer der Funktion
10 Nur auf bestimmte Modelle zutreffend
11 Schaltdiagramm des Stromabnehmers
12 Verbindungskabel
13 Kabelverzweigung

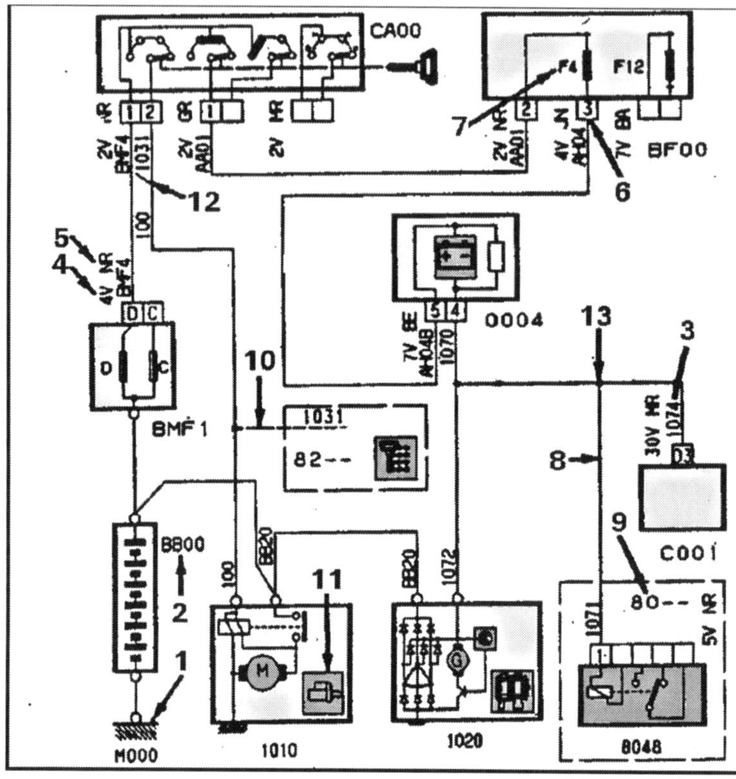

In den eigentlichen Schaltplänen sind außer den oben erwähnten die folgenden Bezeichnungen angegeben: Die eigentlichen Schaltpläne haben außer den auf der letzten Seite gezeigten Einzelheiten die gezeigten Angaben.

14 Kennzeichnung des Kabelstrangs
15 Diagramm der Sicherungsdose
16 Nummer der Kabelverbindung
17 Anschlussverbindung
18 Farbe des Verbindungskabels
19 Teilweise Anschlussverbindung
20 Zusammenschluss von Kabeln

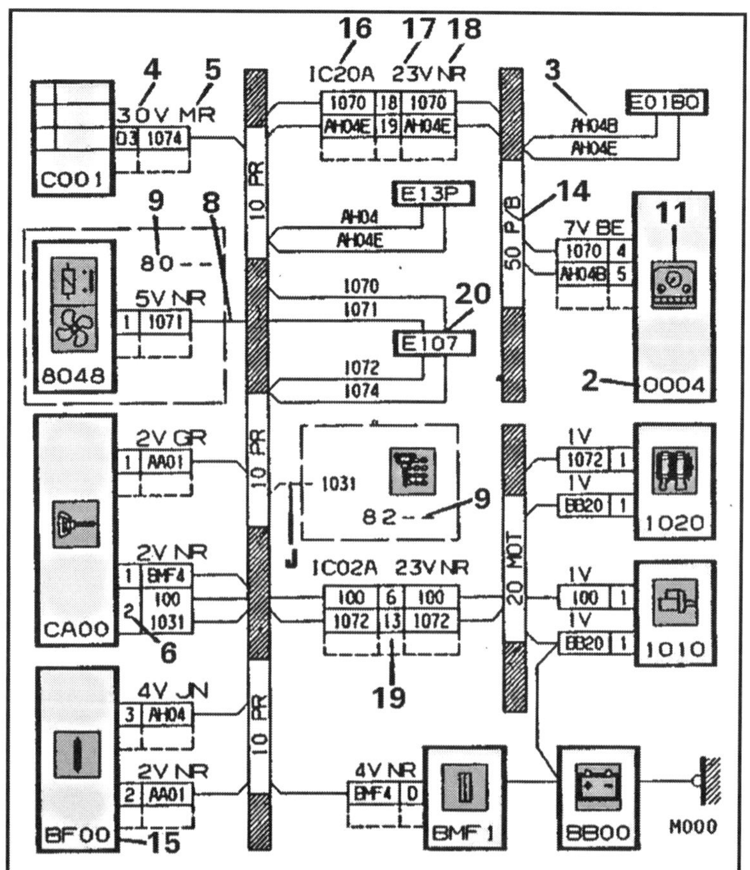

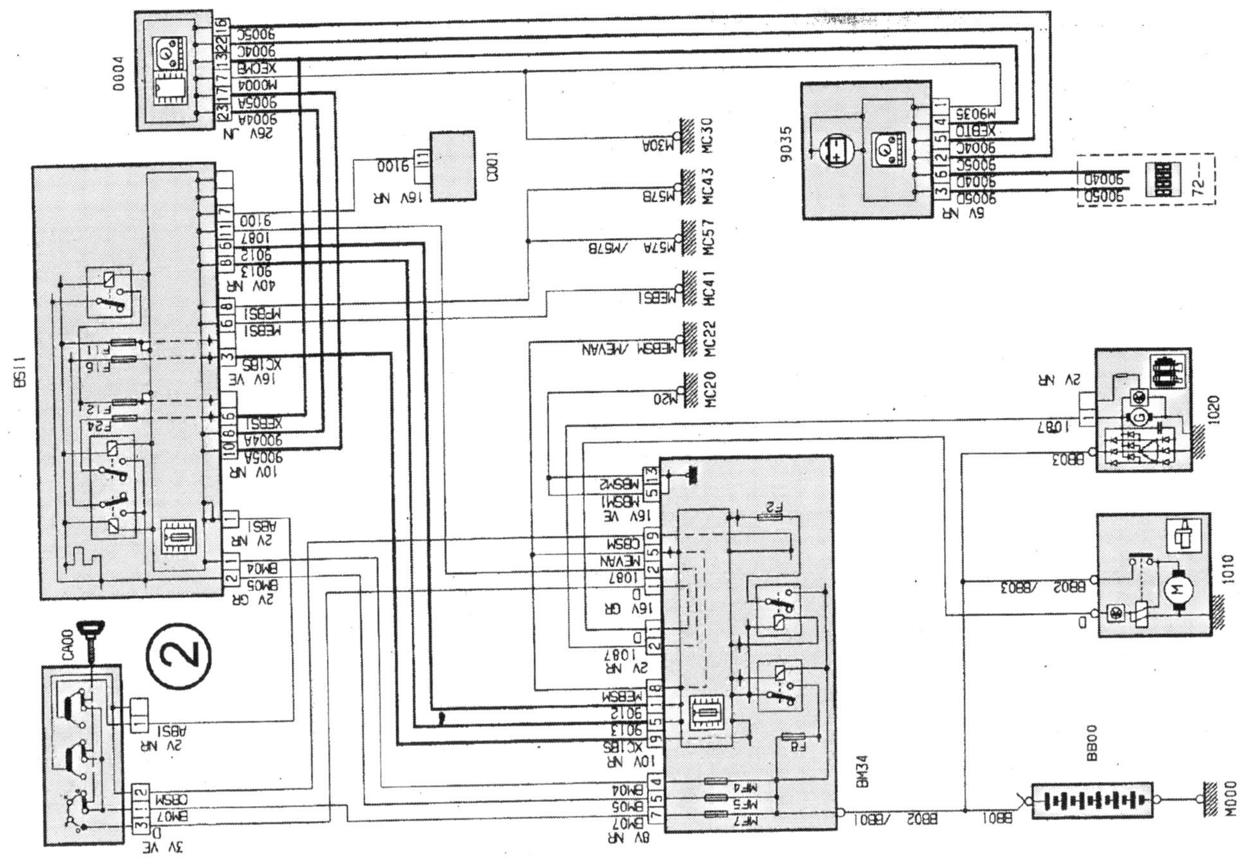
2
0004
BSI1
CA00
C001
BM34
BB00
M000
1010
1020
9035

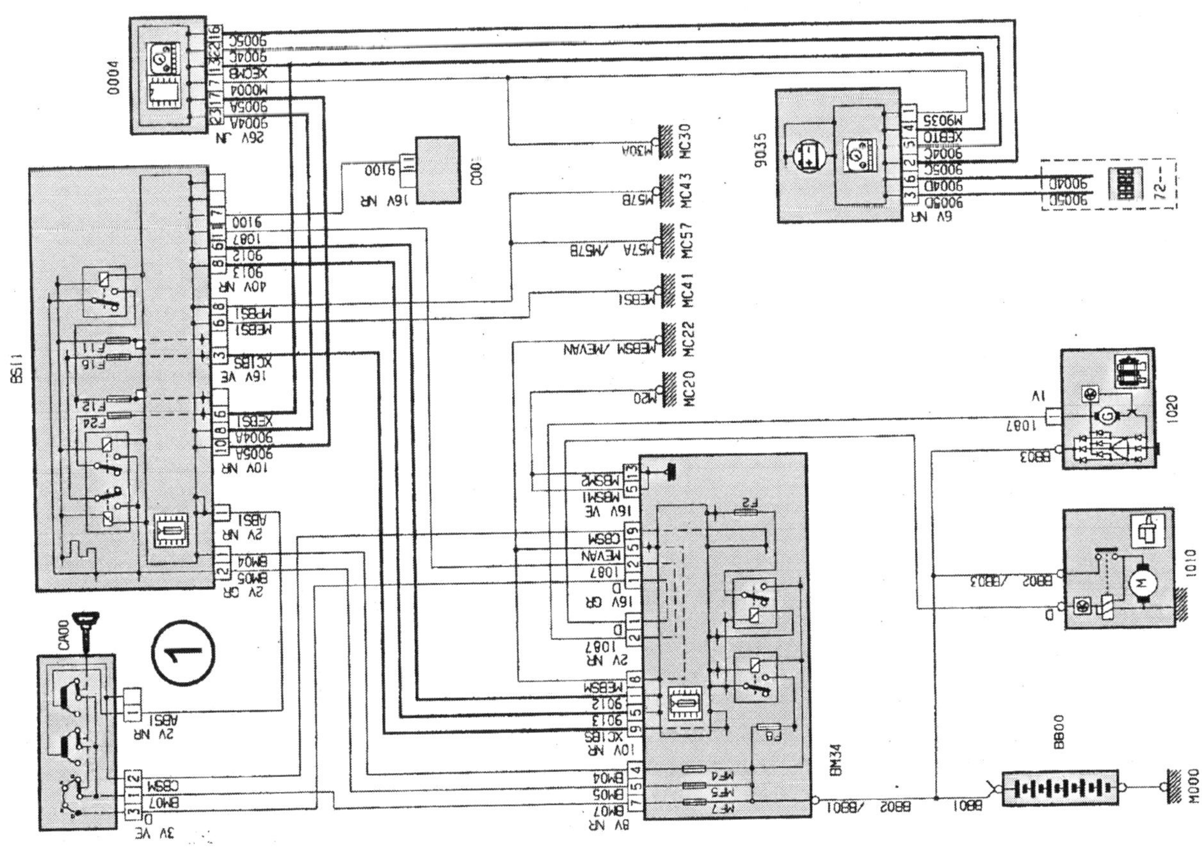
1
0004
BSI1
CA00
BM34
BB00
M000
1010
1020
9035

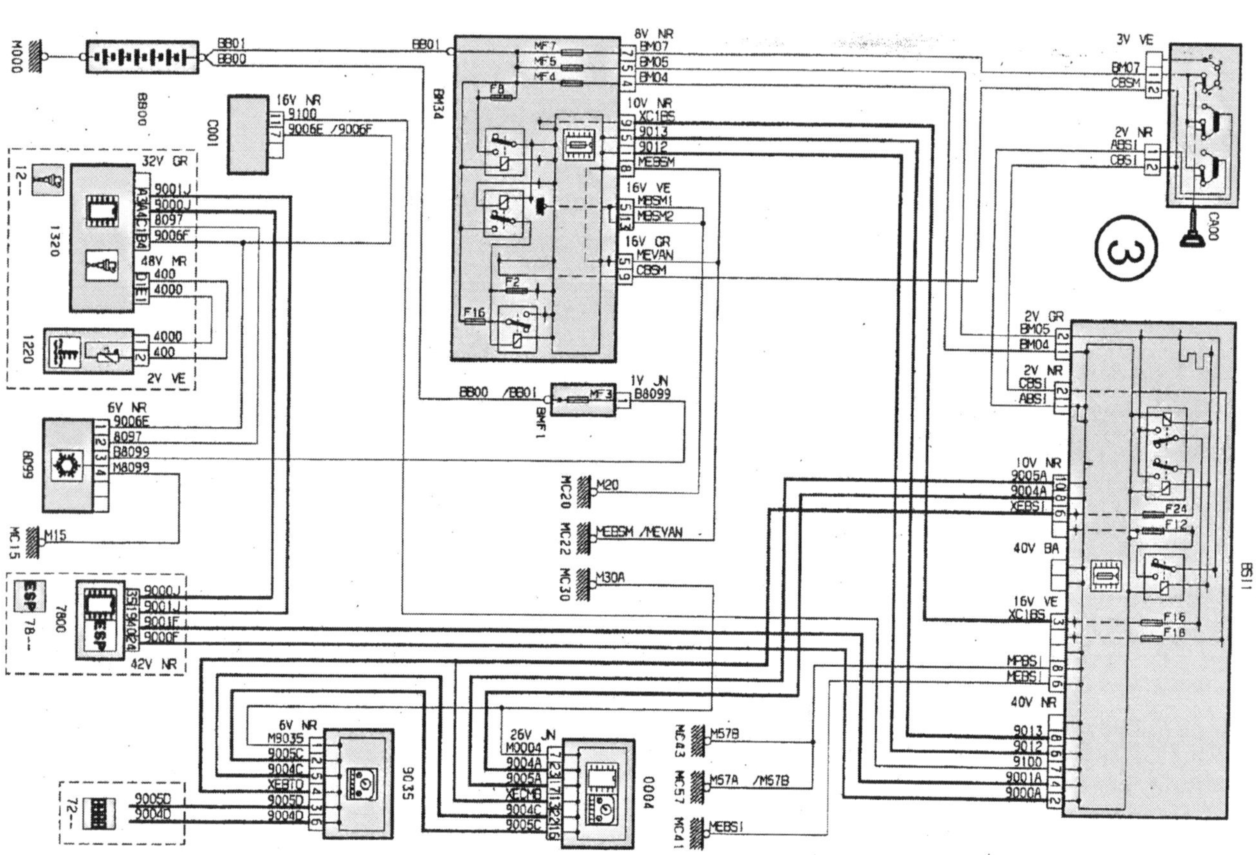
M000
BB00
BB01
C001
16V NR
9100
9006E /9006F
BM34
8V NR
BM07
BM05
BM04
MF7
MF5
MF4
F8
F2
F16
10V NR
XC1BS
9013
9012
MEBSM
16V VE
MBSM1
MBSM2
16V GR
MEVAN
CBSM
3V VE
CBSM
2V NR
ABS1
CBS1
CA00
3
1320
12--
32V GR
9001J
9000J
8097
48V MR
400
4000
1220
2V VE
BMF1
MF3
1V JN
B8099
8099
6V NR
9006E
M8099
MC15
M15
MC20
M20
MC22
MEBSM /MEVAN
MC30
M30A
ESP
7800
78--
9001F
9000F
42V NR
2V GR
BM05
BM04
10V NR
9005A
9004A
XEBS1
F24
F12
40V BA
16V VE
XC1BS
F16
F18
MPBS1
MEBS1
40V NR
9001A
9000A
BS11
6V NR
M9035
9005C
9004C
XEBTO
9005D
9004D
9035
72--
26V JN
M0004
XECMB
0004
MC43
M57B
MC57
M57A /M57B
MC41
MEBS1

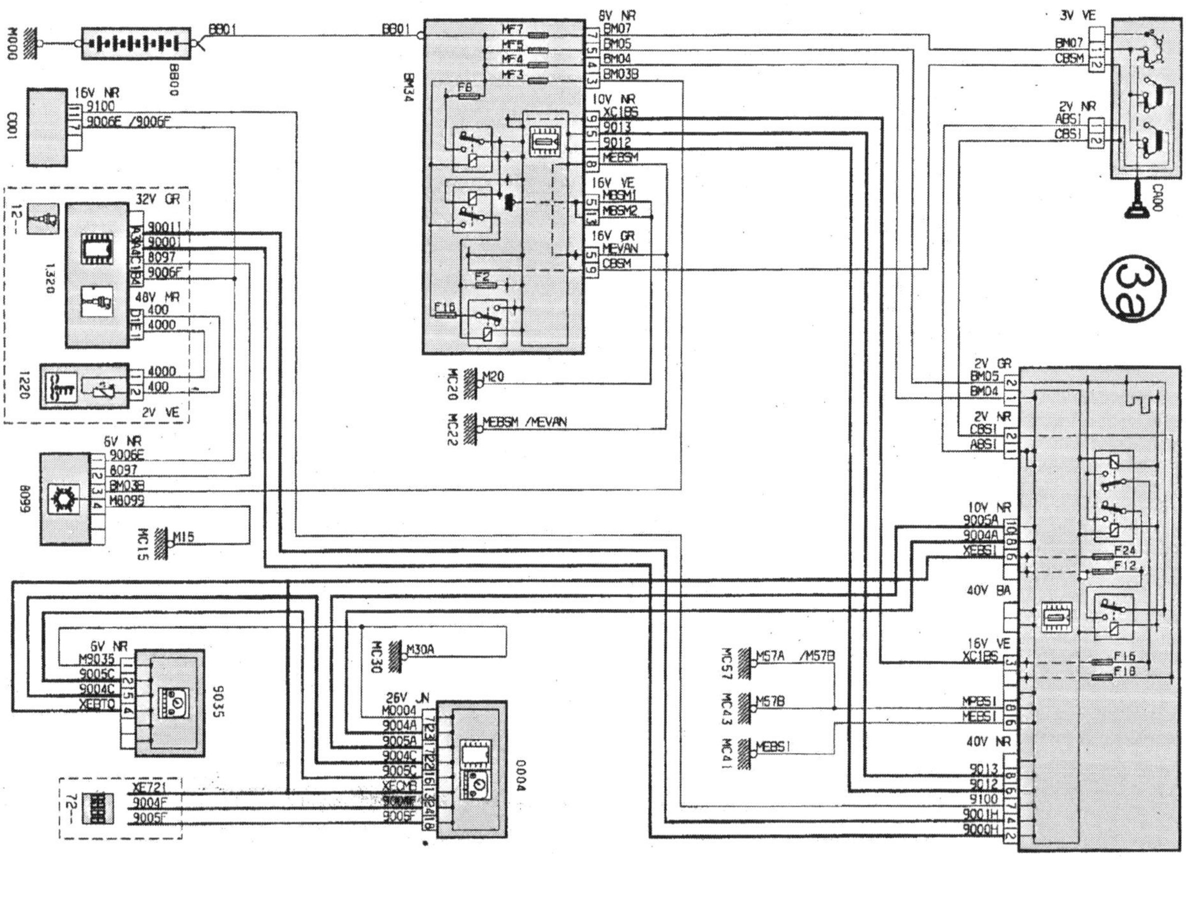
M000
BB00
BB01
C001
16V NR
9100
9006E /9006F
BM34
8V NR
BM07
BM05
BM04
BM03B
MF7
MF5
MF4
MF3
F8
F2
F16
10V NR
XC1BS
9013
9012
MEBSM
16V VE
MBSM1
MBSM2
16V GR
MEVAN
CBSM
3V VE
2V NR
ABS1
CBS1
CA00
3a
1320
12--
32V GR
9001I
9000I
8097
9006F
48V MR
400
4000
1220
2V VE
8099
6V NR
9006E
BM03B
M8099
MC15
M15
MC20
M20
MC22
MEBSM /MEVAN
2V GR
10V NR
9005A
9004A
XEBS1
F24
F12
40V BA
16V VE
XC1BS
F16
F18
MPBS1
MEBS1
40V NR
9001H
9000H
BS11
MC30
M30A
9035
M9035
9005C
9004C
XEBTO
MC57
M57A /M57B
MC43
M57B
MC41
MEBS1
26V JN
M0004
9005F
XECMB
0004
72--
XE721
9004F

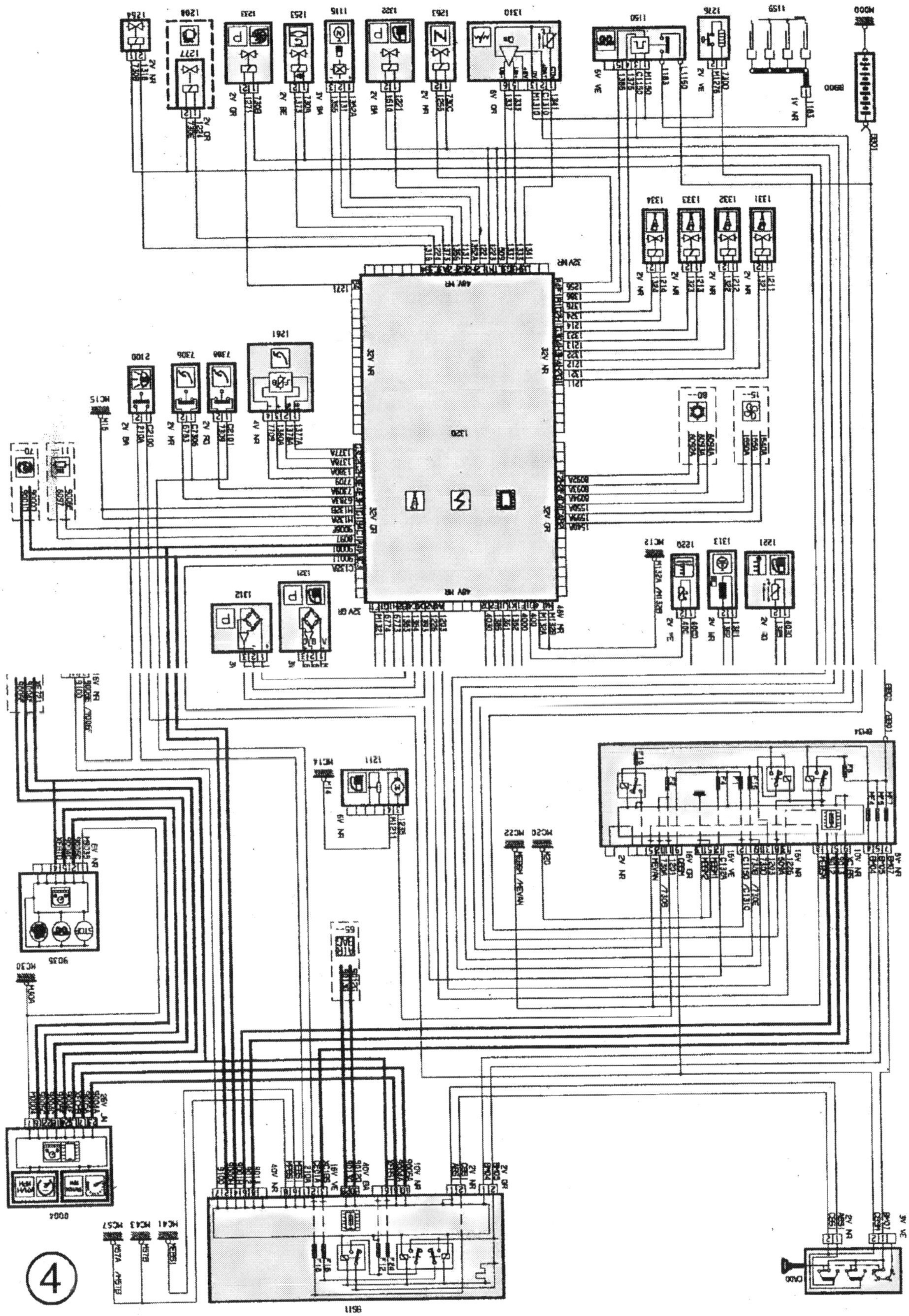

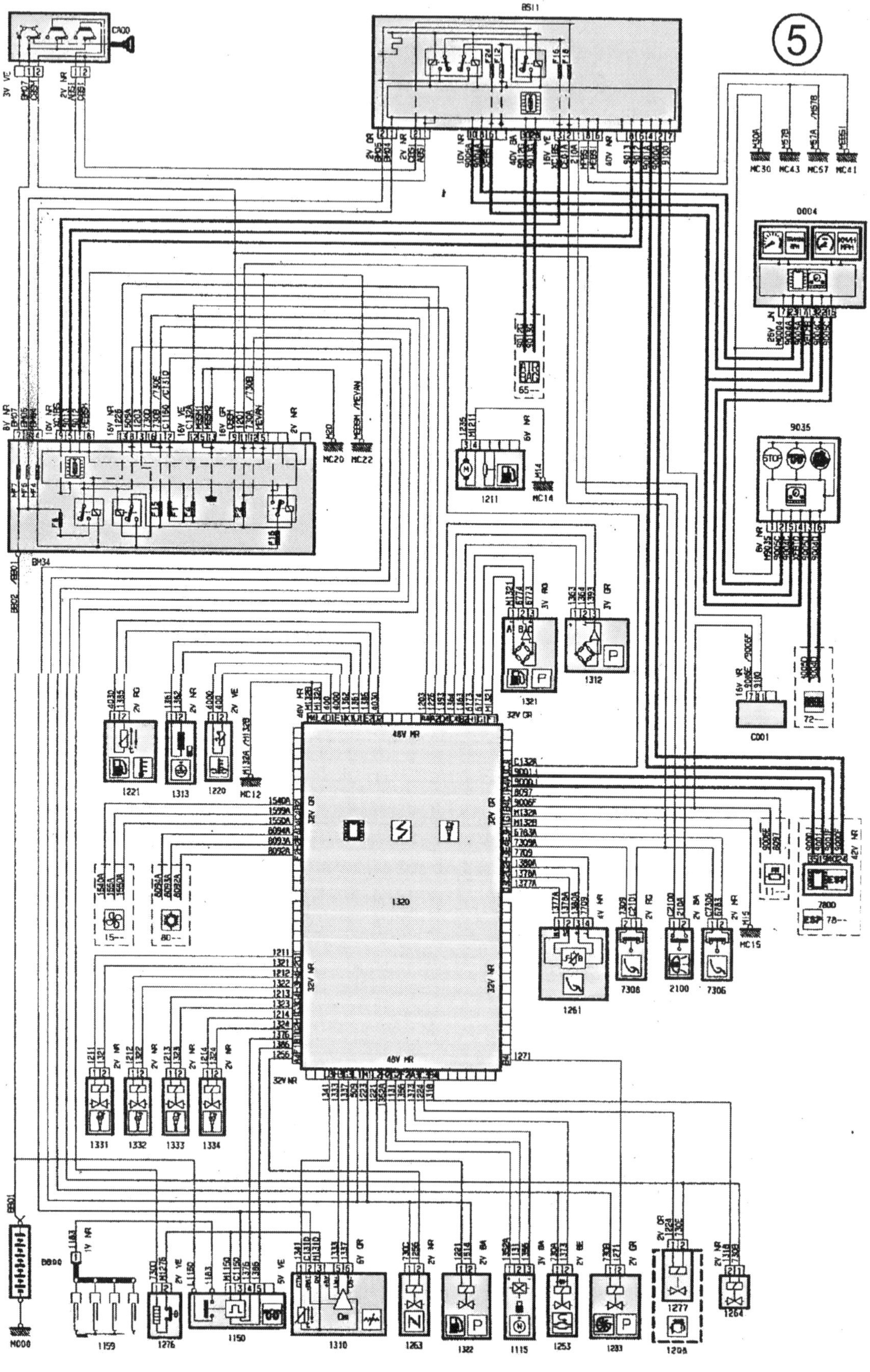

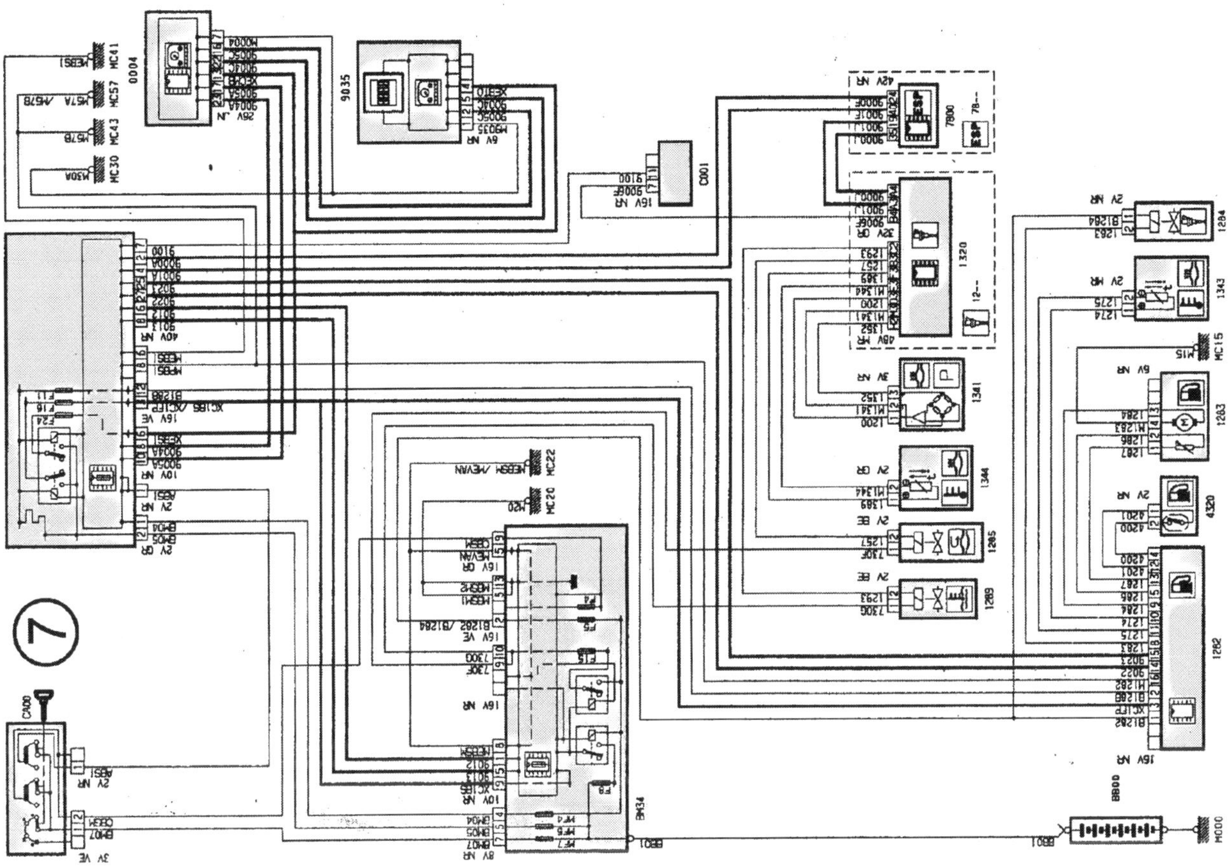

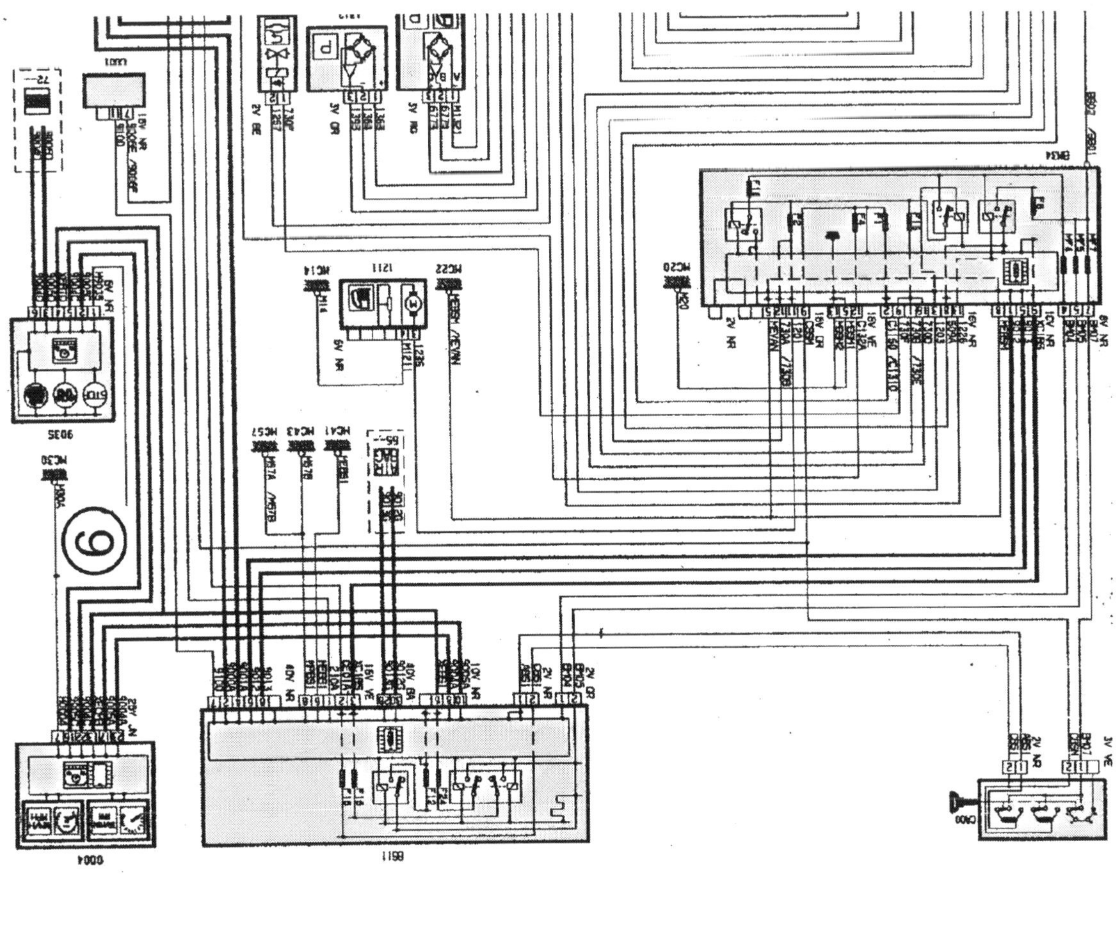

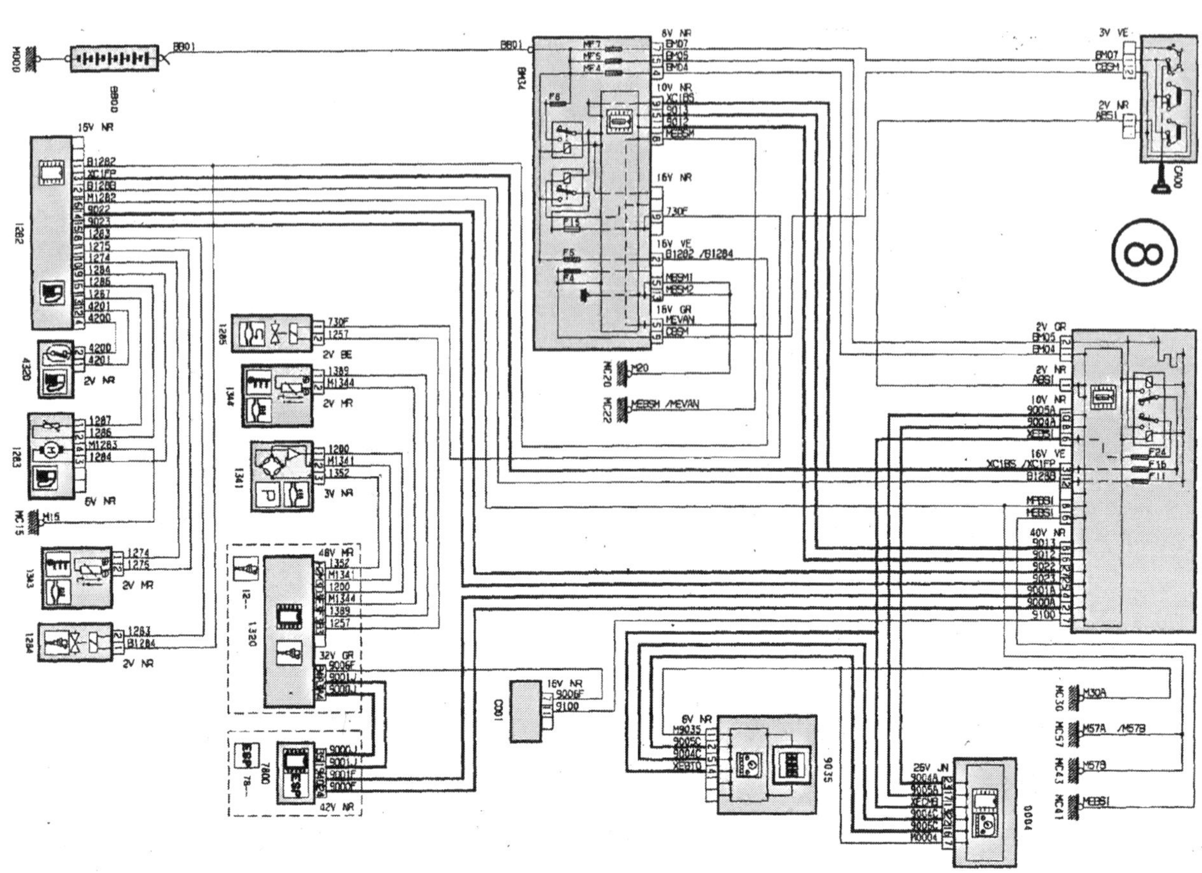
8
BB00
BB01
BM34
CA00
BSI1
1282
4320
1283
1284
1285
1341
1343
1344
1320
7800
C001
9035
0004
MC15
MC20
MC22
MC30
MC57
MC43
MC41

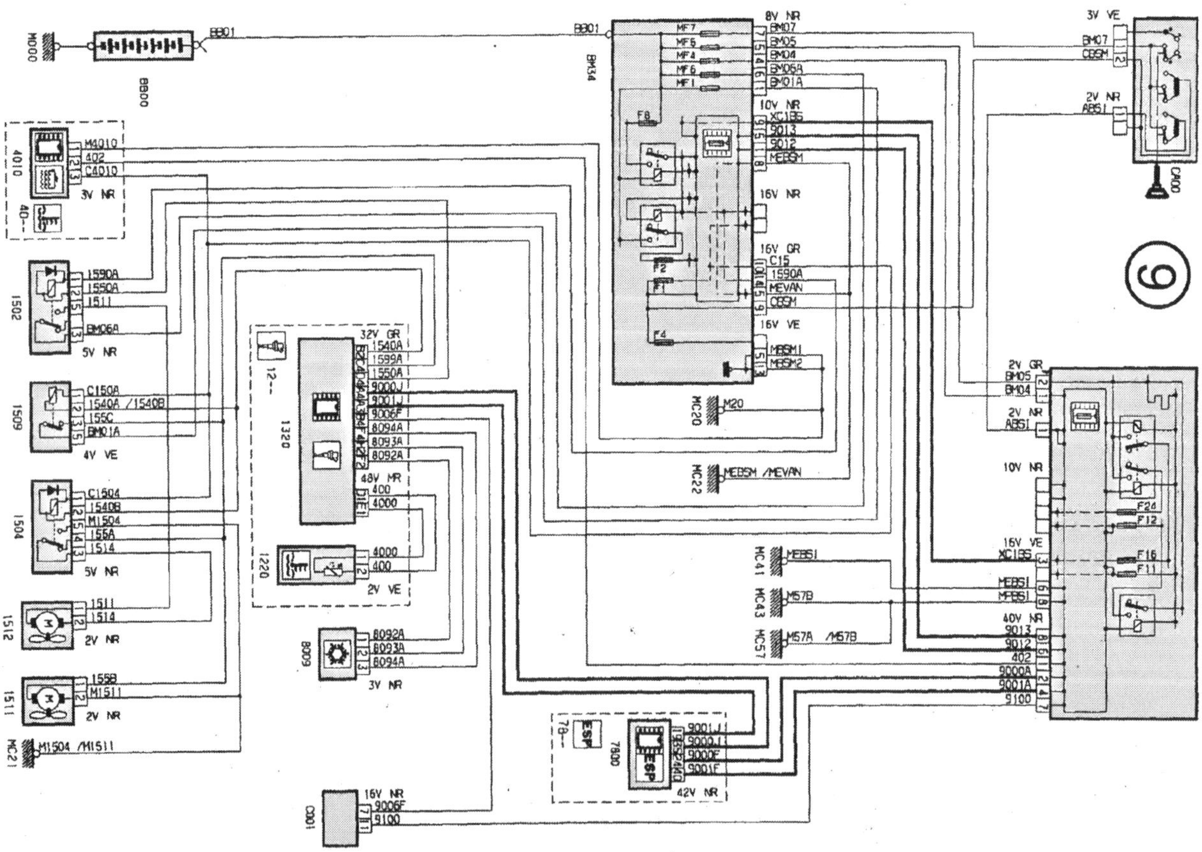
9
BB00
BB01
BM34
CA00
BSI1
4010
1502
1509
1504
1512
1511
1320
1220
8009
7800
C001
MC20
MC21
MC22
MC41
MC43
MC57

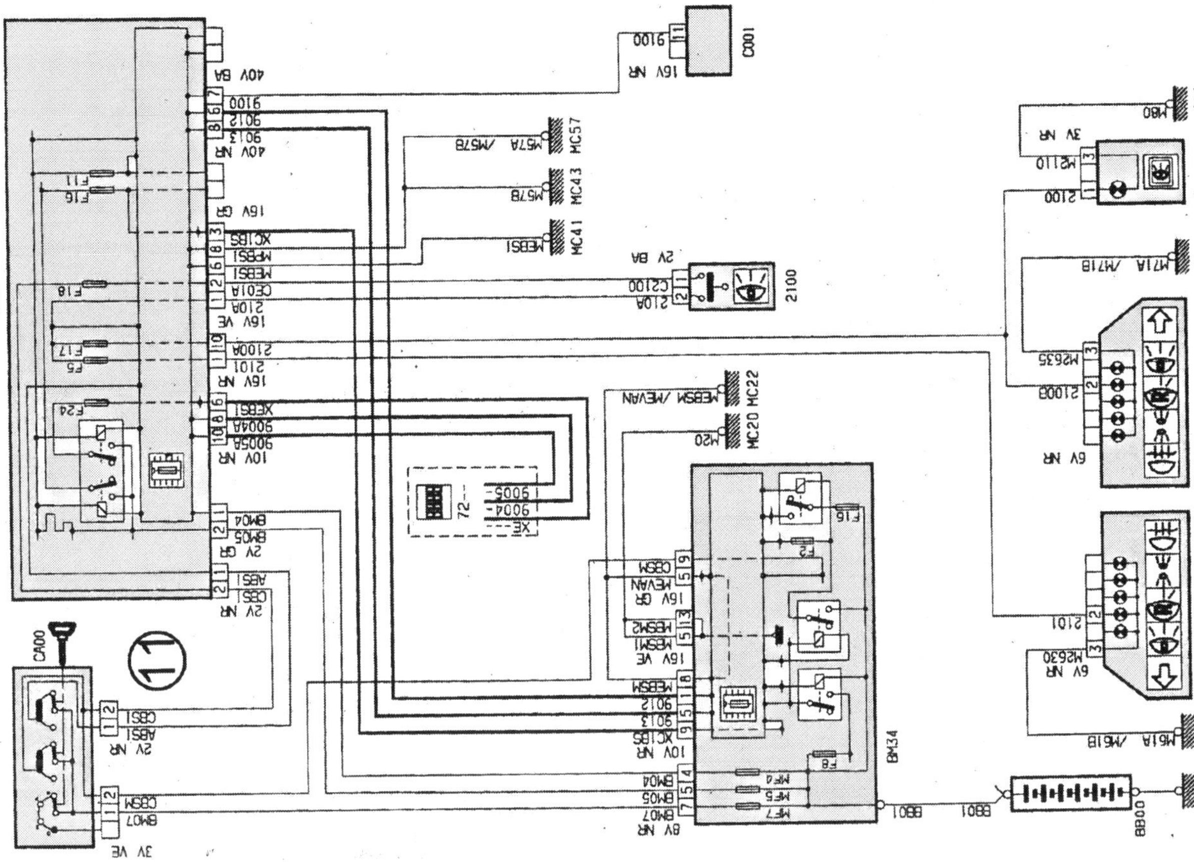

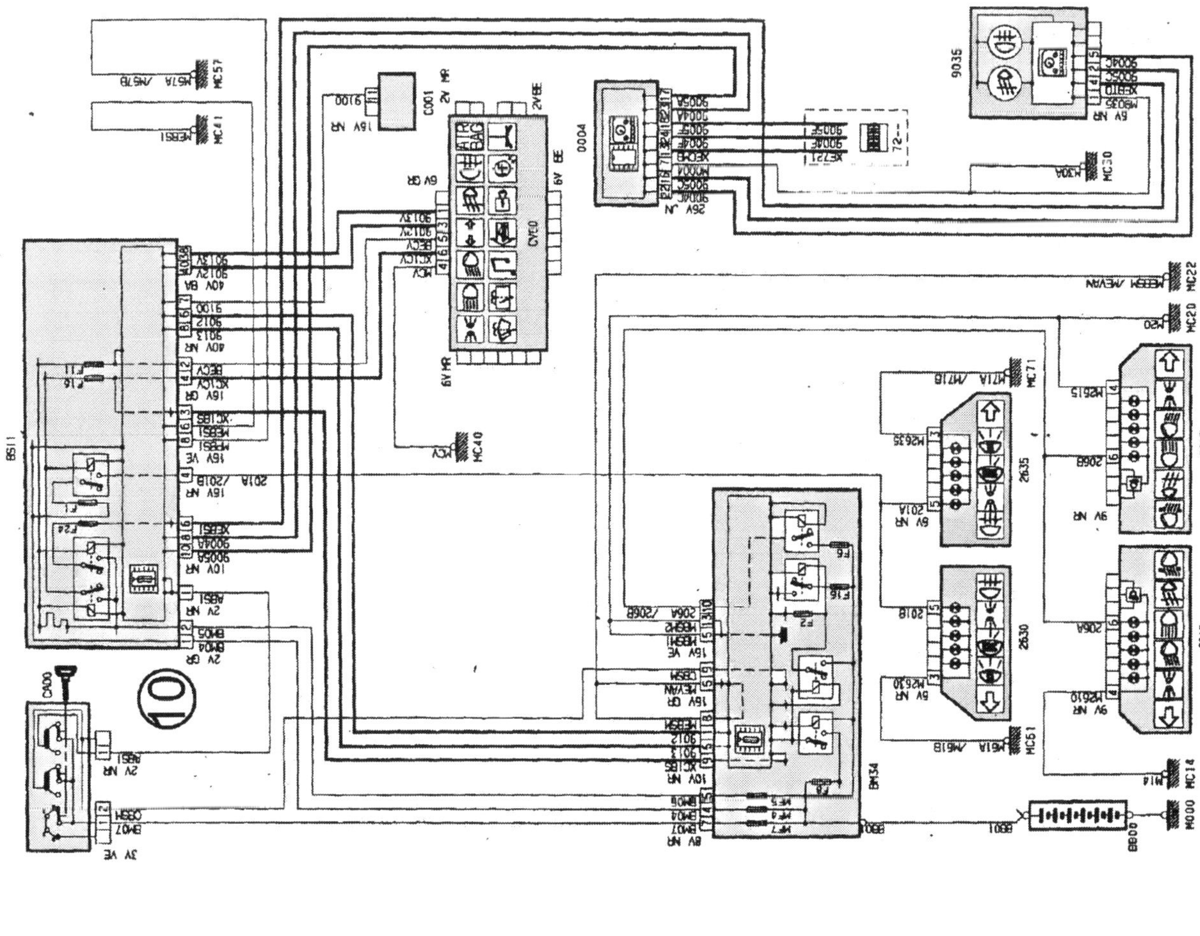

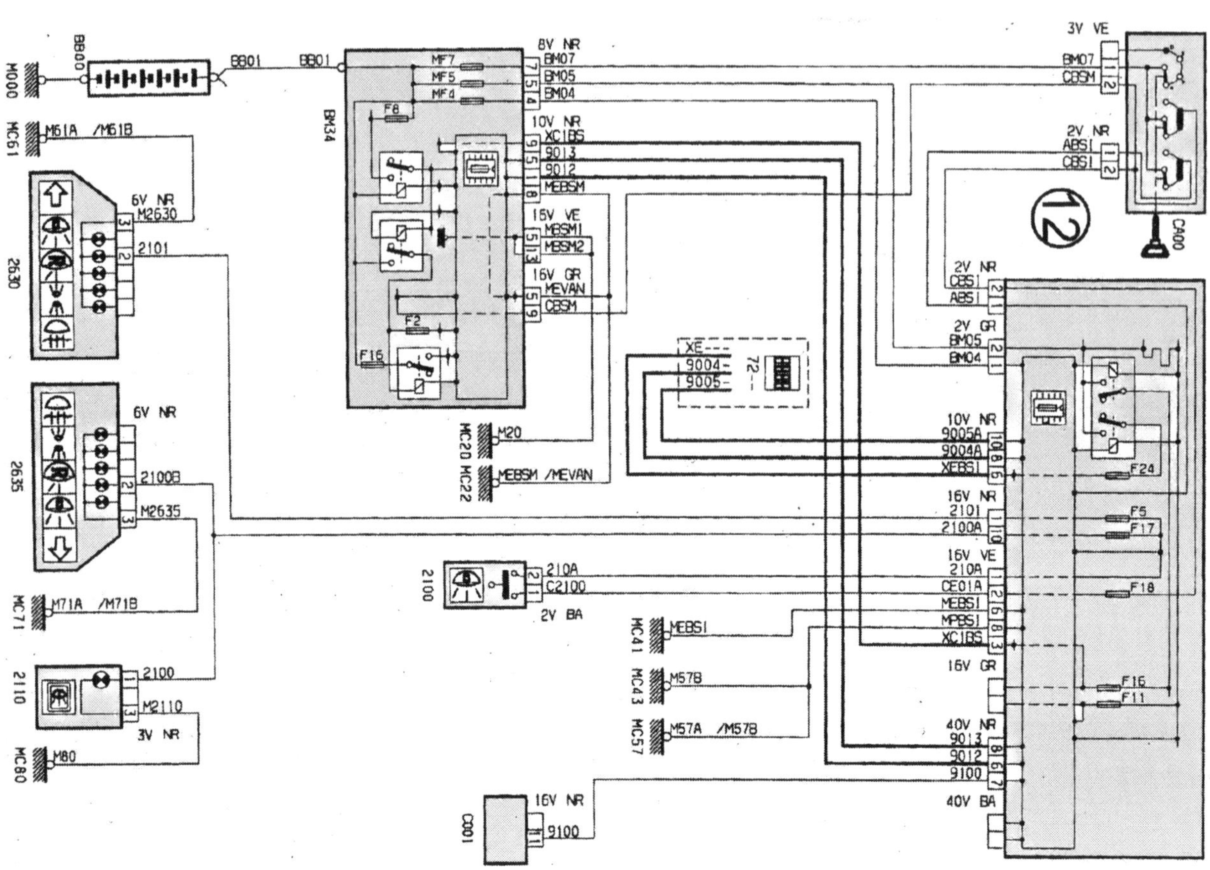

M000
BB00
BB01
MC61
M61A /M61B
2630
6V NR
M2630
2101
2635
2100B
M2635
MC71
M71A /M71B
2110
2100
M2110
3V NR
MC80
M80
BM34
MF7
MF5
MF4
F8
F2
F16
8V NR
BM07
BM05
BM04
10V NR
XC1BS
9013
9012
MEBSM
15V VE
MBSM1
MBSM2
16V GR
MEVAN
CBSM
MC20
M20
MC22
MEBSM /MEVAN
XE
9004
9005
72
2100
210A
C2100
2V BA
MC41
MEBSI
MC43
M57B
MC57
M57A /M57B
C001
16V NR
9100
3V VE
ABSI
CBSI
2V NR
CA00
12
2V GR
9005A
9004A
XEBSI
F24
16V NR
2100A
F5
F17
16V VE
CE01A
MPBSI
F18
F16
F11
40V NR
40V BA
BSI1

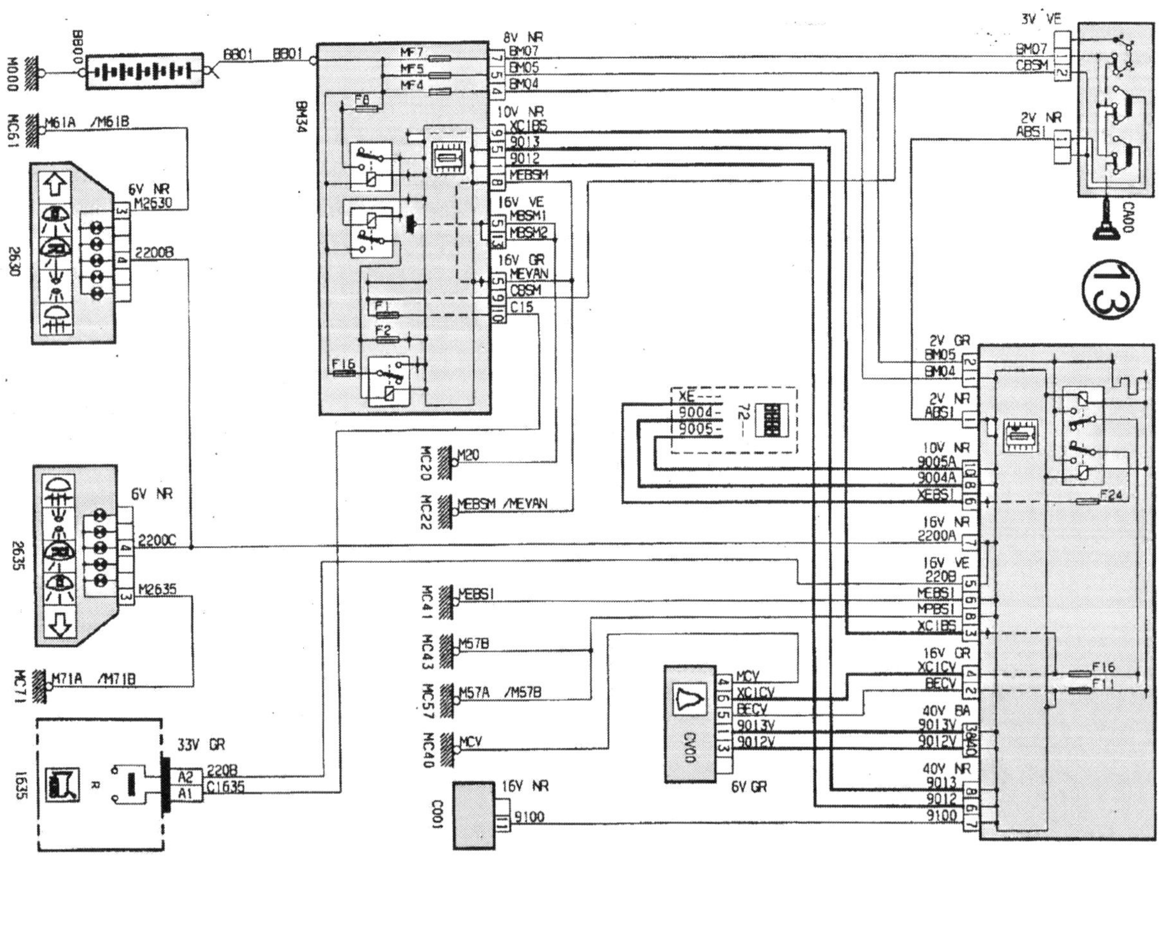

M000
BB00
BB01
MC61
M61A /M61B
2630
6V NR
M2630
2200B
2635
2200C
M2635
MC71
M71A /M71B
1635
33V GR
A2
A1
220B
C1635
BM34
MF7
MF5
MF4
F8
F1
F2
F16
8V NR
BM07
BM05
BM04
10V NR
XC1BS
9013
9012
MEBSM
16V VE
MBSM1
MBSM2
16V GR
MEVAN
CBSM
C15
MC20
M20
MC22
MEBSM /MEVAN
XE
9004
9005
72
MC41
MEBSI
MC43
M57B
MC57
M57A /M57B
MC40
MCV
C001
16V NR
9100
CV00
XC1CV
BECV
9013V
9012V
6V GR
3V VE
CBSM
2V NR
ABSI
CA00
13
2V GR
9005A
9004A
XEBSI
F24
2200A
220B
MPBSI
XC1BS
F16
F11
40V BA
40V NR
BSI1

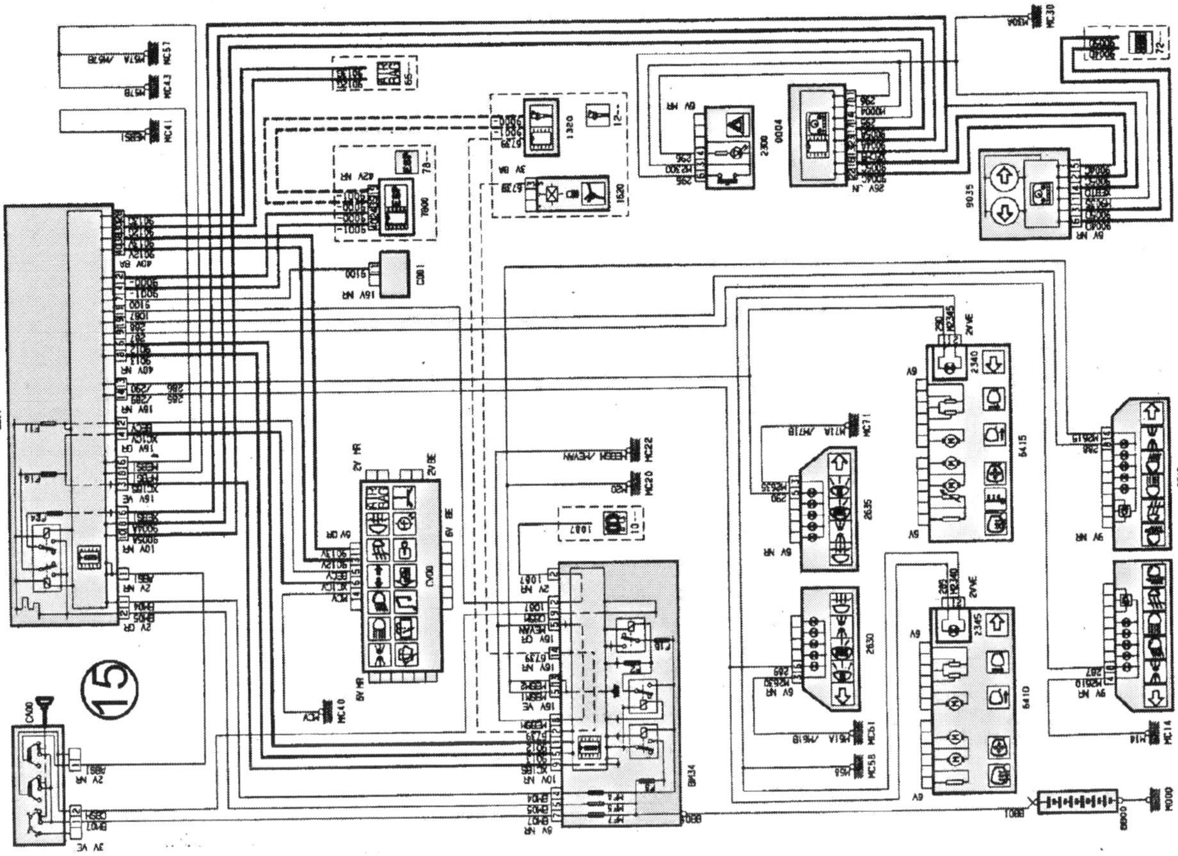

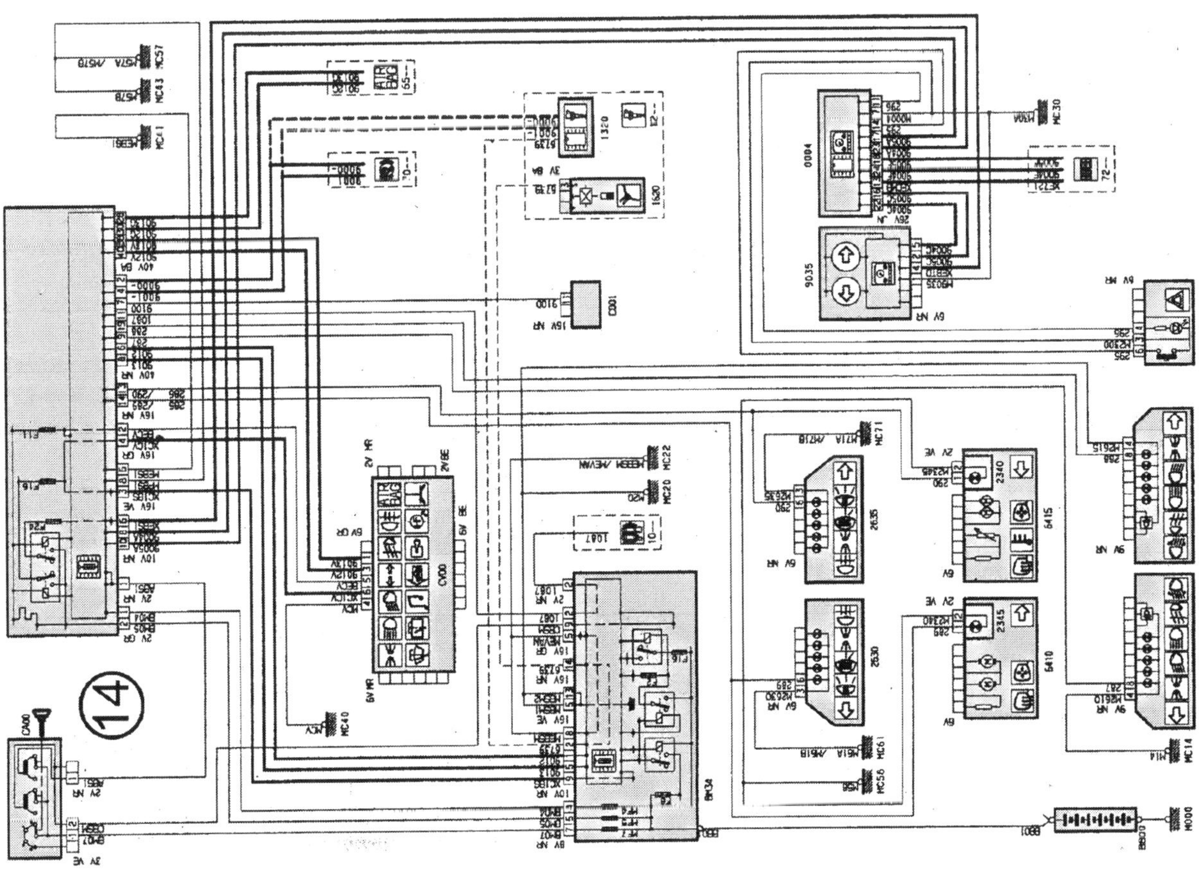

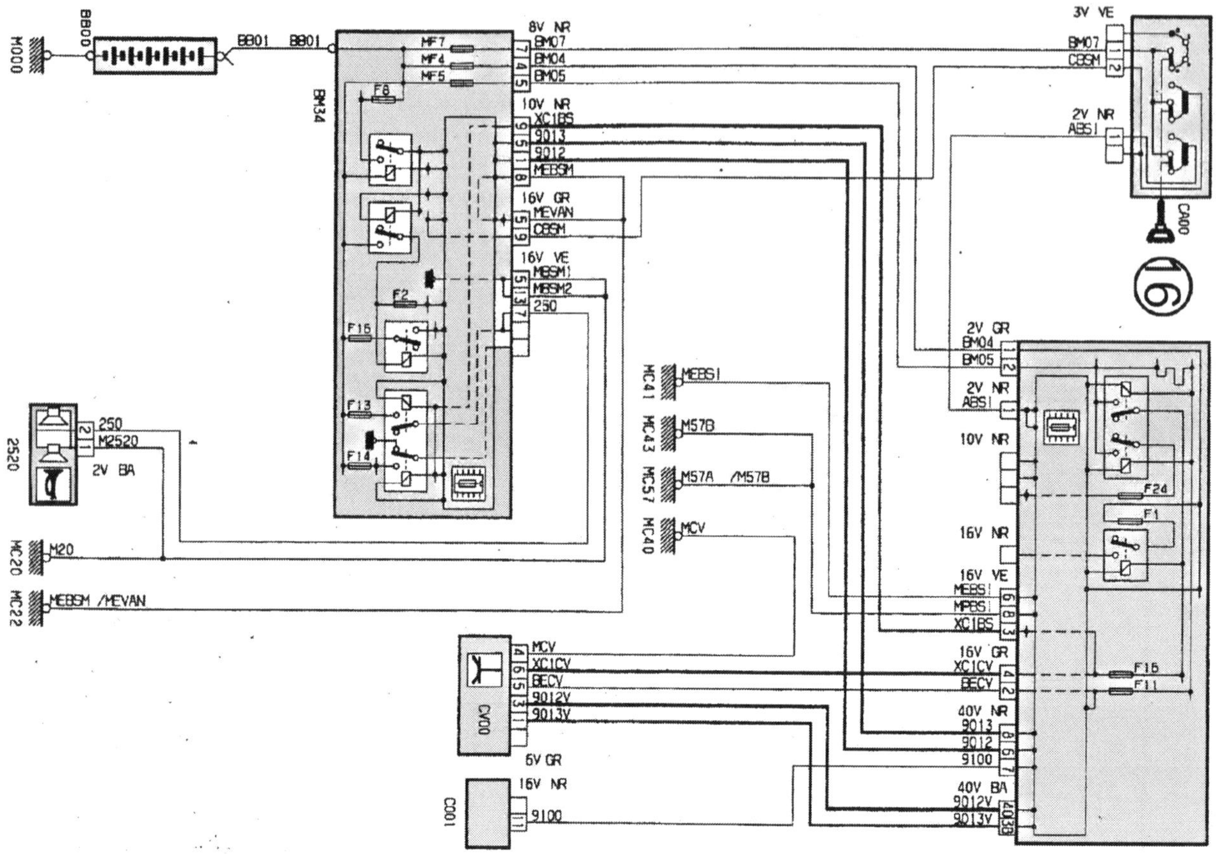

M000
BB00
BB01
BM34
MF7
MF4
MF5
F8
F2
F16
F13
F14
8V NR
BM07
BM04
BM05
10V NR
XC1BS
9013
9012
MEBSM
16V GR
MEVAN
CBSM
16V VE
MBSM1
MBSM2
250
3V VE
2V NR
ABSI
CA00
16
2520
M2520
2V BA
MC20
M20
MC22
MEBSM /MEVAN
MC41
MEBSI
MC43
M57B
MC57
M57A /M57B
MC40
MCV
2V GR
10V NR
16V NR
16V VE
MPBSI
F24
F1
F15
F11
XC1CV
BECV
40V NR
9100
40V BA
9012V
9013V
BSI1
CV00
6V GR
C001

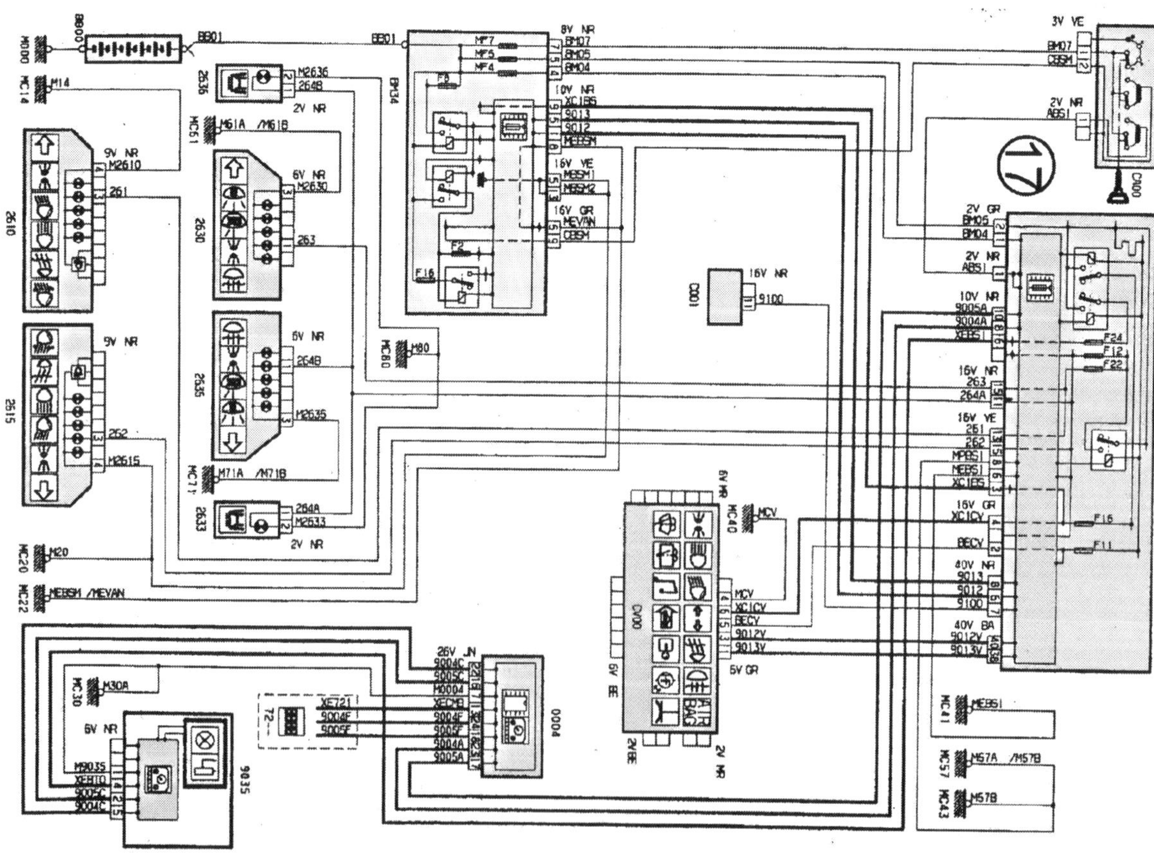

M000
BB00
BB01
MC14
M14
2636
M2636
264B
2V NR
MC61
M61A /M61B
2610
9V NR
M2610
261
2630
6V NR
M2630
263
2615
262
M2615
2635
M2635
MC71
M71A /M71B
2633
264A
M2633
MC60
M80
MC20
M20
MC22
MEBSM /MEVAN
MC30
M30A
9035
M9035
XEFTD
9005C
9004C
26V JN
0004
9005A
9004A
9004F
9005F
XECMB
H0004
XE721
BM34
17
CA00
C001
9100
CV00
MC40
MCV
XC1CV
BECV
9012V
9013V
5V GR
AIR BAG
BSI1
F24
F12
F22
F15
F11
MC41
MEBSI
MC57
M57A /M57B
MC43
M57B

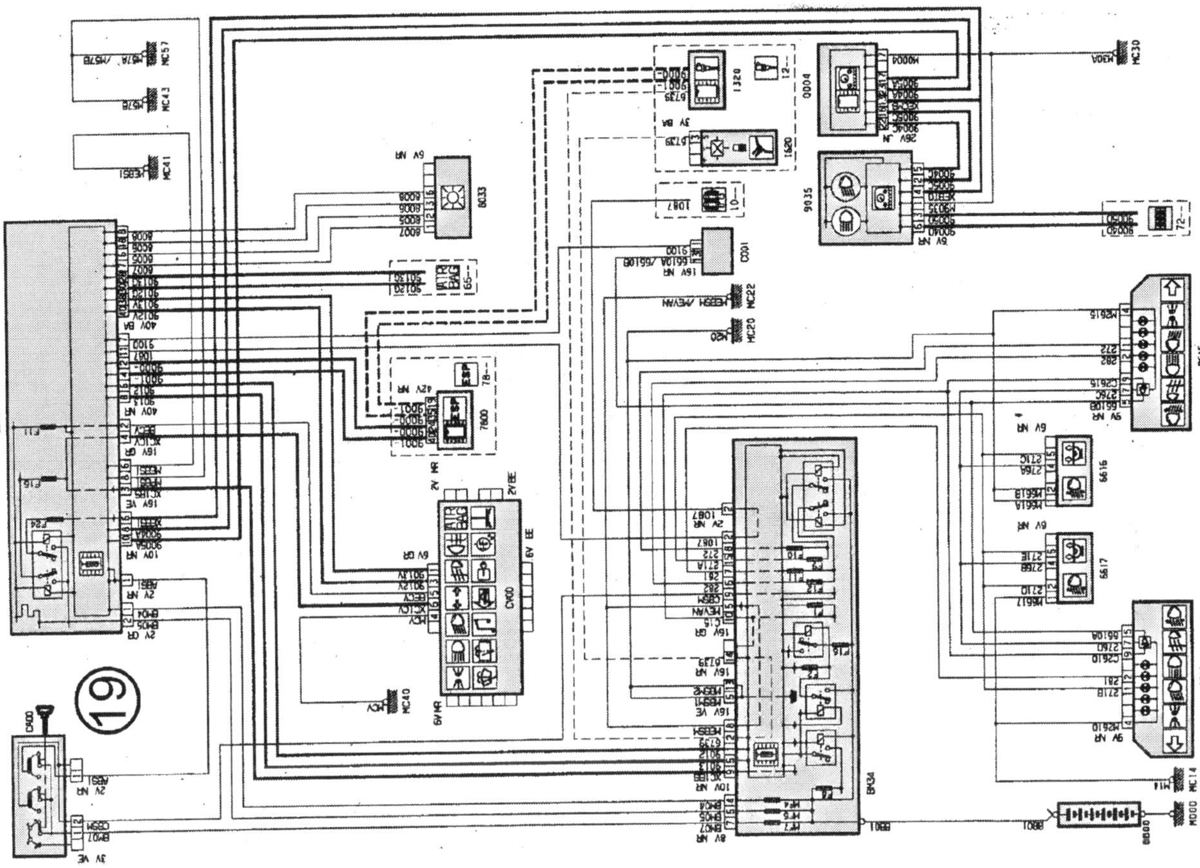

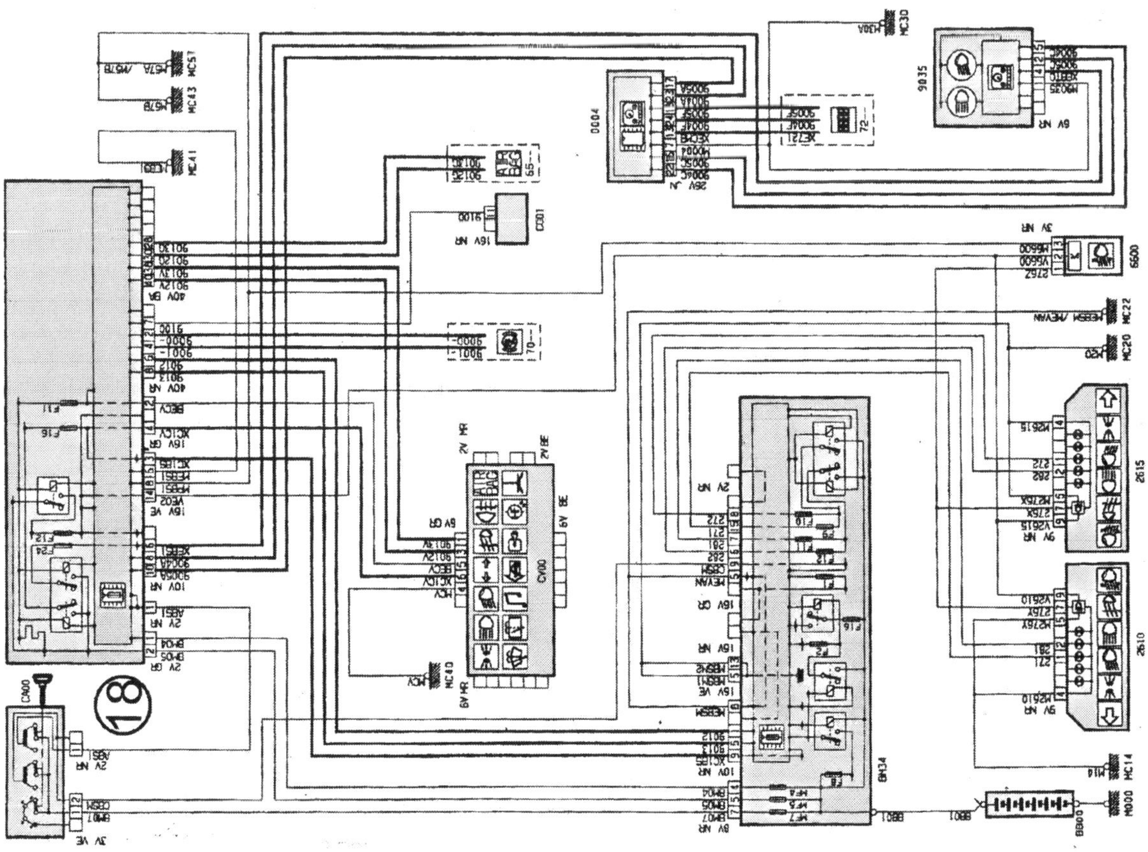

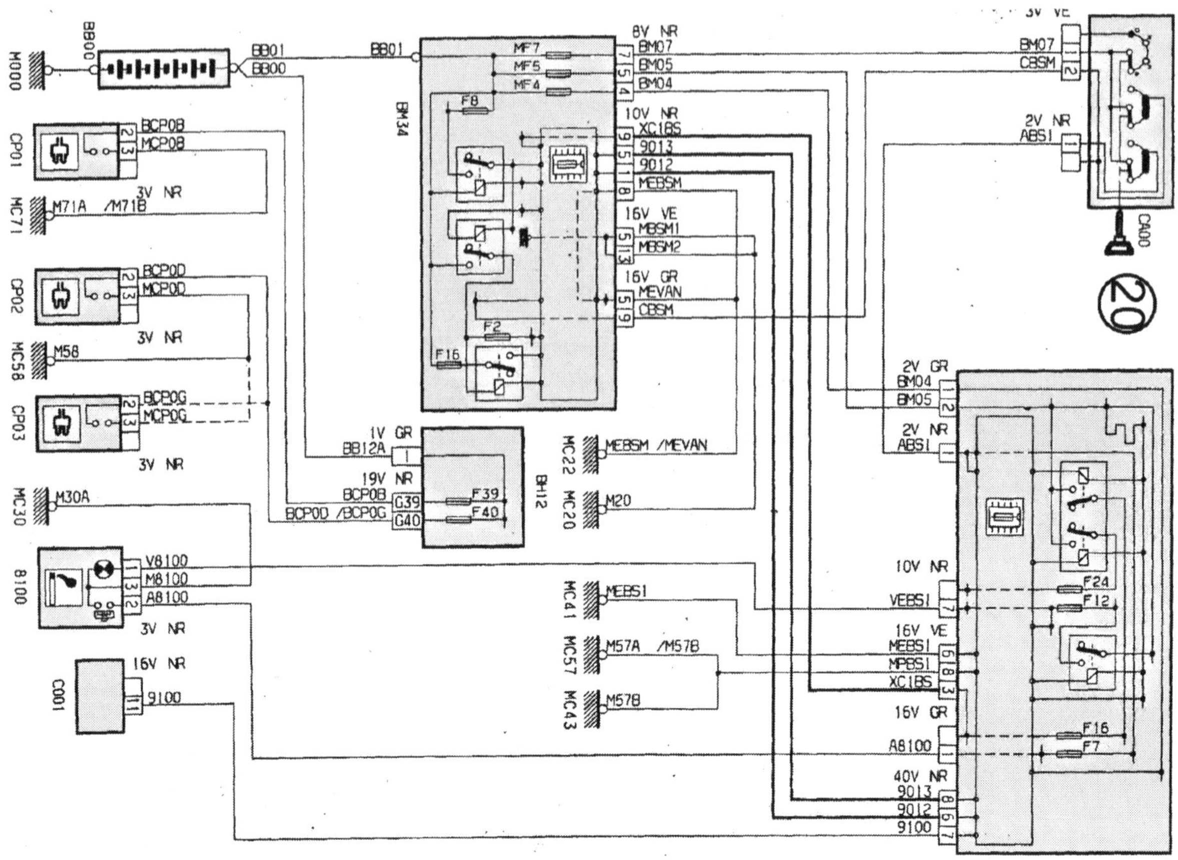
M000
BB00
BB01
BB00
CP01
BCP0B
MCP0B
MC71
M71A /M71B
3V NR
CP02
BCP0D
MCP0D
MC58
M58
CP03
BCP0G
MCP0G
MC30
M30A
8100
V8100
M8100
A8100
C001
16V NR
9100
BM34
MF7
MF5
MF4
F8
F2
F16
8V NR
BM07
BM05
BM04
10V NR
XC1BS
9013
9012
MEBSM
16V VE
MBSM1
MBSM2
16V GR
MEVAN
CBSM
BH12
1V GR
BB12A
19V NR
BCP0B
BCP0D /BCP0G
G39
G40
F39
F40
MC22
MEBSM /MEVAN
MC20
M20
MC41
MEBSI
MC57
M57A /M57B
MC43
M57B
CA00
3V VE
BM07
CBSM
2V NR
ABSI
20
BSI1
2V GR
BM04
BM05
2V NR
ABSI
10V NR
VEBSI
F24
F12
16V VE
MEBSI
MPBSI
XC1BS
16V GR
A8100
F16
F7
40V NR
9013
9012
9100

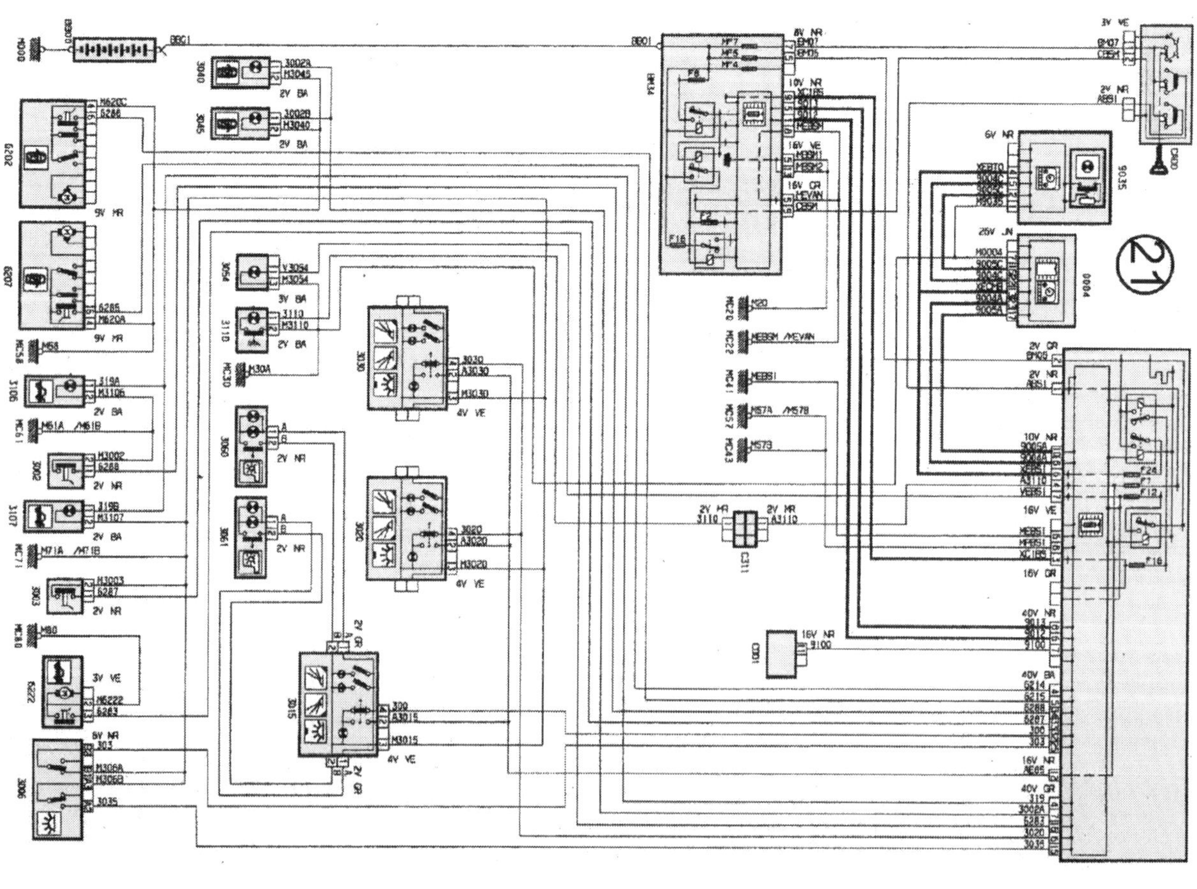
21

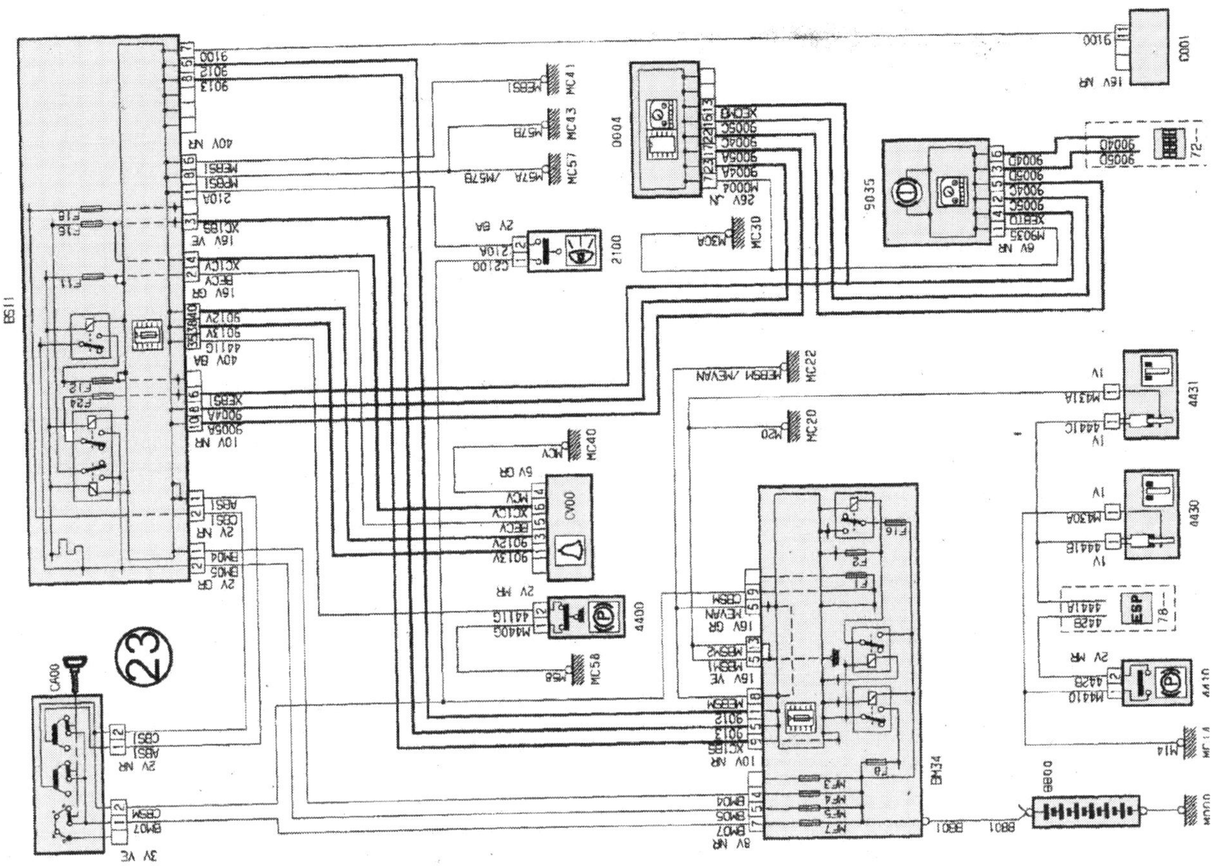

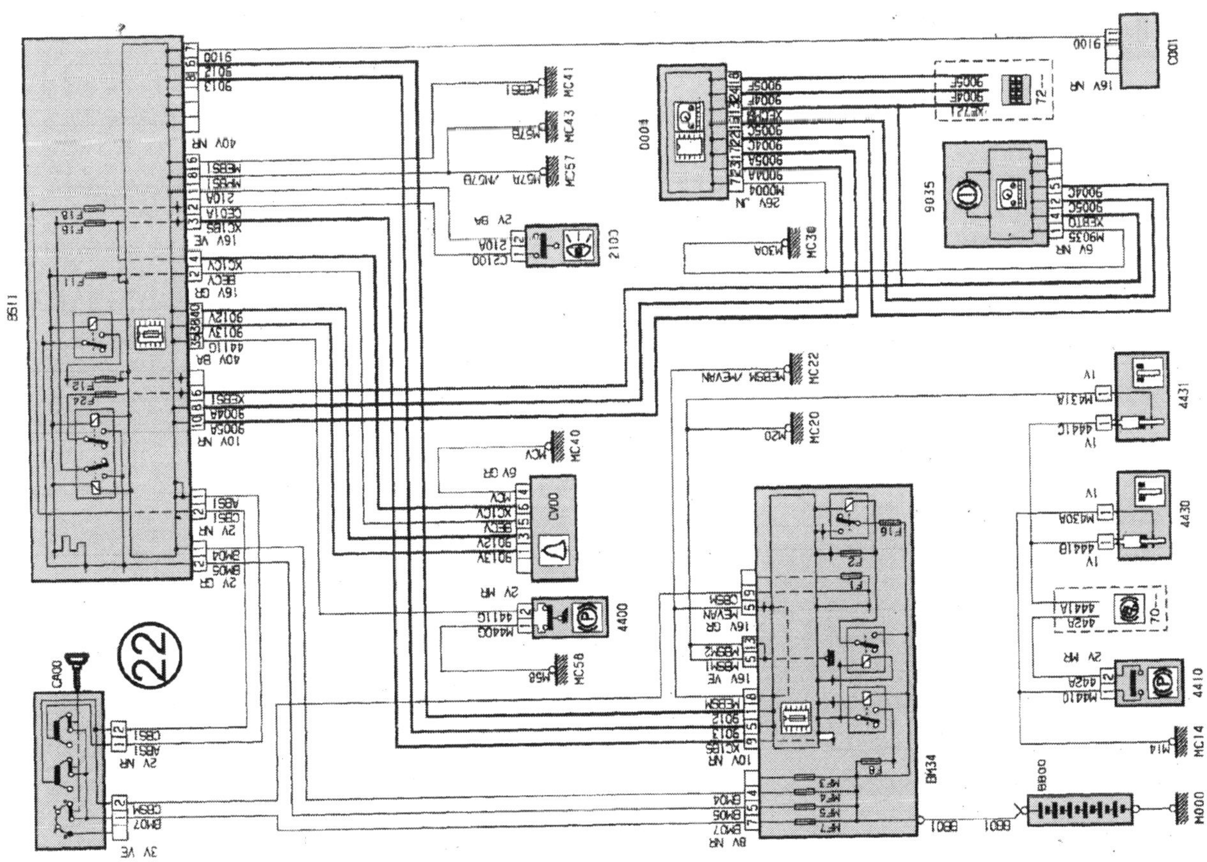

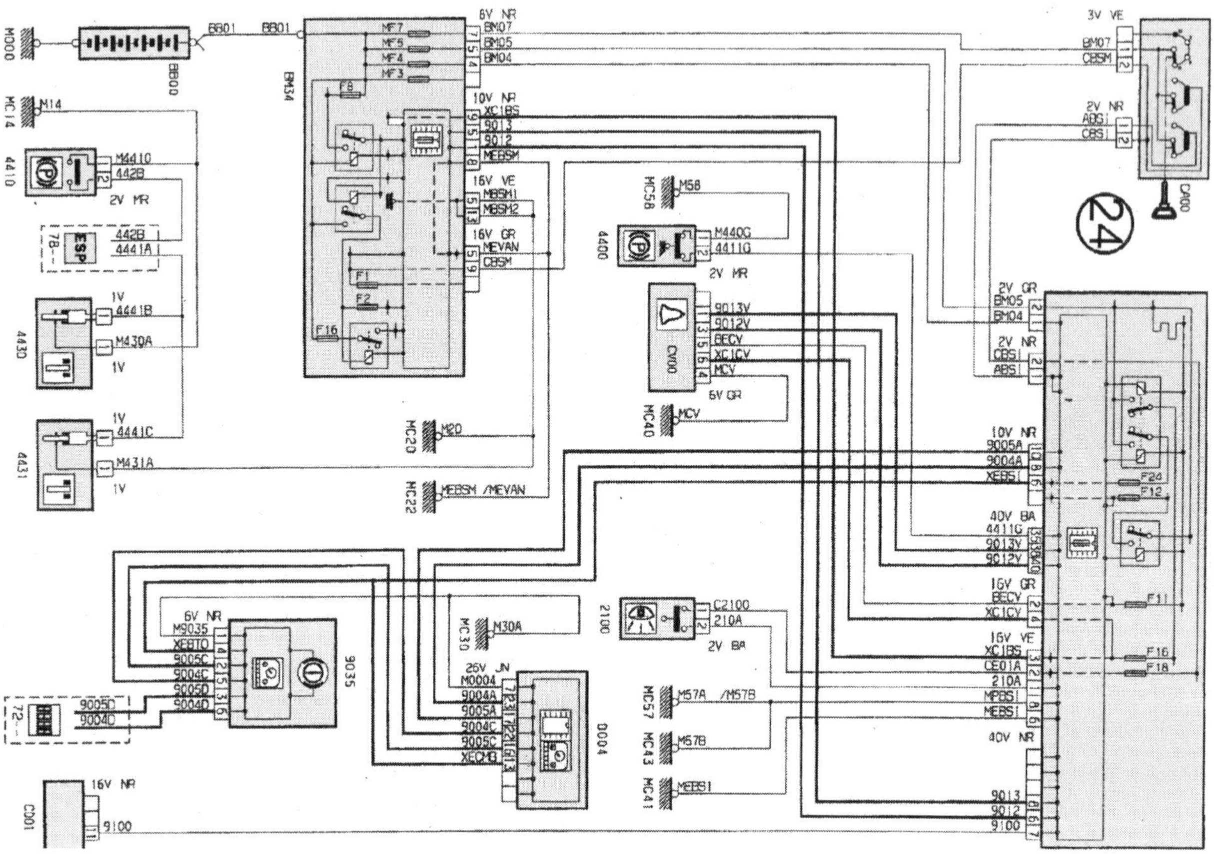
24
M000
BB00
BB01
BM34
MC14
4410
4430
4431
7B
ESP
MC58
4400
CV00
MC40
MC20
MC22
MEBSM /MEVAN
2100
MC30
MC57
MC43
MC41
9035
0004
72
C001
C400
BSI1
9013
9012
9100
F24
F12
F11
F16
F18

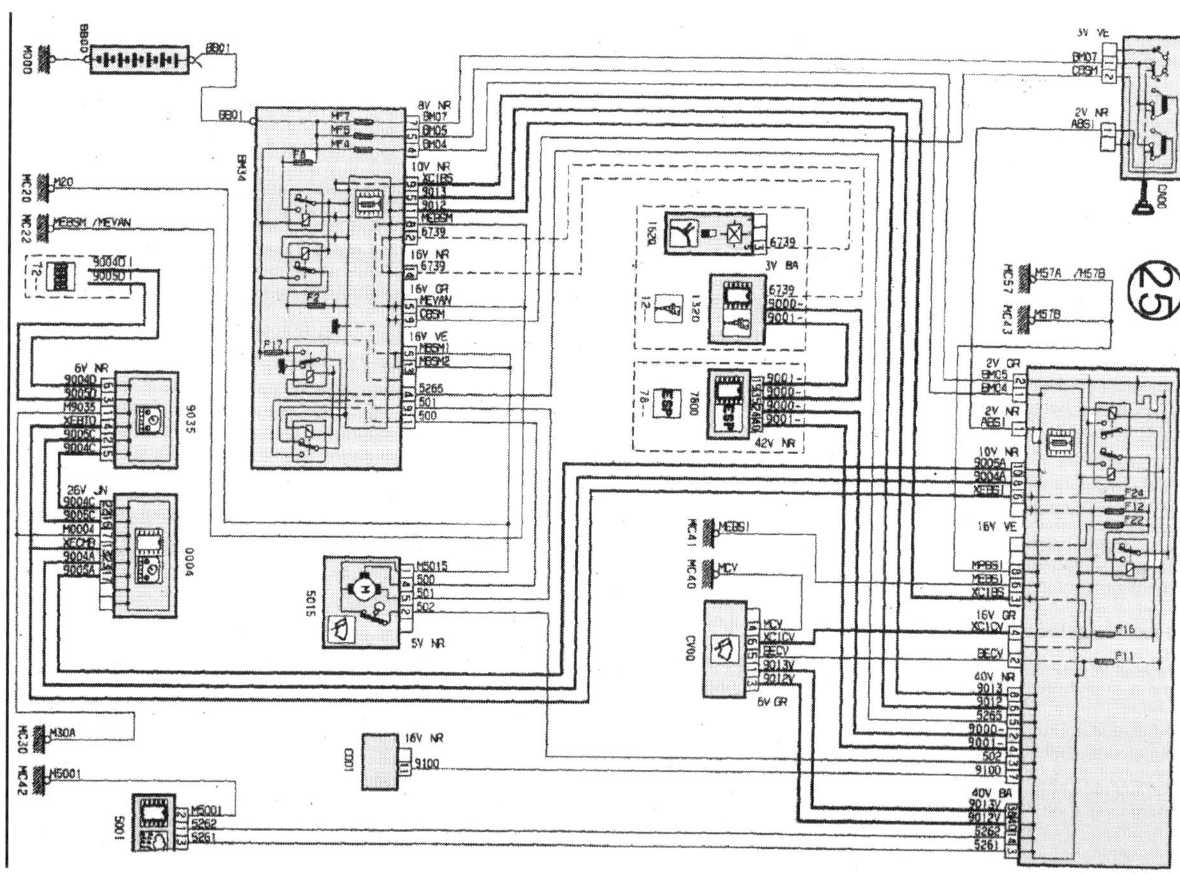
25
M000
BB00
BB01
BM34
MC20
MC22
MEBSM /MEVAN
72
9035
0004
5015
1620
1320
7800
ESP
MC57
MC43
MC41
MC40
CV00
MC30
MC42
C001
5001
C400
BSI1
F24
F12
F22
F16
F11

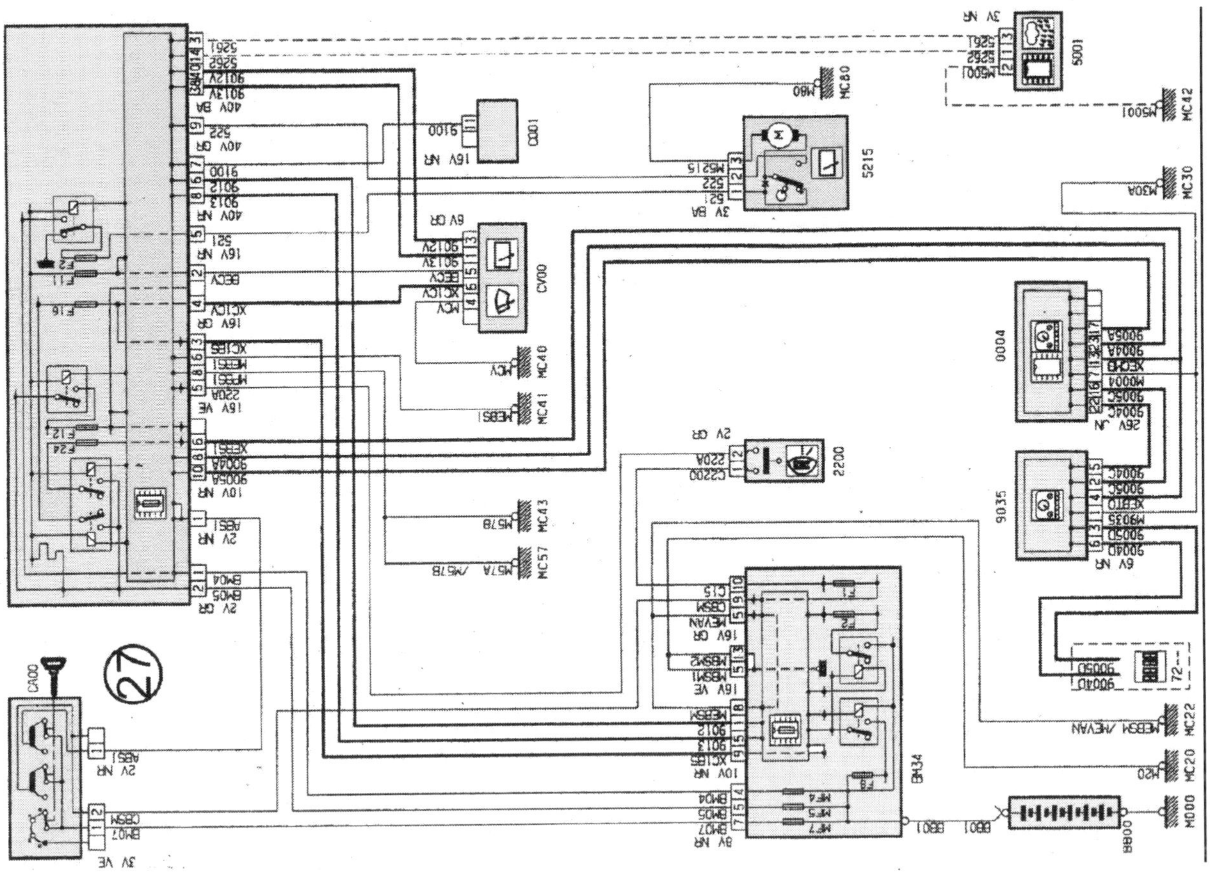

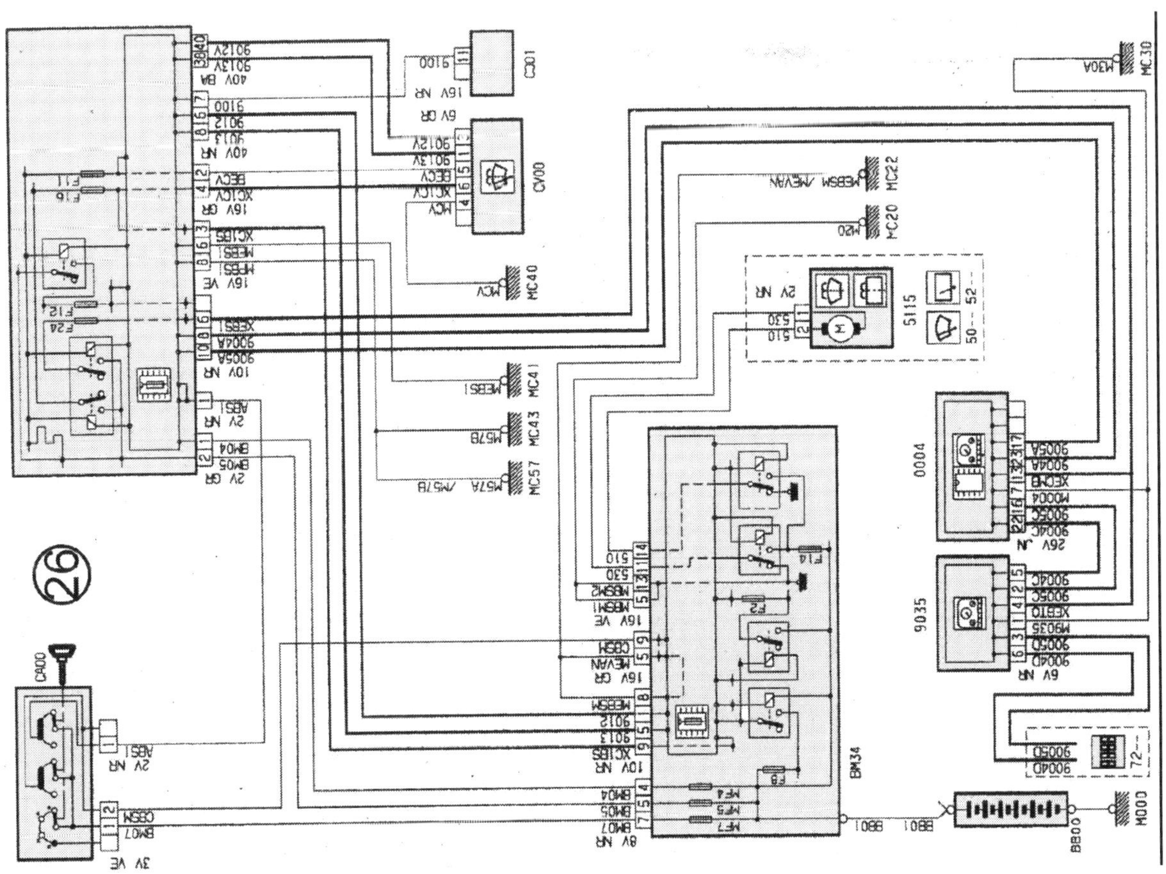

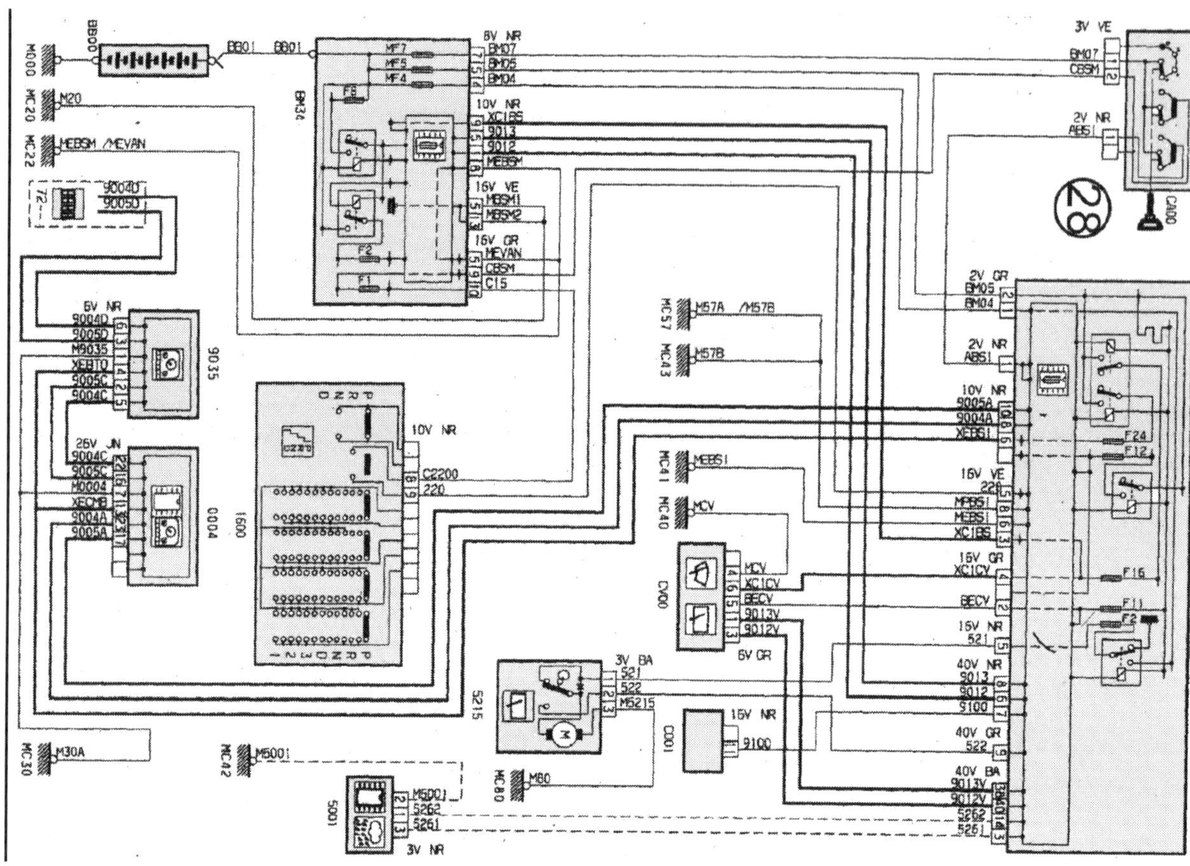
28
M000
BB00
BB01
BB01
MC20
M20
MC22
MEBSM /MEVAN
BM34
MF7
MF5
MF4
F8
F2
F1
8V NR
BM07
BM05
BM04
10V NR
XC1BS
9013
9012
MEBSM
16V VE
MEBSM1
MEBSM2
16V GR
MEVAN
CBSM
C15
72
9004D
9005D
6V NR
9004D
9005D
M9035
XEBTO
9005C
9004C
9035
26V JN
9004C
9005C
M0004
XECMB
9004A
9005A
0004
1600
10V NR
C2200
220
MC57
M57A /M57B
MC43
M57B
MC41
MEBS1
MC40
MCV
CV00
MCV
XC1CV
BECV
9013V
9012V
6V GR
5215
3V BA
521
522
M5215
C001
16V NR
9100
MC30
M30A
MC42
M5001
5001
M5001
5262
5261
3V NR
MC80
M80
3V VE
BM07
CBSM
2V NR
ABS1
CA00
2V GR
BM05
BM04
2V NR
ABS1
10V NR
9005A
9004A
XEBS1
F24
F12
16V VE
220
MPBS1
MEBS1
XC1BS
16V GR
XC1CV
F16
BECV
F11
F2
16V NR
521
40V NR
9013
9012
9100
40V GR
522
40V BA
9013V
9012V
5262
5261
BS11

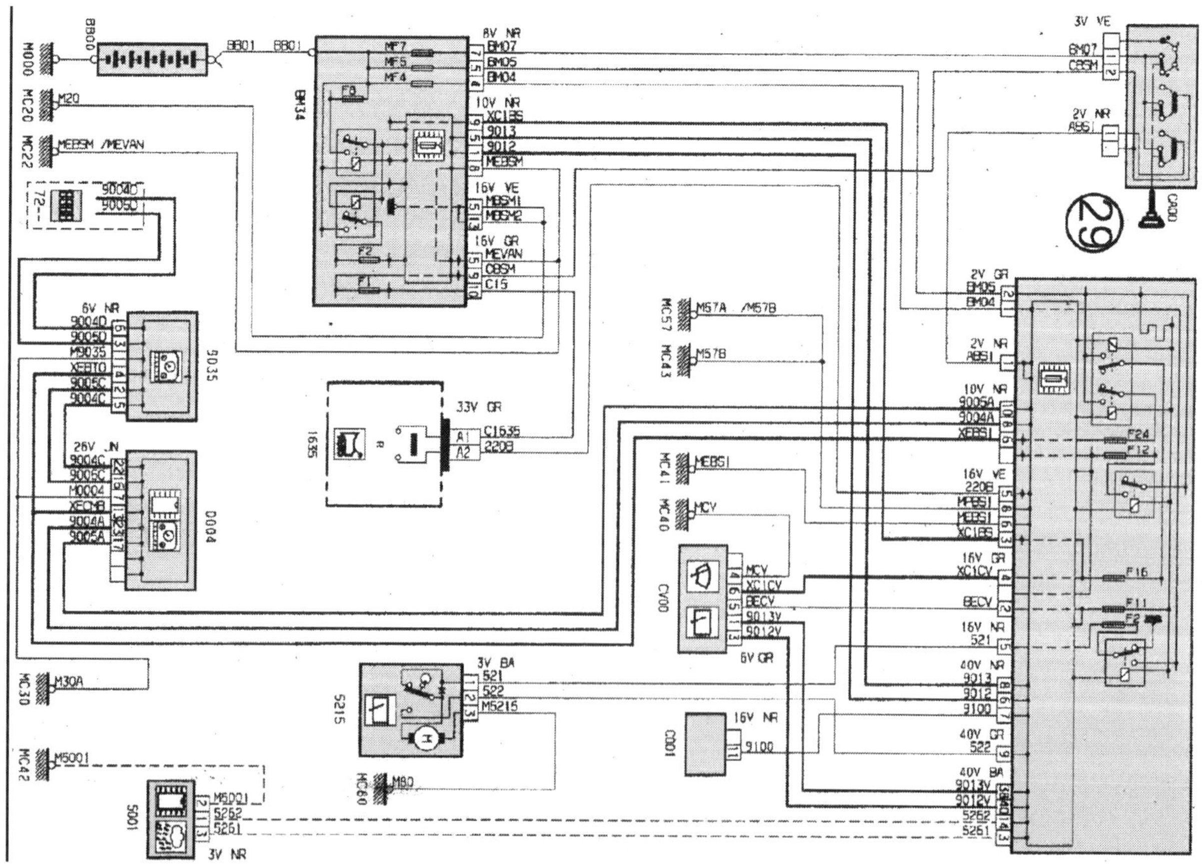
29
M000
BB00
BB01
BB01
MC20
M20
MC22
MEBSM /MEVAN
BM34
MF7
MF5
MF4
F8
F2
F1
8V NR
BM07
BM05
BM04
10V NR
XC1BS
9013
9012
MEBSM
16V VE
MEBSM1
MEBSM2
16V GR
MEVAN
CBSM
C15
72
9004D
9005D
6V NR
9004D
9005D
M9035
XEBTO
9005C
9004C
9035
26V JN
9004C
9005C
M0004
XECMB
9004A
9005A
0004
1635
33V GR
C1635
2208
A1
A2
MC57
M57A /M57B
MC43
M57B
MC41
MEBS1
MC40
MCV
CV00
MCV
XC1CV
BECV
9013V
9012V
6V GR
5215
3V BA
521
522
M5215
C001
16V NR
9100
MC30
M30A
MC42
M5001
5001
M5001
5262
5261
3V NR
MC80
M80
3V VE
BM07
CBSM
2V NR
ABS1
CA00
2V GR
BM05
BM04
2V NR
ABS1
10V NR
9005A
9004A
XEBS1
F24
F12
16V VE
2208
MPBS1
MEBS1
XC1BS
16V GR
XC1CV
F16
BECV
F11
F2
16V NR
521
40V NR
9013
9012
9100
40V GR
522
40V BA
9013V
9012V
5262
5261
BS11

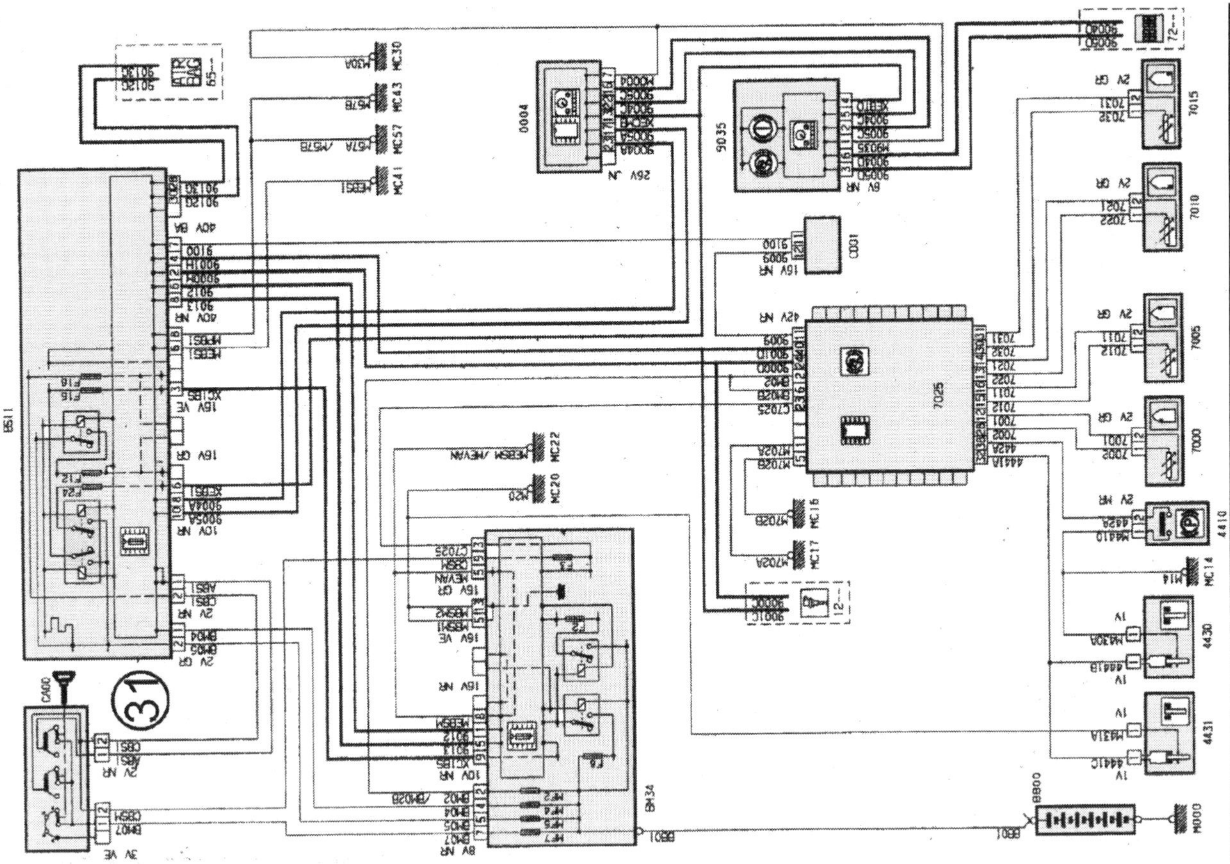

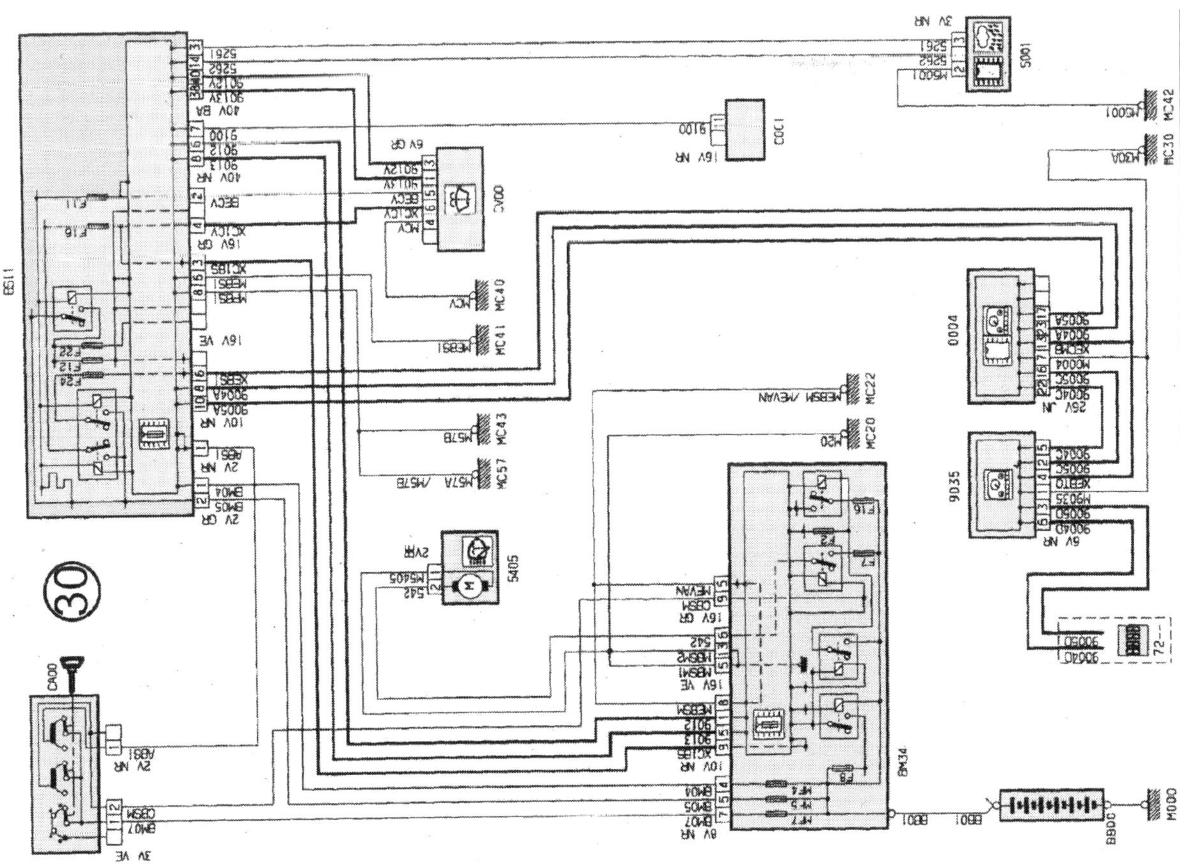

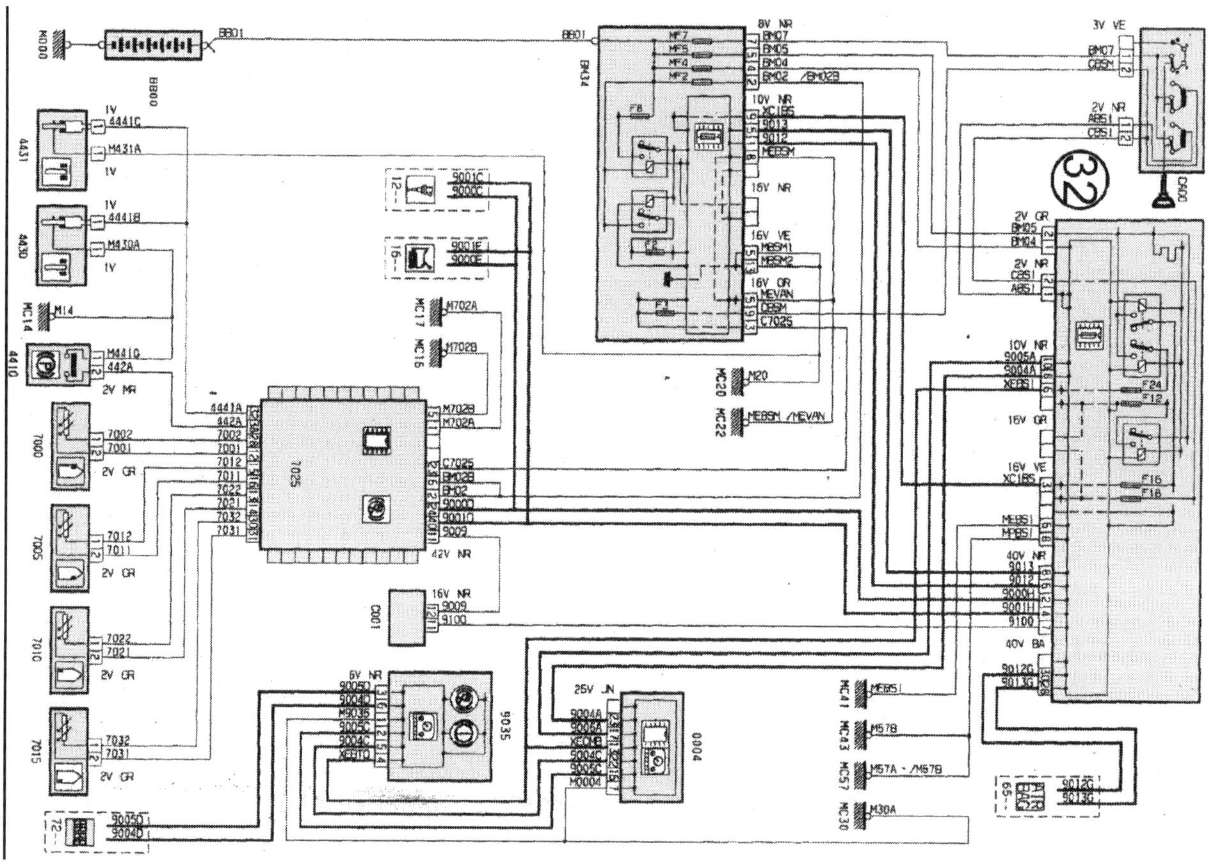
32
M000
BB00
BB01
BM34
4431
4430
MC14
4410
7000
7005
7010
7015
7025
C001
9035
0004
MC17
MC16
MC20
MC22
MC41
MC43
MC57
MC30
CA00
BSI1
F24
F12
F16
F18
F8
MF7
MF5
MF4
MF2

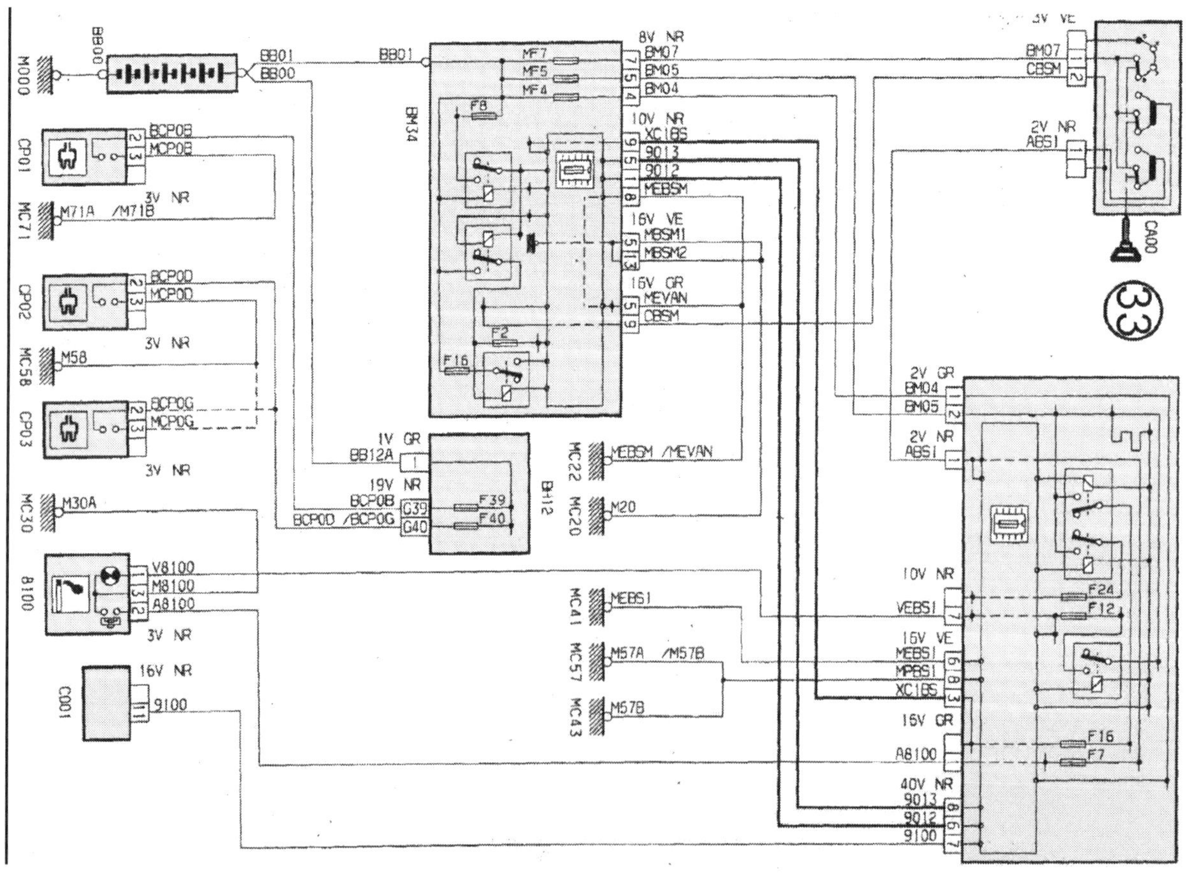
33
M000
BB00
BB01
BB00
CP01
MC71
CP02
MC58
CP03
MC30
8100
C001
BM34
BB12
MC22
MC20
MC41
MC57
MC43
CA00
BSI1
MF7
MF5
MF4
F8
F2
F16
F39
F40
F24
F12
F7
BCP0B
MCP0B
BCP0D
MCP0D
BCP0G
MCP0G
M71A /M71B
M58
M30A
V8100
M8100
A8100
9100
BB12A
MEBSM /MEVAN
M20
MEBSI
M57A /M57B
M57B
BM07
CBSM
BM05
BM04
XC1BS
9013
9012
MEBSM
MBSM1
MBSM2
MEVAN
ABSI
VEBSI
MEBSI
MPBSI
A8100

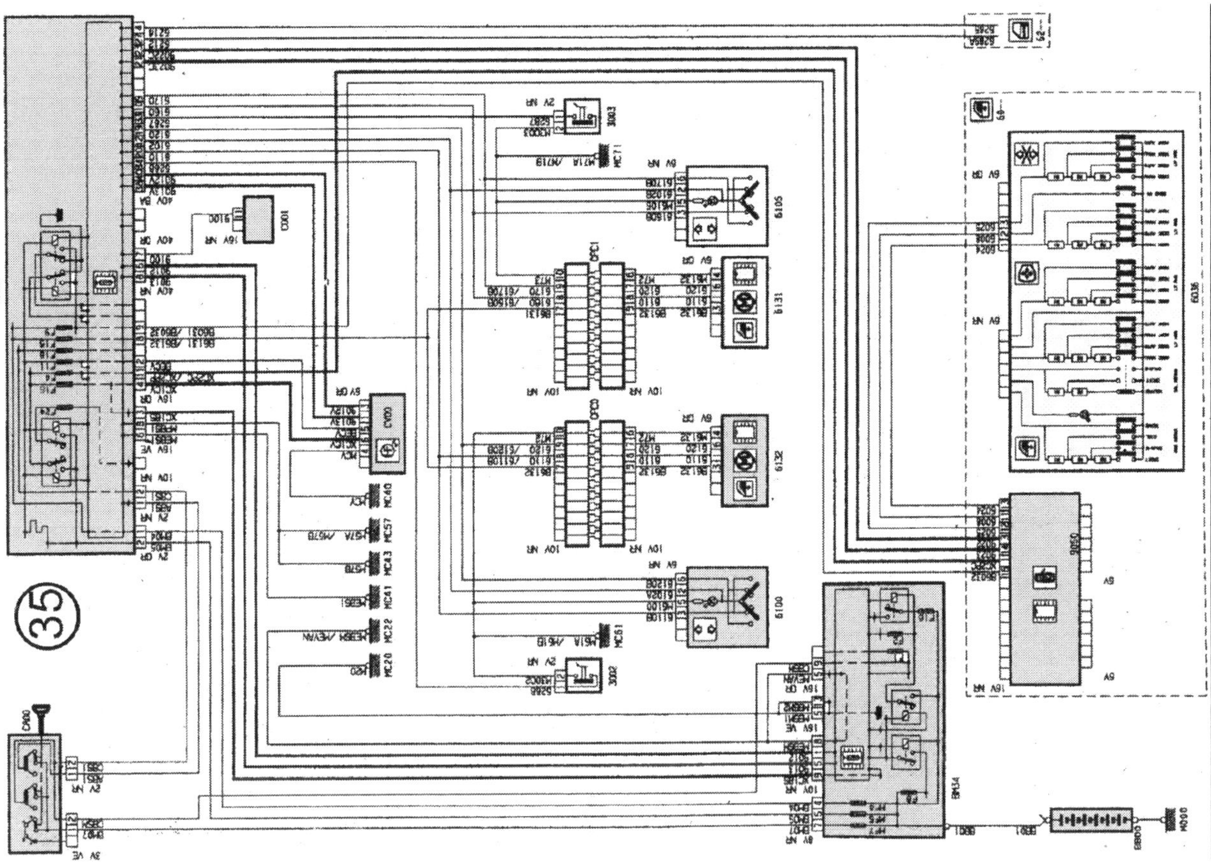

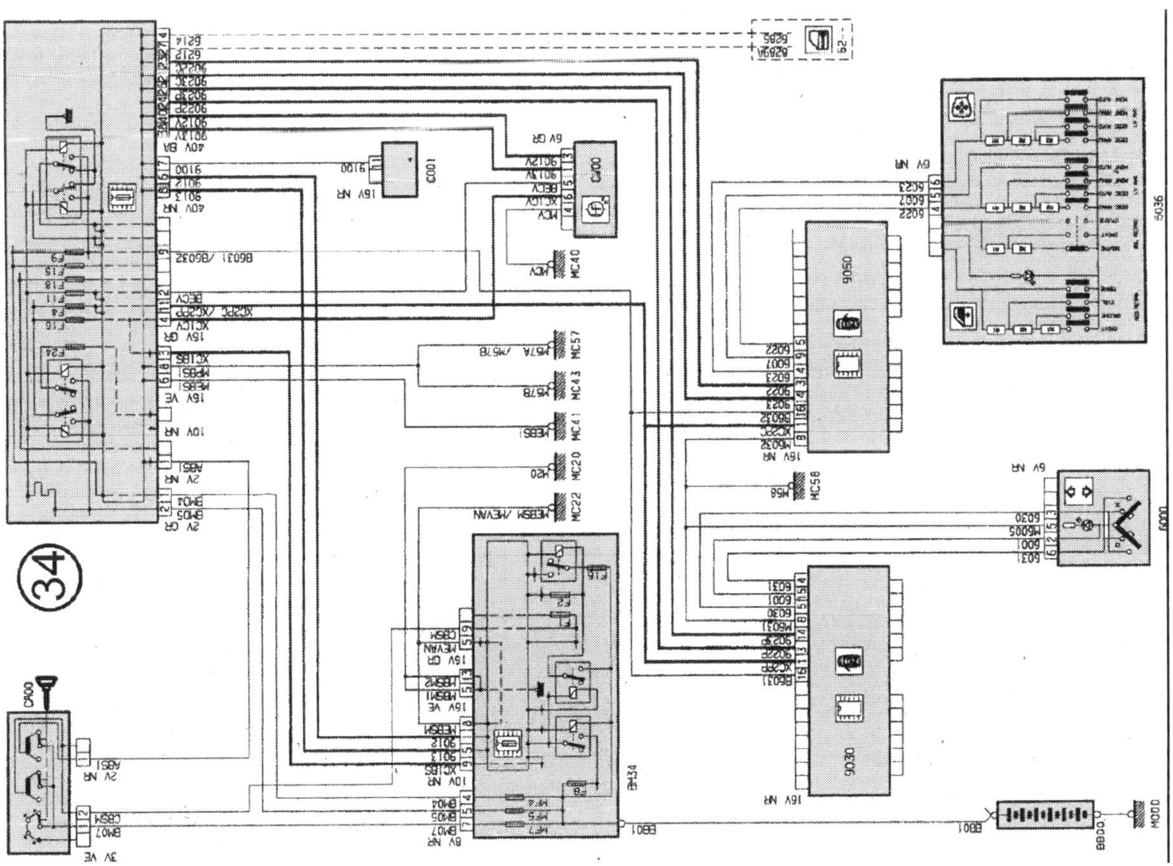

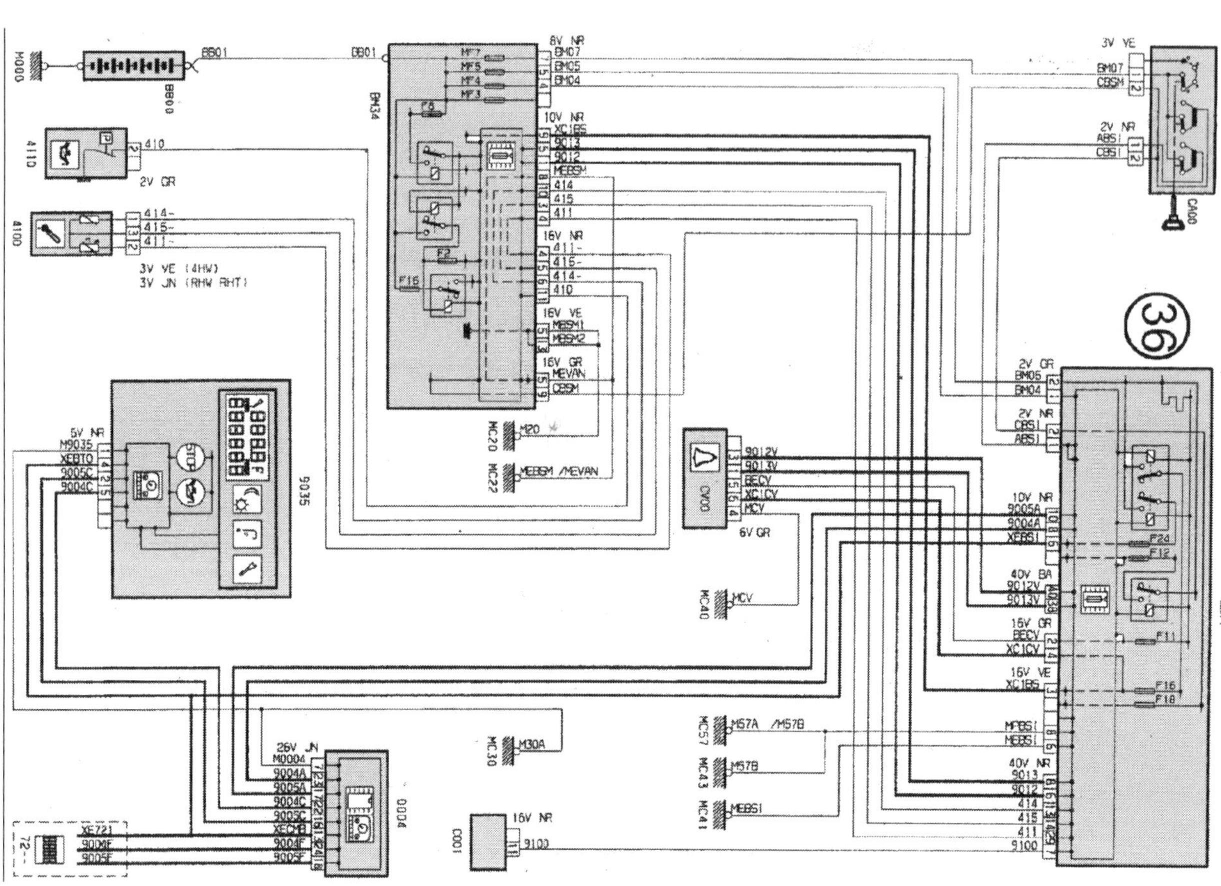
36
M000
BB00
BB01
BM34
4110
4100
9035
0004
C001
CV00
BSI1
CA00
MC20
MC22
MC30
MC40
MC57
MC43
MC41
M20
MEBSM /MEVAN
M30A
MCV
M57A /M57B
M57B
MEBSI
2V GR
3V VE (4HW)
3V JN (RHW RHT)
8V NR
10V NR
16V NR
16V VE
16V GR
5V NR
26V JN
6V GR
40V BA
40V NR
3V VE
2V NR
16V NR
9100
XE721
9004F
9005F

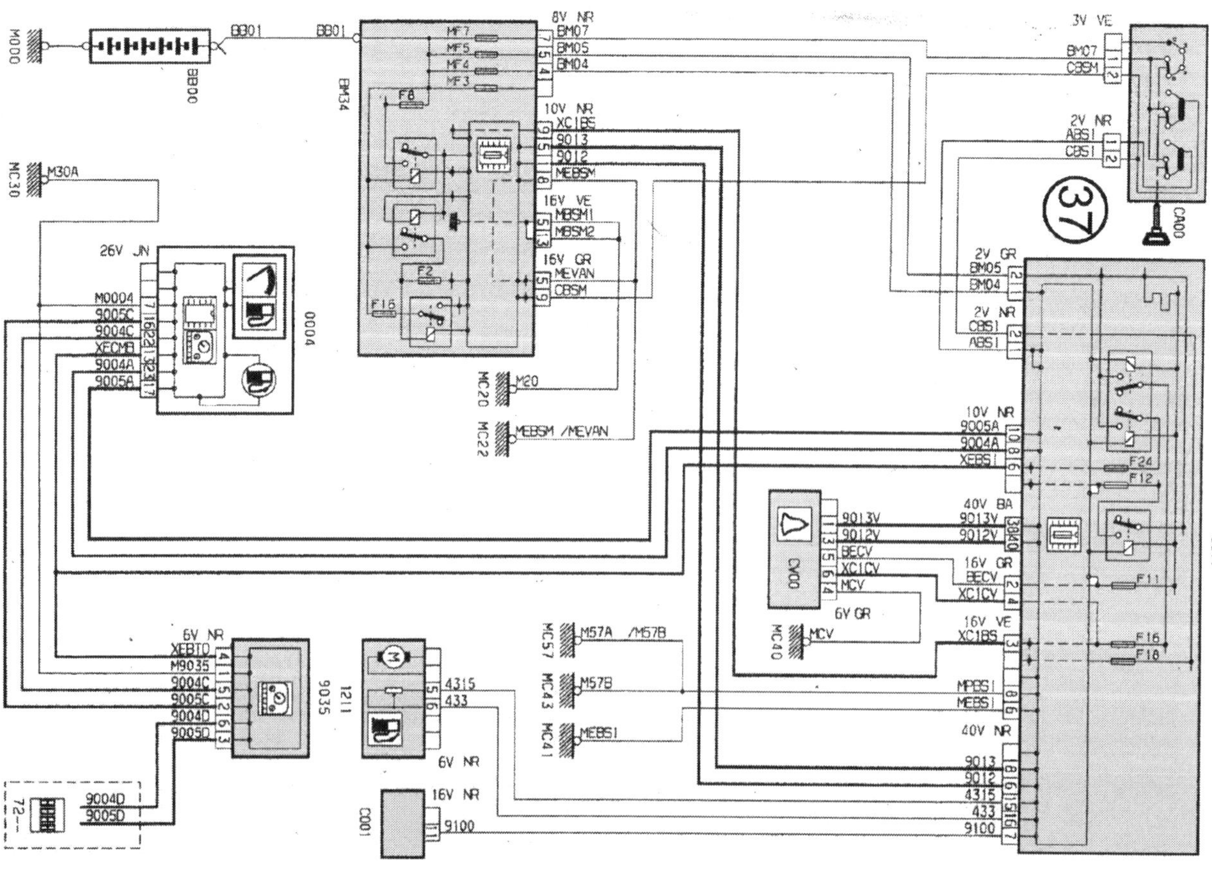
37
M000
BB00
BB01
BM34
MC30
M30A
26V JN
0004
M0004
9005C
9004C
XECMB
9004A
9005A
MC20
M20
MC22
MEBSM /MEVAN
CV00
MC40
MCV
6V GR
MC57
M57A /M57B
MC43
M57B
MC41
MEBSI
9035
6V NR
XEBTO
M9035
9004C
9005C
9004D
9005D
1211
4315
433
6V NR
C001
16V NR
9100
BSI1
CA00
3V VE
BM07
CBSM
2V NR
ABSI
CBSI
2V GR
BM05
BM04
10V NR
9005A
9004A
XEBSI
40V BA
9013V
9012V
16V GR
BECV
XC1CV
16V VE
XC1BS
F24
F12
F11
F16
F18
MPBSI
MEBSI
40V NR
9013
9012
4315
433
9100

FSC
www.fsc.org
MIX
Papier | Fördert gute Waldnutzung
FSC® C083411

Kolibri 360 GmbH
Ferdinand-Jühlke-Straße 7
99095 Erfurt, Deutschland
produktsicherheit@kolibri360.de